科技大讲堂丛书

Qt 6.2/C++

程序设计与桌面应用开发 微课视频版

马石安 魏文平 ◎编著

清華大学出版社

北京

内 容 简 介

本书以 Qt 6.2.4 LTS 版本为开发平台，详细介绍了使用 Qt 进行 C++ 桌面应用程序开发的基本技术。全书共 12 章，包括初识 Qt 框架、Qt 开发基础、界面设计组件、主框架窗体、对话框设计、事件系统、文件与数据库、模型/视图结构、图形绘制、多媒体编程、网络编程和进程与线程等内容。

本书内容安排循序渐进，讲解深入浅出，实例丰富、实用。书中针对每个知识点的简短实例特别有助于初学者理解与仿效，并快速把握问题的精髓。

本书为已有 C++ 程序设计基础、准备进行 C++ 应用软件开发的初学者编写。本书可作为高等院校计算机及相关专业学习 C++ 应用软件开发和 Qt 框架技术的教材或进行课程设计、毕业设计的参考书，也可作为 C++ 应用软件开发培训班的教材和其他软件开发工作者或爱好者的参考书。

图书在版编目（CIP）数据

Qt 6.2/C++ 程序设计与桌面应用开发：微课视频版/马石安，魏文平编著. —北京：清华大学出版社，2023.12

（清华科技大讲堂丛书）

ISBN 978-7-302-63989-3

Ⅰ.①Q… Ⅱ.①马… ②魏… Ⅲ.①C++ 语言—程序设计 Ⅳ.①TP312.8

中国国家版本馆 CIP 数据核字（2023）第 116433 号

策划编辑：魏江江
责任编辑：王冰飞　吴彤云
封面设计：刘　键
责任校对：郝美丽
责任印制：刘海龙

出版发行：清华大学出版社
　　　网　　　址：https://www.tup.com.cn，https://www.wqxuetang.com
　　　地　　　址：北京清华大学学研大厦 A 座　　邮　　编：100084
　　　社　总　机：010-83470000　　邮　　购：010-62786544
　　　投稿与读者服务：010-62776969，c-service@tup.tsinghua.edu.cn
　　　质量反馈：010-62772015，zhiliang@tup.tsinghua.edu.cn
　　　课件下载：https://www.tup.com.cn，010-83470236
印　装　者：三河市龙大印装有限公司
经　　　销：全国新华书店
开　　　本：185mm×260mm　　印　　张：25.75　　字　　数：625 千字
版　　　次：2023 年 12 月第 1 版　　印　　次：2023 年 12 月第 1 次印刷
印　　　数：1～1500
定　　　价：69.80 元

产品编号：093946-01

Qt 是一个基于 C++ 语言的应用程序开发框架,可以用于开发图形用户界面、数据库、网络、多媒体、嵌入式等方面的应用程序。实际上,Qt 就是一套功能强大的 C++ 类库,与 Microsoft Visual C++ 的 MFC 类似。但与 MFC 相比,Qt 具有开源、跨平台、易扩展等众多的技术优势。另外,Microsoft 公司已经停止了对 MFC 的更新,所以,如果需要可视化学习 C++、利用 C++ 开发专业领域的应用系统,Qt 是非常好的选择。

本书以 Qt 6.2.4 LTS 版本为开发平台,详细介绍使用 Qt 进行 C++ 桌面应用程序开发的基本技术。全书共 12 章,包括初识 Qt 框架、Qt 开发基础、界面设计组件、主框架窗体、对话框设计、事件系统、文件与数据库、模型/视图结构、图形绘制、多媒体编程、网络编程和进程与线程等内容。

本书第 1 章和第 2 章介绍 Qt 框架的基础知识,包括 Qt 的下载和安装、开发工具 Qt Creator 的使用,以及 Qt 的模块、元对象系统和信号与槽工作机制等;第 3～5 章介绍 Qt 界面组件技术,也就是 Qt 的图形用户界面设计技术,包括 Qt 窗体和控件的特征与应用,以及窗体与窗体间、控件与控件间、窗体与控件间的数据交换技术等;第 6 章介绍 Qt 的事件处理系统,包括事件的表示、产生、分发和处理等;第 7 章和第 8 章介绍 Qt 的数据持久化技术,包括 Qt 对文件和数据库的操作方法以及 Qt 的模型/视图结构,该结构能够将数据的显示与编辑相分离,从而大幅简化对数据源的处理,降低输出的编程难度;第 9～12 章介绍 Qt 的几种专门技术,包括二维图形的绘制技术、多媒体应用技术、网络通信技术和多线程技术等。

本书是一本 C++ 面向对象程序设计的实践性教材,不对 C++ 程序设计语言的基本特性进行介绍,需要读者已经掌握 C++ 语言编程的基本原理,对类的概念和使用比较熟练。如果读者对 C++ 语言还不够熟悉,可以先学习编者编著的《面向对象程序设计(C++ 语言描述)》和《Visual C++ 2019 程序设计与应用》等有关 C++ 编程的书,掌握基本的 C++ 面向对象编程技术。

本书的主要特色如下。

1. 技术先进,使用广泛

本书介绍的 Qt C++ 桌面应用开发技术在目前软件开发领域的 C++ 应用系统开发中被广泛使用,尤其是在专业研究及应用领域的系统开发中。截至 2023 年 11 月,Qt 的最新正式发布版本为 6.5.2,本书采用了 Qt 6.2.4 LTS 版本进行编写,保证了开发技术的先进性。

2. 案例完整,实用性强

本书各章节中的每个实例都是编者精心设计的,针对某个特定的知识点,但又不局限于该知识点。读者在学习时，能够通过这些简单实例及时看到各个知识点的应用效果，真正做到知识的可视化。

3. 讲解翔实，循序渐进

本书紧紧围绕 C++ 桌面应用程序的常用功能，按照 Qt 应用程序的开发顺序，系统全面地介绍基于 Qt 框架的 C++ 桌面应用程序开发规范和流程，使读者可以在很短的时间内掌握 Qt 的工作原理及技术特点。

4. 重点突出，难点分散

本书以介绍 Qt 的框架应用技术为重点，主要介绍 C++ 桌面应用开发中常用的 UI 设计和简单的业务逻辑的实现。每章突出一个技术难点，每种技术的介绍均以从应用到原理的顺序展开，让读者先看到或想到实现效果，然后激发其探究"为什么"的兴趣。

5. 由浅入深，前后呼应

Qt C++ 桌面应用的开发是一个基础理论知识的综合应用过程，涉及很多方面。本书实例功能的实现采用了由浅入深、逐步完善的方式，将技术难点分散于各个章节中，做到了叙述上的前后呼应、技术上的逐步加深。

6. 资源丰富，使用方便

为帮助读者学习，本书配备了全套学习及教学资源，包括教学大纲、教学课件、电子教案、教学进度表、实验指导、程序源码、在线题库、习题解答和微课视频。

资源下载提示

课件等资源：扫描封底的"课件下载"二维码，在公众号"书圈"下载。

素材（源码）等资源：扫描目录上方的二维码下载。

在线作业：扫描封底的作业系统二维码，登录网站在线做题及查看答案。

微课视频：扫描封底的文泉云盘防盗码，再扫描书中相应章节的视频讲解二维码，可以在线学习。

本书可作为高等院校计算机及相关专业、软件开发培训中心等相关课程的教材或教学参考书，也可供软件开发人员进行项目开发、在校学生进行课程设计与毕业设计时参考。

本书第 1～5 章由马石安编写，第 6～12 章由魏文平编写，所有图片的配置、代码的调试由魏文平完成。全书由马石安统一修改、整理和定稿。

在本书的编写过程中参考和引用了大量的书籍、文献以及网络博客、论坛中的技术资料，在此向这些文献的作者表示衷心感谢。另外，江汉大学、清华大学出版社的领导及各位同仁对本书的编著、出版给予了大力支持与帮助，在此一并表示感谢。

由于本书内容广泛，加之编写时间仓促及编者水平有限，书中难免存在疏漏之处，敬请广大师生、读者批评指正。

编　者

2023 年 12 月

源码下载

第1章

初识Qt框架

Qt是一个基于C++面向对象程序设计语言、功能全面、跨平台的图形用户界面应用程序框架。它提供了一种高效的、真正基于组件编程模式的应用程序解决方案。作为一种新型的图形用户界面(Graphical User Interface,GUI)开发工具,Qt具有与其他工具不同的特征,除了拥有扩展的C++类库以外,Qt还提供了许多可用来直接快速编写应用程序的工具,并提供跨平台、国际化等支持,因而得到了非常广泛的应用。

本章将介绍Qt应用开发的基础知识,包括Qt简介、集成开发环境、程序设计方法以及项目结构分析等内容。

1.1 Qt 简介

Qt是一个跨平台的C++图形用户界面应用程序框架,它实际上就是一套C++应用程序开发类库,与微软基础类库(Microsoft Foundation Classes,MFC)类似。

1.1.1 Qt 历史及应用

Qt由挪威Trolltech(奇趣科技)公司于1991年开发。2008年,Trolltech公司被诺基亚公司收购,Qt也因此成为诺基亚旗下的编程语言工具。2012年,芬兰的Digia公司完成对诺基亚公司Qt技术平台和知识产权的收购,Qt由此归属于Digia公司。2014年,Digia成立独立的Qt公司,专门负责Qt的开发、维护和商业推广。

自1995年以来,Qt逐步进入商业领域,已成为数以万计商业和开源应用程序的基础。Qt C++框架一直都是商业应用程序的核心,无论是跨国公司和大型组织,如Adobe、Boeing、Google、IBM、Motorola、NASA、Skype等,还是无数小型公司和组织都在使用Qt进行各种类型应用程序的开发。在桌面应用领域,以下著名的软件都用到了Qt。

(1) Maya,由Autodesk公司出品的优秀三维动画制作软件。Maya 2011版开始使用Qt进行开发。

(2) Mathematica,能够进行数学领域的数值和符号计算,是世界上最流行的数学软件之一。Mathematica 起初使用 Motif 开发,但是效率较低,难以移植到多个平台。为了在短时间内开发出能够在多个平台运行的版本,开发团队切换到了 Qt。另外,通过使用 Qt 库中最新的控件,该软件的界面也更加符合时代潮流。

(3) Google Earth,能够显示地球上任意角落的三维地形图,部分地区的精度高达0.6m。其图像来源于卫星照片、航空照相以及地面摄像。

(4) Photoshop Elements,Adobe 公司出品的图像编辑软件,比专业版的 Photoshop 功能稍弱,但价格相对较低。

(5) Skype,国际上非常流行的网络电话软件。Qt 被用来开发其客户端部分,使其能够运行在各种桌面环境中。

(6) WPS Office,由金山软件股份有限公司自主研发的一款办公软件套装,可以实现最常用的文字、表格、演示、PDF 阅读等多种功能。

(7) KOffice,类似于微软 Office 的一套办公软件。由于使用了 Qt,该软件可以运行在Linux、Windows 和 macOS 等操作系统上。

(8) VirtualBox,是运行在 x86 架构上的一款虚拟机软件,目前属于 Oracle 公司。运行该软件的操作系统被称为主操作系统。该软件运行时,向用户呈现一台虚拟的计算机,用户可以在这台虚拟计算机上安装一个从属操作系统。

另外,Qt 也被一些知名厂商用来开发移动设备中的软件,如三星用它开发数字相框产品 SPF-105V,中兴用它开发智能手机 ZTE U980。Qt 也为 Symbian、Maemo 以及 MeeGo等操作系统提供了优秀的 C++ 应用程序开发框架。

1.1.2　Qt 版本与特点

Qt 的发行版本分为商业版和开源版。Qt 商业版提供给用户进行商业软件开发,它是一款传统的商业软件,并提供协议有效期内的免费升级和技术支持服务;Qt 开源版是为了开发自由而设计的开放源码软件,它提供了和商业版基本相同的功能,在 GNU 通用公共许可证下免费供用户使用。

经过 20 多年的发展与进步,Qt 的版本已经从 Qt 5 更新到了 Qt 6。截至 2023 年 3 月底,Qt 的最新正式发布版本为 6.3,最新长期支持(Long Term Supported,LTS)版本为 6.2.1。

需要注意的是,Qt 的版本不仅更新快,而且版本更新时会新增一些类或停止维护一些类,如 Qt 6 与 Qt 5 就有非常大的区别。因此,在选用 Qt 进行应用程序开发时,如果不是为了维护旧版本项目,一定要选用最新的 Qt 版本。

Qt 是一套应用程序开发类库,但与 MFC 不同,Qt 是跨平台的。Qt 支持个人计算机(Personal Computer,PC)和服务器的平台,包括 Windows、Linux 和 macOS 等,还支持移动和嵌入式操作系统,如 iOS、Embedded Linux、Android 和 WinRT 等。跨平台意味着只需要编写一次程序,在不同平台上无须改动或只少许改动后再编译,就可以形成在不同平台上运行的版本。这种跨平台特性为开发者提供了极大的便利。

除了上述优良的跨平台特性之外,Qt 还具有以下突出优点。

(1) 面向对象。Qt 的良好封装机制使其模块化程度非常高、可重用性好,对于用户开发是非常方便的。另外,Qt 提供了一种称为 Signal/Slot(信号/槽)的通信机制,使各个元件之间的协同工作变得更简单和安全。

（2）丰富的 API。Qt 包括近 300 个 C++ 类，除了用于用户界面开发，还可用于文件操作、数据库处理、二维/三维图形渲染、多媒体操作和网络通信等。

1.2 开发环境搭建

使用 Qt 进行应用程序开发，首先需要安装 Qt 的相应组件库，并搭建一个能够进行代码编辑、项目编译和管理的高效开发环境。

1.2.1 下载与安装

针对不同类型的软件用户，Qt 提供了不同形式的安装方式。对于开源用户，可以使用官方提供的软件安装器进行安装，也可以先下载 Qt 源码，然后编译安装。源码编译安装方式比较复杂，不适合初学者。这里，我们使用软件安装器进行安装。

1. 下载

与 Qt 5 不同的是，Qt 6 只能使用在线安装器进行安装。下载 Qt 的软件安装器有多种途径，可以到 Qt 的官方网站上进行下载，其网址为 https://www.qt.io/download；也可以使用国内的 Qt 镜像网址或一些其他的软件资源下载平台。

在 Qt 官网上下载软件，需要拥有一个有效的 Qt 账户，如果下载前还没有，则要提前进行注册。这里，我们在清华大学开源软件镜像站上下载 Qt 的在线安装器[①]，如图 1.1 所示。

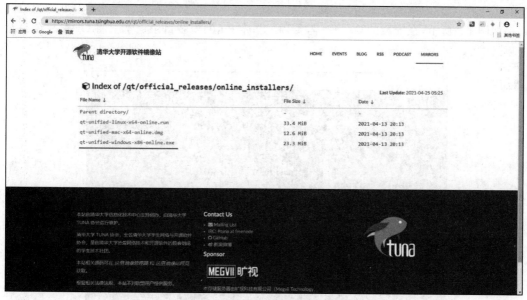

图 1.1 Qt 在线安装器软件下载

本书下载的是适合 Windows 操作系统的 Qt 在线安装器，文件名为 qt-unified-windows-x86-online.exe。

---

① https://mirrors.tuna.tsinghua.edu.cn/qt/official_releases/online_installers/。

2. 安装

获取到 Qt 在线安装器软件后,就可以运行该软件安装不同版本的 Qt 了。Qt 在线安装器的运行非常简单,只需要根据提示填写或选择相应的信息逐步执行即可。

如图 1.2 所示,使用 Qt 在线安装器进行安装,需要经过多个步骤。其中,第 1 步在 Welcome 页面中要求用户输入有效的 Qt 账户信息,所以在安装之前,必须提前在 Qt 官方网站上进行用户注册。

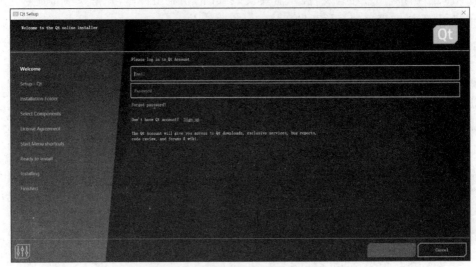

图 1.2　Qt 在线安装器运行界面

如图 1.3 所示,在安装的第 5 步,需要用户指定 Qt 的安装目录。本书将 Qt 安装在 D 盘根目录下的 Qt 6.2 子目录中。

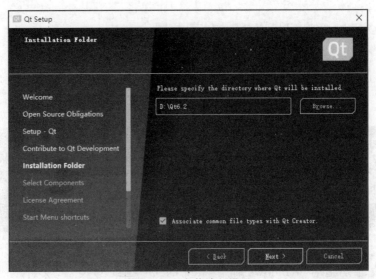

图 1.3　Qt 安装路径设置

单击 Next 按钮,进入 Qt 组件选择(Select Components)页面,如图 1.4 所示。这是 Qt 安装中非常重要的一个步骤,建议优先安装 Qt 的基础组件,待开发过程中根据应用程序业务逻辑的实际需要,再进行有针对性的补充。

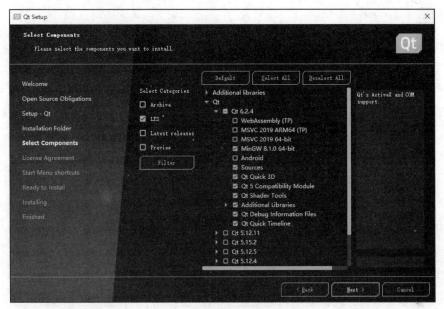

图 1.4 Qt 组件选择

另外,需要注意的是,在如图 1.4 所示的页面中,有 MSVC 2019 64-bit 和 MinGW 8.1.0 64-bit 两种编译器,如果选择 MSVC 2019 编译器,用户计算机中需要安装 Visual Studio 2019 集成开发环境。

本书安装的是 Qt 6.2.4 LTS 版本,选择了如图 1.4 所示的相关组件,以及 Qt Creator 等开发和设计工具,如图 1.5 所示。

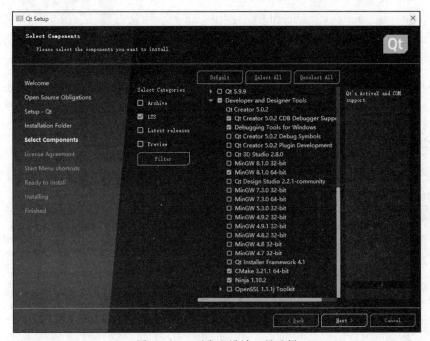

图 1.5 Qt 开发和设计工具选择

安装完成后的目录结构如图 1.6 所示。

图 1.6　Qt 6.2.4 安装目录结构

在 Qt 6.2.4 的安装根目录下,有一个名为 MaintenanceTool.exe 的应用程序,该应用程序是 Qt 的维护工具,可以使用它添加、移除或更新 Qt 组件与工具。

1.2.2　集成开发工具

目前,支持 Qt 应用开发的集成工具有很多,其中能够跨平台使用的主要有 Qt Creator、QDevelop、Eclipse、MonkeyStudio 和 Code::Blocks 等。除此之外,还有在 X11 平台上使用的 Kdevelop、在 Windows 平台上使用的 Microsoft Visual Studio,以及在 Mac 平台上使用的 XCode 等。

在上述开发工具中,Qt Creator 是 Qt 官方推出的一款跨平台开源集成开发工具,具有界面简洁、操作方便、与 Qt 结合完美等特点。本书使用 Qt Creator 进行 Qt 应用程序的开发,版本为 5.0.2,其安装目录为 Qt 根目录下的 Tools\Qt Creator 子目录。

1. Qt Creator 界面

执行 Windows 系统"开始"主菜单中的 Qt Creator 命令,或者双击 Qt Creator 图标,即可启动 Qt Creator 集成开发环境,如图 1.7 所示。

可以看出,Qt Creator 集成开发环境的界面非常简洁,其布局为典型的 Windows 窗口应用程序结构,主要由主窗口区、菜单栏、模式选择器、构建套件选择器、定位器和输出窗格等部分组成。

1) 菜单栏

Qt Creator 的菜单栏(Menu Bar)由 File、Edit、View、Build、Debug、Analyze、Tools、Window 和 Help 这 9 个主菜单组成,如图 1.8 所示。

与其他窗口应用程序相同,Qt Creator 的每个主菜单又由多个菜单项和子菜单组成,菜

图 1.7　Qt Creator 集成开发环境

File　Edit　View　Build　Debug　Analyze　Tools　Window　Help

图 1.8　Qt Creator 菜单栏

单项提供的功能几乎涵盖了集成开发环境的所有功能,如表 1.1 所示。

表 1.1　Qt Creator 主菜单功能描述

菜单命令	功 能 描 述
File	包含新建、打开、保存、关闭项目和文件,打印文件和退出等基本文件功能
Edit	包含撤销、重做、剪切、复制、查找与替换、全选、定位等常用编辑功能,在 Advanced 子菜单中还有标示空白、折叠代码、改变字体大小等高级功能
View	包含激活或关闭左/右侧边栏窗口、展开或折叠输出窗口、设置模式选择器类型,以及在调试状态下对相关视图窗口进行操作的功能
Build	包含构建、运行和部署项目等相关功能
Debug	包含断点设置、启动调试、单步调试、停止调试等相关程序调试功能
Analyze	包含 QML 分析、Valgrind 内存分析等功能。Valgrind 是一款免费的工具包,用于检测程序运行时内存泄漏、越界等问题
Tools	包含快速定位、版本控制、界面编辑器选择等功能。其中的 Options 菜单项包含 Qt Creator 各个方面的设置选项,包括环境设置、快捷设置、编辑器设置、帮助设置、Qt 版本设置、Qt Design 设置和版本控制设置等
Window	包含设置窗口布局的一些菜单项,如全屏显示、隐藏侧边栏等
Help	包含 Qt 帮助、Qt Creator 版本信息和插件管理等功能

2) 模式选择器

Qt Creator 的模式选择器(Mode Selector)包含 6 种模式,分别是 Welcome、Edit、Design、Debug、Projects 和 Help,如图 1.9 所示。

Qt Creator 的各个模式分别完成不同的功能,一般通过单击相应的图标更换模式,也可以使用快捷键更改模式，对应的快捷键依次是 Ctrl+1～6。各个模式功能如表 1.2 所示。

表 1.2　Qt Creator 模式功能描述

模式名称	功能描述
Welcome	欢迎模式。主要提供一些功能的快捷入口，如新建项目、快速打开以前的项目和会话、打开示例教程、打开帮助教程、联网查看 Qt 官方论坛和博客等
Edit	编辑模式。主要用于查看和编辑程序代码、管理项目文件。Qt Creator 的编辑器具有关键字特殊颜色显示、代码自动补全、声明定义间快速切换、函数原型提示、F1 键快速打开相关帮助文档和全项目中进行查找等功能
Design	设计模式。这里整合了 Qt Design 功能，可以在这种模式下设计图形界面、设置部件属性、设置信号和槽、设置布局等
Debug	调试模式。Qt Creator 默认使用 gdb 进行调试，支持断点设置、单步调试和远程调试等功能，包含局部变量、监视器、断点、线程、快照等查看窗口
Projects	项目模式。包含对特定项目的构建设置、运行设置、编辑器设置、依赖关系显示等窗口。构建设置中可以对项目的版本、使用 Qt 的版本、编译步骤进行设置；编辑器设置中可以设置文件的默认编码；在代码设置中可以设置自己的代码风格
Help	帮助模式。这里整合了 Qt Assistant 功能，包含目录、索引、查找、书签等多个导航模式，可以在帮助文档中查看 Qt 和 Qt Creator 的各种信息

3）构建套件选择器

Qt Creator 构建套件选择器（Kit Selector）位于主窗口的左侧边栏下部，包括目标选择器（Target Selector）、运行（Run）、调试（Debug）和构建（Build）4 个功能按钮，如图 1.10 所示。

图 1.9　Qt Creator 模式选择器　　　　图 1.10　Qt Creator 构建套件选择器

Qt Creator 构建套件选择器中的"目标选择器"用来选择要构建哪个项目、使用哪个 Qt 库、是编译项目的 Debug 版本还是 Release 版本；"运行"按钮实现项目的构建和运行；"调试"按钮切换到调试模式，并启动调试程序；"构建"按钮完成项目的构建。

4）定位器

Qt Creator 定位器位于主窗口底部左侧，如图 1.11 所示。可以使用它快速定位项目、文件、类、方法、帮助文档以及文件系统，还可以使用它更加准确地定位要查找的结果。

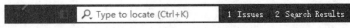

图 1.11　Qt Creator 定位器

5）输出窗格

Qt Creator 输出窗格（Output Panes）位于主窗口底部的右侧，包括 Issues、Search Results、Application Output、Compile Output、QML Debugger Console、General Messages、Version Control 和 Test Results 共 8 个选项，如图 1.12 所示。

图 1.12　Qt Creator 输出窗格

Qt Creator 的 8 个输出窗格分别对应一个输出窗口，可以通过 View→Output Pane 菜单下的子菜单命令展开或折叠相应的窗口，也可以使用相应的快捷键。按照如图 1.12 所示的自左向右的排列顺序，对应的快捷键依次为 Alt＋1～8。图 1.13 所示为某项目运行时的 Application Output 窗口信息。

图 1.13　某项目运行时的 Application Output 窗口信息

Qt Creator 的 Issues（问题）窗口显示程序编译时的错误和警告信息；Search Results（搜索结果）窗口显示执行搜索操作后的结果信息；Application Output（应用程序输出）窗口显示在应用程序运行过程中输出的所有信息；Compile Output（编译输出结果）窗口显示编译过程输出的相关信息；QML Debugger Console（QML 调试控制台）窗口用于 QML 脚本的调试命令输入；General Messages（概要信息）窗口显示一些概要信息；Version Control（版式控制）窗口显示版本控制的相关输出信息；Test Results（测试结果）窗口显示测试信息。

2. Qt Creator 设置

Qt Creator 集成开发环境的设置，通过 Tools→Options 菜单命令打开的 Options 对话框来完成，如图 1.14 所示。

Qt Creator 设置窗口的左侧列表是可设置的内容分组，单击后右侧会出现该分组的具体设置界面。常用的设置包括以下几项。

1）Kits

该设置包括 Kits、Qt Versions、Compilers、Debuggers 和 CMake 等内容，如图 1.14 所示。Kits 选项卡显示 Qt Creator 可用的编译工具；Qt Versions 选项卡显示安装的可用 Qt 版本信息；Compilers 选项卡显示计算机系统中可用的 C 和 C++ 编译器信息；Debuggers 选项卡显示 Qt Creator 自动检测到的调试器信息；CMake 选项卡显示自动检测到的 CMake 工具信息。可以在相应的选项卡中对选中的信息进行设置。

2）Environment

该设置包括 Interface、System、Keyboard、External Tools、MIME Type、Locater 和 Update 等内容，可以在这里对 Qt Creator 的语言、主题、文件自动保存时间、定位器等环境

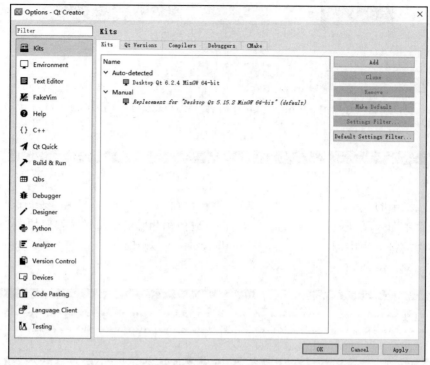

图 1.14　Options 对话框

参数进行设置,也可以对软件进行更新检查。注意,部分设置需要重新启动 Qt Creator 才能生效。

3) Text Editor

该设置包括 Font & Colors、Behavior、Display、Generic Highlighter、Snippets、Macros 和 Completion 等内容,可以在这里设置文本编辑器的字体,设置各种类型文字(如关键字、数字、字符串、注释等文本)的字体颜色,也可以选择不同的配色主题。

4) Build & Run

该设置包括 General、Default Build Properties、Application Output、Compile Output、CMake、Qmake 和 Custom Output Parsers 等内容。在这里可以对输出窗格中的 Application Output 和 Compile Output 窗口进行设置,也可以对构建和运行程序时的一些性能参数进行设置。

3. Qt Creator 应用

学习一种编程语言或编程环境,通常都会先编写一个 Hello World 程序。下面使用 Qt Creator 集成开发工具编写一个 Qt 版的 Hello World 程序,初步了解使用 Qt Creator 开发基于 Qt 框架的 C++ 应用程序的基本步骤,同时也熟悉一下 Qt Creator 的操作方法。

【例 1.1】　编写一个基于 Qt 的 Hello World 程序。程序运行后,在窗口中显示 Hello World 字符串,运行结果如图 1.15 所示。

图 1.15　例 1.1 程序运行结果

扫一扫

视频讲解

（1）启动 Qt Creator 开发工具，执行 File→New File or Project 菜单命令，或者单击 Welcome 模式中的 New 按钮，弹出 New Project 对话框，如图 1.16 所示。

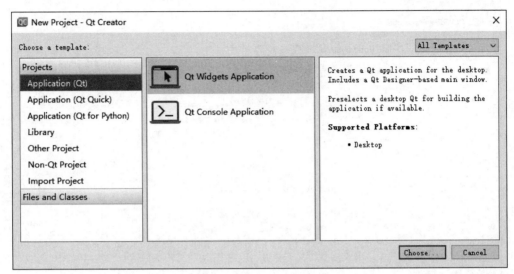

图 1.16　New Project 对话框

（2）在 New Project 对话框中选择 Application（Qt）中的 Qt Widgets Application 项目模板，单击 Choose 按钮，进入 Qt 窗口应用程序创建向导。

（3）如图 1.17 所示，设置项目名称为 examp1_1，指定项目存放位置为 E:\book_qt\chap01，单击 Next 按钮进入下一步。

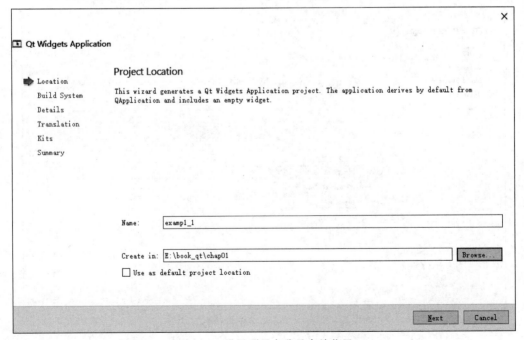

图 1.17　设置项目名称及存放位置

（4）如图 1.18 所示，选择默认的 qmake 项目构建系统，单击 Next 按钮进入下一步。

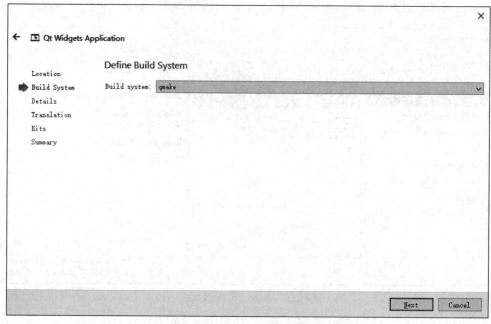

图 1.18　选择项目构建系统

（5）如图 1.19 所示，选择 QWidget 基类，其他使用系统默认值，单击 Next 按钮进入下一步。

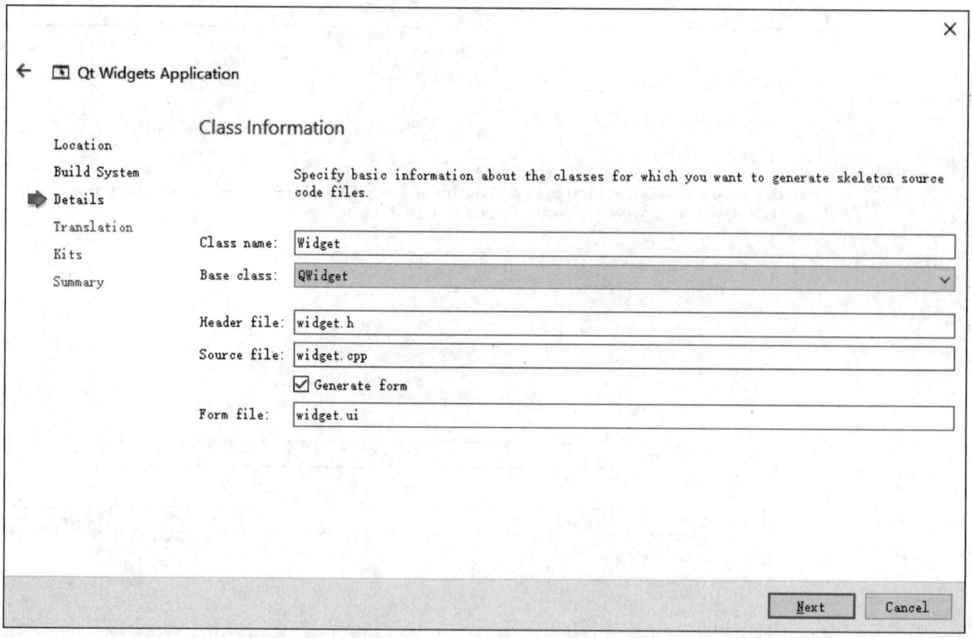

图 1.19　设置项目类信息

（6）如图 1.20 所示，本项目不使用其他语言，单击 Next 按钮进入下一步。

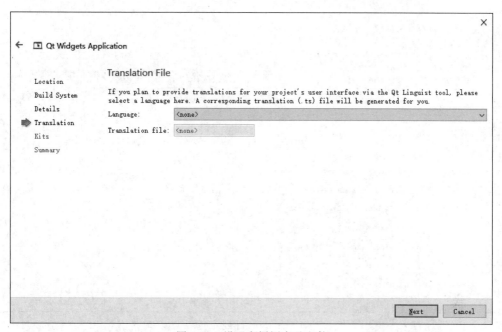

图 1.20 设置翻译语言及文件

（7）如图 1.21 所示，选择项目的构建套件，这里使用 Desktop Qt 6.2.4 MinGW 64-bit。单击 Next 按钮进入下一步。

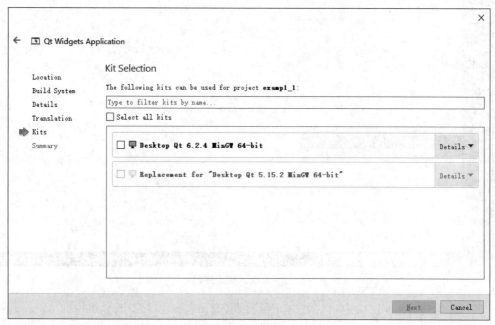

图 1.21 项目构建套件选择

（8）如图 1.22 所示，不向项目中添加其他子项目，也不设置版本控制。单击 Finish 按钮，完成项目的初步创建，如图 1.23 所示。

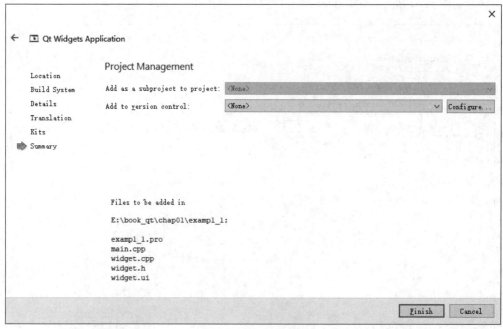

图 1.22　项目信息汇总

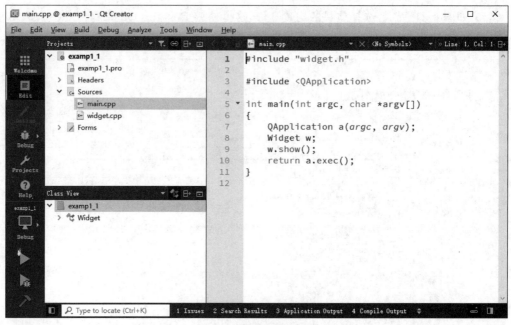

图 1.23　Edit 模式界面

（9）展开 Projects 窗口中项目名称节点下的 Forms 分组，双击该分组中的 widget.ui 窗体界面文件，打开 Qt Designer 界面设计器，对应用程序主窗体界面进行可视化设计，如图 1.24 所示。

（10）设置窗体大小（Width×Height）为 320×240；窗体标题（windowTitle）为"例 1.1"。

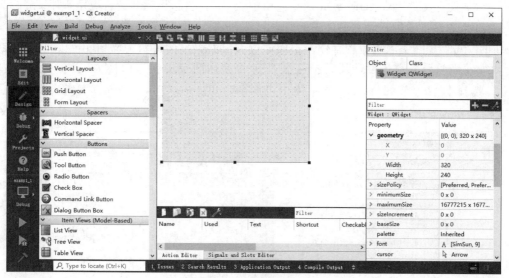

图 1.24　主窗体界面设计

可以执行 Tools→Form Editor→Preview 菜单命令预览窗体，也可以直接使用 Alt＋Shift＋R 快捷键，如图 1.25 所示。

（11）在窗体中设置 TextLabel 控件和 PushButton 控件，分别用来显示字符串和执行窗体关闭命令。直接用鼠标将控件从控件箱拖动到窗体中的适当位置即可，如图 1.26 所示。

（12）分别单击窗体中的 TextLabel 控件和 PushButton 控件，将其 text 属性分别设置为 Hello World 和"退出"。

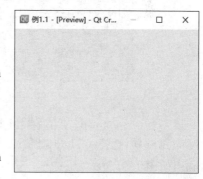

图 1.25　窗体预览

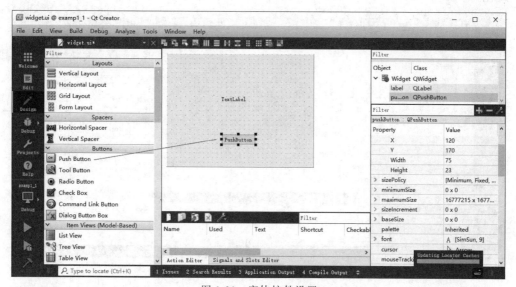

图 1.26　窗体控件设置

(13) 保存文件,单击 Qt Creator 左边栏中的 Run 按钮,构建并运行应用程序。

此时,若单击应用程序主窗体中的"退出"按钮,并不能完成窗体的关闭,因为还没有对按钮的"单击"操作关联相应的动作。下面通过 Qt 的信号/槽机制实现"退出"按钮的功能。

(14) 再次打开窗体设计器,按 F4 快捷键将窗体的编辑状态切换为 Edit Signals and Slots,选择"退出"按钮并拖动至窗体中,弹出 Configure Connection 对话框,如图 1.27 所示。

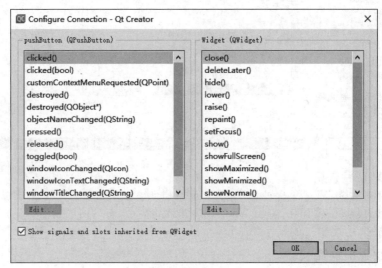

图 1.27　Configure Connection 对话框

选择 pushButton 对象的 clicked()信号,勾选 Show signals and slots inherited from QWidget 选项,选择 Widget 对象的 close()槽函数,单击 OK 按钮关闭对话框。此时窗体编辑状态如图 1.28 所示。

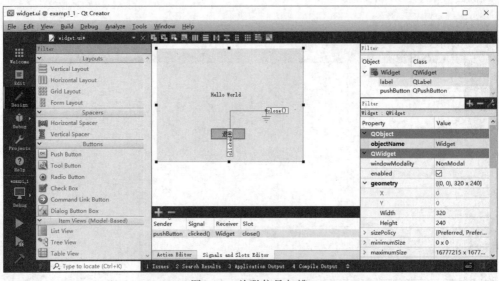

图 1.28　关联信号与槽

图 1.28 中信号与槽编辑器中的 pushButton 表示"退出"按钮对象，clicked()表示单击信号，Widget 表示主窗体对象，close()表示槽函数。意思是当用户单击"退出"按钮时，会执行主窗体对象的 close()函数，也就是将主窗体关闭。

（15）保存文件，再次单击 Qt Creator 左边栏中的 Run 按钮，运行应用程序。此时，若单击主窗体中的"退出"按钮，应用程序主窗体会随即关闭。

1.2.3　其他辅助工具

在 Qt 应用开发过程中，除了使用像 Qt Creator 这样的集成开发环境之外，还需要使用一些辅助开发工具，以便提高开发效率，缩短开发周期，降低开发成本。

常用的 Qt 辅助开发工具主要有 Qt Assistant（Qt 助手）、Qt Designer（Qt 设计师）、Qt Linguist（Qt 语言家）、QDBusViewer、CMake、Ninja、Qt 3D Viewer、Qt 3D Studio 和 Qt Design Studio 等。前 4 种已经被整合到了 Qt Creator 中，可以在 Qt 安装目录下的 bin 子目录中找到它们。例如，在如图 1.6 所示的 6.2.4 目录下的 mingw81_64\bin 子目录中，就可以找到 Qt 6.2.4 自带的前 4 种辅助工具。后几种工具都是在安装过程中由用户自行选择的，它们被存放在 Qt 安装目录下的 Tools 子目录中。

Qt 的辅助开发工具通过"开始"菜单启动。作者安装的 Qt 启动菜单如图 1.29 所示。

下面对 Qt Assistant、Qt Designer 和 Qt Linguist 工具进行简单介绍。

图 1.29　Qt 启动菜单

1. Qt Assistant

Qt Assistant 又称为 Qt 助手，是一款可配置的文档阅读器，使用它可以快速查找关键词，进行全文本搜索，也可以生成索引和书签。Qt Assistant 已经被整合到 Qt Creator 中，当选择 Qt Creator 的 Help 模式时，编辑器中呈现的 Qt 帮助实际上就是 Qt Assistant。

如图 1.29 所示，单击 Assistant 6.2.4（MinGW 8.1.0 64-bit），即可打开 Qt Assistant 工具，如图 1.30 所示。

Qt Assistant 的使用非常简单，可以通过查询内容直接在"内容"选项卡中找到相应的文档，也可以在"索引"或"搜索"选项卡中进行搜索获取到相关的信息。例如，需要知道 QWidget 类有哪些槽函数，可以从"内容"选项卡中找到 Qt Widgets 模块，然后打开该模块的 C++ Classes 页面，在页面中找到 QWidget 类即可；也可以直接在"索引"或"搜索"选项卡中通过 QWidget 关键字定位到 QWidget 类页面。

Qt Assistant 是开发 Qt 应用程序必备的查询工具，希望大家在本书的学习过程和以后的 Qt 实际项目开发过程中，一定要利用好该工具。

2. Qt Designer

Qt Designer 又称为 Qt 设计师，是一款强大的跨平台 GUI 布局和格式构建器。由于 Qt Designer 使用了与应用程序中将要使用的相同部件，可以使用屏幕上的格式快速设计、

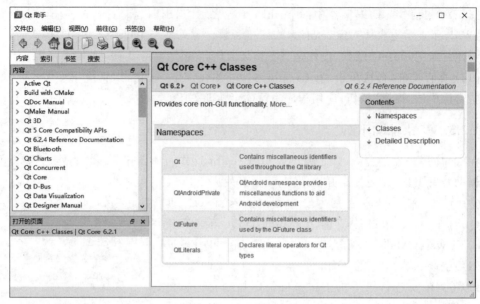

图 1.30　Qt Assistant 界面

创建部件以及窗体。使用 Qt Designer 创建的界面样式功能齐全并可以预览,这样就可以确保其外观完全符合要求。

与 Qt Assistant 一样,Qt Designer 也被整合到了 Qt Creator 中,当选择 Qt Creator 的 Design 模式时,即可打开 Qt Designer,如图 1.24 所示。当然,也可以单击图 1.29 菜单中的 Designer 6.2.4(MinGW 8.1.0 64-bit)打开单独的 Qt Designer,设计单独的扩展名为.ui 的界面文件,如图 1.31 所示。

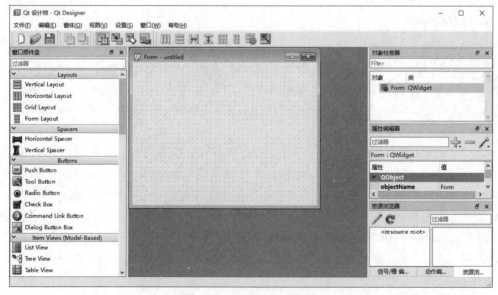

图 1.31　Qt Designer 界面

Qt Designer 具有以下功能和优势。

(1) 使用拖放操作快速设计用户界面。

（2）界面部件可定制，也可以从标准部件库中选取。

（3）可以以本地外观快速预览界面效果。

（4）可以通过界面原型生成 C++ 或 Java 代码。

（5）可以将其嵌入 Visual Studio 或 Eclipse IDE 中。

（6）使用 Qt 信号与槽机制，构建的用户界面功能齐全。

关于 Qt Designer 的更详细信息及其使用方法，请参见 Qt Assistant 中的 Qt Designer Manual。

3. Qt Linguist

Qt Linguist 又称为 Qt 语言家，是一款应用程序翻译和国际化工具。Qt 使用单一的源码树和单一的应用程序二进制包就可以同时支持多个语言和书写系统。

单击图 1.29 菜单中的 Linguist 6.2.4（MinGW 8.1.0 64-bit），即可打开 Qt Linguist 工具，如图 1.32 所示。

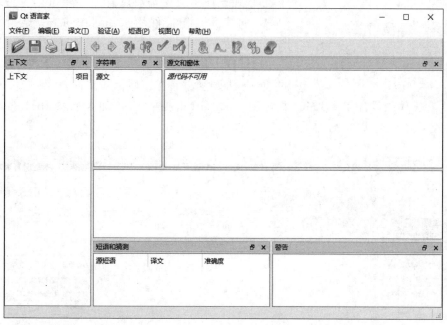

图 1.32　Qt Linguist 界面

Qt Linguist 的主要功能如下。

（1）收集所有用户界面（User Interface，UI）文本并通过简单的应用程序提供给翻译人员。

（2）通过语言类型和字体感知外观。

（3）通过智能的合并工具快速为现有应用程序增加新的语言。

（4）使用 Unicode 编码，支持世界上大多数语言字符。

（5）在运行时可切换从左向右或从右向左的语言。

（6）可以在一个文档中混合多种语言。

关于 Qt Linguist 的更详细信息及其使用方法，请参见 Qt Assistant 中的 Qt Linguist Manual。

1.3　程序设计方式

搭建好 Qt 开发环境后,就可以开始进行 Qt 应用程序的开发了。Qt 应用程序的开发可以采用 3 种程序设计方式,即可视化设计方式、代码化设计方式和混合式设计方式。

1.3.1　可视化设计

所谓可视化设计方式,就是应用程序框架通过向导自动生成,然后使用 Qt Designer 设计器进行窗体界面布局设计、Action 设计,以及信号和槽的添加等操作。例如,例 1.1 应用程序的开发所采用的就是可视化设计方式。

扫一扫

视频讲解

图 1.33　例 1.2 程序运行结果

【例 1.2】　重新编写例 1.1 中的 Hello World 应用程序,将应用程序主窗体基类设置为 QDialog,并使主窗体中的字符串和按钮控件均水平居中对齐。运行结果如图 1.33 所示。

(1) 打开 Qt Creator 开发工具,生成一个名为 exampl1_2 的 Qt 应用程序,并将主窗体标题设置为"例 1.2"

(2) 在窗体中设置 TextLabel 控件和 PushButton 控件,并添加 3 个 Vertical Spacer 控件,对象名称使用默认值,如图 1.34 所示。

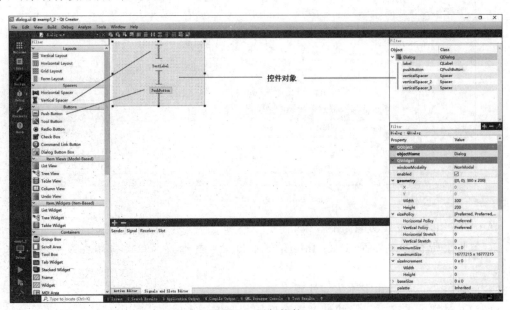

图 1.34　添加控件

(3) 选择主窗体中的全部控件,单击工具栏中的"垂直布局管理器"图标,在主窗体中添加一个 Vertical Layout 控件,对象名称使用默认值,并调整其大小,如图 1.35 所示。

也可以选择主窗体中的全部控件后右击,在弹出的快捷菜单中选择 Lay out→Lay out Vertically 菜单命令;或者直接从 Qt Designer 的控件箱中拖入 Vertical Layout 控件,均可

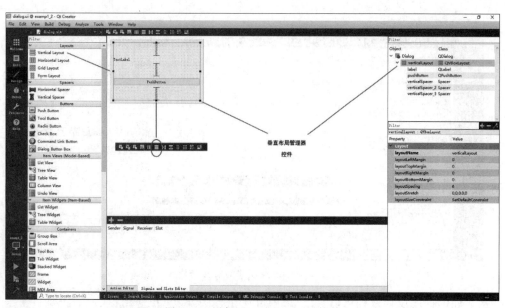

图 1.35 添加 Vertical Layout 控件

以实现主窗体中控件的垂直布局。

（4）分别选择 TextLabel 控件和 PushButton 控件，设置它们 text 属性值分别为 Hello World 和"退出"，并设置为水平居中对齐，如图 1.36 所示。

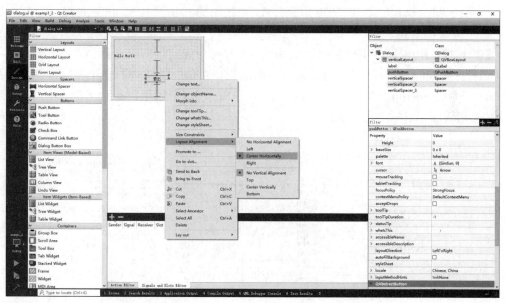

图 1.36 设置控件属性

（5）实现"退出"按钮的单击功能。

单击 Signals and Slots Editer 窗口中的＋按钮，添加一个新的信号与槽。设置 Sender、Signal、Receiver 和 Slot 分别为 pushButton、clicked()、Dialog 和 close()，如图 1.37 所示。

（6）保存文件，单击 Qt Creator 左边栏中的 Run 按钮，运行应用程序。程序运行结果如图 1.33 所示，单击主窗体中的"退出"按钮，主窗体随即关闭。

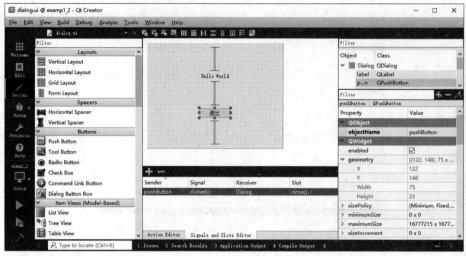

图 1.37 设置控件的信号与槽

从上面的程序设计过程可以看出,采用可视化方法开发 Qt 应用程序,不需要手工编写程序代码,界面效果也可以很直观地展现出来,从而简化了应用程序的开发过程,减少了开发人员的工作量,极大地提高了开发效率。

1.3.2 代码化设计

所谓代码化设计方式,就是应用程序的所有代码均由手工添加完成,而不使用 Qt Designer 等设计工具。

扫一扫

视频讲解

【例 1.3】 使用手工编码的方式,完成例 1.2 程序功能。

(1) 打开 Qt Creator 开发工具,新建一个工程,在弹出的 New Project 对话框中,选择 Projects→Other Project 模板中的 Empty qmake Project 模板,生成一个名为 examp1_3 的空 Qt 应用程序,如图 1.38 所示。

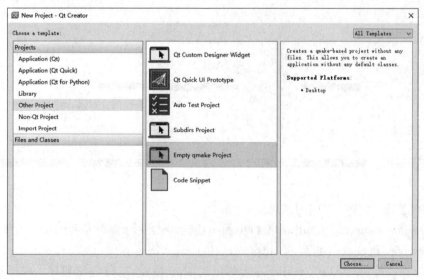

图 1.38 新建空的 Qt 项目

（2）双击打开应用程序的项目文件 examp1_3.pro，在文件中添加如下代码，将 Qt 的 Widgets 模块加载到项目中。

```
QT += widgets
```

（3）右击新生成的项目文件夹 examp1_3，在弹出的快捷菜单中选择 Add New 菜单命令，弹出 New File 对话框。向项目中添加一个名为 main.cpp 的 C++ 源文件，如图 1.39 所示。

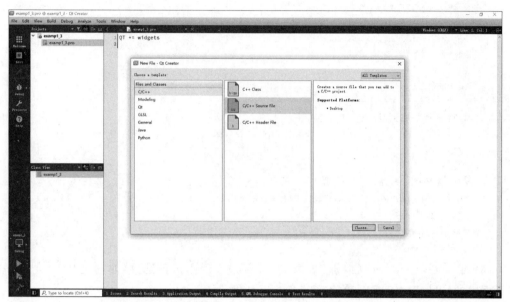

图 1.39　添加 C++ 源文件

（4）双击打开 main.cpp 文件，在文件中添加如下代码，实现程序功能。

```cpp
#include <QApplication>
#include <QDialog>
#include <QLabel>
#include <QPushButton>
#include <QVBoxLayout>
#include <QHBoxLayout>
#include <QSpacerItem>
int main(int argc, char * argv[])
{
    QApplication a(argc, argv);
    //创建对话框并设置其属性
    QDialog w;
    w.setGeometry(500,300,300,200);
    w.setWindowTitle(tr("例1.3"));
    //创建分隔器
    QSpacerItem * spacer1 = new QSpacerItem(20, 40, QSizePolicy::Minimum,
    QSizePolicy::Expanding);
    //创建标签并设置其文本
    QLabel l(&w);
    l.setText(tr("Hello World"));
    //创建分隔器
    QSpacerItem * spacer2 = new QSpacerItem(20, 40, QSizePolicy::Minimum,
```

```
QSizePolicy::Expanding);
//创建按钮并设置其文本
QPushButton b(&w);
b.setText(tr("退出"));
//创建分隔器
QSpacerItem * spacer3 = new QSpacerItem(20, 40, QSizePolicy::Minimum,
QSizePolicy::Expanding);
//创建垂直布局,设置其属性,添加部件
QVBoxLayout layout;
layout.setAlignment(Qt::AlignCenter);
layout.addItem(spacer1);
layout.addWidget(&l);
layout.addItem(spacer2);
layout.addWidget(&b);
layout.addItem(spacer3);
//将布局添加到对话框中
w.setLayout(&layout);
//显示对话框
w.show();
//设置"退出"按钮的信号与槽
QDialog::connect(&b,SIGNAL(clicked()),&w,SLOT(close()));
//启动程序
return a.exec();
}
```

(5) 单击 Qt Creator 中的"运行"按钮,即可得到程序运行结果,如图 1.40 所示。单击对话框中的"退出"按钮,即可关闭程序的主对话框。

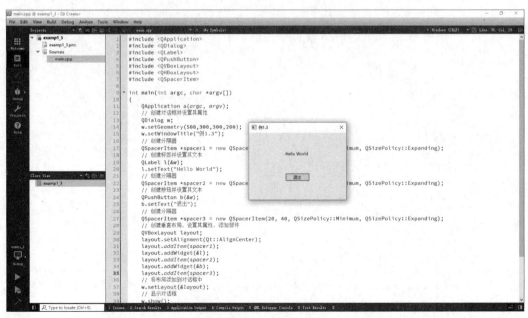

图 1.40　例 1.3 程序运行结果

从上面的程序设计过程可以看出,采用代码化方式开发 Qt 应用程序,过程烦琐且效率低下。但该设计方式非常灵活,能够实现精美的界面以及复杂的业务逻辑。

1.3.3 混合式设计

使用可视化设计方式开发 Qt 应用程序,不需要人工编写代码去处理大量烦琐的界面组件的创建和布局管理工作,可以直观地进行界面设计,从而大大提高了应用程序开发的工作效率。但该设计方式也存在一些缺陷,如某些组件无法可视化地添加到界面上,此时就必须手工编写代码实现相应的部件功能。

采用纯代码方式进行 Qt 应用程序开发,能够设计出非常精美的用户界面,并且可以实现非常复杂的业务逻辑,但是设计效率太低,过程也非常烦琐。因此,在实际的开发过程中,常常使用混合式设计方式,尽可能使用可视化设计方式解决,无法可视化实现的再用纯代码的方式解决。

【例 1.4】 使用混合式设计方式实现例 1.2 的程序功能。要求在"退出"按钮上添加菜单,当选择菜单中的"确定"命令时,关闭应用程序主窗体,如图 1.41所示。

扫一扫

视频讲解

(1) 打开 Qt Creator 开发工具,生成一个名为exampl_4 的 Qt 应用程序。将主窗体标题设置为"例 1.4",并按照例 1.1 的操作步骤,向主窗体中添加

图 1.41 例 1.4 程序运行结果

控件及布局管理器。这里采用可视化程序设计方法完成应用程序框架的生成与主窗体界面的设计。

(2) 编写代码,实现新增功能。由于在 Qt Designer 中不能直接将菜单放置在"退出"按钮控件上,所以必须采用代码化方式实现相关的界面功能。

在 widget.h 文件中添加如下阴影部分代码。

```
...
#include <QWidget>
#include <QMenu>
...
class Widget : public QWidget
{
    Q_OBJECT
...
private:
    Ui::Widget * ui;
    QMenu * menu;
    QAction * ok;
    QAction * cancel;
};
#endif //WIDGET_H
```

在 widget.cpp 文件中添加如下阴影部分代码。

```
...
Widget::Widget(QWidget * parent)  : QWidget(parent)
    , ui(new Ui::Widget)
{
    ui->setupUi(this);
```

```
//创建并设置按钮菜单
menu = new QMenu();
ok = menu->addAction(tr("确定"));
cancel = menu->addAction(tr("取消"));
ui->pushButton->setMenu(menu);
//选择"确定"菜单命令,关闭主窗体
connect(ok,SIGNAL(triggered()),this,SLOT(close()));
}
...
```

(3) 保存文件,构建并运行应用程序。单击"退出"按钮,弹出菜单,选择"确定"命令,应用程序主窗体随即关闭。

1.4　项目结构分析

Qt 应用程序一般都包含有多个文件,这些相关联的文件被组织在一起,以"项目"的形式进行统一管理。下面以例 1.1 创建的程序为例,简要分析一下 Qt 应用程序项目的文件类型、作用,以及程序的运行机制。

1.4.1　项目文件组成

在 Qt Creator 中打开例 1.1 中的 Qt 项目 examp1_1,切换到 Edit 模式,展开项目视图中的各个文件分组,如图 1.42 所示。

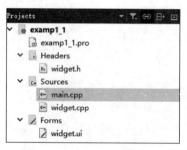

图 1.42　examp1_1 项目视图

可以看到,examp1_1 项目包含 4 种类型的文件,分别是项目文件 examp1_1.pro、主函数文件 main.cpp、类文件 widget.h/widget.cpp 和界面文件 widget.ui。

项目文件用于项目管理,包括项目设置、使用的 Qt 模块、包含的文件等信息;主函数文件是实现 main()函数的文件,main()函数是 C++ 应用程序入口函数,其主要功能是创建应用程序、创建窗体、显示窗体、运行程序、启动应用程序的消息循环和事件处理;类文件包括项目中类的声明及实现文件;界面文件是使用 Qt Designer 进行界面设计生成的文件,它实际上就是一个可扩展标记语言(Extensible Markup Language,XML)文件,用于管理界面中的窗体、部件、信号与槽等信息。

需要注意的是,Qt 项目中的界面文件在项目构建后将被转换为类文件。展开 examp1_1 项目构建生成的 build-examp1_1-Desktop_Qt_6_2_4_MinGW_64_bit-Debug 文件夹,可以看到有一个名为 ui_widget.h 的文件,该文件就是由 examp1_1.ui 界面文件生成的类文件,如图 1.43 所示。

除了上述介绍的文件之外,Qt 项目中还可能有一些其他类型的文件,如管理项目资源的资源文件、存储项目数据的文本文件或二进制文件等。关于 Qt 项目文件的具体内容,由于篇幅的限制,这里不再展开讲解,请大家自行理解熟悉。

还需要说明一下,上面的项目结构分析是以 examp1_1 项目为例讲解的,而 examp1_1 项目是采用 qmake 项目构建系统构建的。其实,Qt Creator 集成开发工具提供了 3 种项目

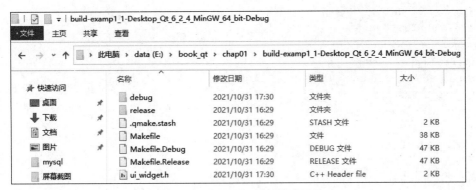

图 1.43   examp1_1 项目构造目录

构建系统,分别是 qmake、CMake 和 Qbs。采用不同的项目构建系统构建的 Qt 项目,其项目结构是不一样的,本书将全部采用 qmake 项目构建系统构建 Qt 应用项目,后续不再说明,请大家注意。

1.4.2   程序运行机制

Qt 程序属于 C++ 语言,它的入口主函数仍然是 main()。下面是 examp1_1 项目 main.cpp 文件的内容。

```
#include "widget.h"
#include <QApplication>
int main(int argc, char * argv[])
{
    QApplication a(argc, argv);
    Widget w;
    w.show();
    return a.exec();
}
```

从上述代码可以看出,Qt 应用程序的运行分为 3 个步骤。

(1)创建一个 Qt 应用程序实例。QApplication 是 Qt 的标准应用程序类,它的实例 a 就是一个 Qt 应用程序对象。

(2)创建应用程序主窗体并显示。Widget 是继承于 QWidget 的派生类,QWidget 是 Qt 的窗体类,所以 Widget 类的实例 w 就是一个 Qt 窗体对象。通过对象 w 调用其成员函数 show()实现应用程序主窗体的显示。

(3)启动应用程序并开始应用程序的消息循环和事件处理。通过对象 a 调用其成员函数 exec()启动应用程序的执行,QApplication 类的 exec()函数会让应用程序进行消息循环,也就是将主窗体持续显示,等待用户的下一步操作。如果在 main()函数的末尾没有 a.exec()语句,而是直接使用 return 1 语句,应用程序主窗体会一闪而过,不会持续显示在计算机屏幕上。

需要特别说明的是,main()主函数中的 w 窗口对象并不是界面文件 widget.ui 表示的窗口。那么,应用程序的主窗体功能到底是如何实现的呢?也就是说,与窗体有关的 4 个文件,即 widget.h、widget.cpp、widget.ui 和 ui_widget.h,到底是如何联系在一起的呢?要搞清楚这个问题,我们先来看一下 Widget 类声明文件 widget.h 中的代码。

```
#ifndef WIDGET_H
#define WIDGET_H
#include <QWidget>
QT_BEGIN_NAMESPACE
namespace Ui { class Widget; }
QT_END_NAMESPACE
class Widget : public QWidget
{
    Q_OBJECT
public:
    Widget(QWidget * parent = nullptr);
    ~Widget();

private:
    Ui::Widget * ui;
};
#endif //WIDGET_H
```

注意到上述代码中的 Ui::Widget * ui 语句定义了一个私有的类对象指针 ui，其实这个 ui 表示的就是应用程序的主窗体。但这个指针指向的是 Ui 命名空间里的 Widget 类的对象，而不是程序应用的 Widget 对象本身。打开 ui_widget.h 文件，观察其中的代码。

```
#ifndef UI_WIDGET_H
#define UI_WIDGET_H
...

QT_BEGIN_NAMESPACE
class Ui_Widget
{
public:
    QLabel * label;
    QPushButton * pushButton;
    void setupUi(QWidget * Widget)
    {
        ...
    } //setupUi
    ...
};
namespace Ui {
    class Widget: public Ui_Widget {};
} //namespace Ui
QT_END_NAMESPACE
#endif //UI_WIDGET_H
```

注意到代码中的宏：

```
QT_BEGIN_NAMESPACE
...
QT_END_NAMESPACE
```

定义一个命名空间 Ui。下面的代码在 Ui 命名空间中定义了一个名为 Widget 的类，该类继承于 Ui_Widget 类。

```
namespace Ui {
    class Widget: public Ui_Widget {};
} //namespace Ui
```

所以,应用程序主窗体类 Widget 中的私有成员 ui,实际上指向的是 Ui_Widget 类的对象,也就是我们在 Qt Designer 中设计的窗体对象。

另外,注意到 Ui_Widget 类的声明中有一个名为 setupUi() 的公有成员函数,该函数用于初始化主窗体,它在 Widget 类的构造函数中被调用,如下所示。

```
Widget::Widget(QWidget * parent) : QWidget(parent) , ui(new Ui::Widget)
{
    ui->setupUi(this);
}
```

以上分析的是例 1.1 应用程序的运行过程,由于该程序设计过程中使用了 Qt Designer 界面设计工具,所以对象之间的关系要相对复杂一点。其实,仔细分析例 1.3 中的应用程序,理解 Qt 的程序运行机制会更加明了。

习题 1

1. 填空题

(1) Qt 是一个基于_____、_____、_____的图形用户界面应用程序框架。

(2) Qt 的发行版本分为_____和_____版,其版本中的 LTS 表示_____。

(3) 在 Qt 应用程序开发过程中,通常使用_____和_____两种类型的编译器。

(4) 支持 Qt 应用开发的集成工具有很多,其中由 Qt 官方推荐的、跨平台的开发工具是_____。

(5) Qt Creator 的模式选择器包含_____种模式,分别是_____和_____。

(6) 在 Qt Creator 中开发 Application(Qt)类型的项目,可以使用_____和_____两种项目模板。其中,_____模板用于开发图形用户界面(GUI)应用,_____模板用于开发控制台应用。

(7) 在 Qt 应用程序中,对象之间的通信采用_____机制来实现。

(8) Qt 应用程序以项目的形式统一管理多个文件,在使用 qmake 构建的项目中,项目文件的扩展名为_____。

(9) Qt 应用程序的主函数文件名称为_____,它实现 C++ 应用程序的入口函数_____。

(10) 在 Qt 应用程序中,扩展名为_____的文件称为界面文件,它实际上就是一个_____文件,用于管理界面中的窗体、部件、信号与槽等信息。

2. 选择题

(1) Qt 是一套应用程序开发类库,支持(　　)操作系统。

    A. Windows　　　　　B. Linux　　　　　　C. iOS　　　　　　D. Android

(2) Qt Creator 的项目编译系统有(　　)。

    A. qmake　　　　　　B. CMake　　　　　　C. Qbs　　　　　　D. MOC

(3) 在 Qt Creator 中创建或打开 Qt 应用项目,可以通过其(　　)模式选择器完成。

  A. Welcome   B. Edit   C. Design   D. Projects

（4）Qt 应用程序主窗体中的字符串是通过（ ）类实现的。

  A. QWidget   B. QDialog   C. QLabel   D. QPushButton

（5）Qt 应用程序主窗体的显示，需要调用主窗体类的（ ）函数。

  A. close()   B. show()   C. hide()   D. connect()

3. 简答题

（1）简述 Qt 的安装步骤。

（2）怎样对 Qt Creator 进行设置？若要更改编辑窗体中的字体大小，该如何操作？

（3）Qt Creator 有哪些桌面应用项目模板？简述使用 Qt Widgets Application 项目模板开发 Qt 应用程序的步骤。

（4）若系统中安装了多种 C++ 程序编译器，怎样在 Qt Creator 中切换它们？

（5）简述 Qt 应用程序运行原理。

4. 操作题

（1）采用可视化方式编写一个 Qt 应用程序。程序运行后，在主窗体中显示"清华大学出版社"字符串，单击主窗体中的"关闭"按钮，结束程序的运行。

（2）采用纯代码化方式完成操作题(1)中的 Qt 应用程序设计。

第2章

Qt开发基础

Qt 是一个采用标准 C++ 程序设计语言编写的跨平台的应用程序开发类库,它对标准 C++ 语言进行了扩展,引入了元对象系统、信号与槽、动态属性等一些新的特性。因此,在进行 Qt 应用程序开发之前,需要全面了解 Qt 的这些扩展特性。除此之外,还需要熟悉一些常用工具类的功能及其对象的使用方法。

本章介绍 Qt 应用开发的一些基础知识,包括 Qt 的类库模块结构、元对象系统、信号与槽通信机制,以及常用工具类的功能及使用等内容。

2.1 Qt 应用概述

Qt 本质上属于 C++ 语言,Qt 应用实际上就是 C++ 语言的 GUI(图形用户界面)应用程序,就像 Visual C++ MFC 应用程序一样。由于 Qt 对标准 C++ 语言进行了扩展,因此 Qt 应用程序也拥有了一些自己的特性。

2.1.1 Qt 应用特点

使用 Qt 既可以开发 C++ 语言的 GUI 应用程序,也可以开发非 GUI 应用程序,但通常所说的 Qt 应用程序都是指前者。另外,由于 Qt 是跨平台的,所以 Qt 应用又分为桌面应用、移动应用、嵌入式应用等多种类型。

与标准的 C++ 应用程序相比较,Qt 应用主要有以下特点。

1) 使用特有的宏扩展类的功能

Qt 的类中常常会设置一些特有的宏,如 Q_CLASSINFO()、Q_OBJECT、Q_PROPERTY()、Q_SIGNALS 和 Q_SLOTS 等,用于实现 Qt 的一些扩展功能。在 Qt 应用程序中,如果想要让自定义的类支持 Qt 的信号与槽通信机制,就必须在该类的私有成员声明区域添加 Q_OBJECT 宏,并使用 Q_SIGNALS(或 signals 关键字)和 Q_SLOTS(或 slots 关键字)宏声明信号函数和槽函数;如果想为自定义的类增加一些附加信息,则可以使用 Q_CLASSINFO()宏。

2）使用信号与槽机制实现对象间通信

信号与槽是 Qt 的一个核心特点，也是区别于其他框架的重要特性。信号与槽是 Qt 对象间进行通信的机制，在第 1 章的例 1.1 应用程序中，使用这种机制完成了单击"退出"按钮关闭主窗体的操作，也就是完成了 Qt 的 QPushBotton 对象与 QWidget 对象间的通信。像这样对象间的通信，在 Visual C++ MFC 框架中，则是通过"消息"映射的方式实现的。

3）使用元对象编译器进行预处理

由于 Qt 对标准 C++ 语言进行了扩展，增加了信号与槽、属性系统等一些新的功能，所以在 Qt 应用程序中的一些代码不能直接使用标准 C++ 编译器进行编译，需要先将其转换为标准 C++ 兼容的形式。

Qt 的元对象编译器（Meta-Object Compiler，MOC）是一个预处理器，在源程序被编译前先将具有 Qt 特性的程序转换为标准 C++ 兼容的形式，然后再由标准 C++ 编译器进行编译与链接。打开第 1 章例 1.1 应用程序构建后的 debug 目录，可以看到一些以 moc_为前缀的文件，这些文件就是由 Qt 的元对象编译器生成的。

4）使用不同类型的文件实现不同的功能

Qt 应用程序是由多个不同类型的文件组成的，除了在 1.4.1 节中分析的项目文件（＊.pro）、类文件（＊.h 和 ＊.cpp）以及界面文件（＊.ui）之外，还包括实现元对象系统（Meta-Object System）特性的 MOC 预处理文件（moc_＊.h、moc_＊.cpp 和 moc_＊.o）以及对资源进行管理的资源文件（＊.qrc）等。这些文件分别实现不同的功能，最后由标准 C++ 编译器将它们编译、链接成一个整体。

2.1.2　Qt 应用功能

Qt 应用的功能取决于用户需求以及开发中所使用的 Qt 类。Qt 类库中的类是以模块方式进行组织和管理的，版本不同，其模块数量、各个模块中包含的类等都会有所不同。打开 Qt Assistant 6.2.4 中的 All Modules 页面，可以看到 Qt 6.2.4 的模块被分成了 Qt Essentials（基本模块）和 Qt Add-Ons（附加模块）两大类。

1. 基本功能

Qt 应用的基本功能由 Qt 基本模块中的类来实现，这些类在所有开发平台和目标平台上均可使用。Qt 6.2.4 基本模块及其功能描述如表 2.1 所示。

表 2.1　Qt 6.2.4 基本模块及其功能描述

模 块 名 称	功 能 描 述
Qt Core	Qt 核心模块，包含其他所有模块依赖的非图形类，如 QApplication 等
Qt D-Bus	通过 D-Bus 总线协议进行进程间通信的类
Qt GUI	设计 GUI 界面的基础类
Qt Network	使网络编程更容易和更可移植的类
Qt QML	用于 QML 和 JavaScript 语言的类
Qt Quick	用于构建具有自定义用户界面的高度动态应用程序的声明性框架
Qt Quick Controls	提供轻量级 QML 类型，用于为桌面、嵌入式和移动设备创建性能良好的用户界面
Qt Quick Dialogs	用于从 Qt Quick 应用程序创建系统对话框并与之交互的类型

续表

模 块 名 称	功 能 描 述
Qt Quick Layouts	用于在用户界面中排列基于 Qt Quick 2 界面元素的布局项
Qt Quick Test	QML 应用程序的单元测试框架
Qt Test	用于单元测试 Qt 应用程序和库的类
Qt Widgets	用于构建 GUI 界面的 C++ 图形组件类

2. 特定功能

Qt 应用的特定功能由 Qt 附加模块中的类来实现。Qt 中的附加模块实现一些特定的目的,它们可能只针对某些开发平台,或只能用于某些操作系统,或只是为了向后兼容。Qt 6.2.4 附加模块及其功能描述如表 2.2 所示。

表 2.2　Qt 6.2.4 附加模块及其功能描述

模 块 名 称	功 能 描 述
Active Qt	用于开发使用 ActiveX 和 COM 的 Windows 应用程序
Qt Bluetooth	提供访问蓝牙硬件设备的功能
Qt 3D	提供支持二维和三维渲染的近实时仿真系统功能
Qt 5 Core Compatibility APIs	一些在 Qt 6 中不存在的 Qt 5 核心 API
Qt Concurrent	用于编写不使用底层线程控制的多线程程序的类
Qt Help	用于将 Qt 文档集成到应用程序中的类
Qt Image Formats	支持其他图像格式的插件,包括 TIFF、MNG、TGA、WBMP
Qt OpenGL	提供 C++ 类,使其易于在 Qt 应用程序中使用 OpenGL。一个单独的 Qt OpenGL 控件 C++ 类库,提供了一个用于呈现 OpenGL 图形的组件
Qt Multimedia	提供一组丰富的 QML 类型和 C++ 类处理多媒体内容,包含处理摄像头访问的 API
Qt Print Support	提供一些使打印更容易、更便携的类
Qt Quick Widgets	提供用于显示 Qt Quick 用户界面的 C++ 小窗体部件类
Qt Remote Objects	提供一种易于使用的机制,用于在进程或设备之间共享 QObject 的 API(属性、信号与槽)
Qt SCXML	提供用于从 SCXML 文件创建状态机并将其嵌入应用程序的类和工具
Qt Sensors	提供对传感器硬件的访问功能
Qt Serial Bus	提供对串行工业总线接口的访问。目前,该模块支持 CAN 总线和 ModBus 协议
Qt Serial Port	提供与硬件和虚拟串行端口交互的类
Qt SQL	提供使用 SQL 进行数据库操作的类
Qt State Machine	提供用于创建和执行状态图的类
Qt SVG	用于显示 SVG 文件内容的类。支持 SVG 1.2 标准的一个子集。Qt SVG 小部件 C++ 类的单独库提供了在小部件 UI 中呈现 SVG 文件的支持

续表

模 块 名 称	功 能 描 述
Qt UI Tools	用于在运行时动态加载在 Qt Designer 中创建的、基于 QWidget 的部件的类
Qt WebChannel	提供从 HTML 客户端访问 QObject 或 QML 对象的权限,以实现 Qt 应用程序与 HTML/JavaScript 客户端的通信
Qt WebEngine	提供用于在使用 Chromium Browser 项目的应用程序中嵌入 Web 内容的类和函数
Qt WebSockets	提供符合 RFC 6455 的 Web Socket 通信
Qt WebView	通过使用平台自带的 API 在 QML 应用程序中显示 Web 内容,而无须包含完整的 Web 浏览器
Qt XML	用于在文档对象模型(DOM)API 中处理 XML
Qt Positioning	提供位置、卫星信息和区域监控访问的类
Qt NFC	提供访问 NFC(近场通信)硬件的功能
Qt Charts*	提供由静态或动态数据模型驱动、用于显示绚丽图表的 UI 组件
Qt Data Visualization*	提供用于创建炫酷的三维数据可视化的 UI 组件
Qt Lottie Animation*	提供用于以 JSON 格式呈现图形和动画的 QML API
Qt Network Authorization*	基于 OAuth 协议,为应用程序提供网络账号验证的功能
Qt Quick 3D*	提供基于 Qt Quick 创建三维内容或 UI 的高级 API
Qt Quick Timeline*	提供基于关键帧的动画和参数化功能
Qt Shader Tools*	提供用于跨平台 Qt 着色器工具。这使得处理图形和计算着色器可以用于 Qt Quick 和 Qt 生态系统中的其他组件
Qt Virtual Keyboard*	一个实现不同输入法的框架,以及一个 QML 虚拟键盘。支持本地化键盘布局和自定义可视化主题
Qt Wayland Compositor*	提供开发 Wayland 功能的框架。Wayland 是一个用 C 语言库实现的为了使 Compositor 和 Client 沟通的协议

注:标记 * 的附加模块只包含在商业许可或 GNU 通用公共许可 v3 中。

2.2　Qt 元对象系统

Qt 的元对象系统提供了对象之间通信的信号与槽机制、运行时类型信息和动态属性系统。

2.2.1　对象模型

标准 C++ 对象模型可以在运行时非常有效地支持对象范式(Object Paradigm),但是它的静态特性在一些问题领域不够灵活。GUI 编程不仅需要运行时的高效性,还需要高度的灵活性。为此,Qt 在标准 C++ 对象模型的基础上添加了一些特性,形成了自己的对象模型。这些特性主要如下。

(1) 一个强大的无缝对象通信机制,即信号与槽(Signals and Slots)。

(2) 可查询和可设计的对象属性系统(Object Properties)。

(3) 强大的事件和事件过滤器(Events and Event Filters)。

（4）通过上下文进行国际化的字符串翻译机制(String Translation for Internationalization)。

（5）完善的定时器(Timers)驱动,使得可以在一个事件驱动的GUI中处理多个任务。

（6）分层结构的、可查询的对象树(Object Trees),它使用一种很自然的方式组织对象拥有权(Object Ownership)。

（7）守卫指针,即QPointer,它在引用对象被销毁时自动将其设置为0。

（8）动态的对象转换机制(Dynamic Cast)。

（9）支持自定义类型的创建。

Qt 6.2.4 对象模型基础类及其功能描述如表 2.3 所示。

表 2.3 Qt 6.2.4 对象模型基础类及其功能描述

类 名 称	功 能 描 述
QMetaClassInfo	用于处理类的附加信息
QMetaEnum	关于类的枚举数据的元数据
QMetaMethod	关于类的成员函数的元数据
QMetaObject	包含关于 Qt 对象的元信息
QMetaProperty	关于类的属性的元数据
QMetaSequence	允许对顺序容器进行类型忽略访问
QMetaType	管理元对象系统中的命名类型
QObject	所有 Qt 对象的基类
QObjectCleanupHandler	观察多个 QObject 的生命周期
QPointer	提供 QObject 的受保护指针的模板类
QSignalBlocker	围绕 QObject::blockSignals()的异常安全包
QSignalMapper	绑定来自可识别的发送者的信号
QVariant	类似最常见的 Qt 数据类型的联合

2.2.2 元对象系统

Qt 的元对象系统以其对象模型为基础,由以下 3 个基础部分组成。

（1）使用元对象系统的类必须继承于 QObject 类。

（2）必须在类的 private 声明区声明 Q_OBJECT 宏。

（3）使用 MOC(元对象编译器)为每个 QObject 的子类实现元对象特性提供必要的代码。

构建项目时,MOC 工具读取 C++ 源文件,当它发现类的定义中有 Q_OBJECT 宏时,它就会为这个类生成另一个包含元对象支持代码的 C++ 源文件,这个生成的源文件连同类的实现文件一起被编译和链接。

元对象系统主要是为了实现信号与槽机制而引入的,不过除了信号与槽机制以外,元对象系统还提供了其他的一些特性,具体如下。

（1）QObject::metaObject()函数返回类关联的元对象。

（2）QMetaObject::className()函数在运行时返回类的名称字符串,而不需要通过 C++ 编译器支持本机运行时类型信息(Run-Time Type Identification,RTTI)。

(3) QObject::inherits()函数判断一个对象是否为某个类或 QObject 子类的实例。

(4) QObject::tr()函数转换字符串以实现应用程序的国际化。

(5) QObject::setProperty()和 QObject::property()函数可以按名称动态设置和获取属性。

(6) QMetaObject::newInstance()函数可以创建类的一个新实例。

除上述特性之外,还可以对 QObject 及其子类使用 qobject_cast()函数执行动态强制类型转换,也称为动态投射(Dynamic Cast)。qobject_cast()函数的行为类似于标准 C++ 语言的 dynamic_cast()函数,其优点是不需要 RTTI 支持。该函数试图将其参数强制转换为尖括号中指定的指针类型,如果对象的类型正确(在运行时确定),则返回非零指针;如果对象的类型不兼容,则返回空指针 NULL。

例如,假设 MyWidget 类继承于 QWidget 且在类定义中声明了 Q_OBJECT 宏,则下面的语句定义了一个名为 obj 的 QObject 对象指针。

```
QObject * obj = new MyWidget;
```

这里,类型为 QObject * 的 obj 变量实际上指的是 MyWidget 对象,因此可以使用 qobject_cast()函数对它进行强制类型转换,代码如下。

```
QWidget * widget = qobject_cast<QWidget * >(obj);
```

上述语句将 obj 变量的类型从 QObject * 转换为 QWidget * ,这种强制类型转换是成功的,因为该对象实际上是一个 MyWidget 类的实例,它是 QWidget 的子类。既然知道 obj 变量是一个 MyWidget 类的实例,当然也可以将其转换为 MyWidget * 类型,代码如下。

```
MyWidget * myWidget = qobject_cast<MyWidget * >(obj);
```

这个类型转换也是成功的。qobject_cast()函数既可以转换 Qt 的内建数据类型,也可转换用户自定义的数据类型。

但是,下面的强制类型转换是失败的。

```
QLabel * label = qobject_cast<QLabel * >(obj);
```

因为 obj 变量实际表示的 MyWidget 类并不是 QLabel 类的子类。此时,qobject_cast()函数会返回一个空指针。这使得我们可以在运行时根据变量的数据类型的不同对对象进行不同的处理。

例如,请看下面的代码:

```
if(QLabel * label = qobject_cast<QLabel * >(obj)) {
    label->setText(tr("Ping"));
}
else if(QPushButton * button = qobject_cast<QPushButton * >(obj)) {
    button->setText(tr("Pong!"));
}
```

虽然可以在不使用 Q_OBJECT 宏和元对象代码的情况下将 QObject 用作基类,但如果不使用 Q_OBJECT 宏,则信号与槽以及本节中描述的其他功能都将不可用。因此,我们强烈建议 QObject 的所有子类都要使用 Q_OBJECT 宏,无论它们是否实际使用信号和槽以及属性系统。

2.2.3　属性系统

Qt 提供了强大的基于元对象系统的属性系统(Property System),可以在能够运行 Qt

应用程序的平台上支持任意的标准 C++ 编译器。通过 Qt 的属性系统,不仅可以静态或动态地定义属性、设置属性值、查询属性,还可以为类定义一些其他的附加信息。

1. 属性的定义

在一个 Qt 类中声明属性,要求该类必须是 QObject 类的派生类,并且需要通过 Q_PROPERTY()宏来定义。语法格式如下。

```
Q_PROPERTY(type name
          (READ getFunction [WRITE setFunction] |
           MEMBER memberName [(READ getFunction | WRITE setFunction)])
          [RESET resetFunction]
          [NOTIFY notifySignal]
          [REVISION int | REVISION(int[, int])]
          [DESIGNABLE bool]
          [SCRIPTABLE bool]
          [STORED bool]
          [USER bool]
          [BINDABLE bindableProperty]
          [CONSTANT]
          [FINAL]
          [REQUIRED])
```

该宏定义一个返回值类型为 type,名称为 name 的属性。这里的 type 可以是 QVariant 支持的任何类型,也可以是用户自定义的类型。其他关键字及标识符的含义如表 2.4 所示。

表 2.4　Q_PROPERTY()宏关键字及标识符

关键字或标识符	含　　义
READ	指定一个读取属性值的函数,没有 MEMBER 关键字时必须设置 READ
getFunction	读取属性值的成员函数名称
WRITE	指定一个设置属性值的函数。只读属性没有 WRITE 设置
setFunction	设置属性值的成员函数名称
MEMBER	指定一个成员变量与属性关联。属性与成员变量关联后,成为可读可写的属性,不需要再设置 READ 和 WRITE
memberName	与属性关联的成员变量名称
RESET	可选设置。用于指定一个设置属性默认值的成员函数
resetFunction	设置属性默认值的成员函数名称
NOTIFY	可选设置。用于设置一个信号,当属性值发生变化时发射此信号
notifySignal	信号函数名称
REVISION	可选设置。表示属性及其信号只用于特定版本
DESIGNABLE	可选设置。表示属性是否在 Qt Design 的属性窗口中可见。默认为 True
SCRIPTABLE	可选设置。表示属性是否可以被脚本引擎(Scripting Engine)访问。默认为 True
STORED	可选设置。表示是否在当前对象状态被存储时也必须存储该属性的值
USER	可选设置。表示属性是否被设计为该类的面向用户或用户可编辑的属性。一般每个类中只有一个 USER 属性,默认值为 False
BINDABLE	可选设置。表示该属性支持绑定,并且可以通过元对象系统设置和检查与该属性的绑定。该设置在 Qt 6.0 中引入

续表

关键字或标识符	含 义
bindableProperty	QBindable<T>类型的类成员的名称。其中 T 是属性类型
CONSTANT	表示属性是一个常数。对于一个对象,READ 指定的函数返回值是常数,但是每个对象的返回值可以不一样。具有 CONSTANT 设置的属性不能有 WRITE 和 NOTIFY 设置
FINAL	表示定义的属性不能重载
REQUIRED	REQUIRED 属性的存在表示该属性应由类的用户设置

在 Q_PROPERTY()宏中通过 READ、WRITE 和 RESET 关键字定义的成员函数是可以被继承的,也可以把它们设置为虚函数。但要注意,在多重继承中,被继承的成员函数必须来自第 1 个基类。

下面给出一个 QWidget 类中定义属性的示例。

```
Q_PROPERTY(bool focus READ hasFocus)
Q_PROPERTY(bool enabled READ isEnabled WRITE setEnabled)
Q_PROPERTY(QCursor cursor READ cursor WRITE setCursor RESET unsetCursor)
```

【例 2.1】 编写一个非 GUI 的 Qt 应用程序,演示使用 Q_PROPERTY()宏定义属性的方法。要求为应用程序添加一个名为 Student 的 QObject 派生类,并在该类中定义属性 name 及操作函数。

(1) 打开 Qt Creator 集成开发环境,创建一个基于 QWidget 的 Qt 应用程序,项目名称为 examp2_1。

(2) 执行 File→New File or Project 菜单命令,弹出 New File or Project 对话框,如图 2.1 所示。

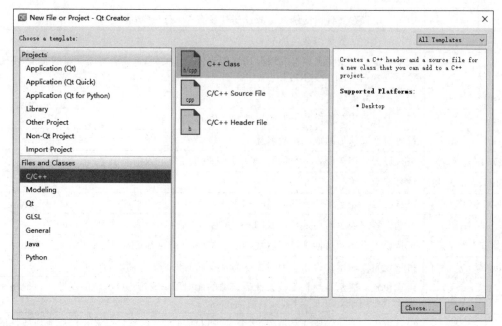

图 2.1 New File or Project 对话框

（3）选择 Files and Classes 列表框中的 C/C++ 选项，向项目中添加一个名为 Student 的 C++ 类，其基类为 QObject，如图 2.2 所示。

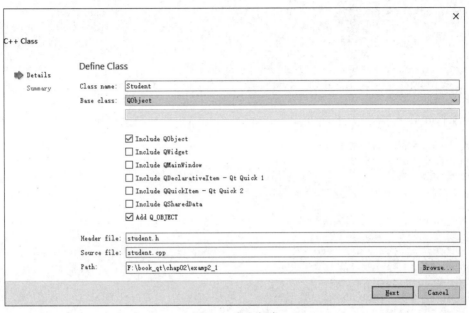

图 2.2　定义新类

（4）打开 Student 类的头文件及实现文件，在其中添加阴影部分的代码。

```
//student.h 文件
#ifndef STUDENT_H
#define STUDENT_H
#include <QObject>
class Student : public QObject
{
    Q_OBJECT
    Q_PROPERTY(QString name READ getName WRITE setName NOTIFY nameChanged)
                            //定义属性 name 及相关操作函数
public:
    explicit Student(QObject * parent = nullptr);
    QString getName();          //读取属性 name 的值
    void setName(QString);      //设置属性 name 的值
signals:
    void nameChanged(QString);  //属性 name 的值发生变化时发送信号
public slots:
    void isNameChanged(QString); //测试信号的槽函数
private:
    QString m_name;             //用于存放属性 name 值的成员变量
};
#endif //STUDENT_H
//student.cpp 文件
#include "student.h"
#include <QDebug>
Student::Student(QObject * parent) : QObject(parent)
{}
```

```
QString Student::getName(){
    return m_name;
}
void Student::setName(QString name){
    m_name = name;
    emit nameChanged(name);
}
void Student::isNameChanged(QString name){
    qDebug() << "学生姓名:" << name;
}
```

(5) 打开 main.cpp 文件,在 main()主函数中添加阴影部分的代码。

```
#include <QCoreApplication>
#include "student.h"
#include <QDebug>
int main(int argc, char * argv[])
{
    QCoreApplication a(argc, argv);
    Student student;
    QObject::connect(&student,SIGNAL(nameChanged(QString)),&student,
SLOT(isNameChanged(QString)));
    student.setName("李木子");
    qDebug() << student.getName();
    qDebug() << student.property("name").toString();
    return a.exec();
}
```

(6) 构建并运行程序,结果如图 2.3 所示。

图 2.3　例 2.1 程序运行结果

可以看出,程序运行后输出了 3 行文本,其中第 1 行文本是由 Student 类的 isNameChanged()槽函数输出的,该槽函数与 Student 类的 name 属性设置的 nameChanged 信号相关联;第 2 行与第 3 行文本由 main()主函数中的 qDebug()函数输出,分别调用 Student 类的 getName()函数和 QObject 类的 property()函数获取 Student 对象的 name 属性值。

2. 属性的使用

类的属性定义完成后,就可以在程序中使用该属性了。属性的使用包括属性的设置与读取等操作。

在例 2.1 应用程序的主函数中,我们使用 Student 对象的 setName()函数对 name 属性进行了设置,同时使用 property()函数读取到了该对象的 name 属性值。这里的 property()函数是 QObject 类的成员函数,其原型为

```
QVariant QObject::property(const char * name) const
```

该函数返回对象的属性值，以 QVariant 对象表示。其中的 name 参数表示属性名称。

属性的设置除了采用在 Q_PROPERTY() 宏中通过 WRITE 关键字定义的接口函数之外，还可以使用 QObject 类的 setProperty() 成员函数。

setProperty() 函数的原型为

```
bool QObject::setProperty(const char * name, const QVariant &value)
```

该函数用于设置类的属性值。其中，name 参数表示属性名称，value 参数表示属性值。当 name 属性存在且设置成功时，返回 True，否则返回 False；若 name 属性不存在，函数会为对象创建一个动态属性，且返回 False。

将例 2.1 应用程序主函数中的语句

```
student.setName("李木子");
```

修改为

```
student.setProperty("name","李木子");
```

运行程序，会得到与图 2.3 相同的结果。

3. 动态属性

当使用 QObject::setProperty() 函数为对象设置属性时，若该属性不存在，则函数会为类定义一个新的属性，这个新属性称为动态属性。动态属性是在运行时定义的，它只属于正在运行的类的实例。

例如，若在例 2.1 应用程序的主函数中添加语句：

```
student.setProperty("age",20);
```

则会为 Student 类定义一个名为 age 的新属性，并为它赋值 20。

可以使用下面的语句读取并输出 age 属性的值。

```
qDebug() << student.property("age").toInt();
```

4. 附加信息

在 Qt 的属性系统中，还可以使用 Q_CLASSINFO() 宏为类定义一些附加信息。语法格式如下。

```
Q_CLASSINFO(Name, Value)
```

其中，Name 表示信息名称；Value 表示信息内容。

例如，为例 2.1 应用程序的 Student 类添加"作者"和"版本"附加信息，可以使用下面的语句。

```
Q_CLASSINFO("author","mashian")
Q_CLASSINFO("version","1.0.1")
```

使用 Q_CLASSINFO() 宏定义的类的附加信息，可以通过元对象（QMetaObject）的 classInfo() 成员函数进行读取。函数原型如下。

```
QMetaClassInfo QMetaObject::classInfo(int index) const
```

该函数返回一个 QMetaClassInfo 对象。可以使用 QMetaClassInfo 类的 name() 和

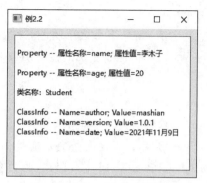

图 2.4　例 2.2 程序运行结果

value()两个成员函数分别获取附加信息的名称和内容,使用方法请参见例 2.2 应用程序。

【例 2.2】　编写一个 Qt 应用程序,在程序主窗体中显示自定义类的对象属性信息,以及自定义类的类信息。运行结果如图 2.4 所示。

(1) 打开 Qt Creator 集成开发环境,创建一个基于 QWidget 的 Qt 应用程序,项目名称为 examp2_2。

(2) 使用与例 2.1 相同的方法,为项目添加一个名为 Student 的新类,如图 2.5 所示。为了覆盖更多的知识点,这里没有使用例 2.1 中的 Student 类。

图 2.5　Student 类头文件及实现文件内容

student.h 头文件中,第 9~11 行定义 author、version 和 date 这 3 个类信息参数;第 12 和 13 行定义 name 和 age 两个类属性;第 15~17 行定义两个私有成员变量 m_name 和 m_age,它们分别与 name 和 age 属性相对应;第 21 和 22 行定义 getAge()和 setAge()成员函数,分别用于读取和设置 age 属性的值。

student.cpp 实现文件展示的是 Student 类的构造函数、setAge()和 getAge()成员函数的实现代码。

(3) 双击项目中的 widget.ui 界面文件,打开界面设计器。在项目主窗体中添加一个名为 plainTextEdit 的 QPlainTextEdit 类部件,用于显示 Student 类的相关信息,如图 2.6 所示。

(4) 打开项目文件 widget.h,为 Widget 类添加一个私有的 Student 对象指针 student 和 getInfo()成员函数的声明,如以下阴影部分所示。

```
...
class Student;
class Widget : public QWidget
```

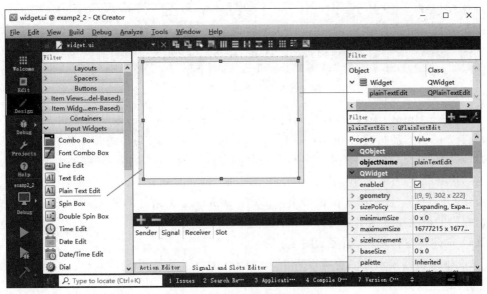

图 2.6 例 2.2 主窗体界面设计

```
{
    Q_OBJECT
private:
    Student * student;
...
private:
    void getInfo(Student * student);
...
};
```

（5）打开项目文件 widget.cpp，在 Widget 类的构造函数中添加代码，并实现 getInfo()
成员函数的功能。代码如以下阴影部分所示。

```
#include "student.h"
#include <QMetaProperty>
Widget::Widget(QWidget * parent) : QWidget(parent), ui(new Ui::Widget)
{
    ui->setupUi(this);
    student = new Student(QString("李木子"));
    getInfo(student);
}
void Widget::getInfo(Student * student){
    const QMetaObject * meta = student -> metaObject();
    for(int i = meta->propertyOffset();i<meta->propertyCount() ;i++ ) {
        QMetaProperty prop = meta->property(i);
        const char * propName = prop.name();
        QString propValue = student->property(propName).toString();
        ui->plainTextEdit->appendPlainText(QString("\nProperty -- 属性名称=%1;
        属性值=%2").arg(propName).arg(propValue));
    }
    ui->plainTextEdit->appendPlainText(QString("\n 类名称: %1\n").arg(meta->
    className()));
```

```
for(int i = meta->classInfoOffset();i<meta->classInfoCount();++i) {
    QMetaClassInfo classInfo = meta->classInfo(i);
    ui->plainTextEdit->appendPlainText( QString("ClassInfo -- Name=%1;
    Value=%2").arg(classInfo.name()).arg(classInfo.value()));
    }
}
...
```

在上述 getInfo()函数中，首先调用 QObject 的 metaObject()函数获取到 student 的元对象指针 meta；然后再通过 meta 调用其 property()和 classInfo()成员函数获取元对象属性和类的附加信息；最后将获取到的信息添加到主窗体的"文本编辑器"部件中进行显示。

在这段代码中，使用了 QMetaObject 的 propertyOffset()、propertyCount()、classInfoOffset()、classInfoCount()函数，以及 QMetaClassInfo 的 name()、value()等成员函数，它们的语法格式请参见 Qt Assistant 中的相关文档。

（6）构建并运行程序，结果如图 2.4 所示。

从文本编辑器显示的内容可以看出，通过 Qt 的属性系统为 Student 类定义的属性、附加信息等都是有效的。

2.3 信号与槽

信号与槽机制是 Qt 的核心机制，通过这种机制能够在应用程序中实现对象之间的通信。该通信机制是 Qt 对标准 C++语言的扩展，需要 Qt 的元对象系统支持才能实现。

2.3.1 概述

Qt 的信号与槽通信机制类似于 Windows 操作系统中的消息处理机制，但消息处理机制是基于回调函数的；而在 Qt 中，使用信号和槽代替函数指针，从而使应用程序更加安全与简洁。

在应用程序设计过程中，当改变了一个对象的状态时，总希望其他对象（或自己）也能及时了解到这种状态的变化，并作出相应的响应。例如，在例 2.1 应用程序中，当 student 对象的"姓名"发生改变时，就希望能及时了解到 student 对象的这种状态变化；又如，在例 1.1 应用程序中，当单击主窗体中的"退出"按钮时，希望主窗体能知道"退出"按钮被单击，并作出"关闭"的响应。在 Qt 编程中，这种对象间的通信就是采用信号与槽机制来实现的。

Qt 的信号与槽通信机制能够完成任意两个 Qt 对象之间的通信，其中，信号会在某个特定的情况或动作下被触发，槽等同于接收并处理信号的函数。在 Qt 中，每个对象都包含若干个预定义的信号和槽，当某个特定事件发生时，一个信号被发送，与信号相关联的槽则会响应信号并完成相应的处理，如例 1.1 所示。当一个类被继承时，该类的信号和槽也同时被继承。当然，也可以根据需要自定义信号和槽，如例 2.1 所示。

由于需要元对象系统的支持，使用信号与槽机制进行通信的对象必须是 QObject 的子类对象，且类的声明中必须使用 Q_OBJECT 宏。

2.3.2 信号

信号（Signal）就是在特定情况下被发射（Emit）的事件。例如，例 1.1 中使用的 clicked()信号就是 QPushButton 按钮被单击时发射的"单击"事件;例 2.1 中使用的 nameChanged()信号就是 Student 对象的属性值发生变化时发射的"值变化"事件。

在 Qt 中,信号通过 signals 关键字和信号函数在类的头文件中声明,如例 2.1 中的程序代码就是信号的声明。

```
signals:
    void nameChanged(QString);
```

这里,signals 是 Qt 的关键字,而非 C++ 的关键字,它指出从此处进入了信号声明区;nameChanged()信号函数定义了 nameChanged 信号,该信号在发射时会附带一个 QString 类型的参数。信号函数中的参数,就是对象之间通信时交换的数据。

定义信号函数时应注意以下几点。

(1) 返回值是 void 类型。因为触发信号函数的目的是执行与其绑定的槽函数,无须信号函数返回任何值。

(2) 程序设计者只能声明而不能实现信号函数。信号函数的实现由 Qt 的 MOC 工具在程序编译时完成。

(3) 信号函数被 MOC 工具自动设置为 protected,因而只有包含一个信号函数的那个类及其派生类才能使用该信号函数。

(4) 信号函数的参数个数、类型由程序设计者自由设定,这些参数的职责是封装类的状态信息,并将信息传递给槽函数。

(5) 只有 QObject 及其派生类才可以声明信号函数。

2.3.3　槽

槽(Slot)就是对信号响应的函数。槽函数和普通的 C++ 成员函数一样,可以定义在类的任何区域(public、protected 或 private),可以具有任何参数,也可以被直接调用。不同的是,槽函数可以与一个或多个信号进行关联。当与其关联的信号被发送时,这个槽就会被调用。槽可以有参数,但槽的参数不能有默认值。

在 Qt 类的头文件中,使用 Qt 的 slots 关键字标识槽函数的声明区,如例 2.1 中的程序代码就是槽函数的声明。

```
public slots:
    void isNameChanged(QString);
```

需要注意的是,槽函数的返回值为 void 类型,因为信号和槽机制是单向的,即信号被发送后,与其绑定的槽函数会被执行,但不要求槽函数返回任何执行结果。和信号函数一样,只有 QObject 及其派生类才可以定义槽函数。

既然槽函数是普通的成员函数,因此与其他的函数一样,它们也有访问权限(public、protected 或 private)。也就是说,我们可以控制其他类能够以怎样的方式调用一个槽函数,而且这些关键字并不影响 QObject::connect()函数(该函数关联信号与槽)的执行。可以将 protected 甚至 private 访问权限的槽函数和一个信号函数进行绑定。当该信号被发射后,即使是 private 访问权限的槽函数也会被执行。从某种意义上讲,Qt 的信号与槽机制破坏了 C++ 的访问控制规则,但是这种机制带来的灵活性远胜于可能导致的问题。

槽就是一个普通的类成员函数,除了在类的头文件中声明之外,还需要在类的实现文件中编写其实现代码。

2.3.4 关联

在 Qt 的信号与槽通信机制中,对象只负责发送信号,它并不知道另一端是谁在接收这个信号;另外,一个槽也不知道是否有任何信号与自己相连接。所以,将对象的信号与槽相关联,是实现对象间通信的关键。

将信号与槽进行关联,可以采用一对一、一对多或多对一的形式,也可以将一个信号关联到另外一个信号上,如图 2.7 所示。

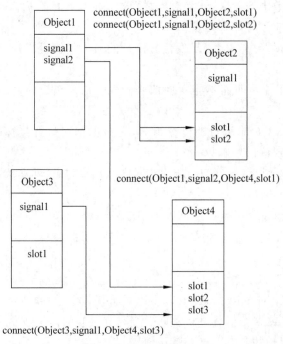

图 2.7　信号与槽关联示意

在 Qt 中,信号与槽的关联可以采用手动的方式,也可以采用自动的方式。

1. 手动关联

信号与槽的手动关联通过调用 QObject::connect()函数实现。该函数原型如下。

```
[static] QMetaObject::Connection QObject::connect(const QObject * sender, const char * signal, const QObject * receiver, const char * method, Qt::ConnectionType type = Qt::AutoConnection)
```

其中,sender 和 receiver 参数都是指向 QObject(或其子类)对象的指针,前者指向发送信号的对象,后者指向处理信号的对象,两者分别被称为“发送者”和“接收者”;signal 和 method 参数都是字符指针,分别指向信号函数和槽函数;type 参数是一个 Qt::ConnectionType 枚举类型值,表示信号与槽之间的关联方式,如表 2.5 所示。

在 Qt 应用开发中,对于单线程程序,信号与槽的关联一般使用直连类型(Qt::DirectConnection),信号一旦触发,对应的槽函数立即就被调用执行;对于多线程程序,跨线程的关联一般用入队关联(Qt::QueuedConnection)方式,信号触发后,跨线程的槽函数被加入事件处理队列中执行,避免干扰接收线程中的执行流程。Qt::AutoConnection 会自动根据信号源对象和接收对象所属的线程来处理,默认都用这种类型的关联方式,对于多线程程序该关联也是安全的。

表 2.5　Qt::ConnectionType 枚举值

常　　量	描　　述
Qt::AutoConnection	默认值。如果信号的接收者与发送者在同一个线程,就使用 Qt::DirectConnection 方式;否则使用 Qt::QueuedConnection 方式。关联方式在信号发送时自动确定
Qt::DirectConnection	信号被发送时槽函数立即执行,槽函数与信号在同一线程
Qt::QueuedConnection	事件循环回到接收者线程后执行槽函数,槽函数与信号不在同一线程
Qt::BlockingQueuedConnection	与 Qt::QueuedConnection 相似,只是信号线程会阻塞直到槽函数执行完毕。当信号与槽函数在同一线程时不能使用这种关联方式,否则会造成死锁
Qt::UniqueConnection	这是一个标志,可以上述任何一种连接类型组合使用。设置该标志后,如果连接已经存在,即如果相同的信号已经连接到同一对对象的同一个槽上,则关联失败
Qt::SingleShotConnection	这是一个标志,可与上述任何一种连接类型组合使用。设置该标志后,槽函数将只被调用一次;当信号发出时,连接将自动断开

由于 connect()函数是 QObject 类的一个静态函数,而 QObject 是所有 Qt 类的基类,在调用时可以忽略前面的限定符。另外,该函数中的 signal 和 method 参数在设置时需要使用 Qt 的 SIGNAL 宏和 SLOT 宏进行包裹。因此,在实际编程中通常使用 connect()函数的简略格式,如下所示。

```
connect(sender,SIGNAL(signal_function()),receiver,SLOT(slot_function()))
```

其中,signal_function()和 slot_function()分别表示 sender 对象中定义的信号函数和 receiver 对象中定义的槽函数。

例如,例 1.4 程序中的语句

```
connect(ok,SIGNAL(triggered()),this,SLOT(close()));
```

表示将"退出"按钮所带的"确定"菜单的 triggered()信号与窗体(this)的槽函数 close()相关联。这样,当选择"确定"菜单命令时,就会执行窗体的 close()槽函数,将程序的主窗体关闭。

又如,例 2.1 中的语句

```
QObject:: connect ( &student, SIGNAL ( nameChanged ( QString )), &student, SLOT
(isNameChanged(QString)));
```

表示将 student 对象的 nameChanged()信号与其自身的 isNameChanged()槽函数相关联。这样,当 student 对象的 name 属性值发生变化时,就会执行它的 isNameChanged()槽函数,在 Qt Creator 的输出窗体中显示相关信息。

QObject 类的 connect()函数是一个重载函数,在 Qt 6.2.4 的帮助文档中可以查询到它的 6 种参数形式。例如,以下原型声明中,使用函数指针 signal 和 method 指向信号函数和槽函数。对于那些具有默认参数的信号与槽(即信号名称唯一,没有参数不同而名字相同的两个信号),就可以使用这种函数指针形式进行关联。

```
[static] QMetaObject::Connection QObject::connect(const QObject * sender, const
QMetaMethod &signal, const QObject * receiver, const QMetaMethod &method, Qt::
ConnectionType type = Qt::AutoConnection)
```

【例 2.3】 编写一个 Qt 应用程序,在主窗体中模拟学生与老师的交流过程,如图 2.8 所示,学生和老师分别在界面左侧和右侧底部的文本编辑框中发送信息。

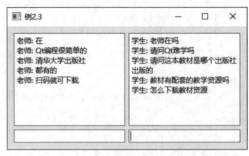

图 2.8 例 2.3 程序运行结果

(1) 打开 Qt Creator 集成开发环境,创建一个基于 QWidget 的 Qt 应用程序,项目名称为 examp2_3。

(2) 双击项目中的 widget.ui 界面文件,打开界面设计器。首先,将主窗体大小设置为 400×200,标题设置为"例 2.3";然后,在主窗体中放置两个 Line Edit 部件和两个 Plain Text Edit 部件,对象名称分别为 sLineEdit、tLineEdit 和 sPlainTextEdit、tPlainTextEdit,如图 2.9 所示。

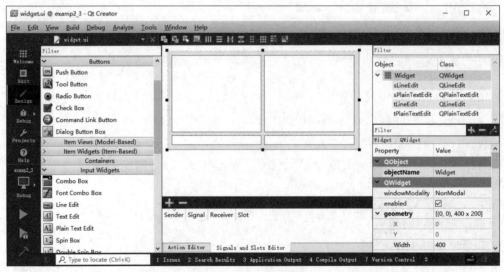

图 2.9 例 2.3 主窗体界面设计

(3) 打开 Widget 类的头文件 widget.h,声明两个槽函数。代码如下。

```
public slots:
    void studentMessage();
    void teacherMessage();
```

（4）打开 Widget 类的实现文件 widget.cpp，添加槽函数实现代码，并关联信号与槽。代码如下。

```
Widget::Widget(QWidget * parent) : QWidget(parent) , ui(new Ui::Widget)
{
    ui->setupUi(this);
    ui->sLineEdit->setFocus();                    //设置文本输入框的输入焦点
    connect(ui->sLineEdit,SIGNAL(editingFinished()),this,
            SLOT(teacherMessage()));              //关联信号与槽
    connect(ui->tLineEdit,SIGNAL(editingFinished()),this,
            SLOT(studentMessage()));              //关联信号与槽
}
void Widget::studentMessage(){
    QString mes = ui->tLineEdit->text();          //获取老师的输入信息
    //将输入信息添加到学生的文本编辑器中
    ui->sPlainTextEdit->appendPlainText(QString("老师：%1").arg(mes));
    ui->tLineEdit->clear();                       //清空老师的文本编辑框

}
void Widget::teacherMessage(){
    QString mes = ui->sLineEdit->text();
    ui->tPlainTextEdit->appendPlainText(QString("学生：%1").arg(mes));
    ui->sLineEdit->clear();
}
```

（5）构建并运行程序，结果如图 2.8 所示。

这里使用 connect（）函数将信号与槽进行手动关联，信号和槽的设置采用了 Qt 的 SIGNAL 宏和 SLOT 宏。当然，也可以采用函数指针的参数形式设置信号和槽，如下所示。

```
connect(ui->sLineEdit, &QLineEdit::editingFinished, this, &Widget::teacherMessage);
connect(ui->tLineEdit, &QLineEdit::editingFinished, this, &Widget::studentMessage);
```

2. 自动关联

信号与槽的自动关联是指不需要手动使用 connect（）函数，而是通过自动命名槽函数的方式实现信号与槽的关联。

在使用信号与槽的自动关联方式时，槽函数的命名是关键。槽函数的原型格式为

```
void on_<objectName>_<signalName>(<signalParameters>);
```

其中，objectName 表示发送信号的对象指针；signalName 表示信号名；signalParameters 表示发送信号时可能带有的参数。

信号与槽的自动关联通过元对象系统来实现，实际上就是使用 QMetaObject::connectSlotsByName（）函数代替 QObject::connect（）函数。该函数原型如下。

```
[static] void QMetaObject::connectSlotsByName(QObject * object)
```

其中，object 参数为 QObject 类或其子类的对象指针。

【例 2.4】 编写一个与例 2.3 功能相同的 Qt 应用程序，使用自动关联方式连接相关的信号与槽。

（1）打开 Qt Creator 集成开发环境，创建一个基于 QWidget 的 Qt 应用程序，项目名称

扫一扫

视频讲解

为 examp2_4。

(2) 打开界面设计器设计程序主窗体界面,与例 2.3 相同。

(3) 右击界面中的单行文本输入框部件,在弹出的快捷菜单中选择 Go to slot 菜单命令,如图 2.10 所示;在弹出的 Go to slot 对话框中选择 QLineEdit→editingFinished()信号,如图 2.11 所示。

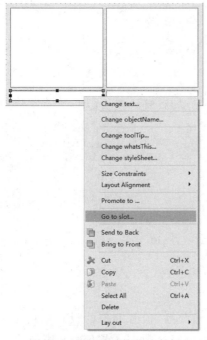

图 2.10　设置槽函数菜单命令

图 2.11　选择信号

(4) 单击 OK 按钮,Qt Creator 为应用程序的 Widget 类添加一个名为 on_sLineEdit_editingFinished()的槽函数,如图 2.12 所示。

图 2.12　槽函数代码

（5）用与步骤（3）和步骤（4）相同的方法，为应用程序主窗体中的另一个单行文本输入框部件添加槽函数。自动添加的槽函数名称为 on_tLineEdit_editingFinished()。

（6）将例 2.3 应用程序的 studentMessage()、teacherMessage()槽函数中的代码复制到新添加的两个槽函数中。构建并运行程序，得到与例 2.3 应用程序相同的结果。

信号与槽的自动关联通过 Qt 的元对象系统实现，打开项目构建生成的 ui_widget.h 头文件，注意 Ui_Widget 类的 setupUi()成员函数的最后一行代码，如以下阴影部分所示。

```
...
class Ui_Widget
{
public:
    ...
    void setupUi(QWidget * Widget)
    {
        ...
        QMetaObject::connectSlotsByName(Widget);
    } //setupUi
...
};
```

在这里，调用了 QMetaObject 类的 connectSlotsByName()静态成员函数完成信号与特殊命名的槽函数的关联。注意其参数为 QWidget 对象指针。

信号与槽通信机制是 Qt 区别于其他 GUI 框架的重要特性，使用时还需要注意以下问题。

（1）信号和槽与普通成员函数的调用一样，如果使用不当，在程序执行时有可能产生死循环。因此，在定义槽函数时一定要注意避免间接形成无限循环，即不能在槽中再次发送所接收到的同样的信号。

（2）如果一个信号与多个槽函数相关联，那么当这个信号被发送时，与之相关联的所有槽都将被激活，但执行的顺序是随机的。

（3）宏定义不能用在信号和槽的参数中。

（4）信号和槽的参数个数与类型必须一致。

2.4　常用的 Qt 工具类

在 Qt 应用开发中，除了用于 GUI 界面设计的部件类之外，还需要使用一些工具类，如 Qt 的字符串类、容器类，以及 QVariant 数据类等。下面对这些类进行简要介绍。

2.4.1　字符串类

标准 C++ 语言提供了两种字符串，一种是 C 语言风格的以\0 字符结尾的字符数组；另一种是字符串类 String。在 Qt 中，使用 QString 类的对象表示字符串。

QString 类使用 Unicode 编码存储字符串，每个字符都是一个 16 位的 QChar 类型，而不是 8 位的 char 类型。QString 类功能强大，不仅提供了丰富的操作、查询及转换等函数，而且还在隐式共享（Implicit Sharing）的使用、高效的内存分配策略等多方面进行了优化。

1. 创建对象

使用 QString 类的构造方法创建 Qt 的字符串对象。表 2.6 给出了 QString 类的构造方法及使用示例。

表 2.6 QString 类的构造方法及使用示例

构 造 方 法	使 用 示 例
QString(const QByteArray &ba)	QByteArray ba("abcd"); QString str1(ba); // str1="abcd"
QString(const char * str)	QString str2("1234"); //str2="1234"
QString(QString &&other)	QString &&s="move constructor"; QString str3(s);
QString(const QString &other)	QString str4(str1); //str4="abcd"
QString(const char8_t * str)	QString str5("\xE6\xAD\xA6\xE6\xB1\x89"); //使用 UTF-8 编码字符串构造字符串,str5="武汉"
QString(QLatin1String str)	QLatin1String ls("ABCD"); QString str6(ls); //str6="ABCD"
QString(qsizetype size,QChar ch)	QString str7(5,'A'); //str7="AAAAA"
QString(QChar ch)	QString str8(QChar(5)); //str8="\u0005"
QString(const QChar * unicode, qsizetype size=-1)	QChar qc[]= {'a','\0','b'}; QString str9(qc,3); QString str10(qc); //str9="a\u0000b"; str10="a"
QString()	QString s; //s=""

除了使用 QString 类的构造方法创建并初始化 Qt 字符串之外,还可以使用赋值运行符(=或+=)重载函数,通过赋值的方式初始化字符串,如表 2.7 所示。

表 2.7 QString 类的赋值运行符重载函数及使用示例

重 载 函 数	使 用 示 例
QString &operator=(const QByteArray &ba)	QByteArray b("abcd"); QString str1=b;
QString &operator=(const QString &other)	QString str2= str1;
QString &operator=(QChar ch)	QChar c('A'); QString str3=c;
QString &operator=(QLatin1String str)	QLatin1String ls("ABCD"); QString str4=ls;
QString &operator=(const char * str)	QString str5="AAAA";
const QString operator+(const QString &s1,const QString &s2)	QString str6=str1+str2;
const QString operator+(const QString &s1,const char * s2)	QString str7=str1+"1234";
const QString operator+(const char * s1,const QString &s2)	QString str8="1234"+str2;
QString &operator+=(const QString &other)	QString str9("ABCD"); str9+=str1;
QString &operator+=(QChar ch)	QString str10("12");str10+=QChar('A');
QString &operator+=(QStringView str)	QString str11("1234"); str11+=QStringView(str1);
QString &operator+=(QLatin1String str)	QString str12("1234"); str12+=QLatin1String("stuv");
QString &operator+=(const char * str)	QString str13("5678"); str13+="mnop";
QString &operator+=(const QByteArray &ba)	QByteArray b("ab");QString s14("56"); s14+=b;

需要注意的是,表2.7中列出的3个＋运行符重载函数并不是QString类的成员函数,它们属于QString类的友元函数。这里为了方便,将其与QString类的成员函数放置在一起进行介绍。

2. 常用操作

在QString类中定义了很多不同功能的成员函数,使用这些函数可以对Qt中的字符串进行处理。QString类的部分成员函数及功能描述如表2.8所示。

表2.8　QString类的部分成员函数及功能描述

成 员 函 数	功 能 描 述
append(),push_back()	在字符串的末尾追加另一个字符或字符串
arg()	用于多个字符串的组合。支持%n占位符
clear()	将字符串置空
chop(n)	从字符串末尾删除 n 个字符
chopped()	返回一个字符串中左起的若干字符,即从字符串末尾删除 n 个字符后的剩余字符
count(),size(),length()	返回字符串的字符个数
fill()	将字符串中的每个字符都设置为某个字符
insert()	在字符串的某个位置插入另一个字符或字符串
isEmpty(),isNull()	判断字符串是否为空
left(),right()	取出字符串左边或右边一定数量的字符
prepend(),push_front()	在字符串的前面添加另一个字符或字符串
remove()	移除字符串中一定数量的字符,或某个字符,或某个字符串
repeated()	返回某个字符串重复指定次数后的字符串
resize()	重新设置将字符串的大小
simplified()	去除字符串中的制表符(\t)、换行符(\r)、回车符(\n)等
split()	将字符串分解为子串
swap()	交换两个字符串
trimmed()	去除字符串两端的空白字符
unicode()	返回字符串的 Unicode 表示形式
operator[]	运算符[]重载函数,可以使用字符数组元素访问方式访问 QString 对象中的字符

需要说明的是,由于QString类的大部分成员函数都进行了重载,同一个函数往往具有多种参数形式,限于篇幅,表2.8中没有列出成员函数的参数,相关详情请参考Qt帮助文档。

QString类的成员函数的使用非常简单,只需要注意函数调用时实参与形参的匹配即可。下面是表2.8中几个成员函数的使用示例。

```
QString str = "hello world.";        //str="hello world."
str += "Qt.";                        //str="hello world.Qt."
str.append("C++.");                  //str="hello world.Qt.C++."
str.prepend("C++.");                 //str="C++.hello world.Qt.C++."
```

```
str.insert(4,"Qt.");                   //str="C++.Qt.hello world.Qt.C++."
str.remove(7,12);                      //str="C++.Qt.Qt.C++."
str.insert(7,"hello world.");          //str="C++.Qt.hello world.Qt.C++."
QString lStr = str.left(7);            //lStr = "C++.Qt."
QString rStr = str.right(7);           //rStr = "Qt.C++."
QString sec = str.section(".",2,2);    //sec = "hello world"
```

3. 转换操作

在 QString 类中定义了一些成员函数,通过这些成员函数可以将字符串转换为数值,也可以将数值字符串转换为不同的进制,还可以对字符串编码、输出格式等进行转换。表 2.9 列出了 QString 类中常用的转换函数。

表 2.9　QString 类中常用的转换函数

函　　　数	功　能　描　述
toDouble()	将字符串转换为 double 类型的浮点数
toFloat()	将字符串转换为 float 类型的浮点数
toInt()	将字符串转换为 int 类型的整数
toLong()	将字符串转换为 long 类型的整数
toLongLong()	将字符串转换为 long long 类型的整数
toShort()	将字符串转换为 short 类型的整数
toUInt()	将字符串转换为 unsigned int 类型的整数
toULong()	将字符串转换为 unsigned long 类型的整数
toULongLong()	将字符串转换为 unsigned long long 类型的整数
toUShort()	将字符串转换为 unsigned short 类型的整数
setNum()	将数值转换为字符串。可以设置为不同的进制
number()	静态函数。将数值转换为字符串,可以设置为不同的进制
asprintf()	静态函数。将数值转换为带格式的字符串
toCaseFolded()、toLower()	将字符串的字符转换为小写
toUpper()	将字符串的字符转换为大写
toLatin1()	以 QByteArray 的形式返回字符串的 Latin1 编码形式
toUtf8()	以 QByteArray 的形式返回字符串的 UTF-8 编码形式
toLocal8Bit()	将字符串转换为本地编码形式
fromLatin1()	静态函数。返回由 Latin1 编码字符组成的字符串
fromUtf8()	静态函数。返回由 UTF-8 编码字符组成的字符串
fromLocal8Bit()	静态函数。返回由本地编码字符组成的字符串

这里给出了 QString 类的部分字符串转换函数,它们的原型请参考 Qt 的帮助文档。这些函数的使用非常简单,只需要根据函数的原型代入参数并接收函数的返回结果即可。下面是表 2.9 中几个转换函数的简单示例。

```
QString s("3.1415926"), i("10"), c("武汉"), r;
bool ok;
double d = s.toDouble(&ok);
```

```
qDebug() << d << ok;

r = s.setNum(d,'f',2);
qDebug() << r;
r = QString::asprintf("%.3f",d);
qDebug() << r;
r = QString::number(d,'f',4);
qDebug() << r;
int it = i.toInt(&ok,2);
qDebug() << it << ok;
it = i.toInt(&ok,8);
qDebug() << it << ok;
QByteArray ba = c.toUtf8();
qDebug() << ba;
r = QString::fromUtf8("\xE6\xAD\xA6\xE6\xB1\x89");
qDebug() << r;
```

上述代码片段的输出结果如下。

```
3.14159 true
"3.14"
"3.142"
"3.1416"
2 true
8 true
"\xE6\xAD\xA6\xE6\xB1\x89"
"武汉"
```

4. 查询操作

在 QString 类中定义了一些成员函数,通过这些成员函数可以实现定位字符、提取子串、替换字符等相关操作。表 2.10 列出了 QString 类中常用的查询相关成员函数。

表 2.10　QString 类中常用的查询相关成员函数

成 员 函 数	功 能 描 述
at()	返回字符串中给定索引位置的字符
back()	返回字符串中的最后一个字符
constData()	返回指向存储 QString 中的数据的指针。可使用该指针访问组成字符串的字符
contains()	判断字符串内是否包含某个字符或字符串
data()	返回指向存储 QString 中的数据的指针。指针可用于访问和修改组成字符串的字符
endsWith()	判断字符串是否以某个字符串结束
startsWith()	判断字符串是否以某个字符串开头
first()	返回包含该字符串前若干字符的字符串
last()	返回包含该字符串最后若干字符的字符串
front()	返回字符串中的第 1 个字符
indexOf()	在字符串内查找某个字符串出现的位置
lastIndexOf()	在字符串内查找某个字符串最后出现的位置
mid()	返回一个包含该字符串中若干字符的字符串,从指定的位置索引开始

续表

成 员 函 数	功 能 描 述
replace()	替换字符串的某些字符或字符串
section()	提取字符串中的某段字符串
sliced()	返回一个字符串的子串

表 2.10 只是给出了 QString 类中的部分查询相关操作函数,它们的用法请大家参考 Qt 帮助文档,由于篇幅的限制,这里不再举例说明。

5. 比较操作

在 Qt 中,字符串的比较操作是通过 QString 类提供的一些成员函数或友元函数实现的,其中大多数都是比较运算符的重载函数,如表 2.11 所示。

表 2.11　QString 类常用的比较函数

成 员 函 数	功 能 描 述
Compare()、localeAwareCompare()	静态函数。将字符串与另一个字符串进行比较,如果字符串小于、等于或大于另一个字符串,则返回小于、等于或大于零的整数
operator<()	比较一个字符串是否小于另一个字符串,如果是,则返回 True
operator<=()	比较一个字符串是否小于或等于另一个字符串,如果是,则返回 True
operator==()	比较两个字符串是否相等,如果相等,则返回 True
operator!=()	比较两个字符串是否不相等,如果不等,则返回 True
operator>()	比较一个字符串是否大于另一个字符串,如果是,则返回 True
operator>=()	比较一个字符串是否大于或等于另一个字符串,如果是,则返回 True

注意表 2.11 中的 operator!=() 函数只有友元形式,其他比较运算符重载函数既有成员函数形式,也有友元函数形式。

2.4.2　容器类

Qt 提供了一组通用的基于模板的容器类,用于存储指定类型的数据项。与 C++ 语言的标准模板库(Standard Template Library,STL)中的容器类相比较,这些容器类更轻巧、更安全且更容易使用。

1. 容器类分类

Qt 的容器类是基于模板的类,分为顺序容器(Sequential Containers)类和关联容器(Associative Containers)类两种类型。顺序容器类中的数据按顺序依次线性存储,而关联容器类中的数据则以键值对方式进行存储。

Qt 6.2 的顺序容器类有 QList、QStack 和 QQueue,关联容器类有 QMap、QMultiMap、QHash、QMultiHash 和 QSet。

2. 顺序容器类

与 Qt 5 相比较,Qt 6.2 的顺序容器类中减少了 QLinkedList 和 QVector 两个类。实际上,Qt 6.2 是将 QVector 作为了 QList 的别名。

1) QList 类

QList 是目前最常用的容器类,虽然它是以数组列表(array list)的形式实现的,但是在其前或后添加数据速度非常快,QList 以下标索引的方式对数据项进行访问。表 2.12 列出了部分 QList 类的成员函数及其功能描述。

表 2.12 部分 QList 类的成员函数及其功能描述

成 员 函 数	功 能 描 述
operator<<()	运算符(<<)重载函数。将数据项添加到容器中
operator+=()	运算符(+=)重载函数。将数据项添加到容器末尾
at()	获取容器某个位置的数据项
append()	在容器末尾添加数据项
prepend()	在容器前面添加数据项
insert()	在容器的某个位置添加数据项
removeFirst()	移除容器的第 1 个数据项
removeLast()	移除容器的最后一个数据项
removeAt()	移除容器的某个数据项
remove()	移除容器的多个数据项
move()	将容器中的数据项从一个位置移动到另一个位置
replace()	将容器中某个数据项用另一个数据项替换
swap()	交换两个容器的数据项

由于 Qt 的容器是基于模板的,所以存储在容器中的数据必须是可赋值的数据类型,也就是说,这种数据类型必须提供一个默认的构造函数、一个拷贝构造函数和一个赋值操作运算符(=)的重载函数。通常存储在容器中的数据类型包括基本数据类型(如 int、float 和 double 等)和 Qt 的一些数据类型(如 QString、QDate 和 QTime 等)。

下面是 QList 容器的使用示例。

```
QList<QString> list;
list << "hello " << "world.";
QString str0 = list[0];          //str0="hello"
QString str1 = list.at(1);       //str1="world."
list.append("Qt.");              //list[2]="Qt."
list.prepend("C++.");            //list[0]="C++."
list += "C++.";                  //list[4]="C++"
list.insert(1,"Qt.");            //list[1]="Qt."
list.removeFirst();              //list[0]="Qt."
list.removeLast();               //list[3]="Qt."
list.removeAt(0);                //list[0]="hello"
list.remove(2,1);                //list[1]="world."
list.replace(0,"Qt");            //list[0]="Qt"
```

注意,上述程序片段在调试时,语句顺序不能改变。每条语句注释中的结果是该语句执行后的即时值。

2) QStack 类

QStack 是提供类似于堆栈的后进先出(Last-In First-Out,LIFO)操作的容器类,它继承于 QList 类,可以使用 QList 类的成员函数对其操作。除了 QList 类的成员函数之外,QStack 类还提供了另外 3 个操作函数,即 push()、pop()和 top(),用于对容器进行进栈、出栈和获取栈顶数据项的操作。

例如:

```
QStack<int> stack;
stack.push(1);
stack.push(2);
stack.push(3);
qDebug() << stack.top();
while (! stack.isEmpty())
    qDebug() << stack.pop();
```

程序片段输出结果如下。

```
3
3
2
1
```

注意,在 Qt Creator 集成开发环境中调试上述程序时,需要将 QStack 类的头文件包含进来。

3) QQueue 类

QQueue 是提供类似于队列先进先出(First-In First-Out,FIFO)操作的容器类,它也是 QList 类的子类。除了 QList 类的成员函数之外,其主要的操作函数有 enqueue()、dequeue() 和 head()。

例如:

```
QQueue<int> queue;
queue.enqueue(1);
queue.enqueue(2);
queue.enqueue(3);
qDebug()<<queue.head();
while(!queue.isEmpty())
    qDebug() << queue.dequeue();
```

程序片段输出结果如下。

```
1
1
2
3
```

3. 关联容器类

Qt 6.2 中的关联容器类与 Qt 5 相同。其中的 QMultiMap 类和 QMultiHash 类支持一个键对应多个值,QHash 和 QMultiHash 类使用散列(Hash)函数进行查找,查找速度更快。

1) QMap 类

QMap<Key,T>提供了一个字典(关联数组),一个键映射到一个值。也就是说,提供了一个从类型为 Key 的键到类型为 T 的值的映射。通常情况下,QMap 存储的数据形式是一对一，并且按照键 Key 的次序存储数据。

表 2.13 列出了 QMap 类的部分成员函数及功能描述。

表 2.13   QMap 类的部分成员函数及功能描述

成 员 函 数	功 能 描 述
QMap()	构造函数。创建并初始化对象
operator=()	赋值运算符重载函数
clear()	清空容器中的所有对象
contains()	判断容器中是否包含具有某个键的数据项
count()、size()	返回容器中数据项的总数
empty()、isEmpty()	判断容器是否为空
first()、last()	返回容器中首个、最后一个值，即键值最小、最大的数据项的值
firstKey()、lastKey()	返回容器中最小、最大键的键名
insert()	向容器中插入数据项
key()	返回某个值的键名。可以设置默认的构造值
keys()	返回容器中数据项的所有键名
remove()	通过键名移除容器中的某个数据项
removeIf(Predicate pred)	移除谓词 pred 为其返回 True 的所有元素。返回删除的元素个数
swap()	交换两个容器内容
take()	通过键名移除容器的某个数据项
value()	通过键名获取容器中某个数据项的值
values()	获取容器中所有数据项的值
operator[]()	元素访问运算符([ ])重载函数

对 QMap 容器的操作非常简单，只需要使用其对象调用相应的成员函数即可。下面给出一些对 QMap 容器进行操作的示例代码。

```
QMap<QString,int> map;
map["one"] = 1;
map["two"] = 2;
map["three"] = 3;
map.insert("four",4);
int one = map["one"];              //one=1
int two = map.value("two",0);      //two=2
```

2) QMultiMap 类

QMultiMap 类是用于处理多值映射的便利类。所谓多值映射，就是一个键可以对应多个值。上面介绍的 QMap 类是不允许多值映射的，例如：

```
QMap<QString,int> map;
map["one"] = 1;
map["one"] = 10;
```

只能在容器中创建一个键值对为("one",10)的数据项。如果使用 QMultiMap 类，则可在容器中插入两个键值对分别为("one",1)和("one",10)的数据项，如下所示。

```
QMultiMap<QString, int> multimap;
multimap.insert("one",1);
multimap.insert("one",10);
```

注意,QMultiMap 类没有重载元素访问运算符([ ]),不能使用 multimap["one"]的形式定义数据项。

QMultiMap 类的成员函数与 QMap 类相似,请大家参考 Qt 的帮助文档,这里不再详述。下面的代码片段给出了 QMultiMap 类的 value()和 values()成员函数的使用示例,请注意它们返回值的差别。

```
//输出上面定义的 map 和 multimap 对象中键为"one"的数据项的值
qDebug() << map.value("one");          //输出：10
qDebug() << multimap.values("one");    //输出：QList(10, 1)
```

3) QHash 类

QHash 类是基于散列表实现字典功能的模板类,其存储的键值对具有非常快的查找速度。

QHash 类与 QMap 类的功能和用法类似,区别在于以下几点。

(1) QHash 类比 QMap 类的查找速度更快。

(2) 在 QMap 类上遍历时,数据项是按照键排序的,而 QHash 类的数据项是任意顺序的。

(3) QMap 类的键必须提供<运算符,QHash 类的键必须提供==运算符和一个名为 qHash()的全局散列函数。

4) QMultiHash 类

QMultiHash 类是用于处理多值映射的便利类,其用法与 QMultiMap 类相似。QMultiHash 类继承了 QHash 类的功能并对其进行扩展,使其比 QHash 类更适合存储多值散列。

下面是一些使用 QMultiHash 类的示例代码。

```
QMultiHash<QString, int> hash1, hash2, hash3;
hash1.insert("plenty", 100);
hash1.insert("plenty", 2000);
//hash1.size() == 2
hash2.insert("plenty", 5000);
//hash2.size() == 1
hash3 = hash1 + hash2;
//hash3.size() == 3
QList<int> values = hash3.values("plenty");
for(int i = 0; i < values.size(); ++i)
    qDebug() << values.at(i);
```

5) QSet 类

QSet 类是基于散列表的集合模板类,它存储数据的顺序是不确定的,查找值的速度非常快。其实,QSet 类的内部就是用 QHash 类实现的。

下面是一些使用 QSet 类的示例代码。

```
QSet<QString> set;
set.insert("one");
set.insert("three");
```

```
set.insert("seven");
set << "twelve" << "fifteen" << "nineteen";
if(!set.contains("ninety-nine")){
    qDebug() << "set 中不包含\"ninety-nine\"";
}
```

4. 容器的遍历

可以使用迭代器(Iterators)或 foreach 关键字遍历一个容器。迭代器提供了一个统一的方法访问容器中的数据项。Qt 的容器类提供了两种类型的迭代器,即 Java 风格的迭代器和 STL 风格的迭代器。如果只是想按顺序遍历一个容器中的数据项,则可以使用 Qt 的 foreach 关键字。

1) Java 风格迭代器

对于每个容器类,有两个 Java 风格的迭代器,一个用于只读操作,另一个用于读写操作,如表 2.14 所示。

表 2.14   Java 风格迭代器

容 器 类	只读迭代器	读写迭代器
QList<T>, QQueue<T>, QStack<T>	QListIterator<T>	QMutableListIterator<T>
QSet<T>	QSetIterator<T>	QMutableSetIterator<T>
QMap<Key,T>, QMultiMap<Key,T>	QMapIterator<Key,T>	QMutableMapIterator<Key,T>
QHash<Key,T>, QMultiHash<Key,T>	QHashIterator<Key,T>	QMutableHashIterator<Key,T>

迭代器的使用非常简单,只需要在容器中移动指针并访问数据项即可。表 2.15 列出了 QListIterator 类中的相关函数及功能描述。

表 2.15   QListIterator 类中的相关函数及功能描述

函 数 名 称	功 能 描 述
toFront()	将迭代器指针移动到列表的最前面,即第 1 个数据项之前
toBack()	将迭代器指针移动到列表的最后面,即最后一个数据项之后
hasNext()	如果迭代器指针不是位于列表的最后面,则返回 True
next()	返回后一个数据项,并将迭代器指针后移一个位置
peekNext()	返回后一个数据项,但不移动迭代器指针
hasPrevious()	如果迭代器指针不是位于列表的最前面,则返回 True
previous()	返回前一个数据项,并将迭代器指针前移一个位置
peekPrevious()	返回前一个数据项,但不移动迭代器指针

下面是遍历一个 QList<QString>容器的所有数据项的示例代码。

```
QList<int> list;
list << 1 << 2 << 3 << 4 << 5 << 6;
QListIterator<int> i(list);
//指针向后移动遍历
while (i.hasNext())
    qDebug() << i.next();
//指针向前移动遍历
```

```
i.toBack();
while (i.hasPrevious())
    qDebug() << i.previous();
```

从表 2.14 可以看出,上述代码所使用的 QListIterator<int>是只读迭代器,若要在遍历过程中对容器内的数据进行修改,需要使用 QMutableListIterator<T>迭代器,示例代码如下。

```
QMutableListIterator<int> mi(list);    //这里的 list 为上述遍历代码中的 list
while (mi.hasNext()) {
    if(mi.next() %2 != 0)
        mi.remove();                   //删除容器中数据为奇数的数据项
}
```

2) STL 风格迭代器

STL 迭代器与 Qt 和 STL 的原生算法兼容,并且进行了速度优化,如表 2.16 所示。

表 2.16 STL 风格迭代器

容 器 类	只读迭代器	读写迭代器
QList<T>,QQueue<T>,QStack<T>	QList<T>::const_iterator	QList<T>::iterator
QSet<T>	QSet<T>::const_iterator	QSet<T>::iterator
QMap<Key,T>,QMultiMap<Key,T>	QMap<Key,T>::const_iterator	QMap<Key,T>::iterator
QHash<Key,T>,QMultiHash<Key,T>	QHash<Key,T>::const_iterator	QHash<Key,T>::iterator

对于每个容器类,都有两个 STL 风格迭代器,一个用于只读访问,另一个用于读写访问。无须修改数据时使用只读迭代器,因为速度更快。

STL 风格迭代器是数组的指针,所以++运算符迭代器指向下一个数据项,* 运算符返回数据项内容。与 Java 风格迭代器不同,STL 风格迭代器直接指向数据项。

下面是使用 QList<QString>::iterator 和 QList<QString>::const_iterator 迭代器的示例代码。

```
QList<QString>::iterator i;
for(i = list.begin(); i != list.end(); ++i)
    * i = (* i).toLower();
QList<QString> list;
list << "A" << "B" << "C" << "D";
QList<QString>::iterator i;
for(i = list.begin(); i != list.end(); ++i){
    * i = (* i).toLower();
}
QList<QString>::const_iterator ci;
for(ci = list.constBegin(); ci != list.constEnd(); ++ci)
    qDebug() << * ci;                   //输出小写的 abcd
```

3) foreach 关键字

在 Qt 中预定义了一个名为 foreach 的关键字,用于对容器进行遍历。实际上,Qt 中的 foreach 是一个宏,其语法格式如下。

```
foreach(variable, container)
```

其中,variable 参数为当前数据项;container 为容器。例如:

```
QList<QString> values;
...
QString str;
foreach (str, values)
    qDebug() << str;
```

可以看到,使用 foreach 关键字对容器进行遍历的代码非常简洁。但需要注意的是,foreach 遍历一个容器是创建了容器的一个副本,所以不能修改原来容器中的数据项。

习题 2

1. 填空题

(1) Qt 对标准 C++ 语言进行了扩展,引入了_____、_____和_____等一些新的特性。

(2) Qt 采用_____机制实现对象间的通信。

(3) Qt 中的类以_____方式进行组织和管理,例 1.1 中的应用程序包含了 Qt 的_____、_____和_____模块。

(4) 使用 Qt 的元对象系统的类必须继承于_____,必须在类的_____声明区声明_____宏。

(5) 在一个 Qt 类中声明属性,要求该类必须是_____类的派生类,并且需要通过_____宏来定义。

(6) 在 Qt 中,信号通过_____和_____关键字在类的头文件中声明。

(7) 在 Qt 类的头文件中,使用_____关键字标识槽函数的声明区。类的槽函数与其他普通的 C++ 成员函数一样,可以单独调用,但它的返回类型必须是_____。

(8) 信号与槽的手动关联通过调用_____函数来实现;其自动关联通过调用_____来实现。

(9) Qt 中的字符串用_____类来表示,它采用的是_____编码,字符串的每个字符都是_____对象。

(10) Qt 6.2 的顺序容器类有_____,关联容器类有_____。

2. 选择题

(1) 在 Qt 中,调用(   )函数可以返回一个类关联的元对象。

    A. QObject::metaObject()　　　　　　　B. QMetaObject::className()

    C. QObject::tr()　　　　　　　　　　　D. QMetaObject::newInstance()

(2) 将信号与槽进行关联,可以采用(   )的形式,也可以是(   )。

    A. 一对一　　　　　　　　　　　　　　B. 一对多

    C. 多对一　　　　　　　　　　　　　　D. 一个信号对另外一个信号

(3) QObject::connect()函数的前 4 个参数按从左至右的顺序,分别表示(   )。

    A. 发送者对象　　　B. 接收者对象　　　C. 信号函数　　　D. 槽函数

(4) 若要在调用 QObject::connect()函数时使用宏设置信号函数,则应使用(   )。

    A. Q_OBJECT　　　　　　　　　　　　B. SIGNAL()

C. SLOT() D. Q_PROPERTY()

(5) 调用 QMetaObject::connectSlotsByName(QObject ＊ object)函数自动关联信号与槽时,其 object 参数表示的是( )对象指针。

    A. 信号发送者　　　　　　　　　　　B. 信号接收者
    C. 指向信号函数的　　　　　　　　　D. 指向槽函数的

(6) 将两个 QString 字符串连接在一起,可以调用 QString 类的( )函数。

    A. operator＋＝() B. append()
    C. prepend() D. insert()

(7) 若要将一个数值字符串转换为数值,可以调用 QString 类的( )函数。

    A. toFloat() B. toInt() C. number() D. toUtf8()

(8) 若要向 QList 容器中添加字符串,可以调用 QList＜QString＞类的( )函数。

    A. operator＜＜() B. append()
    C. prepend() D. insert()

(9) 在遍历 QList＜int＞容器中的所有数据项时,若要让指针向后移动,则应调用 QListIterator＜int＞类的( )函数移动指针。

    A. hasPrevious() B. previous()
    C. hasNext() D. next()

(10) 在 Qt 中对容器进行遍历,还可以使用 Qt 的( )宏。

    A. foreach() B. forever() C. for() D. while()

3. 程序阅读题

(1) 阅读下面的程序,并写出输出结果。

```cpp
#include <QCoreApplication>
#include <QMetaProperty>
int main(int argc, char * argv[])
{
    QCoreApplication a(argc, argv);
    a.setApplicationName("程序阅读");
    const QMetaObject * metaObject = a.metaObject();
    qDebug() << metaObject->className();
    int indexOfProerty = metaObject->indexOfProperty("applicationName");
    QMetaProperty metaProperty = metaObject->property(indexOfProerty);
    qDebug() << metaProperty.name() << metaProperty.read(&a).toString();
    return 0;
}
```

(2) 根据下面的程序片段,编写 student.h 文件代码,并写出输出结果。

```cpp
//student.cpp 文件
#include "student.h"
#include <QDebug>
Student::Student(QString nName){
    name = nName;
}
void Student::setName(QString nName){
    if(name == nName){
        return;
```

```
    }
    name = nName;
    emit stateChanged(nName);
}
void Student::printInfo(QString info){
    qDebug() << info;
}
//main.cpp 文件
#include <QCoreApplication>
#include "student.h"
int main(int argc, char * argv[])
{
    QCoreApplication a(argc, argv);
    Student stu("王一");
QObject:: connect (&stu, SIGNAL (stateChanged (QString)), &stu, SLOT (printInfo
(QString)));
    stu.setName("王五");
    return 0;
}
```

（3）阅读下面的程序，并写出输出结果。

```
#include <QCoreApplication>
int main(int argc, char * argv[])
{
    QCoreApplication a(argc, argv);
    QString str = "hello world.";
    str += "Qt.";
    str.append("C++.");
    str.prepend("C++.");
    str.insert(4,"Qt.");
    str.remove(7,12);
    str.insert(7,"hello world.");
    QString lStr = str.left(7);
    QString rStr = str.right(7);
    QString sec = str.section(".",2,2);
    qDebug() << str + lStr + rStr + sec;
    return 0;
}
```

（4）阅读下面的程序，并写出输出结果。

```
#include <QCoreApplication>
int main(int argc, char * argv[])
{
    QCoreApplication a(argc, argv);
    QList<QString> list;
    list << "hello " << "world.";
    QString str0 = list[0];
    QString str1 = list.at(1);
    list.append("Qt.");
    list.prepend("C++.");
    list += "C++.";
    list.insert(1,"Qt.");
    list.removeFirst();
    list.removeLast();
```

```
list.removeAt(0);
list.remove(2,1);
list.replace(0,"Qt");
list.pop_back();
list.push_back(str1);
list.push_front(str0);
for(int i=0; i<list.size();++i){
    qDebug() << list.value(i);
}
return 0;
}
```

(5) 阅读下面的程序,并回答问题。

```
#include <QCoreApplication>
int main(int argc, char * argv[])
{
    QCoreApplication a(argc, argv);
    QList<int> list;
    list << 1 << 2 << 3 << 4 << 5;
    QListIterator<int> i(list);
    QString str;
    while (i.hasNext())
        str += str.number(i.next());
    qDebug() << str;
    return 0;
}
```

① 上述代码中采用的是正向遍历还是逆向遍历?

② 程序输出结果是什么?

③ 修改程序代码,将遍历方式变换成另一种形式,并写出程序输出结果。

4. 程序设计题

(1) 修改程序阅读题(1)中的代码,使程序输出 QCoreApplication 类的所有属性名称和对应的属性值。

(2) 修改程序阅读题(2)中的代码,分别使用手动关联的第 2 种格式和自动关联的形式实现信号与槽的关联,并进行测试。

(3) 编写一个 Qt 应用程序,练习字符串的大小写转换、数值转换等操作。程序运行后,从键盘输入 4 个字符串,分别为小字字符串、大写字符串、整型数值字符串和浮点型数值字符串。要求程序输出大小写转换结果,以及整型数据与浮点型数据的和。

(4) 编写一个 Qt 应用程序,练习关联容器 QMap 的操作方法,包括赋值、插入元素、移除元素、获取某些特殊位置的数据项,以及遍历容器等。

(5) 修改程序阅读题(5)中的程序代码,使用 foreach 关键字遍历 list 容器。

第3章

界面设计组件

通过前面两章的学习,我们已经对 Qt 有了一个初步的认识,并了解了设计 Qt 应用程序的基本原理和方法。从本章开始,正式进入 Qt 桌面应用程序的开发实践。作为 C++ GUI 组件类库,Qt 提供了大量的界面设计组件,用于数据的显示与交互。Qt 应用程序的开发应该从界面的设计开始。

本章介绍 Qt 的常用界面设计组件,包括基本窗体、常用组件以及布局管理等内容。

3.1 基本窗体

Qt 应用程序属于 GUI 程序,其用户界面一般都包含一个顶层的主窗体和多个子窗体。在 Qt 中,应用程序的主窗体默认有 3 种基本类型,即 QMainWindow、QWidget 和 QDialog。本节介绍 QWidget 类型的基本窗体,QMainWindow 主框架窗体和 QDialog 对话框窗体将在第 4 章和第 5 章详细介绍。

3.1.1 QWidget 类

QWidget 类是 Qt 中所有用户界面组件的基类,它继承于 QObject 类和 QPaintDevice 类。其中,QObject 类是所有支持 Qt 对象模型的基类,QPaintDevice 类是所有可以绘制的对象的基类。所以,Qt 的所有界面组件都具有信号与槽功能,也都能够可视化地显示自己。

QWidget 类属于 Qt 的 Widgets 模块,其部分继承关系如图 3.1 所示。

可以看出,前面提到的 Qt 的 QMainWindow 和 QDialog 类型窗体都是继承自 QWidget 类,还有后面将要介绍的按钮(QPushButton)、文本框(QLineEdit)、标签(QLabel)等组件也都与 QWidget 类或其子类相关联。

作为 Qt 界面组件的基类,QWidget 提供了大量的通用方法,用于实现组件的显示、关闭、参数传递、属性设置以及事件处理等一系列基本操作。表 3.1 列出了 QWidget 类的部分成员函数及功能描述。

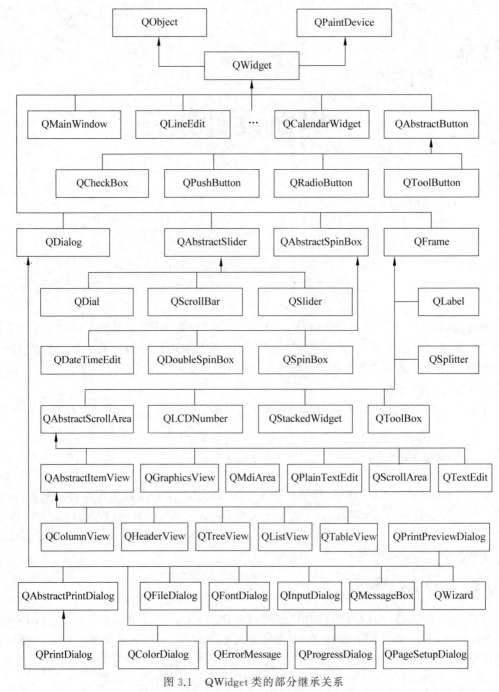

图 3.1　QWidget 类的部分继承关系

表 3.1　QWidget 类的部分成员函数及功能描述

成 员 函 数	功 能 描 述
QWidget()	构造窗体对象
actions()	返回窗体部件中的所有 Action
activateWindow()	激活窗体部件

续表

成 员 函 数	功 能 描 述
addAction()、addActions()	添加 Action 到窗体部件
frameGeometry()	获取窗体尺寸。返回一个 QRect 矩形区域
frameSize()	获取窗体大小。返回一个 QSize 对象
geometry()、rect()、size()	获取窗体客户区尺寸。返回一个 QRect 矩形区域
height()、width()	获取窗体客户区宽度、高度
move()	移动窗体到某个位置
pos()、x()、y()	获取窗体左上角坐标
resize()	设置窗体客户区大小
screen()	获取窗体所在的屏幕 QScreen 对象指针
setGeometry()	设置窗体客户区大小及在屏幕中的位置
setLayout()	设置窗体布局管理器
close()、hide()、show()	槽函数。关闭、隐藏、显示窗体
lower()、raise()	槽函数。将窗体缩小或放大，并放置在堆栈窗体的底部或顶部
repaint()、update()	槽函数。重绘、刷新窗体
setWindowTitle()、setXx()	槽函数。设置窗体标题(等属性)
showNormal()、showXx()	槽函数。设置窗体正常(或全屏、最大化、最小化等)显示方式
customContextMenuRequested()	信号函数。当用户请求了窗体中的上下文菜单时，会发射此信号
windowIconChanged()	信号函数。当窗体的图标发生变化时，会发射此信号
windowTitleChanged()	信号函数。当窗体的标题发生变化时，会发射此信号
find()	静态函数。返回某个 ID 的窗体对象指针
setTabOrder()	静态函数。设置窗体的 Tab 顺序

在 Qt 中，通过直接实例化 QWidget 类创建的基本窗体一般都是作为容器使用的，其中包含了很多不同功能的 QWidget 类的子类对象，如 QLabel、QPushButton 等，因此可以使用 QWidget 类的成员函数完成大部分的用户界面设计工作。实际上，使用 Qt 编写应用程序，就是要熟练掌握 Qt 类库中各种用于界面设计或其他功能的类的使用方法。

下面是使用 QWidget 类成员函数的示例代码。

```
//教材源码 code_3_1_1\main.cpp
QWidget widget;                                  //创建窗体对象
widget.setWindowTitle("QWidget 窗体");           //设置窗体标题
int w = 320;                                     //窗体宽度
int h = 240;                                     //窗体高度
QScreen * screen = widget.screen();              //获取屏幕指针
QRect screenRect = screen->geometry();           //获取屏幕大小
int x = (screenRect.width()-w)/2;                //计算窗体左上角 x 坐标
int y = (screenRect.height()-h)/2;               //计算窗体左上角 y 坐标
widget.setGeometry(x,y,w,h);                     //设置窗体显示位置及大小
widget.show();                                   //显示窗体
```

上述示例代码首先创建一个名为 widget 的 QWidget 基本窗体，然后设置窗体标题、大小和显示位置，最后显示窗体。

3.1.2 简单实例

QWidget 类的成员函数非常多,除了表 3.1 中列出的部分非继承的 public 访问权限函数外,还包括它自身的 static public 和 protected 权限的函数,以及从基类 QObject 和 QPaintDevice 继承下来的函数。QWidget 类的 protected 成员函数大部分是用于事件处理的虚函数,关于它们的使用将在第 6 章中进行详细介绍。下面给出一个 QWidget 基本窗体设计的简单实例。

图 3.2 例 3.1 程序初始界面

扫一扫

视频讲解

【例 3.1】 编写一个基于 QWidget 类的 Qt 应用程序。程序运行后,单击窗体中的按钮,更改应用程序主窗体标题,并给出相应的提示信息。程序初始界面如图 3.2 所示。

(1) 打开 Qt Creator 集成开发环境,创建一个基于 QWidget 类的 Qt 应用程序。项目名称为 examp3_1。

(2) 双击项目视图中的 widget.ui 界面文件,打开 Qt 界面设计器,对应用程序主窗体界面进行设计,如图 3.3 所示。

(3) 将主窗体设置为垂直布局,如图 3.4 所示。

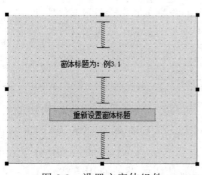

图 3.3 设置主窗体组件

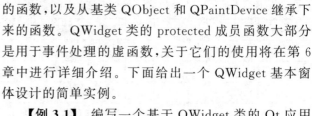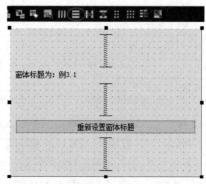

图 3.4 将主窗体设置为垂直布局

(4) 设置主窗体及按钮组件的信号与槽功能。

右击主窗体中的 QPushButton 按钮,在弹出的快捷菜单中选择 Go to slot 菜单命令,为按钮组件添加 clicked()信号的 on_pushButton_clicked()槽函数,并在其中添加如下代码。

```
void Widget::on_pushButton_clicked()
{
    setWindowTitle(tr("窗体标题%1").arg(rand()));
}
```

同理,为主窗体添加 windowTitleChanged()信号的槽函数,并添加如下代码。

```
void Widget::on_Widget_windowTitleChanged(const QString &title)
{
    ui->label->setText(tr("窗体标题更改为: %1").arg(title));
}
```

（5）在 Widget 类构造函数中添加如下代码，将主窗体中的提示信息设置为红色。

```
ui->label->setStyleSheet(tr("color:red"));
```

（6）构建并运行程序。单击主窗体中的按钮，更改程序主窗体标题并给出相应的提示信息，如图 3.5 所示。

本实例程序采用可视化方法设计，大家可以打开 Debug 目录下的 ui_widget.h 文件，查看 QWidget 类的相关成员函数的使用情况，也可以参考第 1 章例 1.3 中的相关代码。

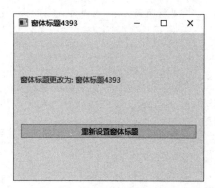

图 3.5 例 3.1 程序运行结果

3.2 常用组件

从例 3.1 可以看出，Qt 应用程序的界面设计，主要是程序主窗体中组件的设计，包括组件的布局和数据传递两方面。从图 3.1 可以看出，Qt 提供了大量的窗体组件，它们按照功能不同被分为不同的类型。下面对一些常用的组件作一个简单的介绍。

3.2.1 按钮组件

按钮组件是用户使用鼠标与应用程序交互的图形界面，Qt 的按钮类组件主要有普通按钮、工具栏按钮、单选按钮、复选按钮等，其外观和英文名称如图 3.6 所示。

1. 普通按钮

普通按钮也称为下压按钮，它所对应的 C++ 类为 QPushButton。从图 3.1 中 QPushButton 类的继承关系可以看出，QPushButton 类是通过多次继承而得到的，因而拥有数量众多的父类成员函数。除了继承下来

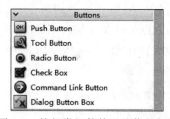

图 3.6 按钮类组件外观及英文名称

的成员函数之外，QPushButton 类还定义了一些特有的成员函数，用于完成一些像添加菜单、设置默认按钮等特定操作，如表 3.2 所示。

表 3.2 QPushButton 类部分成员函数及功能描述

成 员 函 数	功 能 描 述	成 员 函 数	功 能 描 述
QPushButton()	构造普通按钮对象	setAutoDefault()	将按钮设置为自动默认
autoDefault()	检测按钮是否为自动默认按钮	setDefault()	将按钮设置为默认按钮
isDefault()	判断按钮是否是默认按钮	setFlat()	设置按钮为扁平
isFlat()	判断按钮是否为扁平	setMenu()	在按钮上添加菜单
menu()	获取按钮上的菜单对象	showMenu()	槽函数。显示按钮上的菜单

QPushButton 类成员函数的使用非常简单，由于篇幅的限制，这里不再一一详述。在第 1 章的例 1.4 中使用了一些 QPushButton 的成员函数，下面再给出一段示例代码。

```
//教材源码 code_3_2_1_1\widget.cpp
QPushButton * pushBtn = new QPushButton(this);        //构造按钮对象
QIcon icon(":/images/save.png");
pushBtn->setIcon(icon);                               //设置图标
pushBtn->setGeometry(50,50,70,40);                    //设置显示位置和大小
pushBtn->setText(tr(" 保存"));                         //设置文本
//pushBtn->setFlat(true);                             //设置按钮为扁平
pushBtn->setDefault(true);                            //设置为默认按钮
//设置按钮为两种状态。单击一次按钮为下压状态,再单击一次按钮恢复
pushBtn->setCheckable(true);
```

上述代码设置了按钮组件的图标,需要先在 code_3_2_1_1 项目中添加资源文件,并加载名为 save.png 的图片。

2. 工具栏按钮

工具栏按钮就是应用程序工具栏上使用的按钮组件,它一般与某个菜单命令相关联。Qt 的工具栏按钮对应的 C++ 类为 QToolButton,它与 QPushButton 一样继承自 QAbstractButton 类,如图 3.1 所示。

由于 QToolButton 按钮一般在工具栏上使用,并且涉及 Qt 中的 Action(动作)概念,我们把它放在第 4 章中与菜单栏、工具栏一起进行详细讲解。

3. 单选按钮

单选按钮一般用于在众多选项中单独选择某一项,它对应的 C++ 类为 QRadioButton。其继承关系如图 3.1 所示。

QRadioButton 类的属性、函数、信号与槽均继承自它的父类,使用时请参考 QObject、QPaintDevice、QWidget 和 QAbstractButton 类的相关技术文档。需要注意的是,单选按钮一般放置在 QGroupBox 容器中,以便对其进行分组。下面是一段单选按钮设计的示例代码。

```
//教材源码 code_3_2_1_3\widget.cpp
QGroupBox * groupBox = new QGroupBox(this);
groupBox->setTitle(tr("性别"));
groupBox->setGeometry(20,20,120,100);
QRadioButton * radioBtn1 = new QRadioButton(groupBox);
radioBtn1->setText(tr("男"));
radioBtn1->setChecked(true);
radioBtn1->setGeometry(QRect(20,30,100,16));
QRadioButton * radioBtn2 = new QRadioButton(groupBox);
radioBtn2->setText(tr("女"));
radioBtn2->setGeometry(QRect(20,60,100,16));
```

该示例代码运行结果如图 3.7 所示。

4. 复选按钮

复选按钮用于在众多的选项中同时选择多项,它对应的 C++ 类为 QCheckBox,其继承关系如图 3.1 所示。

QCheckBox 类除了继承的属性、函数和信号之外,还定义了几个特有的成员函数,用于设置或检查按钮状态,如表 3.3 所示。

图 3.7　单选按钮示例

表 3.3　QCheckBox 类部分成员函数及功能描述

成 员 函 数	功 能 描 述	成 员 函 数	功 能 描 述
QCheckBox()	构造复选按钮对象	setCheckState()	设置复选按钮状态
checkState()	获取复选按钮状态	setTristate()	设置复选按钮为三态的
isTristate()	判断复选按钮是否为三态的		

　　除了上述特有成员函数之外，QCheckBox 类还定义了一个名为 stateChanged() 的信号，当复选按钮状态发生变化时，会发射该信号。下面是一段复选按钮设计的示例代码。

```cpp
//教材源码 code_3_2_1_4\widget.cpp
QGroupBox * groupBox = new QGroupBox(this);
groupBox->setTitle(tr("爱好"));
groupBox->setGeometry(20,20,120,120);
QCheckBox * checkBox1 = new QCheckBox(groupBox);
checkBox1->setText(tr("读书"));
checkBox1->setGeometry(QRect(20,30,100,16));
QCheckBox * checkBox2 = new QCheckBox(groupBox);
checkBox2->setText(tr("跑步"));
checkBox2->setGeometry(QRect(20,60,100,16));
QCheckBox * checkBox3 = new QCheckBox(groupBox);
checkBox3->setText(tr("游戏"));
checkBox3->setTristate(true);
checkBox3->setGeometry(QRect(20,90,100,16));
```

该示例代码运行结果如图 3.8 所示。

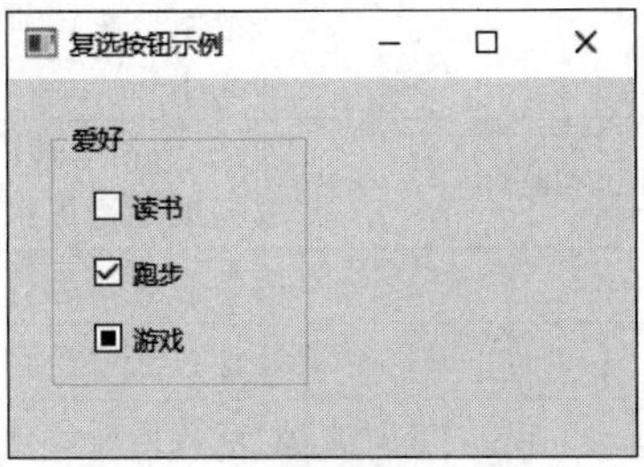

图 3.8　复选按钮示例

3.2.2　输入组件

　　输入组件用于应用程序与用户的交互，主要包括组合框、字体选择框、行编辑器、文本编辑器、数字选择框(自旋盒)、时间编辑器、日期编辑器、拨号器、滚动条和滑动条等，其外观和英文名称如图 3.9 所示。

1. 组合框

　　组合框又称为下拉列表框，用于通过选择输入数据。它对应的 C++ 类为 QComboBox，其继承关系如图 3.10 所示。

　　QComboBox 类是 QWidget 类的直接子类，它的部分成员函数及功能描述如表 3.4 所示。

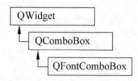

图 3.9　输入组件外观及英文名称　　　　图 3.10　QComboBox 类继承关系

表 3.4　QComboBox 类的部分成员函数及功能描述

成　员　函　数	功　能　描　述
QComboBox()	构造组合框对象
addItem()、addItems()、insertItem()、insertItems()、insertSeparator()	向组合框中添加数据项或分隔线
completer()、setCompleter()	获取或设置返回组合框的自动补全器 QCompleter
count()	返回组合框数据项数量
currentData()、currentIndex()、currentText()	获取组合框中当前选择数据项、数据项索引或数据项文本
duplicatesEnabled()、setDuplicatesEnabled()	处理 duplicatesEnabled 属性,该属性表示组合框中数据项是否可以重复
findData()、findText()	按条件查找组合框中的数据项
isEditable()、setEditable()	处理数据项是否可以编辑
itemData()、itemDelegate()、itemIcon()、itemText()	获取数据项信息,包括数据、代理、图标或文本
maxCount()、setMaxCount()	处理 maxCount 属性,该属性表示组合框允许的数据项最大项数
maxVisibleItems()、setMaxVisibleItems()	处理 maxVisibleItems 属性,该属性表示组合框允许的数据项最大可视项数。默认为 10 项
model()、setModel()	获取或设置组合框使用的数据模型
removeItem()	移除组合框中的数据项
setFrame()、setXxxx()	设置组合框边框属性(Frame)或其他属性(Xxxx)
clear()	槽函数。清空组合框,移除所有数据项
clearEditText()、setEditText()	槽函数。清除或设置组合框文本编辑中的内容
setCurrentIndex()、setCurrentText()	槽函数。设置当前选择项
activated()	信号函数。当用户选择数据项时发射此信号
currentIndexChanged()	信号函数。当 currentIndex 属性变化时发射此信号

续表

成 员 函 数	功 能 描 述
currentTextChanged()	信号函数。当 currentText 属性变化时发射此信号
editTextChanged()	信号函数。当编辑器文本发生变化时发射此信号
highlighted()	信号函数。当某数据项高亮显示时发射此信号
textActivated()	信号函数。当用户选择某项文本时发射此信号
textHighlighted()	信号函数。当数据项文本高亮显示时发射此信号

当一个 QComboBox 组合框中的选择项发生变化时,它会发射以下两个信号。

```
void currentIndexChanged(int index)
void currentTextChanged(const QString &text)
```

这两个信号只是传递的参数不同,一个传递的是当前项的索引号,另一个传递的是当前项的文本。下面是一段组合框设计的示例代码。

```
//教材源码 code_3_2_2_1\widget.cpp
QComboBox * comboBox = new QComboBox(this);
comboBox->setGeometry(10,10,80,22);
comboBox->setMaxVisibleItems(5);
QStringList list;
list<<"湖北"<<"湖南"<<"广东"<<"广西"<<"河北"<<"河南";
comboBox->addItems(list);
QMap<QString,int> map;
map.insert(tr("武汉"),27);
map.insert(tr("北京"),10);
map.insert(tr("上海"),21);
foreach(const QString &str,map.keys()){
    comboBox->addItem(str,map.value(str));
}
QLabel * label = new QLabel(this);
label->setGeometry(120,10,100,22);
connect(comboBox,&QComboBox::currentTextChanged,label, &QLabel::setText);
```

该示例代码运行结果如图 3.11 所示。

2. 行编辑器

行编辑器组件是一个单行的文本编辑器,允许用户输入和编辑单行的纯文本内容,而且提供了一系列有用的功能,包括撤销、恢复、剪切和拖放等操作。行编辑器组件对应的 C++ 类为 QLineEdit,该类是 QWidget 的直接子类,如图 3.1 所示。

图 3.11　组合框示例

QLineEdit 类的部分成员函数及功能描述如表 3.5 所示。

表 3.5　QLineEdit 类的部分成员函数及功能描述

成 员 函 数	功 能 描 述
QLineEdit()	构造行编辑器对象
alignment()、setAlignment()	处理行编辑对齐方式
backspace()、del()	删除行编辑器中的字符

续表

成 员 函 数	功 能 描 述
completer()、setCompleter()	处理自动补全器(Completer)属性
cursorBackward()、cursorForward()、cursorMoveStyle()、cursorPosition()、cursorPositionAt()、cursorWordBackward()、cursorWordForward()、end()、home()	处理行编辑器中的光标
deselect()	取消行编辑中任何选定的文本
displayText()	根据设定显示不同的掩码字符
dragEnabled()、setDragEnabled()	处理行编辑器的选定文本是否可以拖动
echoMode()、setEchoMode()	处理行编辑中文本的显示模式
hasSelectedText()	判断是否有文本被选择
isReadOnly()、setReadOnly()	处理行编辑器的只读属性
maxLength()、setMaxLength()	处理行编辑中本文的最大长度属性
placeholderText()、setPlaceholderText()	处理行编辑中本文的点位符文本属性
clear()	槽函数。清空行编辑器
copy()、cut()、paste()	槽函数。复制、剪切和粘贴操作
redo()、undo()	槽函数。重做、撤销操作
selectAll()	槽函数。全选操作
setText()	槽函数。设置行编辑器文本
cursorPositionChanged()	信号函数。当光标位置属性改变时发射此信号
editingFinished()	信号函数。当编辑完成时发射此信号
inputRejected()	信号函数。用户按下不可接收键时发射此信号
returnPressed()	信号函数。按 Enter 键时发射此信号
selectionChanged()	信号函数。当选择发生变化时发射此信号
textChanged()	信号函数。当文本发生变化时发射此信号
textEdited()	信号函数。编辑文本时发射此信号

除了剪切、复制等常规功能外,Qt 中的行编辑器还具有一些特殊的功能,如显示模式、插入掩码、输入验证和自动补全等。

扫一扫

视频讲解

图 3.12 行编辑器示例

【例 3.2】 行编辑器 QLineEdit 简单示例。程序运行结果如图 3.12 所示。

(1) 打开 Qt Creator 集成开发环境,创建一个基于 QWidget 类的 Qt 应用程序,项目名称为 examp3_2。在项目创建过程中,取消自动生成界面文件选项。

(2) 双击项目视图中的 widget.h 头文件,为 Widget 类添加 4 个 QLineEdit 类型的行编辑器组件对象指针 lineEdit1～lineEdit4 和 4 个 QLabel 类型的标签组件对象指针 label1～label4;为 Widget 类添加一个名为 labelText() 的槽函数。代码如下。

```
…
#include <QWidget>
#include <QLabel>
#include <QLineEdit>
…
public slots:
    void labelText();
private:
    QLineEdit * lineEdit1, * lineEdit2, * lineEdit3, * lineEdit4;
    QLabel * label1, * label2, * label3, * label4;
…
```

（3）双击打开项目的 widget.cpp 文件，在 Widget 类的构造函数中添加如下代码。

```
Widget::Widget(QWidget * parent) : QWidget(parent)
{
    resize(320, 240);
    setWindowTitle(tr("行编辑器示例"));
    lineEdit1 = new QLineEdit(this);
    lineEdit1->setGeometry(10,10,100,20);
    label1 = new QLabel(this);
    label1->setGeometry(120,10,100,20);
    connect(lineEdit1,&QLineEdit::editingFinished,this,&Widget::labelText);
    lineEdit2 = new QLineEdit(this);
    lineEdit2->setEchoMode(QLineEdit::Password);
    lineEdit2->setGeometry(10,40,100,20);
    label2 = new QLabel(this);
    label2->setGeometry(120,40,100,20);
    connect(lineEdit2,&QLineEdit::editingFinished,this,&Widget::labelText);
    lineEdit3 = new QLineEdit(this);
    QValidator * validator = new QIntValidator(1,100,this);   //新建验证器
    lineEdit3->setValidator(validator);    //该行编辑器只能接收 1~100 的整型数据
    lineEdit3->setGeometry(10,70,100,20);
    label3 = new QLabel(this);
    label3->setGeometry(120,70,100,20);
    connect(lineEdit3,&QLineEdit::editingFinished,this,&Widget::labelText);
    lineEdit4 = new QLineEdit(this);
    QStringList list;
    list<<tr("Qt")<<tr("Qt Creator")<<tr("Qt 程序设计");
    QCompleter * completer = new QCompleter(list,this);        //构建补全功能对象
    lineEdit4->setCompleter(completer);    //该行编辑器具有自动补全功能
    lineEdit4->setGeometry(10,100,100,20);
    label4 = new QLabel(this);
    label4->setGeometry(120,100,100,20);
    connect(lineEdit4,&QLineEdit::editingFinished,this,&Widget::labelText);
}
```

（4）在 widget.cpp 文件中添加 labelTex() 槽函数的实现代码。

```
void Widget::labelText(){
    label1->setText(lineEdit1->text());
    label2->setText(lineEdit2->text());
```

```
        label3->setText(lineEdit3->text());
        label4->setText(lineEdit4->text());
    }
```

（5）构建并运行程序。程序运行结果如图 3.12 所示。

本示例程序展示了 4 种类型的行编辑器组件，在图 3.12 的主窗体中，从上至下依次为正常显示模式的行编辑器、密码显示模式的行编辑器、具有输入验证功能的行编辑器和具有自动补全功能的行编辑器。

3. 数字选择框

数字选择框又称为自旋盒，主要用于数字的输入和显示。它对应的 C++ 类有 QSpinBox、QDoubleSpinBox 和 QDateTimeEdit 等，其继承关系如图 3.1 所示。

QSpinBox 组件用于整数的显示和输入，一般显示十进制数，也可以显示二进制、十六进制的整数，而且可以在显示框中增加前缀或后缀。

QDoubleSpinBox 组件用于浮点数的显示和输入，可以设置显示小数位数，也可以设置显示的前缀和后缀。

QDateTimeEdit 组件用于编辑和显示日期时间，它对应 Qt 的 QDateTime 日期时间数据类型，如 2022-03-15 16:10:11。

另外，QDateTimeEdit 类还有两个直接子类，即 QDateEdit 类和 QTimeEdit 类。其中，QDateEdit 组件用于编辑和显示日期，它对应 Qt 的 QDate 日期数据类型，仅表示日期，如 2022-03-15；QTimeEdit 组件用于编辑和显示时间，它对应 Qt 的 QTime 时间数据类型，仅表示时间，如 16:10:11。

上述组件的使用非常简单，只需要调用成员函数对其属性进行设置，并获取当前的数字即可。这些组件类的属性、函数、信号与槽等详情请参考 Qt 的帮助文档。图 3.13 给出了这几种组件的外观示例。

4. 移动型组件

移动型组件主要用于输入数字，改变组件中的可移动部件的位置从而实现数字的输入。它对应的 C++ 类有 QDial、QScrollBar 和 QSlider 等，其继承关系如图 3.1 所示。

QDial 是一个表盘式数值输入组件，通过转动表针获得输入值，其外观如图 3.14 所示。

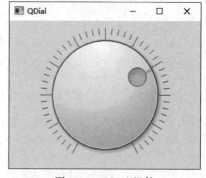

图 3.13　数字选择框组件示例　　　　　　图 3.14　QDial 组件

QScrollBar 是一个滚动组件，可用于卷滚区域，其外观如图 3.15 所示。

QSlider 是一个滑动条组件，通过拖动滑块输入数值，其外观如图 3.16 所示。

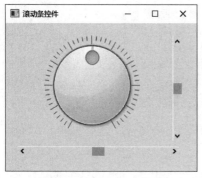

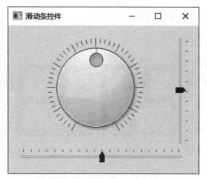

图 3.15　QScrollBar 组件   图 3.16　QSlider 组件

3.2.3　显示组件

显示组件用于应用程序的信息展示,主要包括标签、文本浏览器、图形视图、日历、液晶数字、进度条、水平线、垂直线、开放式图形库工具和嵌入 QML 工具等,其外观和英文名称如图 3.17 所示。

1. 标签

标签组件用于显示简单的文本或位图。它对应的 C++ 类为 QLabel,其继承关系如图 3.1 所示。QLabel 标签组件的使用非常简单,请大家参考前面实例中的相关代码。

2. 日历

日历组件用于选择日期数据,它对应的 C++ 类为 QCalendarWidget,该类是 QWidget 类的直接子类,没有被其他类继承。日历组件外观效果如图 3.18 所示。

图 3.17　显示组件外观和英文名称   图 3.18　日历组件

3. LCD 数字显示框

LCD 数字显示框组件可以让数码显示为与液晶数字一样的效果。它对应的 C++ 类为 QLCDNumber,其继承关系如图 3.1 所示。外观效果如图 3.19 所示。

4. 进度条

进度条组件用于显示一件比较耗时的事情的完成情况。它对应的 C++ 类为 QProgressBar,该类是 QWidget 类的直接子类,没有被其他类继承。外观效果如图 3.20 所示。

图 3.19　LCD 数字显示框组件

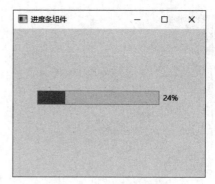

图 3.20　进度条组件

3.2.4　浏览组件

浏览组件用于应用程序的信息展示。它分为两种类型,一类是基于 Qt 的模型/视图的组件,包括列表视图、树视图、表视图和列视图等;另一类是基于数据项的组件,包括列表部件、树状部件和表部件。其实,第 2 类浏览组件就是第 1 类中相应组件的便捷组件。浏览组件的外观和英文名称如图 3.21 所示。

浏览组件所对应的 C++ 类和继承关系如图 3.1 和图 3.22 所示。

图 3.21　浏览组件的外观和英文名称

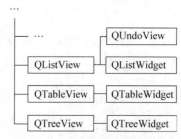

图 3.22　浏览组件类继承关系

1. 列表组件

列表组件用于以列表的形式显示信息,它对应的 C++ 类为 QListView、QListWidget 和 QUndoView,继承关系如图 3.22 所示。

图 3.23　例 3.3 程序运行结果

QListView 和 QUndoView 类一般用于 Qt 的模型/视图结构中,将在第 8 章进行介绍。下面给出一个 QListWidget 的简单应用实例。

【例 3.3】　QListWidget 列表组件的使用。程序运行结果如图 3.23 所示。

(1) 打开 Qt Creator 集成开发环境,创建一个基于 QWidget 类的 Qt 应用程序,项目名称为 examp3_3。

(2) 双击项目视图中的 widget.ui 界面文件,打开 Qt 界面设计器,对应用程序主窗体界面进行设计,如图 3.23 所示。其中,"添加""插入""删除""全选"

"反选""清空"按钮为 QPushButton 类型的按钮组件,对象名称分别为 addButton、insertButton、deleteButton、selectAllButton、selectInvsButton 和 clearButton;主窗体中间区域是一个对象名称为 listWidget 的 QListWidget 列表框组件。

(3) 在界面设计器中分别选择 6 个按钮组件,为它们添加 clicked 信号槽函数,槽函数名称分别为 on_addButton_clicked()、on_insertButton_clicked()、on_deleteButton_clicked()、on_selectAllButton_clicked()、on_selectInvsButton_clicked()和 on_clearButton_clicked();选择中间区域的 listWidget 列表框组件,为其添加 itemClicked 信号槽函数,槽函数名称为 on_listWidget_itemClicked(QListWidgetItem * item)。

(4) 为 Widget 类添加一个私有的 initListWidget()成员函数,用于初始化主窗体中的列表框组件。代码如下。

```
void Widget::initListWidget()
{
    QListWidgetItem * aItem;
    QIcon aIcon;
    aIcon.addFile(":/images/new.png");
    QStringList items;
    items << "第 1 章 初识 Qt" << "第 2 章 Qt 开发基础" << "第 3 章 界面设计组件"
          << "第 4 章 主框架窗体" << "第 5 章 对话框设计" << "第 6 章 事件系统";
    for(int i=0; i<items.length(); i++) {
        aItem = new QListWidgetItem();
        aItem->setText(items[i]);
        aItem->setIcon(aIcon);
        aItem->setCheckState(Qt::Unchecked);
        ui->listWidget->addItem(aItem);
    }
}
```

在 Widget 类的构造函数中添加代码,调用该初始化函数。

(5) 为步骤(3)中添加的槽函数编写代码,实现相应的操作功能。代码如下。

```
void Widget::on_addButton_clicked()
{
    QListWidgetItem * aItem = new QListWidgetItem();
    QIcon aIcon;
    aIcon.addFile(":/images/new.png");
    aItem->setText(tr("在列表中增加一项,请双击编辑新项名称"));
    aItem->setIcon(aIcon);
    aItem->setCheckState(Qt::Unchecked);
    aItem->setFlags(Qt::ItemIsSelectable | Qt::ItemIsEditable
|Qt::ItemIsUserCheckable |Qt::ItemIsEnabled);
    ui->listWidget->addItem(aItem);
}
void Widget::on_insertButton_clicked()
{
    QListWidgetItem * aItem = new QListWidgetItem();
    QIcon aIcon;
    aIcon.addFile(":/images/new.png");
    aItem->setText(tr("在这里插入一项,请双击编辑新项名称"));
    aItem->setIcon(aIcon);
    aItem->setCheckState(Qt::Unchecked);
    aItem->setFlags(Qt::ItemIsSelectable | Qt::ItemIsEditable
```

```cpp
                |Qt::ItemIsUserCheckable |Qt::ItemIsEnabled);
    ui->listWidget->insertItem(ui->listWidget->currentRow()+1,aItem);
}
void Widget::on_deleteButton_clicked()
{
    int row = ui->listWidget->currentRow();
    QListWidgetItem * aItem = ui->listWidget->takeItem(row);
    delete aItem;
}
void Widget::on_selectAllButton_clicked()
{
    int nums = ui->listWidget->count();
    for(int i = 0; i < nums; ++i) {
        QListWidgetItem * aItem = ui->listWidget->item(i);
        aItem->setCheckState(Qt::Checked);        }
}
void Widget::on_selectInvsButton_clicked()
{
    int nums = ui->listWidget->count();
    for(int i = 0; i < nums; ++i) {
        QListWidgetItem * aItem = ui->listWidget->item(i);
        if(aItem->checkState() != Qt::Checked)
            aItem->setCheckState(Qt::Checked);
        else
            aItem->setCheckState(Qt::Unchecked);
    }
}
void Widget::on_clearButton_clicked()
{
    ui->listWidget->clear();
}
void Widget::on_listWidget_itemClicked(QListWidgetItem * item)
{
    int nums = ui->listWidget->count();
    for(int i = 0; i < nums; ++i) {
        QListWidgetItem * aItem = ui->listWidget->item(i);
        aItem->setCheckState(Qt::Unchecked);
    }
    item->setCheckState(Qt::Checked);
}
```

(6) 构建并运行程序。单击主窗体中的"添加"按钮,会在列表框的末尾增加一个新项,
如图 3.24 所示;双击新增加的子项,可以编辑其名称,如图 3.25 所示。

图 3.24　增加新项

图 3.25　编辑子项名称

单击主窗体中的"插入"按钮,会在当前选择的子项后面添加一个新的子项,其操作与上述演示的"添加"功能相似。主窗体中的其他操作按钮的运行结果,请大家自行测试。

2. 树状组件

树状组件用于表现具有树状层次关系的数据,该组件的每项均可添加位图或文字,可响应单击、双击、选项改变、树状显示扩展、收缩等信号。它所对应的 C++ 类有 QTreeView 和 QTreeWidget 两个,其中 QTreeView 类一般在 Qt 的模型/视图结构中使用。

下面给出一个 QTreeWidget 的简单应用实例。

【例 3.4】 QTreeWidget 树状组件的使用。程序运行结果如图 3.26 所示。

(1) 打开 Qt Creator 集成开发环境,创建一个基于 QWidget 类的 Qt 应用程序,项目名称为 examp3_4。

视频讲解

图 3.26 例 3.4 程序运行结果

(2) 双击项目视图中的 widget.ui 界面文件,打开 Qt 界面设计器,对应用程序主窗体界面进行设计,如图 3.26 所示。其中,"添加章""添加节""删除"按钮为 QPushButton 类型的按钮组件,对象名称分别为 add1Button、add2Button 和 deleteButton;主窗体中间区域是一个对象名称为 treeWidget 的 QTreeWidget 树状组件。

(3) 在界面设计器中分别选择 3 个按钮组件,为它们添加 clicked 信号槽函数,槽函数名称分别为 on_add1Button_clicked()、on_add2Button_clicked() 和 on_deleteButton_clicked()。

(4) 为类 Widget 添加一个私有的 initTreeWidget()成员函数,用于初始化主窗体中的树状组件。代码如下。

```
void Widget::initTreeWidget()
{
    ui->treeWidget->setColumnCount(1);
    QStringList headers;
    headers << tr("教材目录");
    ui->treeWidget->setHeaderLabels(headers);
    icon[0].addFile(":/images/new.png");
    icon[1].addFile(":/images/pencil.png");
    QStringList item1;
    item1 << "第 1 章 初识 Qt" << "第 2 章 Qt 开发基础" << "第 3 章 界面设计组件";
    QStringList item2[3];
    item2[0]<<"1.1 Qt 简介"<<"1.2 开发环境搭建";
    item2[1]<<"2.1"<<"2.2";
    item2[2]<<"3.1 基本窗体"<<"3.2 常用组件";
    QList<QTreeWidgetItem * > list1,list2;
    for(int i = 0; i < item1.count(); ++i) {
        list1.append(new QTreeWidgetItem(ui->treeWidget,
    QStringList(item1.at(i))));
        list1[i]->setIcon(0,icon[0]);
        for(int j = 0; j < item2[i].count(); ++j) {
            list2.append(new QTreeWidgetItem(list1[i],
```

```
            QStringList(item2[i].at(j))));
            list2[j]->setIcon(0,icon[1]);
        }
        list2.clear();
    }
}
```

在 Widget 类的构造函数中添加代码,调用该初始化函数。

(5) 为步骤(3)中添加的槽函数编写代码,实现相应的操作功能。代码如下。

```
void Widget::on_add1Button_clicked()
{
    QTreeWidgetItem * newItem;
    newItem = new QTreeWidgetItem(ui->treeWidget,QStringList(QString("第%1
章").arg(ui->treeWidget->topLevelItemCount()+1)));
    newItem->setIcon(0,icon[0]);
    ui->treeWidget->addTopLevelItem(newItem);
}
void Widget::on_add2Button_clicked()
{
    QTreeWidgetItem * newItem, * currentItem;
    currentItem = ui->treeWidget->currentItem();
    if(!currentItem){
        QMessageBox::information(this,tr("温馨提示"),tr("请选择教材的章目录!"));
        return;
    }
    QModelIndex modeIndex = ui->treeWidget->currentIndex();
    int row = modeIndex.row();
    int childCount = currentItem->childCount();
    if(currentItem && !currentItem->parent()){
        newItem = new QTreeWidgetItem(currentItem,QStringList(QString("%1.%2").
        arg(row+1).arg(childCount+1)));
        newItem->setIcon(0,icon[1]);
        currentItem->addChild(newItem);
    }else{
        QMessageBox::information(this,tr("温馨提示"),tr("请选择教材的章目录!"));
    }
}
void Widget::on_deleteButton_clicked()
{
    QTreeWidgetItem * currentItem, * parent;
    currentItem = ui->treeWidget->currentItem();
    parent = currentItem->parent();
    int index;
    if(parent){
        index = parent->indexOfChild(currentItem);
        delete parent->takeChild(index);
    }else{
        index = ui->treeWidget->indexOfTopLevelItem(currentItem);
        delete ui->treeWidget->takeTopLevelItem(index);
    }
}
```

(6) 构建并运行程序。单击主窗体中的"添加章"按钮,会在树状显示框的末尾增加一个新的"章"项;选择"章"项,单击"添加节"按钮,可以为该章添加"节"子项,如图 3.27 所示。

视频讲解

3. 表格组件

表格组件用于以标准表格的形式显示信息。它所对应的 C++ 类有 QTableView 和 QTableWidget 两个，其中 QTableView 类一般在 Qt 的模型/视图结构中使用。

下面给出一个 QTableWidget 的简单应用实例。

【例 3.5】 QTableWidget 表格组件的使用。程序运行结果如图 3.28 所示。

图 3.27　例 3.4 程序测试结果

图 3.28　例 3.5 程序运行结果

（1）打开 Qt Creator 集成开发环境，创建一个基于 QWidget 类的 Qt 应用程序，项目名称为 examp3_5。

（2）双击项目视图中的 widget.ui 界面文件，打开 Qt 界面设计器，对应用程序主窗体界面进行设计，如图 3.28 所示。其中，"添加行""插入行""删除行"按钮为 QPushButton 类型的按钮组件，对象名称分别为 addRowButton、insertRowButton 和 deleteRowButton；主窗体中间区域是一个对象名称为 tableWidget 的 QTableWidget 表格组件。

（3）在界面设计器中分别选择 3 个按钮组件，为它们添加 clicked 信号槽函数，槽函数名称分别为 on_addRowButton_clicked()、on_insertRowButton_clicked() 和 on_deleteRowButton_clicked()。

（4）为 Widget 类添加一个私有的 initTableWidget() 成员函数，用于初始化主窗体中的表格组件。代码如下。

```
void Widget::initTableWidget()
{
    QStringList headerText;
    headerText<<"教材名称"<<"作者"<<"出版社";
    QStringList data[4];
    data[0]<<"面向对象程序设计"<<"马石安 魏文平"<<"清华大学出版社";
    data[1]<<"Visual C++程序设计"<<"马石安 魏文平"<<"清华大学出版社";
    data[2]<<"PHP Web 项目开发"<<"马石安 魏文平"<<"清华大学出版社";
    data[3]<<"Qt 6.2/C++程序设计"<<"马石安 魏文平"<<"清华大学出版社";
    ui->tableWidget->setColumnCount(headerText.count());
    ui->tableWidget->setHorizontalHeaderLabels(headerText);
    QTableWidgetItem * item;
    for(int i=0; i<=data->count(); i++){
        for(int j=0; j<headerText.count(); j++) {
            item = new QTableWidgetItem(data[i][j]);
            ui->tableWidget->setItem(i,j,item);
```

　　（5）为步骤（3）中添加的槽函数编写代码，实现相应的操作功能。代码如下。

```cpp
void Widget::on_addRowButton_clicked()
{
    QStringList str;
    str<<"教材名称"<<"作者"<<"出版社";
    int newRow = ui->tableWidget->rowCount();
    ui->tableWidget->insertRow(newRow);
    QTableWidgetItem * item;
    for(int j=0; j<ui->tableWidget->columnCount(); j++) {
        item = new QTableWidgetItem(str[j]);
        item->setBackground(QBrush(QColor("yellow")));
        ui->tableWidget->setItem(newRow,j,item);
    }
}
void Widget::on_insertRowButton_clicked()
{
    QStringList str;
    str<<"教材名称"<<"作者"<<"出版社";
    int newRow = ui->tableWidget->currentRow()+1;
    ui->tableWidget->insertRow(newRow);
    QTableWidgetItem * item;
    for(int j=0; j<ui->tableWidget->columnCount(); j++) {
        item = new QTableWidgetItem(str[j]);
        item->setBackground(QBrush(QColor("yellow")));
        ui->tableWidget->setItem(newRow,j,item);
    }
}
void Widget::on_deleteRowButton_clicked()
{
    int currentRow = ui->tableWidget->currentRow();
    ui->tableWidget->removeRow(currentRow);
}
```

　　（6）构建并运行程序。单击主窗体中的"添加行"按钮，会在表格末尾增加一个新的行；单击"插入行"按钮，可以在表格的中间插入一个新的行，如图 3.29 所示。

图 3.29　例 3.5 程序测试结果

3.2.5 容器组件

容器组件用于包含其他组件或容器,以便对应用程序界面组件进行分类管理,主要包括组框、滚动区域、工具箱、选项卡、堆叠部件、帧部件、小部件、MDI 区域、停靠窗体部件和封装 Flash 的 ActiveX 组件等。容器组件外观及英文名称如图 3.30 所示。

1. 组框

组框组件提供一个框架、顶部的标题、键盘快捷键,并在其内部显示各种其他部件。键盘快捷键用于将键盘焦点移动到组框的某个子窗体上。

组框组件对应的 C++ 类为 QGroupBox,该类的使用方法请参见 3.2.1 节中的 code_3_2_1_3和 code_3_2_1_4 示例项目,或 Qt 的帮助文档。

2. 工具箱

工具箱组件是一个小窗体部件,它将一列选项卡显示在另一列选项卡的上方,当前项显示在当前选项卡的下方。每个选项卡在选项卡列中都有一个索引位置,选项卡的每项都是一个 QWidget 子窗体。

工具箱组件对应的 C++ 类为 QToolBox,该类的使用方法请参见 Qt 的帮助文档。

3. 选项卡

图 3.30 中的 Tab Widget 表示常见的选项卡组件。选项卡组件提供一个选项卡栏和一个页面区域,用于显示与每个选项卡相关的页面。默认情况下,选项卡栏显示在页面区域上方。每个选项卡都与不同的小部件(称为页面)相关联。页面区域中仅显示当前页面,所有其他页面都被隐藏。用户可以通过单击选项卡或按 Alt+字母快捷键(如果有的话)显示不同的页面。

选项卡组件对应的 C++ 类为 QTabWidget,该类的使用方法请参见 Qt 的帮助文件。下面给出一个简单的应用实例。

【例 3.6】 QTabWidget 选项卡组件的使用。程序运行初始界面如图 3.31 所示。

图 3.30 容器组件外观及英文名称

图 3.31 例 3.6 程序运行初始界面

(1) 打开 Qt Creator 集成开发环境,创建一个基于 QWidget 类的 Qt 应用程序,项目名称为 examp3_6。

(2) 双击项目视图中的 widget.ui 界面文件,打开 Qt 界面设计器,对应用程序主窗体界面进行设计,如图 3.31 所示。其中,选项卡组件为 QTabWidget 类型,对象名称为

tabWidget;选项卡"省""市""区"页面均为 QWidget 类型,对象名称分别为 tab0、tab1 和 tab2;每个选项卡页面中放置一个 QListWidget 类型的列表组件,对象名称分别为 listWidget0、listWidget1 和 listWidget2。

(3)为 listWidget0 和 listWidget1 列表组件添加 itemSelectionChanged()信号函数,并编写代码。

```cpp
void Widget::on_listWidget0_itemSelectionChanged()
{
    ui->tabWidget->setTabEnabled(1,true);
    ui->listWidget1->clear();
    int currentRow = ui->listWidget0->currentRow();
    ui->listWidget1->addItems(list2[currentRow]);
    ui->tabWidget->setCurrentIndex(1);
}
void Widget::on_listWidget1_itemSelectionChanged()
{
    ui->tabWidget->setTabEnabled(2,true);
    ui->listWidget2->clear();
    int currentRow0 = ui->listWidget0->currentRow();
    int currentRow1 = ui->listWidget1->currentRow();
    ui->listWidget2->addItems(list3[currentRow0][currentRow1]);
    ui->tabWidget->setCurrentIndex(2);
}
```

(4)准备测试数据并初始化 tabWidget 和 listWidget0 等组件,代码如下。

```cpp
//widget.h 文件
...
private:
    ...
    QStringList list1;              //省
    QStringList list2[2];           //市
    QStringList list3[2][2];        //区
...
//widget.cpp 文件
Widget::Widget(QWidget * parent) : QWidget(parent), ui(new Ui::Widget)
{
    ui->setupUi(this);
    list1 << "湖北省" << "湖南省";
    list2[0] << "武汉市" << "荆州市";
    list2[1] << "长沙市" << "常德市";
    list3[0][0] << "江岸区" << "江汉区" << "汉阳区" << "武昌区";
    list3[0][1] << "沙市区" << "荆州区";
    list3[1][0] << "长沙市 A 区" << "长沙市 B 区";
    list3[1][1] << "常德市 A 区" << "常德市 B 区";
    ui->listWidget0->clear();
    ui->listWidget0->addItems(list1);
    ui->tabWidget->setCurrentIndex(0);
    ui->tabWidget->setTabEnabled(1,false);
    ui->tabWidget->setTabEnabled(2,false);
}
```

(5)构建并运行程序。程序运行后,单击"省"选项卡页面中的"湖北省",随即激活"市"选项卡页面;接着单击"市"选项卡页面中的"武汉市",激活"区"选项卡页面。测试结果如图 3.32 所示。

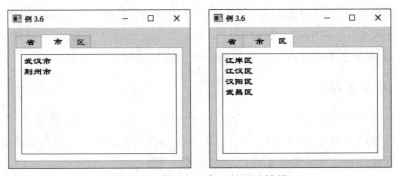

图 3.32　例 3.6 程序运行测试结果

3.2.6　布局组件

布局组件用于用户界面的布局管理,主要包括垂直布局、水平布局、风格布局、表单布局和水平间隔、垂直间隔等。布局组件外观及英文名称如图 3.33 所示。

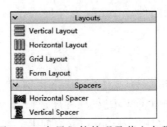

图 3.33　布局组件外观及英文名称

布局组件的使用方法详见 3.3 节。

3.3　布局管理

前面介绍了 Qt 应用程序中的一些可视化部件,这些可视化部件共同构建起了程序的GUI。Qt 通过"布局管理器"对 GUI 上部件的布局进行管理。

3.3.1　QLayout 类

Qt 中主要提供了 QLayout 类及其子类作为布局管理器,使用它们可以实现基本的布局管理功能。QLayout 及其子类的继承关系如图 3.34 所示。

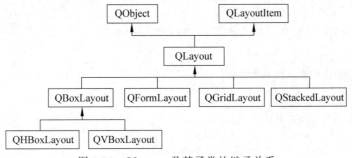

图 3.34　QLayout 及其子类的继承关系

QLayout 类是布局管理器的基类,它是一个抽象类,继承于 QObject 和 QLayoutItem 类。QLayout 和 QLayouItem 类只有在自定义布局管理器时才使用,在一般情况下,只需要使用 QLayout 的几个子类基本上就可以满足程序设计的要求。

3.3.2 基本布局

Qt 的基本布局管理器 QBoxLayout 包括两种类型,一种是水平布局管理器 QHBoxLayout,另一种是垂直布局管理器 QVBoxLayout。水平布局管理将窗体中的组件配置为横向一行,而垂直布局管理器则将窗体中的组件配置为垂直一列。

QBoxLayout 类继承和定义了很多成员函数,其中 addWidget() 和 insertWidget() 是两个非常重要的函数,通过它们可以向布局中增加窗体组件。这两个函数的原型如下。

```
void addWidget(QWidget * widget, int stretch = 0, Qt::Alignment alignment = Qt::
Alignment())
void insertWidget(int index, QWidget * widget, int stretch = 0, Qt::Alignment
alignment = Qt::Alignment())
```

其中,widget 参数为添加的窗体部件;stretch 为伸展因子;alignment 为对齐方式;index 为添加位置索引。

1. 水平布局

基本的水平布局管理功能由 QHBoxLayout 类来实现。QHBoxLayout 类的使用非常简单,这里不再详述,下面给出一个简单的实例程序。

【例 3.7】 水平布局管理器 QHBoxLayout 的使用。

(1) 打开 Qt Creator 集成开发环境,创建一个名为 examp3_7 的基于 QWidget 类的应用程序。取消 UI 文件的创建。

(2) 打开 widget.h 头文件,在 Widget 类中添加代码,定义两个 QLabel 组件对象指针、两个 QLineEdit 组件对象指针和一个 QHBoxLayout 水平布局管理器对象指针。代码如下。

```
...
private:
    QLabel * labelName, * labelPassword;
    QLineEdit * editName, * editPassword;
QHBoxLayout * hLayout;
    ...
```

(3) 打开 widget.cpp 文件,在 Widget 类的构造函数中添加代码,初始化步骤(2)中新增的对象指针。代码如下。

```
Widget::Widget(QWidget * parent) : QWidget(parent)
{
resize(320,240);
//创建标签组件并设置其位置和大小
    labelName = new QLabel(tr("用户名: "),this);
labelName->setGeometry(10,10,50,20);
//创建行编辑组件并设置其位置和大小
    editName = new QLineEdit(this);
    editName->setGeometry(100,10,100,20);
```

```
    labelPassword = new QLabel(tr("密码:"),this);
    labelPassword->setGeometry(10,60,50,20);
    editPassword = new QLineEdit(this);
    editPassword->setGeometry(100,60,100,20);
    editPassword->setEchoMode(QLineEdit::Password);
//创建水平布局管理器
    hLayout = new QHBoxLayout;
}
```

这里先不使用布局管理器,直接使用 QWidget 的 setGeometry()函数设置窗体中组件的位置及大小,运行结果如图 3.35 所示。

(4) 在 Widget 类的构造函数中继续添加代码,用 QHBoxLayout 水平布局管理器对窗体中的组件进行布局管理。代码如下。

```
...
//创建水平布局管理器
hLayout = new QHBoxLayout;
//将组件添加到布局管理器中
hLayout->addWidget(labelName);
hLayout->addWidget(editName);
hLayout->addWidget(labelPassword);
hLayout->addWidget(editPassword);
//在主窗体上设置新创建的布局
setLayout(hLayout);
...
```

(5) 再次构建并运行程序,结果如图 3.36 所示。

图 3.35 组件原始位置及大小

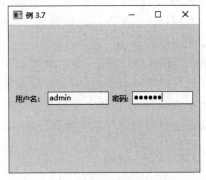

图 3.36 组件的水平布局

可以看出,窗体中的所有组件均呈水平方式排列,当主窗体宽度增大时,窗体中的所有 QLineEdit 组件均被拉长,而 QLabel 组件的大小不变。当主窗体的高度变化时,所有组件的大小均不发生变化。

2. 垂直布局

基本的垂直布局管理功能由 QVBoxLayout 对象来完成。下面给出一个简单实例,将例 3.7 中程序主窗体中的组件更改为垂直布局方式。

【例 3.8】 垂直布局管理器 QVBoxLayout 的使用。

(1) 复制例 3.7 中的项目 examp3_7,将项目名修改为 examp3_8。

(2) 启动 Qt Creator 集成开发环境,打开项目 examp3_8。在 Widget 类中添加一个私

扫一扫

视频讲解

有的 QVBoxLayout 类型的 vLayout 指针变量。代码如下。

```
...
private:
    ...
    QHBoxLayout * hLayout1, * hLayout2;
    QVBoxLayout * vLayout;
    ...
```

这里为了符合通常"用户登录"表单的界面习惯,将窗口中的"用户名"和"密码"组件分别存放在两个水平布局管理器中。

(3) 修改 Widget 类的构成函数中的代码,实现窗口中组件的垂直布局。代码如下。

```
...
hLayout1 = new QHBoxLayout;
hLayout1->addWidget(labelName);
hLayout1->addWidget(editName);
hLayout2 = new QHBoxLayout;
hLayout2->addWidget(labelPassword);
hLayout2->addWidget(editPassword);
//setLayout(hLayout);
vLayout = new QVBoxLayout;              //创建垂直布局管理器
vLayout->addLayout(hLayout1);          //将水平布局添加到垂直布局管理器中
vLayout->addLayout(hLayout2);
setLayout(vLayout);                     //为主窗口设置垂直布局
...
```

这里使用 QBoxLayout 类的 addLayout()成员函数将载有组件的水平布局添加到垂直布局中,形成了界面中布局的嵌套。

(4) 构建并运行程序,得到如图 3.37 所示的结果。

从运行结果可以看出,应用程序主窗体中的组件分为两组垂直排列,当窗体大小发生变化时,Qt 的布局管理器会智能地控制组件的大小和位置。

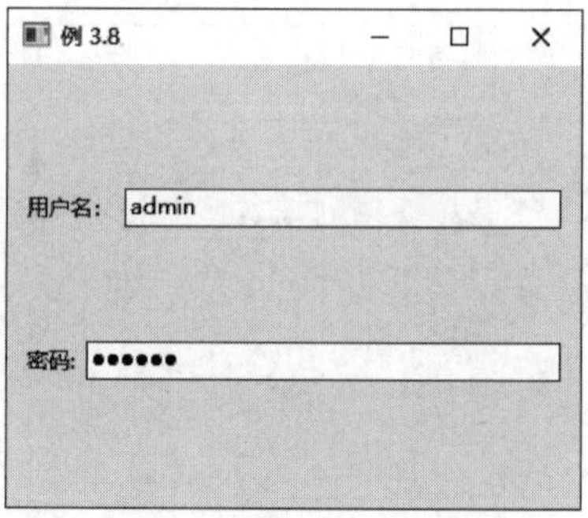

3.3.3　表单布局

表单布局就是将窗体中的组件按表单的形式进行

图 3.37　组件的垂直布局

排列。表单一般由两列组成,第 1 列用于显示信息,起提示作用,一般称为 label 域;第 2 列用于数据输入,一般称为 field 域。表单就是由很多 label 域和 field 域两项内容组成的行布局。

表单布局管理功能由 QFormLayout 对象来实现。下面给出一个简单实例,将例 3.8 程序主窗体中的组件布局更改为表单布局方式。

【例 3.9】　表单布局管理器 QFormLayout 的使用。

(1) 复制例 3.8 中的项目 examp3_8,将项目名修改为 examp3_9。

(2) 启动 Qt Creator 集成开发环境,打开项目 examp3_9。在 Widget 类中添加一个私有的 QFormLayout 类型的 fLayout 指针变量。代码如下。

```
...
private:
    ...
    QVBoxLayout * vLayout;
    QFormLayout * fLayout;
    ...
```

(3) 在 Widget 类的构造函数中添加代码,实现程序组件的表单布局。代码如下。

```
...
//setLayout(vLayout);
fLayout = new QFormLayout;                                    //创建表单布局管理器
fLayout->addRow(labelName,editName);                         //将组件添加到表单布局的行中
fLayout->addRow(labelPassword,editPassword);
//fLayout->setLabelAlignment(Qt::AlignRight);                      //语句①
//fLayout->setRowWrapPolicy(QFormLayout::WrapAllRows);  //语句②
setLayout(fLayout);
...
```

使用 QFormLayout 类的 addRow()成员函数,可以在表单布局中一次插入两个组件,即标签组件和文本输入框组件。

(4) 构建并运行程序,结果如图 3.38 所示。

从运行结果可以看出,窗体中的组件以两行两列的形式进行显示。标签组件中的文本左对齐;每行中的两个组件左右成行显示。

(5) 取消步骤(3)中的语句①注释,再次构建并运行程序,结果如图 3.39 所示。

图 3.38 表单布局效果(1)

可以看到,标签组件中的文本变成右对齐。可以通过改变 QFormLayout 类的 setLabelAlignment()函数中的参数,将标签文本设置为不同的对齐方式。

(6) 取消步骤(3)中的语句②注释,再次构建并运行程序,结果如图 3.40 所示。

图 3.39 表单布局效果(2)

图 3.40 表单布局效果(3)

可以看到,表单布局中的组件变成单列排列。也就是说,每行中的标签组件和文本编辑框组件分两行上下显示。

3.3.4　网格布局

网格布局也称为栅格布局,它将窗体中的所有部件布置在一个网格中。网格是 m 行 n 列空间分隔形式,通常情况下,每个单元格的尺寸是不同的。网格中的单元格的大小受所放置的组件自身大小的影响,当然也可以人为设定网格中行与行的高度比,或者列与列的宽度比。

网格布局管理功能由 QGridLayout 对象来实现。下面给出一个简单实例,将例 3.9 程序主窗体中的组件布局更改为网格布局方式。

【例 3.10】　网格布局管理器 QGridLayout 的使用。

(1) 复制例 3.9 中的项目 examp3_9,将项目名修改为 examp3_10。

(2) 启动 Qt Creator 集成开发环境,打开项目 examp3_10。在 Widget 类中添加一个私有的 QGridLayout 类型的指针变量 gLayout。代码如下。

```
...
private:
    ...
    QFormLayout * fLayout;
    QGridLayout * gLayout;
    ...
```

(3) 在 Widget 类的构造函数中添加代码,实现组件的网格布局。代码如下。

```
...
//setLayout(fLayout);
gLayout = new QGridLayout;
gLayout->addWidget(labelName,0,0,1,1);
gLayout->addWidget(editName,0,1,1,1);
gLayout->addWidget(new QLabel(tr("＊这是必填项")),0,2);
gLayout->addWidget(labelPassword,1,0,1,1);
gLayout->addWidget(editPassword,1,1,1,1);
//gLayout->setColumnStretch(0,1);       //设置网格第 1 列的宽度为 1
//gLayout->setColumnStretch(2,2);       //设置网格第 3 列的宽度为 2
setLayout(gLayout);
...
```

使用 QGridLayout 类的 addWidget()函数将组件添加到相应的网格中,该函数的第 2 个和第 3 个参数分别表示网格的行号和列号。注意网格的行号和列号均从 0 开始。

(4) 构建并运行程序,结果如图 3.41 所示。

(5) 取消步骤(3)代码中的注释,重新编译并运行程序,结果如图 3.42 所示。

图 3.41　网格布局效果(1)

图 3.42　网格布局效果(2)

可以看出,网格布局中的第 3 列(列号为 2)的宽度发生了变化,它是第 1 列宽度的 2 倍。使用 QGridLayout 类的 setColumnStretch()函数可以对网格的列宽进行调整。该函数的第 1 个参数表示列号,第 2 个参数表示宽度比例。

习题 3

1. 填空题

(1) QWidget 类是所有用户界面组件的基类,它继承自_____类和_____类。

(2) QWidget 类的_____函数用于设置窗体标题,_____函数用于设置窗体客户区的宽和高。

(3) 在 Qt 中,普通按钮、单选按钮和复选按钮分别对应_____、_____和_____这 3 个 C++ 类。

(4) 对应 Qt 输入组件的 C++ 类有_____、_____、_____和_____等。

(5) 标签 QLabel 的槽函数有_____、_____、_____和_____等。

(6) 常用的基于数据项的浏览组件包括列表组件、树状组件和表格组件,它们对应的 C++ 类分别为_____、_____和_____。

(7) 选项卡组件对应的 C++ 类为_____,它的每个页面都是一个_____类对象。

(8) _____类是布局管理器的基类,它是一个抽象类,继承于_____和_____类。

(9) 水平布局、垂直布局、表单布局和网格布局管理器的 C++ 类分别为_____、_____、_____和_____。

(10) 在 QWidget 窗体中应用布局管理器,需要使用 QWidget 类的_____函数。

2. 选择题

(1) 在 Qt 中,应用程序的主窗体默认有 3 种基本类型,它们是(　　)。

  A. QMainWindow   B. QWidget

  C. QDialog   D. QLabel

(2) 以下选项中不是 QWidget 类的直接子类的是(　　)。

  A. QPushButton   B. QComBox

  C. QLineEdit   D. QTabWidget

(3) QPushButton 按钮的 clicked()信号继承自(　　)类。

  A. QObject   B. QWidget

  C. QAbstractButton   D. QPaintDevice

(4) 若要将 QLineEdit 编辑器设置为只读,需要调用其(　　)函数。

  A. isReadOnly()   B. setReadOnly()

  C. setEnabled()   D. setDisabled()

(5) 当选择 QComboBox 组合框中的不同数据项时,会发射(　　)信号。

  A. currentIndexChanged()   B. currentTextChanged()

  C. activated()   D. editTextChanged()

(6) 若要向 QListWidget 列表中添加数据项,可以调用其(　　)函数。

  A. addItem()   B. addItems()   C. insertItem()   D. insertItems()

（7）在 QTableWidget 表格中,用(　　　)类的对象表示单元格中的数据项。

    A. QTableWidgetItem   B. QObject

    C. QWidget   D. QString

（8）在 Qt 的模型/视图结构中,一般使用(　　　)等浏览组件。

    A. QListView   B. QTreeView   C. QTableView   D. QTableWidget

（9）在 QWidget 窗体中应用布局,需要调用 QWidget 类的(　　　)函数。

    A. layout()   B. setLayout()

    C. layoutDirection()   D. setLayoutDirection()

（10）以下选项中表示水平布局管理器的是(　　　)。

    A. QHBoxLayout   B. QVBoxLayout

    C. QFormLayout   D. QGridLayout

3. 程序阅读题

启动 Qt Creator 集成开发环境,创建一个 Qt Widgets Application 类型的应用程序,该应用程序主窗口基于 QWidget 类,取消自动生成程序界面文件。

（1）在 Widget 类的构造函数中添加如下代码,请解释每条语句的作用。

```
setWindowTitle(tr("程序阅读"));
setWindowIcon(QIcon(":/images/pencil.png"));
setFixedSize(320, 240);
setWindowOpacity(0.6);
Qt::WindowFlags flags = windowFlags();
setWindowFlags(flags ^ Qt::WindowMinMaxButtonsHint);
```

（2）继续在 Widget 类的构造函数中添加如下代码,并回答问题。

```
this->setWindowOpacity(1.0);                    //语句 1
QPushButton pushBtn1(tr("确定"),this);          //语句 2
pushBtn1.setGeometry(50,50,100,30);
QPushButton * pushBtn2 = new QPushButton(tr("取消"),this);
pushBtn2->setGeometry(100,100,100,30);
```

① 解释语句 1 中 this 的含义。它与语句 2 中的 this 是否相同?

② 程序运行后,新建的"确定"按钮和"取消"按钮都能显示在主窗体中吗? 为什么? 若有不能显示的按钮,怎样才能让其显示?

（3）将 Widget 类的构造函数修改为如下内容,并回答问题。

```
Widget::Widget(QWidget * parent) : QWidget(parent)
{
    setWindowTitle(tr("程序阅读"));
    setFixedSize(320, 240);
    spinBox = new QSpinBox(this);
    dial = new QDial(this);
    dial->setNotchesVisible(true);
    vBoxLayout = new QVBoxLayout;
    vBoxLayout->addWidget(dial);
    vBoxLayout->addWidget(spinBox);
    setLayout(vBoxLayout);
    connect(dial, &QDial::valueChanged, spinBox, &QSpinBox::setValue);
}
```

① 构造函数中的 spinBox、dial、vBoxLayout 对象指针是在哪里定义的？它们指向的对象类型分别是什么？

② 上述代码实现了什么功能？

③ 上述代码实现了数据在 spinBox 和 dial 组件间的双向传递吗？若没有，请添加代码实现这个功能。

（4）在 Widget 类中新建一个名为 mySlot() 的槽函数，并在程序阅读题（3）中的 Widget 类的构造函数中添加如下代码。

```
Widget::Widget(QWidget * parent) : QWidget(parent)
{
    ...
    connect(dial, &QDial::sliderPressed, this, &Widget::mySlot);
    connect(spinBox, &QSpinBox::editingFinished, this, &Widget::mySlot);
}
void Widget::mySlot()
{
    if(qobject_cast<QDial * >(sender())){
        dial->setStyleSheet("background-color:red;");
        spinBox->setStyleSheet("background-color:white;");
    }
    if(qobject_cast<QSpinBox * >(sender())){
        spinBox->setStyleSheet("background-color:yellow;");
        dial->setStyleSheet("background-color:#e0e0e0;");
    }
}
```

回答下面的问题：

① 上述代码的作用是什么？

② QDial 类的 sliderPressed() 信号是自定义的，还是继承来的？若是继承来的，它继承自哪个基类？什么事件会触发该信号？

③ 在 mySlot() 槽函数中使用了 sender() 和 qobject_cast<T>() 函数，请说明这两个函数的作用。

（5）继续在程序阅读题（4）中的 Widget 类的构造函数中添加如下代码。

```
Widget::Widget(QWidget * parent) : QWidget(parent)
{
    ...
    QPushButton * pushBtn1 = new QPushButton(tr("确定"),this);
    QPushButton * pushBtn2 = new QPushButton(tr("取消"),this);
    QHBoxLayout * hBoxLayout = new QHBoxLayout(this);
    hBoxLayout->addWidget(pushBtn1);
    hBoxLayout->addWidget(pushBtn2);
    vBoxLayout->insertLayout(0,hBoxLayout);
}
```

请说明上述代码的功能。

4. 程序设计题

（1）重新编写例 3.1 中的应用程序，要求界面设计不采用可视化方式，而是全部使用编码方式完成。

（2）重新编写例 3.3 中的应用程序，要求界面设计不采用可视化方式，而是全部使用编码方式完成。

（3）编程实现一个布局合理的学生信息录入界面，用于录入学生姓名、学号、年龄、性别、学院、专业以及照片等基本信息。要求综合使用文本框、单选按钮、标签、列表框和组合框等组件。

（4）重新编写例 3.7 中的应用程序，要求界面设计采用可视化方式完成。

（5）运行并研读 Qt 自带的 Calculator Example 示例程序，并用可视化方式实现其主窗体界面。

第4章

主框架窗体

Qt 应用程序是一个基于 C++ 程序设计语言的图形用户界面程序,它具有常见的窗体应用程序的一般结构,通常包括一个标题栏、一个菜单栏、若干个工具栏、一个或多个工作窗体,以及状态栏等部件。

本章介绍 Qt 应用程序的主框架窗体结构及设计方法,包括菜单、工具栏和状态栏的设计,以及典型的中心部件和锚接部件等。

4.1 框架结构

Qt 应用程序的主框架,即应用程序的主窗体。所谓主窗体,就是一个普通意义上的应用程序的最顶层窗体。例如,对于 MS Word 字处理软件,主窗体就是它的.doc 或.docx 类型的文本文件的编辑窗口。

4.1.1 基本元素

应用程序的主窗体为建立应用程序用户界面提供了一个基础框架,这个基础框架一般包括标题栏、菜单栏、工具栏和状态栏等多个元素。在 Qt 中,应用程序的主框架窗体由 QMainWindow 类来实现,其布局如图 4.1 所示。

1. 菜单栏

菜单(Menu)是一系列命令的列表。为了实现菜单、工具栏按钮、键盘快捷方式等命令的一致性,Qt 使用 Action (动作)表示这些命令。Qt 的菜单就是由一系列的 QAction 类的对象构成的列表,而菜单栏(Menu Bar)则是包容菜单的面板,它位于主窗体顶部的标题栏下方。一个主窗体只能拥有一个菜单栏。

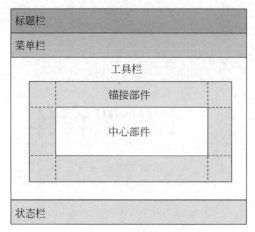

图 4.1 主窗体界面布局

2. 工具栏

工具栏(Tool Bar)是由一系列的类似于按钮的 Action 排列而成的面板,它通常由一些经常使用的菜单命令组成。工具栏位于菜单栏的下方、状态栏的上方,可以停靠在主窗体的上、下、左、右 4 个方向上。一个主窗体可以包含多个工具栏。

3. 锚接部件

锚接部件(Dock Widgets)作为一个容器使用,以包含其他窗体部件实现某些功能。例如,Qt Designer 界面设计器的属性编辑器、对象监视器等都是由锚接部件包容其他的 Qt 窗体部件来实现的。

锚接部件位于工具栏部件区域的内部,可以作为一个窗体自由地浮动在主窗体上面,也可以像工具栏一样停靠在主窗体的上、下、左、右 4 个方向上。一个主窗体可以包含多个锚接部件。

4. 中心部件

中心部件(Central Widget)位于锚接部件区域的内部、主窗体的中心,是应用程序的主要功能的实现区域。一个主窗体只能拥有一个中心部件。

5. 状态栏

状态栏通常用于显示应用程序的一些状态信息,它位于主窗体的最底部。用户可以在状态栏上添加、使用 Qt 窗体部件。一个主窗体只能拥有一个状态栏。

4.1.2 主窗体类

QMainWindow 类是 Qt 应用程序的主窗体类,该类和其他一些相关的组件类(如 QMenuBar、QToolBar、QDockWidget 和 QStatusBar 等)共同对主窗体进行管理。这些主框架窗体相关类的继承关系如图 4.2 所示。

QMainWindow 类是 Qt 应用程序主窗体的核心类,它继承于基础窗体类 QWidget,而 QWidget 类又派生自 QObject 类。因此,QMainWindow 类除了自己的特有性质之外,还拥有 QObject 和 QWidget 两个类的众多性质。QMainWindow 类功能强大,拥有丰富的信号

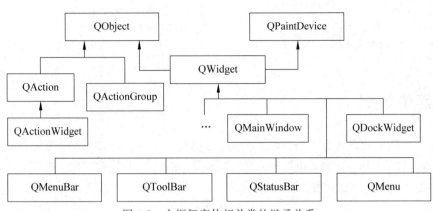

图 4.2 主框架窗体相关类的继承关系

与槽以及成员函数,能够完成像窗体的创建、属性的设置、菜单栏的添加、工具栏的设置等一系列针对窗体的操作或管理工作。

QMainWindow 类对窗体的操作是通过其成员函数来实现的。表 4.1 列出了该类部分非继承成员函数及功能描述。

表 4.1 QMainWindow 类部分成员函数及功能描述

成 员 函 数	功 能 描 述
QMainWindow()	构造主窗体实例
addDockWidget()	在主窗体的指定区域添加锚接部件
addToolBar()	在主窗体的指定区域添加工具栏
centralWidget()	返回主窗体的中心部件指针
createPopupMenu()	创建弹出菜单
insertToolBar()	将一个工具栏插入某个工具栏占据的区域,使其显示在该工具栏之前
menuBar()	返回主窗体的菜单栏指针。如果菜单栏不存在,该函数将会创建并返回一个空菜单栏指针
menuWidget()	返回主窗体的菜单栏指针
removeDockWidget()	从主窗体中删除某个锚接部件并将其隐藏。注意该锚接部件并没有被删除
removeToolBar()	从主窗体中删除某个工具栏并将其隐藏。注意该工具栏不会被删除
resizeDocks()	调整主窗体中锚接部件的大小
setCentralWidget()	设置主窗体中心部件
setMenuBar()	设置主窗体菜单栏
setStatusBar()	设置主窗体状态栏
statusBar()	返回主窗体状态栏指针
takeCentralWidget()	移除主窗体的中心部件

使用 QMainWindow 类的构造函数成功创建主窗体实例对象后,就可以调用其成员函数对窗体进行操作了。成员函数的调用非常简单,只需要注意实参与形参的匹配以及函数的返回类型这两点就可以了。下面是一段简单的示例代码。

```
QMainWindow w;                          //创建主窗体实例对象
QLabel label(tr("hello world."));       //创建一个显示文本的标签部件
w.setCentralWidget(&label);             //将标签窗体设置为主窗体的中心部件
w.show();                               //显示主窗体
```

4.2 菜单设计

在 Qt 中,菜单的设计有两种方法,一种是使用 Qt Designer 工具的可视化方法,另一种是纯代码的编程方法。不管采用何种方法,都必须先熟悉与菜单相关的一些 Qt 类,了解这些类的功能及其成员函数的使用方法。

4.2.1 菜单相关类

Qt 应用程序的菜单实际上就是放置在菜单栏(QMenuBar 对象)窗体上的菜单(QMenu 对象)子窗体,在这些菜单子窗体中又排列着一些子菜单窗体或动作(QAction 对象)项。可以为动作对象设置信号与槽,从而实现菜单功能。

下面是一段在 Qt 应用程序主窗体中创建"文件"菜单的示例代码。

```
//教材源码 code_4_2_1\widget.cpp
QMenuBar * menuBar = this->menuBar();       //获取主窗体菜单栏对象
QMenu * file = new QMenu(tr("文件"));        //创建新菜单对象
QMenu * options = new QMenu(tr("设置"));
QAction * newFile = new QAction(tr("新建"));  //创建新的动作对象
QAction * view = new QAction(tr("视图"));
QAction * window = new QAction(tr("窗口"));
options->addAction(view);                   //将动作对象添加到菜单上
options->addAction(window);
file->addAction(newFile);
file->addMenu(options);                     //将子菜单添加到主菜单上
menuBar->addMenu(file);                     //将主菜单添加到菜单栏上
```

上述代码片段在应用程序主窗体的"文件"主菜单中创建了一个"设置"子菜单和一个"新建"动作项;在"设置"子菜单中又创建了"视图"和"窗口"两个动作项,界面效果如图 4.3 所示。

图 4.3 菜单设计示例

从上面的示例代码可以看出,在 Qt 菜单设计中涉及的 Qt 类主要有 QAction、QMenu 和 QMenuBar。

1. QAction 类

QAction 类用于创建具有一定功能的子菜单对象。从图 4.2 可以看出,QAction 类是 QObject 类的子类,支持 Qt 元对象特性。表 4.2 列出了 QAction 类的部分成员函数及功能描述。

表 4.2 QAction 类的部分成员函数及功能描述

成 员 函 数	功 能 描 述
QAction()	构造 Action 对象
actionGroup()	获取 Action 所属的组

成 员 函 数	功 能 描 述
associatedObjects()	获取 Action 关联的全部对象
font()	获取 Action 的字体属性值
icon()、setIcon()	处理菜单项图标属性
iconText()、setIconText()	处理 Action 的图标文本属性
isCheckable()、setCheckable()	处理菜单项上是否能设置检查标记
isChecked()、setChecked()	处理菜单项上是否设置了检查标记
isEnabled()、setEabled()	处理菜单项的可用性属性
isSeparator()、setSeparator()	处理 Action 是否是菜单项之间的分隔线
setShortcut()、shortcut()	处理菜单项的快捷键
setStatusTip()、statusTip()	处理菜单项的状态栏提示属性
setText()、text()	处理菜单项描述文本属性
setToolTip()、toolTip()	处理 Action 工具栏提示属性
resetEnabled()	槽函数。重置菜单项的可用性
setVisible()	槽函数。设置菜单项的可见性
toggle()	槽函数。切换菜单项检查属性状态
trigger()	槽函数。激活 Action
changed()	信号函数。当 Action 发生变化时发射此信号
checkableChanged()	信号函数。当菜单项检查属性的设置发生变化时发射此信号
enabledChanged()	信号函数。当菜单项的可用性发生变化时发射此信号
hovered()	信号函数。当用户高亮菜单项时发射此信号
toggled()	信号函数。当菜单项的检查状态发生变化时发射此信号
triggered()	信号函数。当菜单项被激活时发射此信号
visibleChanged()	信号函数。当 Action 可见性发生变化时发射此信号

注意：表 4.2“功能描述”中的 Action 和“菜单项”含义相同。本节介绍 Action 作为菜单项使用，为了通俗，将 Action 称为“菜单项”。

使用 QAction 类的成员函数，可以进行创建菜单项、设置启用/禁用特性、设置检查特性、设置图标、设置快捷键等一系列操作。

（1）设置菜单项的检查特性。示例代码如下。

```
QAction * newFile = new QAction(tr("新建"));         //语句1
newFile->setCheckable(true);                        //语句2
newFile->setChecked(true);                          //语句3
```

上述代码中的语句 1 使用 QAction 的构造方法新建一个 newFile 菜单项对象。语句 2 调用 setCheckable()成员函数设置菜单项检查特性。所谓检查特性，就是选中菜单时会在菜单的左侧显示一个√标记。语句 3 将菜单项设置为“选中”状态。菜单效果如图 4.4 所示。

（2）设置启用/禁用特性。示例代码如下。

```
QAction * newFile = new QAction(tr("新建"));              //语句 1
newFile->setEnabled(false);                              //语句 2
```

上述代码中的语句 2 调用 QAction 类的 setEnable()方法将"新建"菜单项设置为"禁用"状态,如图 4.5 所示。菜单项被禁用后,界面以灰色显示。

图 4.4　菜单检查特性设置

图 4.5　菜单启用/禁用状态设置

(3) 设置菜单项图标。示例代码如下。

```
QAction * newFile = new QAction(tr("新建"));                //语句 1
newFile->setIcon(QIcon(":/img/image/new.png"));           //语句 2
```

上述代码中的语句 2 调用 QAction 类的 setIcon()方法,设置菜单项左侧的小图标,如图 4.6 所示。Qt 应用程序中的图标文件存放在资源文件(*.qrc)中,使用前需要使用 Qt Creator 的资源管理器将图标文件添加到项目中,具体操作方法参见例 4.1。

当然,菜单项的图标也可以在创建对象时直接设置,如下所示。

```
QAction * newFile = new QAction(QIcon(":/img/image/new.png"),tr("新建"));
```

(4) 设置菜单项的快捷键,示例代码如下。

```
QAction * newFile = new QAction(tr("新建"));                   //语句 1
newFile->setShortcut(QKeySequence("Ctrl+N"));               //语句 2
```

上述代码中的语句 2 调用 QAction 类的 setShortcut()方法,设置菜单项的快捷键,如图 4.7 所示。

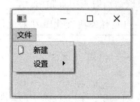

图 4.6　设置菜单项图标

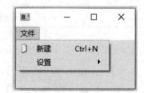

图 4.7　设置菜单项快捷键

QAction 其他成员函数的使用与上述示例相似,请大家参考 Qt Assistant 中的相关文档自己练习。

QAction 对象创建完成后,就可以使用 Qt 的信号与槽通信机制,为其 triggered()信号关联实现菜单功能的槽函数了。QAction 类的 triggered()信号在菜单项被激活时发射,具体操作方法参见例 4.1。

2. QMenu 类

QMenu 类用于创建菜单对象,它继承于 QWidget 类(见图 4.2),所以 Qt 中的菜单实际上是一个子窗体。对菜单的操作通过 QMenu 类的成员函数来完成。表 4.3 列出了 QMenu 类的部分成员函数及功能描述。

表 4.3 QMenu 类的部分成员函数及功能描述

成 员 函 数	功 能 描 述
QMenu()	构建菜单对象
actionAt()	返回某点处的菜单项指针
actionGeometry()	返回菜单项的几何尺寸
activeAction()、setActiveAction()	处理被激活菜单项
addAction()	为菜单添加菜单项
addMenu()、insertMenu()	为菜单添加子菜单
addSection()、insertSection()	为菜单添加分段
addSeparator()、insertSeparator()	为菜单添加分隔线
clear()	删除某个菜单未在其他部件中显示的所有菜单项
defaultAction()、setDefaultAction()	处理菜单中默认的菜单项
exec()	同步执行某菜单
icon()、setIcon()	处理菜单图标属性
isEmpty()	判断菜单中是否有可见的 Action
menuAction()	返回与此菜单关联的 Action
popup()	在某个位置显示菜单
separatorsCollapsible()、setSeparatorsCollapsible()	处理菜单的 separatorsCollapsible 属性。该属性指定菜单中的连续分隔符是否应可视地折叠为单个分隔符
setTitle()、title()	处理菜单标题
setToolTipsVisible()、toolTipsVisible()	处理菜单的工具栏提示的可见性
aboutToHide()	信号函数。该信号在菜单对用户隐藏之前发射
aboutToShow()	信号函数。该信号在菜单显示给用户之前发射
hovered()	信号函数。当高亮显示（或称悬停）菜单项时发射此信息
triggered()	信号函数。当激活此菜单中的 Action 时发射此信号

　　使用 QMenu 类的成员函数，可以进行创建菜单、添加菜单项（Action）和子菜单、插入分隔线等一系列操作。下面是几种常用菜单操作的简单介绍。

　　（1）创建菜单。示例代码如下。

```
QMenu * editMenu = new QMenu(tr("编辑(&E)"));            //语句 1
QMenu * viewMenu = new QMenu();                         //语句 2
viewMenu->setTitle(tr("视图(&V)"));                     //语句 3
QMenu * helpMenu = menuBar->addMenu(tr("帮助(&H)"));    //语句 4
```

　　可以采用不同的方式创建菜单对象。上述代码中的语句 1 使用 QMenu 类的构造方法创建菜单；语句 2 先构造一个菜单对象，然后使用语句 3 的方法设置其描述文本；语句 4 通过 QMenuBar 类的 addMenu()成员函数返回一个菜单对象。示例代码运行效果如图 4.8 所示。

　　（2）添加菜单项。可以调用 QMenu 类的 addAction()方法为菜单添加菜单项（Action）。示例代码如下。

```
QMenu * helpMenu = menuBar->addMenu(tr("帮助(&H)"));
helpMenu->addAction(tr("关于"));
```

QMenu 类的 addAction()方法有多个重载形式，因而可以使用不同的参数形式完成菜单项的添加。

（3）添加子菜单。可以调用 QMenu 类的 addMenu()方法为菜单添加子菜单。示例代码如下。

```
helpMenu->addMenu(options);          //options 菜单定义如图 4.3 所示
```

菜单效果如图 4.9 所示。

图 4.8　菜单创建示例

图 4.9　具有菜单项及子菜单的菜单示例

（4）添加菜单分隔线。可以调用 QMenu 类的 addSeparator()方法为菜单添加分隔线。示例代码如下。

```
helpMenu->addSeparator();
```

菜单分隔线是菜单中的灰色直线，它将菜单项按功能进行分区。

3. QMenuBar 类

QMenuBar 类对象用于表示菜单栏。从图 4.2 可以看出，它继承自 QWidget 类，所以菜单栏实际上就是一个包容菜单的小窗体。对菜单栏的操作通过 QMenuBar 类的成员函数来完成。表 4.4 列出了 QMenuBar 类的部分成员函数及功能描述。

表 4.4　QMenuBar 类的部分成员函数及功能描述

成 员 函 数	功 能 描 述
QMenuBar()	构造菜单栏对象
actionAt()	获取菜单栏上某个位置的 Action
actionGeometry()	获取菜单栏上的某个 Action 的几何尺寸
addAction()	在菜单栏上添加 Action
addMenu()	在菜单栏上添加菜单
addSeparator()	在菜单栏上添加分隔线
clear()	删除菜单栏上的所有 Action
cornerWidget()	返回第 1 个菜单项左侧或最后菜单项右侧的部件
insertMenu()	在菜单栏的某个位置插入菜单
insertSeparator()	在菜单栏的某个位置插入分隔线
isDefaultUp()	判断菜单是否为默认弹出方向。默认菜单"向下"弹出
isNativeMenuBar()	判断菜单栏是否为本地平台支持的菜单栏
setActiveAction()	设置菜单栏上当前被激活的 Action

续表

成 员 函 数	功 能 描 述
setCornerWidget()	设置菜单栏转角处的 QWidget 部件
setDefaultUp()	设置菜单栏上菜单的弹出方向
setVisible()	槽函数。重新实现属性 QWidget∷visible 的访问函数
hovered()	信号函数。与 QMenu 类同名信号相同
triggered()	信号函数。与 QMenu 类同名信号相同

菜单栏由下拉菜单项列表组成。在实际编程过程中,首先使用 QMainWindow 类的 menuBar()函数获取到主框架窗体的菜单栏指针,然后通过该指针调用 QMenuBar 类的 addMenu()函数添加菜单,最后调用 QMenu 类的 addAction()函数为菜单添加下拉菜单项。

4.2.2　可视化设计

在 Qt 应用开发过程中,可以使用可视化或手工编写代码这两种方式进行菜单的设计。采用可视化方式设计菜单,需要使用 Qt Designer 界面设计工具完成菜单的编辑、Action 的创建,以及信号与槽的关联等工作。

下面通过一个实例介绍菜单的可视化设计方法。

【例 4.1】　编写一个 Qt 应用程序,为主窗体添加"文件""编辑"等主菜单及子菜单。程序运行结果如图 4.10 所示。

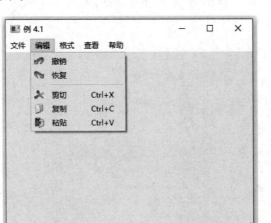

图 4.10　例 4.1 程序运行结果

（1）启动 Qt Creator 集成开发环境,创建一个基于 QMainWindow 类的 Qt 应用程序。项目名称为 examp4_1。

（2）双击项目视图中的 mainwindow.ui 界面文件,打开 Qt 界面设计器,对应用程序主窗体界面进行设计,如图 4.11 所示。

（3）双击菜单栏中的 Type Here,为应用程序设置主菜单,分别为"文件""编辑""格式""查看""帮助"。

（4）添加菜单图标资源。就像 Qt Creator 的主菜单一样,在某些菜单项的前面需要设

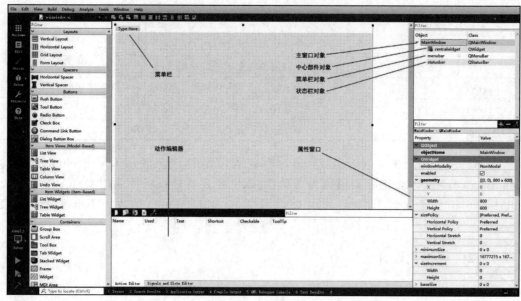

图 4.11　例 4.1 主窗体界面设计

置一个小图标,当把该菜单命令放置在工具栏上时,工具栏会以该图标表示此菜单命令。

　　首先,在项目文件夹中新建一个名为 image 的子目录,将准备好的图像资源复制到该子目录下;然后,回到 Qt Creator 集成开发环境,右击项目名称 examp4_1,在弹出的快捷菜单中选择 Add New 菜单命令,弹出 New File 对话框,如图 4.12 所示。

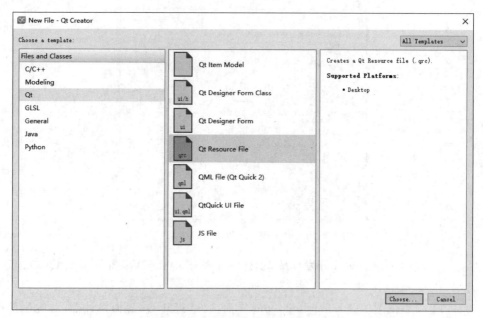

图 4.12　添加资源文件

　　选择 Files and Classes 列表下的 Qt 选项,在中间的列表框中选择 Qt Resource File 文件类型,添加一个名为 resource 的资源文件,并添加准备好的图像文件资源,如图 4.13所示。

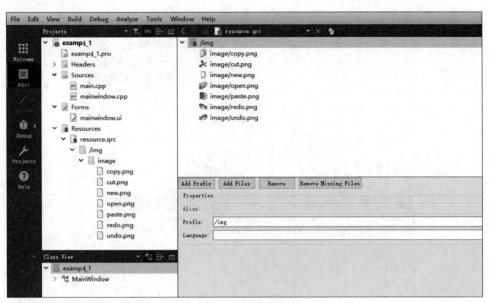

图 4.13　添加图标资源

Qt 应用程序的资源文件扩展名为.qrc，它实际上是一个 XML 文件，记录了插入的资源信息，如图 4.14 所示。

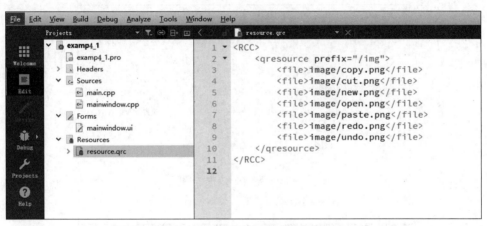

图 4.14　resource.qrc 文件代码

（5）新建动作（Action）对象。Qt 有 QMenu 菜单类，但没有专门的菜单项类，它的菜单项是用动作类 QAction 对象表示的。

单击动作编辑器中的"新建"按钮，弹出 New Action 对话框，新建"新建""打开""退出"等动作对象。也可以先设置某个动作对象的 Text、Object name 等属性，然后打开 Edit action 对话框对其他属性进行完善，如图 4.15 所示。

（6）将创建好的动作对象拖放到相应的主菜单中，完成菜单界面的创建，如图 4.16 所示。

（7）为菜单项添加处理函数。由于 Qt 应用程序的菜单项本质上就是 Qt 的 Action 对象，所以菜单项的处理函数也就是该菜单项对应的 Action 的槽函数。

图 4.15　新建动作对象

图 4.16　添加菜单项

右击图 4.16 中 Action 编辑器中的某个对象,在弹出的快捷菜单中选择 Go to slot 菜单命令,在弹出的对话框中选择 QAction→triggered()信号,如图 4.17 所示。

单击 OK 按钮后,Qt Creator 会自动在 MainWindow 类中添加一个名为 on_action_new_triggered()的槽函数,在该函数中添加代码,实现菜单功能即可。

(8) 构建并运行程序。执行"文件"→"新建"菜单命令,结果如图 4.18 所示。

图 4.17 Action 对象信号选择

图 4.18 菜单测试结果

4.2.3 纯代码设计

使用可视化方法设计菜单,可以大大提高设计效率,但有时会显得不够灵活。下面通过手工编程的方式完成例 4.1 中程序菜单的设计。

【例 4.2】 手工编写代码,完成例 4.1 中程序的菜单设计。

(1) 启动 Qt Creator 集成开发环境,创建一个基于 QMainWindow 类的 Qt 应用程序,项目名称为 examp4_2。在 Class Information 页面中不勾选 Generate form 选项,如图 4.19 所示。

视频讲解

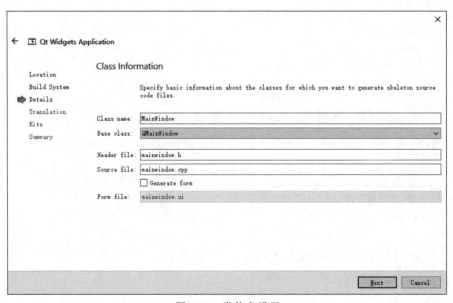

图 4.19 类信息设置

（2）向项目中添加图标资源。操作方法与例 4.1 相同。

（3）打开 mainwindow.h 文件，为 MainWindow 类添加一些 QMenu 和 QAction 类型的私有成员变量指针，分别表示应用程序的主菜单对象和 Action 对象。代码如下。

```
...
private:
    QMenu * fileMenu;              //"文件"菜单
    ...
QAction * newFileAction;           //"文件"菜单下的"新建"子菜单对应的"动作"
...
```

继续添加代码，为 MainWindow 类添加两个成员函数 createActions() 和 createMenus()，用于创建 Action 和菜单对象。代码如下。

```
...
private:
    void createActions();
    void createMenus();
...
```

（4）打开 mainwindow.cpp 文件，编写 createActions() 和 createMenus() 成员函数的实现代码。

```
void MainWindow::createActions(){
    //"新建"动作
    newFileAction = new QAction(QIcon(":/img/image/new.png"),tr("新建"),this);
    newFileAction->setShortcut(tr("Ctrl+N"));
    newFileAction->setToolTip(tr("新建"));
    newFileAction->setStatusTip(tr("新建一个文件"));
    connect(newFileAction,SIGNAL(triggered()),this,
                        SLOT(on_action_newfile_triggered()));
    ...
}
void MainWindow::createMenus(){
    //"文件"菜单
    fileMenu = menuBar()->addMenu(tr("文件"));
    fileMenu->addAction(newFileAction);
    ...
}
```

（5）在 MainWindow 类的构造函数中添加代码，对程序主窗体进行初始化。

```
MainWindow::MainWindow(QWidget * parent) : QMainWindow(parent)
{
    resize(400,300);
    setWindowTitle(tr("例 4.2"));
    createActions();
    createMenus();
}
```

（6）为 newFileAction 动作编写槽函数，并添加测试代码。

```
//mainwindow.h文件
...
public slots:
    void on_action_newfile_triggered();
```

```
...
//mainwindow.cpp 文件
void MainWindow::on_action_newfile_triggered(){
    QMessageBox::information(this,
        tr("菜单测试"),
        tr("你选择了\"文件\"菜单下的\"新建\"菜单命令"));
}
```

代码编写完成后，构建并运行程序，可以得到与例 4.1 相同的运行结果。

4.3　工具栏设计

工具栏(Tool Bar)是由一系列类似于按钮的 Action 排列而成的面板，它通常由一些经常使用的菜单命令组成。

4.3.1　工具栏相关类

Qt 应用程序的工具栏(QToolBar 对象)实际上就是一个包含了动作(QAction 对象)项、工具栏按钮(QToolButton 对象)或其他控件的可以移动的面板。一个 Qt 应用程序可以有多个工具栏。

先来看一段示例代码。

```
//教材源码 code_4_3_1\mainwindow.cpp
QToolBar * fileToolBar = addToolBar(tr("文件"));
fileToolBar -> addAction(QIcon(":/images/new.png"),tr("新建"));
fileToolBar -> addAction(QIcon(":/images/open.png"),tr("打开"));
fileToolBar -> addAction(QIcon(":/images/save.png"),tr("保存"));
fileToolBar -> setFloatable(false);
//创建"编辑"工具栏
QToolBar * editToolBar = new QToolBar(tr("编辑"),this);
editToolBar->addAction(QIcon(":/images/cut.png"),tr("剪切"));
editToolBar->addAction(QIcon(":/images/copy.png"),tr("复制"));
editToolBar->addAction(QIcon(":/images/paste.png"),tr("粘贴"));
editToolBar -> setToolButtonStyle(Qt::ToolButtonTextUnderIcon);
addToolBar(editToolBar);
```

这段代码在应用程序主窗体中创建名称分别为"文件"和"编辑"的两个工具栏，"文件"工具栏上的按钮仅以图标显示，而"编辑"工具栏上的按钮则同时显示图标和文本；"文件"工具栏只能停靠在主窗体的上、下、左、右 4 个方向，而"编辑"工具栏则可以停靠在主窗体中的任意位置。运行结果如图 4.20 所示。

上述示例代码中的 addToolBar()是 QMainWindow 类的成员函数，需要调用该函数将工具栏添加到应用程序的主窗体中。工具栏的默认停靠位置为主窗体的上方，且默认是可以浮动的，可以使用鼠标将其拖放到主窗体的其他位置。

图 4.20　工具栏设计示例

下面介绍工具栏设计中几个相关类的功能及其成员函数的使用方法。

1. QToolBar 类

QToolBar 类表示 Qt 应用程序的工具栏。可以使用 QToolBar 类的成员函数实现工具栏按钮的添加、停靠特性的设置、移动特性的设置等。表 4.5 列出了 QToolBar 类的部分成员函数及功能描述。

表 4.5　QToolBar 类的部分成员函数及功能描述

成 员 函 数	功 能 描 述
QToolBar()	构造工具栏对象
actionAt()	获取工具栏某个位置上的 Action
AddAction()	创建一个新的 Action 并将其添加到工具栏尾部
addSeparator()、InsertSeparator()	在工具栏上添加分隔线
addWidget()、insertWidget()	在工具栏上添加 QWidget 类型的部件
allowedAreas()、setAllowedAreas()	获取或设置工具栏允许停靠的区域
clear()	移除工具栏上的所有 Action
iconSize()、setIconSize()	获取或设置工具栏上的图标大小
isAreaAllowed()	判断工具栏是否停靠在给定区域
isFloatable()、setFloatable()	处理工具栏的浮动属性
isMovable()、SetMovable ()	处理工具栏的移动属性
orientation()、setOrientation()	处理工具栏的方向属性。默认为水平
toggleViewAction()	返回可用于显示或隐藏此工具栏的可检查的 Action。该 Action 的描述文本设置为工具栏的窗口标题
toolButtonStyle()、setToolButtonStyle()	处理工具按钮的样式属性
widgetForAction()	返回与指定 Action 关联的 QWidget 部件
actionTriggered()	信号函数。当激活工具栏上的 Action 时发射此信号
allowedAreasChanged()	信号函数。当工具栏的允许停靠区域更改时发射此信号
iconSizeChanged()	信号函数。当工具栏上的图标尺寸变化时发射此信号
movableChanged()	信号函数。当工具栏的移动特性变化时发射此信号
orientationChanged()	信号函数。当工具栏的方向变化时发射此信号
toolButtonStyleChanged()	信号函数。当工具按钮样式变化时发射此信号
topLevelChanged()	信号函数。当工具栏的浮动属性变化时发射此信号
visibilityChanged()	信号函数。当工具栏的可见属性变化时发射此信号

使用 QToolBar 类的成员函数，可以完成创建工具栏、添加按钮、设置移动特性、设置允许停靠的位置、设置图标大小等一系列操作。

下面给出表 4.5 中一些函数的使用示例。

```
QToolBar * toolBar = addToolBar(tr("Menu-1"));        //创建工具栏对象
toolBar->addAction(action_1);                         //添加 Action
toolBar->addAction(action_2);
toolBar->setFloatable(true);                          //工具栏可以浮动
toolBar->setOrientation(Qt::Vertical);               //工具栏为垂直方向
toolBar->setAllowedAreas(Qt::LeftToolBarArea);        //工具栏停靠在窗体左侧
```

```
//设置工具栏上按钮的显示方式
toolBar->setToolButtonStyle(Qt::ToolButtonTextUnderIcon);
```

在上述示例代码中,使用了 Qt::ToolBarArea 枚举类型常量,它表示了工具栏的停靠位置,如表 4.6 所示。

表 4.6　Qt::ToolBarArea 常量及含义

常　　量	含　　义
Qt::LeftToolBarArea	允许工具栏停靠在窗体左侧
Qt::RightToolBarArea	允许工具栏停靠在窗体右侧
Qt::TopToolBarArea	允许工具栏停靠在窗体上面
Qt::BottomToolBarArea	允许工具栏停靠在窗体下面
Qt::AllToolBarAreas	允许工具栏停靠在窗体的上、下、左或右侧
Qt::NoToolBarArea	不允许工具停靠在窗体 4 个边上

另外,工具栏上按钮的显示方式由 Qt::ToolButtonStyle 枚举类型的常量设置,如表 4.7 所示。

表 4.7　Qt::ToolButtonStyle 常量及含义

常　　量	含　　义
Qt::ToolButtonIconOnly	仅显示图标
Qt::ToolButtonTextOnly	仅显示文本
Qt::ToolButtonTextBesideIcon	在图标旁边显示文本
Qt::ToolButtonTextUnderIcon	在图标下面显示文本
Qt::ToolButtonFollowStyle	使图标显示方式遵循系统设置

2. QToolButton 类

在前面的示例代码中,工具栏上的按钮都是 QAction 对象。其实,在工具栏中除了 Action 之外,还可以添加其他的窗体部件,如 QLabel、QFontComboBox 等。需要说明的是,向工具栏中添加一个 QAction 类对象会自动创建一个 QToolButton 实例,所以说工具栏上的 Action 实际上就是 QToolButton 对象。

工具栏按钮是一种特殊按钮,用于快速访问特定命令或选项。表 4.8 列出了 QToolButton 类的部分成员函数及功能描述。

表 4.8　QToolButton 类的部分成员函数及功能描述

成　员　函　数	功　能　描　述
QToolButton()	构造工具栏按钮对象
arrowType()、setArrowType()	处理工具栏按钮的 arrowType 属性。该属性控制按钮是否显示箭头而不是普通图标
autoRaise()、setAutoRaise()	处理工具栏按钮的 autoRaise 属性。该属性保留是否启用自动提升

续表

成 员 函 数	功 能 描 述
defaultAction()、setDefaultAction()	获取或设置默认 Action
menu()、setMenu()	获取或设置与工具栏按钮关联的菜单
popupMode()、setPopupMode()	获取或设置工具栏按钮的弹出菜单方式
toolButtonStyle()、setToolButtonStyle()	获取或设置工具栏按钮的显示方式
showMenu()	槽函数。弹出工具栏按钮关联的弹出菜单
triggered()	信号函数。当工具栏按钮被激活时发射此信号

下面给出一段示例代码,其功能是在工具栏上添加一个 QToolButton 类型的工具按钮、一个 QLabel 类型的文本以及 QFontComboBox 字体选择部件。

```cpp
//教材源码 code_4_3_1_2\mainwindow.cpp
QToolButton * toolBtn = new QToolButton(this);
toolBtn->setText(tr("颜色"));
QMenu * colorMenu = new QMenu(this);
colorMenu->addAction(tr("红色"));
colorMenu->addAction(tr("绿色"));
toolBtn->setMenu(colorMenu);
toolBtn->setPopupMode(QToolButton::MenuButtonPopup);
ui->toolBar->addWidget(toolBtn);
ui->toolBar->addSeparator();
QLabel * label = new QLabel(tr(" 请选择字体 : "));
ui->toolBar->addWidget(label);
QFontComboBox * fcb = new QFontComboBox(this);
ui->toolBar->addWidget(fcb);
```

上述代码运行效果如图 4.21 所示。

4.3.2　可视化设计

与菜单设计方法相同,工具栏的设计也可以使用可视化方法或手工编写代码的方法。采用可视化方式设计工具栏,需要使用 Qt Designer 界面设计工具完成工具栏的编辑、Action 的创建、按钮的添加等相关工作。

扫一扫

视频讲解

【例 4.3】　在例 4.1 程序的主窗体中添加一个工具栏,并设置工具栏按钮。程序运行结果如图 4.22 所示。

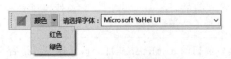

图 4.21　工具栏示例代码运行效果　　　　　　图 4.22　例 4.3 程序运行结果

（1）复制例 4.1 中的 examp4_1 项目，将项目名称修改为 examp4_3。

（2）在 Qt Creator 中打开 examp4_3 项目，启动 Qt 设计器。在对象视图浏览器中右击 MainWindow 对象，在弹出的快捷菜单中选择 Add Tool Bar 菜单命令，向主窗体中添加一个工具栏，如图 4.23 所示。

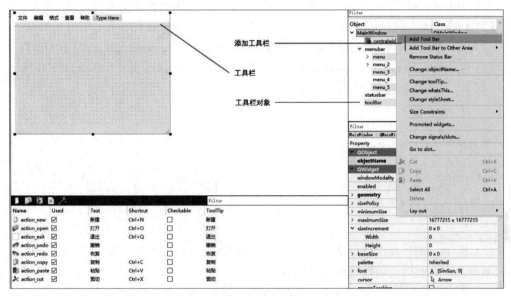

图 4.23 在主窗体中添加工具栏

（3）将动作编辑器列表中的相应 Action 直接拖放到工具栏上，即可实现应用程序的工具栏功能，如图 4.23 所示。

（4）构建并运行程序。程序运行后，用鼠标按住工具栏的最左侧，可以将工具栏停放在主窗体的左、右或下方等不同的位置。

（5）将鼠标指针移动到工具栏最左边的按钮上，在鼠标指针位置会出现"新建"提示信息；单击该按钮，会弹出一个消息框，如图 4.24 所示。

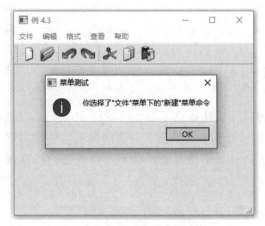

图 4.24 工具栏功能测试

扫一扫

视频讲解

4.3.3 纯代码设计

采用可视化方法设计应用程序的工具栏,虽然简单快捷,但也存在诸多缺陷。例如,图 4.21 中实现的工具按钮菜单、字体选择组合框等部件功能,就不能通过可视化方法来实现。在工具栏中添加除 Action 之外的其他部件,必须使用编写代码的设计方法。

【例 4.4】 编写代码,实现例 4.3 中应用程序主窗体中的工具栏。

(1) 复制例 4.2 中的 examp4_2 项目,将项目名称修改为 examp4_4。

(2) 在 Qt Creator 中打开 examp4_4 项目,在 mainwindow.h 文件中添加如下代码。

```
...
private:
    ...
    QToolBar * fileToolBar;
    ...
private:
    ...
    void createToolBars();
    ...
```

(3) 在 mainwindow.cpp 文件中添加 createToolBars() 成员函数的实现代码,并在 MainWindow 类的构造函数中调用该函数。

```
MainWindow::MainWindow(QWidget * parent) : QMainWindow(parent)
{
    ...
    createToolBars();                              //创建工具栏
}
void MainWindow::createToolBars(){
    //File工具条
    fileToolBar = addToolBar("File");
    fileToolBar->addAction(newFileAction);         //添加工具栏按钮
    ...
}
```

(4) 构建并运行程序。运行结果与例 4.3 相同。

4.4 状态栏设计

QMainWindow 主窗体中默认提供了一个状态栏,用来显示状态信息。状态信息分为 3 种类型,即临时信息、正常信息和永久信息。一般的提示信息(如菜单的状态栏提示信息)属于临时信息。目前的 Qt Designer 界面设计器不支持状态栏的可视化设计,状态栏上的信息显示需要使用手工编码的方式来完成。

4.4.1 QStatusBar 类

与菜单栏和工具栏一样,主框架窗体中的状态栏也是一个子窗体,它由 QStatusBar 类负责管理与维护。表 4.9 列出了 QStatusBar 类的部分成员函数及功能描述。

表 4.9 QStatusBar 类的部分成员函数及功能描述

成 员 函 数	功 能 描 述
QStatusBar()	构造状态栏对象
addPermanentWidget()	添加用于显示永久信息的部件
addWidget()	添加用于显示正常信息的部件
currentMessage()	返回当前显示的临时消息,如果没有,则返回空字符串
insertPermanentWidget()	将给定索引处的给定 QWidget 部件永久插入状态栏
insertWidget()	在状态栏的给定索引处插入给定的 QWidget 部件
isSizeGripEnabled()	判断是否启用状态栏右下角的 QSizeGrip 大小调整器
removeWidget()	从状态栏中移除指定的 QWidget 部件
setSizeGripEnabled()	设置是否启用状态栏最右侧的 QSizeGrip 部件
clearMessage()	槽函数。清除临时信息
showMessage()	槽函数。显示临时信息
messageChanged()	信号函数。当临时状态消息发生变化时发射此信号

Qt 的 QMainWindow 主窗体类默认提供一个状态栏,所以在编程中一般不使用 QStatusBar 的构造方法创建状态栏对象,而是通过调用 QMainWindow::statusBar() 函数获取默认的状态栏对象指针,然后通过该指针调用 QStatusBar 类的成员函数实现各种状态信息的显示。

下面给出状态栏设计的简单示例,代码中的 this 指针表示 QMainWindow 子类对象。

```
QStatusBar * statusBar = this->statusBar();
statusBar -> showMessage(tr("就绪"));
QLabel * permanent = new QLabel(tr("清华大学出版社"),this);
permanent -> setFrameStyle(QFrame::Box | QFrame::Sunken);
permanent -> setStyleSheet("padding:5px");
statusBar -> addPermanentWidget(permanent);
```

上述代码片段在应用程序的状态栏上显示临时状态信息"就绪",并显示永久信息"清华大学出版社",如图 4.25 所示。

4.4.2 设计实例

由于 QMainWindow 主框架窗体默认提供状态栏,所以在 Qt 应用程序中使用状态栏显示信息相对容易,编程过程中只需要熟练使用 QStatusBar 类的成员函数即可。下面给出一个较完整的应用实例。

图 4.25 状态栏示例代码运行结果

【例 4.5】 在例 4.3 程序的状态栏上显示临时信息"清华大学出版社",以及永久信息"Qt 6.2/C++ 程序设计与桌面应用开发 - 马石安",如图 4.26 所示。要求临时信息显示 5s 后自动消失。

(1)复制例 4.3 中的 examp4_3 项目,将项目名称修改为 examp4_5。

(2)在 Qt Creator 中打开 examp4_5 项目,在 mainwindow.h 文件中添加如下代码。

扫一扫

视频讲解

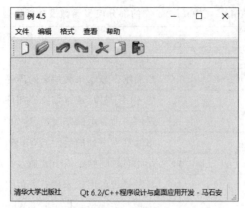

图 4.26　例 4.5 程序运行结果

```
...
private:
    void setStatusMessage();
    ...
```

(3) 在 mainwindow.cpp 文件中添加 setStatusMessage() 成员函数的实现代码,并在 MainWindow 类的构造函数中调用该函数。

```
MainWindow::MainWindow(QWidget * parent) : QMainWindow(parent)
{
    ...
    setStatusMessage ();     //设置状态栏信息
}
void MainWindow::setStatusMessage(){
    //显示临时信息
    ui->statusbar->showMessage(tr("清华大学出版社"),5000);
    //显示永久信息
    QLabel * message = new QLabel(this);
    message->setText(tr("Qt 6.2/C++程序设计与桌面应用开发 - 马石安"));
    message->setStyleSheet("padding:5px");
    ui->statusbar->addPermanentWidget(message);
}
```

(4) 构建并运行程序。程序运行 5s 后"清华大学出版社"信息消失;当把鼠标指针移动到工具栏按钮上时,会在状态栏中显示相应的提示信息,如图 4.27 所示。

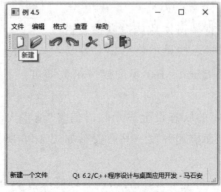

图 4.27　例 4.5 程序测试结果

4.5 中心部件

在主窗体的中心区域可以放置一个中心部件，它一般是一个编辑器或浏览器。中心部件的设置非常简单，只需要调用 QMainWindow 类的 setCentralWidget() 函数，将构造好的部件对象添加进去就可以了。

在 Qt 应用程序中，主窗体的中心部件一般都为 Qt 的浏览类型组件，包括 QListView、QTreeView、QTableView、QListWidget、QTreeWidget 和 QTableWidget 等。后 3 种组件已经在 3.2.4 节中进行了简单的介绍，请大家参见该节的应用实例。下面以 QTextEdit 组件为例，简单介绍 Qt 主窗体中心部件的使用方法。

QTextEdit 是用于编辑多行文本的编辑器，可以编辑普通文本。与它相似的还有 QPlainTextEdit。关于 QTextEdit 和 QPlainTextEdit 类的成员函数的功能及使用方法，请大家查询 Qt 的帮助文档，这里不再详述。下面给出一个简单的 QTextEdit 应用实例。

【例 4.6】 在例 4.5 项目的中心区域设置一个 QTextEdit 文本编辑器组件，并实现文本编辑功能中的复制、粘贴、剪切、撤销等功能。

扫一扫

视频讲解

（1）复制例 4.5 中的 examp4_5 项目，将项目名称修改为 examp4_6。

（2）在 Qt Creator 中打开 examp4_6 项目，双击 mainwindow.ui 界面文件启动 Qt Designer，在中心区域添加一个名为 textEdit 的 QTextEdit 对象，如图 4.28 所示。

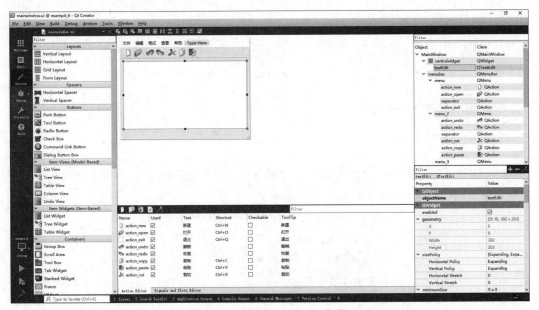

图 4.28 添加 QTextEdit 部件

（3）实现"编辑"→"复制"菜单命令功能。

右击 Action Editor 窗口中的"复制"菜单命令，在弹出的快捷菜单中选择 Go to slot... 菜单命令，如图 4.29 所示。

在 Go to slot 对话框中选择 triggered() 信号，如图 4.30 所示。

在"复制"菜单的槽函数中添加代码，实现文本复制功能。

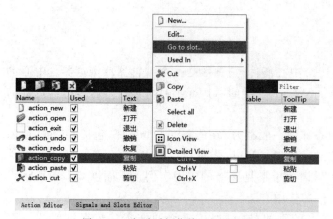

图 4.29　为"复制"菜单添加槽函数

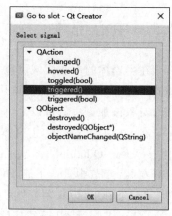

图 4.30　选择 triggered()信号

```
void MainWindow::on_action_copy_triggered()
{
    ui->textEdit->copy();          //复制
}
```

（4）用同样的方法实现"编辑"菜单的粘贴、剪切、撤销等功能。各个菜单项槽函数代码如下。

```
void MainWindow::on_action_paste_triggered()
{
    ui->textEdit->paste();         //粘贴
}
void MainWindow::on_action_cut_triggered()
{
    ui->textEdit->cut();           //剪切
}
void MainWindow::on_action_undo_triggered()
{
    ui->textEdit->undo();          //撤销
}
```

（5）构建并运行程序。首先在编辑器中输入文本，然后选择文本，再进行粘贴、剪切等文本编辑功能的测试，运行结果如图 4.31 所示。

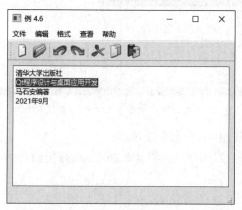

图 4.31　例 4.6 项目运行结果

在 QTextEdit 类中已经实现了文本的基本编辑功能,包括选择全部、复制、粘贴等。所以,在程序中实现这些基本的文本编辑功能,只需要使用 QTextEdit 类的对象调用相应的成员函数即可。

4.6 锚接部件

在 Qt 的主框架窗体中,可以放置这样的一些特殊窗体:它可以停靠在主窗体中,也可以悬浮起来作为桌面顶级窗体。这种窗体称为停靠窗体、Dock 部件或锚接部件,可以在该窗体中放置一些其他部件实现某些特殊功能,就像一个工具箱。

4.6.1 QDockWidget 类

在 Qt 应用程序中,主窗体中的锚接部件由 QDockWidget 类负责管理和维护。从图 4.2 可以看出,QDockWidget 类是 QWidget 类的子类,所以它实际上是一个具有特殊停靠特性的子窗体。表 4.10 列出了 QDockWidget 类的部分成员函数及功能描述。

表 4.10 QDockWidget 类的部分成员函数及功能描述

成 员 函 数	功 能 描 述
QDockWidget()	构造对象
allowedAreas()、setAllowedAreas()	获取或设置锚接部件允许停靠的区域
features()、setFeatures()	处理锚接部件的 features 属性。该属性控制锚接部件的移动性、关闭性和浮动性等特性
isAreaAllowed()	判断锚接部件是否停靠在给定区域
isFloating()、setFloating()	处理锚接部件的浮动属性
setTitleBarWidget()、titleBarWidget()	处理锚接部件的 titleBarWidget 属性。该属性控制锚接部件的自定义标题栏
setWidget()、widget()	设置或获取锚接部件的 QWidget 窗体
toggleViewAction()	返回可用于显示或隐藏锚接部件的、具有检查属性的 Action
allowedAreasChanged()	信号函数。当工具栏的允许停靠区域更改时发射此信号
dockLocationChanged()	信号函数。当停靠位置发生变化时发射此信号
featuresChanged()	信号函数。当 features 属性发生变化时发射此信号
topLevelChanged()	信号函数。当工具栏的浮动属性变化时发射此信号
visibilityChanged()	信号函数。当工具栏的可见属性变化时发射此信号

下面给出在应用程序主窗体中添加锚接部件的示例代码。

```
QDockWidget * dockWidget = new QDockWidget(tr("目录"),this);  //构造对象
dockWidget->setAllowedAreas(Qt::LeftDockWidgetArea |
Qt::RightDockWidgetArea);                    //只允许浮动窗体停靠在左侧或右侧
listWidget = new QListWidget(dockWidget);
QStringList stringlist;
stringlist << "第 1 章" << "第 2 章" << "第 3 章" << "第 4 章" << "第 5 章";
listWidget -> addItems(stringlist);
dockWidget->setWidget(listWidget);           //在浮动窗体中添加列表框控件
```

```
dockWidget->setMaximumWidth(120);          //设置浮动窗体的最大宽度为120px
//向主窗体中添加浮动窗体,并设置其初始停靠位置
addDockWidget(Qt::RightDockWidgetArea,dockWidget);
//在"视图"菜单中添加控制浮动窗体显示或关闭的菜单项
ui->viewMenu->addAction(dockWidget->toggleViewAction());
//将浮动窗体列表中的数据传递到主窗体中
connect(listWidget, &QListWidget::currentTextChanged,
        this, &MainWindow::displayContents);
```

4.6.2 设计实例

在应用程序主窗体中添加浮动窗体,可以使用代码方式或可视化方式。4.6.1节的示例代码给出了设计浮动窗体时的大概代码,下面用可视化方式实现该示例代码的功能。

【例4.7】 为例4.6中的应用程序添加一个浮动窗体,使浮动窗体的列表框中的选项与中心部件中的文本编辑器内容相对应,如图4.32所示。

视频讲解

(1) 复制例4.6中的examp4_6项目,将项目名称修改为examp4_7。

(2) 在Qt Creator中打开examp4_7项目,双击mainwindow.ui界面文件启动Qt Designer,在主窗体中添加一个名为dockWidget的QDockWidget对象;在dockWidget中添加一个名为listWidget的QListWidget对象,如图4.33所示。

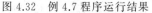
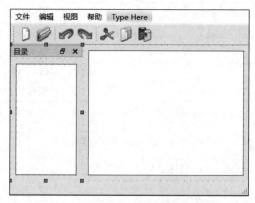

图4.32　例4.7程序运行结果　　　　　　图4.33　例4.7程序界面设计

(3) 为listWidget对象添加一个currentTextChanged信号的槽函数,并编写代码。

```
void MainWindow::on_listWidget_currentTextChanged(const QString &currentText)
{
    ui->textEdit->setText(currentText);
    ui->textEdit->append(tr("------------"));
    ui->textEdit->append(tr("这里是%1的内容").arg(currentText));
}
```

(4) 在MainWindow类中添加一个私有的成员函数,对浮动窗体进行初始化设置。代码如下。

```
void MainWindow::initDockWindows()
{
    addDockWidget(Qt::RightDockWidgetArea, ui->dockWidget);
    ui->dockWidget->setMaximumWidth(120);
    QStringList stringList;
```

```
stringList << "第 1 章" << "第 2 章" << "第 3 章" << "第 4 章" << "第 5 章";
ui->listWidget->addItems(stringList);
ui->viewMenu->addAction(ui->dockWidget->toggleViewAction());
}
```

（5）在 MainWindow 类的构造函数中调用 initDockWindows()函数。

（6）构建并运行程序。程序运行后，可以通过鼠标拖动的方式改变锚接部件的位置；单击锚接部件中的列表项，可以在文本编辑器中显示相应的内容，如图 4.34 所示。

图 4.34　例 4.7 程序测试结果

习题 4

1. 填空题

（1）Qt 应用程序的主框架由_____类来实现。

（2）可以使用 QMainWindow 类的_____和_____函数，获取主窗体中的菜单栏和状态栏对象指针。

（3）Qt 应用程序主框架窗体中的菜单栏、菜单和菜单项，是分别用_____、_____和_____类表示的。

（4）单击某个菜单项，会发射 QAction 的_____信号。

（5）Qt 应用程序的每个工具栏都是一个_____类对象，工具栏上的每个按钮都是一个_____类对象。

（6）工具栏的停靠位置用_____枚举类型常量表示，若希望工具栏停靠在主窗体的右侧应使用_____常量。

（7）Qt 应用程序中的状态栏用_____类来表示，若要在状态栏上显示临时信息，需要调用该类的_____函数。

（8）若要在状态栏上显示永久信息，需要调用_____类的_____函数在状态栏上添加一个 QWidget 类型的窗体。

（9）若要设置主框架窗体的中心部件，需要调用_____类的_____函数。

（10）在 Qt 应用程序中，主窗体中的锚接部件由_____类负责管理和维护。

2. 选择题

(1) QMainWindow 主框架窗体包含(　　)等多个元素。

　　A. 菜单栏　　　　　　B. 工具栏　　　　　　C. 中心部件　　　　D. 状态栏

(2) 在主框架窗体中添加工具栏,需要调用 QMainWindow 类的(　　)函数。

　　A. addDockWidget()　　　　　　　　B. addToolBar

　　C. setCentralWidget()　　　　　　　D. menuBar()

(3) 若要在某个菜单中添加一个新的菜单项,需要调用 QMenu 的(　　)函数。

　　A. addAction()　　　　　　　　　　B. addMenu()

　　C. insertMenu()　　　　　　　　　　D. addSeparator()

(4) 若要在菜单栏上添加一个新的弹出菜单,需要调用 QMenuBar 的(　　)函数。

　　A. addAction()　　　　　　　　　　B. addMenu()

　　C. addSeparator()　　　　　　　　　D. insertMenu()

(5) 工具栏上的每个 Action 按钮,实际上是一个(　　)类的对象。

　　A. QAction　　　　B. QMenu　　　　C. QToolButton　　　D. QPushButton

(6) 为工具栏设置提示信息,可以调用 QToolBar 从基类 QWidget 继承的(　　)函数。

　　A. setToolTip()　　　　　　　　　　B. setStatusTip()

　　C. toolTip()　　　　　　　　　　　　D. statusTip()

(7) 若要在状态栏上显示正常信息,可以使用 QStatusBar 的(　　)函数来完成。

　　A. addWidget()　　　　　　　　　　B. addPermanentWidget()

　　C. insertWidget()　　　　　　　　　D. insertPermanentWidget()

(8) Qt 应用程序主窗体中的状态栏位于其(　　)位置。

　　A. 上边缘　　　　B. 下边缘　　　　C. 左侧边缘　　　　D. 右侧边缘

(9) 下面的(　　)类对象不能当作主框架窗体的中心部件。

　　A. QAction　　　　B. QListView　　　　C. QTreeView　　　D. QTableView

(10) 控制 QDockWidget 停靠窗体的显/隐的 Action 可以直接调用其(　　)函数获取。

　　A. show()　　　　　　　　　　　　　B. hide()

　　C. actions()　　　　　　　　　　　　D. toggleViewAction()

3. 程序阅读题

启动 Qt Creator 集成开发环境,创建一个 Qt Widgets Application 类型的应用程序,该应用程序主窗体基于 QMainWindow 类,取消自动生成程序界面文件。

(1) 在 MainWindow 类的构造函数中添加如下代码,请找出其中的错误语句,并解释每条正确语句的作用。

```
MainWindow::MainWindow(QWidget * parent) : QMainWindow(parent)
{
    setWindowTitle(tr("程序阅读"));
    resize(320, 240);
    m_menuBar = this->menuBar();
    m_toolBar = this->toolBar();
    m_statusBar = this->statusBar();
```

```
    m_centralWidget = this->centralWidget();
}
```

（2）继续在 MainWindow 类的构造函数中添加如下代码。

```
formatMenu = m_menuBar->addMenu(tr("格式(&O)"));
fontMenu = formatMenu->addMenu(tr("字体(&D)"));
boldAct = new QAction(QIcon(":/images/textbold.png"),tr("加粗(&B)"),this);
boldAct->setCheckable(true);
boldAct->setShortcut(Qt::CTRL | Qt::Key_B);
boldAct->setToolTip(tr("加粗"));
boldAct->setStatusTip(tr("将所选文本加粗"));
fontMenu->addAction(boldAct);
```

回答下面的问题：

① 上述代码中的"格式"和"字体"哪一个是主菜单，哪一个是子菜单？

② 上述代码中的"加粗"是菜单项，还是子菜单？ 如果是菜单项，它是哪个菜单的菜单项？

③ 程序运行后，用户将鼠标悬停在"加粗"菜单项上，状态栏上会出现什么提示？

（3）继续在 MainWindow 类的构造函数中添加如下代码。

```
m_toolBar = addToolBar(tr("格式"));                     //语句 1
m_toolBar->addAction(boldAct);
m_toolBar->addSeparator();
m_toolBar->setAllowedAreas(Qt::RightToolBarArea);
addToolBar(Qt::RightToolBarArea, m_toolBar);        //语句 2
```

回答下面的问题：

① 语句 1 中的 addToolBar()函数是哪个类的成员函数？ 功能是什么？ 语句 2 再次调用了该函数，此处的作用又是什么？

② 上述代码实现了什么功能？

③ 上述代码创建的"格式"工具栏可以停靠在主窗体的上边缘吗？ 可以将其拖动到主窗体的中间区域吗？ 为什么？

（4）继续在 MainWindow 类的构造函数中添加如下代码。

```
textEdit = new QTextEdit(this);
textEdit->setStyleSheet("margin:5px");
setCentralWidget(textEdit);
italicAct = new QAction(QIcon(":/images/textitalic.png"),tr("斜体(&B)"),this);
italicAct->setCheckable(true);
italicAct->setShortcut(Qt::CTRL | Qt::Key_I);
italicAct->setToolTip(tr("斜体"));
italicAct->setStatusTip(tr("将所选文本变为斜体"));
fontMenu->addAction(italicAct);
m_toolBar->addAction(italicAct);
connect(italicAct,&QAction::triggered,textEdit,&QTextEdit::setFontItalic);
```

说明上述代码的功能。

4. 程序设计题

（1）编写一个 Qt 应用程序，实现与 MS Word 字处理软件类似的功能。

（2）在程序设计题（1）中的应用程序中增加一个浮动窗体，并在这个浮动窗体中显示日历。

## 第5章

对话框设计

对话框是 GUI 应用程序中不可或缺的界面组件,它一般以顶层窗体的形式出现在程序的最上层,用于实现短期任务或简洁的用户交互。Qt 中的对话框由 QDialog 类或其子类表示,可以通过它们或其派生类创建自定义的对话框,也可以直接使用 Qt 预定义的标准对话框。另外,除了 QDialog 对话框之外,在实际编程过程中还经常使用一些直接从 QWidget 类或其子类 QFrame 继承来的窗体,如 QSplitter 分割窗体、QStackedWidget 堆栈窗体、QSplashScreen 闪屏窗体和 QMdiSubWindow 多窗体等。

本章介绍 Qt 中的对话框以及一些其他常用窗体的设计方法,主要包括自定义对话框、标准对话框、分割窗体、MDI 窗体等。

5.1 对话框相关 Qt 类

在对话框的设计过程中会涉及很多的 Qt 类,如 QWidget 类、QDialog 类和 QDialogButtonBox 类等。QWidget 类是 Qt 中所有界面组件的基类,在第 3 章中已经对其进行了详细的讲解,下面简单介绍 QDialog 类和 QDialogButtonBox 类。

5.1.1 QDialog 类

QDialog 是 Qt 对话框的基类,它继承自 QWidget 类。所以,对话框也是属于 Qt 窗体中的一种类型。QDialog 类的继承关系如第 3 章的图 3.1 所示。

在 QDialog 类中,继承或定义了很多的属性、函数、信号和槽函数,用于实现对话框几何尺寸和风格特性等静态属性的存储、动态特性的设置,以及数据的传递等操作。QDialog 类的部分成员函数及功能描述如表 5.1 所示。

表 5.1　QDialog 类的部分成员函数及功能描述

成　员　函　数	功　能　描　述
QDialog()	构造对话框对象
isSizeGripEnabled()、setSizeGripEnabled()	处理对话框的 sizeGripEnabled 属性。该属性控制对话框的尺寸调节器（QSizeGrip 对象），启用该属性时，将调节器放置在对话框的右下角。默认情况下，调节器处于禁用状态
result()、setResult()	处理对话框的 result 属性。该属性表示模态对话框的结果，即 Accepted 或 Rejected
setModal()	设置对话框的 modal 属性。该属性确定对话框的 show() 函数是否应以模态或非模态方式弹出对话框
accept()	槽函数。隐藏模态对话框并将结果代码设置为 Accepted
done(int r)	槽函数。关闭对话框并将其结果代码设置为 r，此时会发射 finished() 信号并传递参数 r
exec()	槽函数。将对话框显示为模态对话框，直到用户关闭为止。该函数返回对话框的 DialogCode 结果
open()	槽函数。将对话框显示为窗口模式，并立即返回
reject()	槽函数。隐藏模态对话框并将结果代码设置为 Rejected
accepted()	信号函数。当对话框被用户接受时，或者通过使用 QDialog::accepted 参数调用 accept() 或 done() 函数时发射此信号
finished()	信号函数。当用户或通过调用 done()、accept() 或 reject() 函数设置对话框的结果代码时发射此信号
rejected()	信号函数。当隐藏模态对话框并将结果代码设置为 Rejected 时发射此信号

QDialog 类的使用非常简单，下面给出一段示例代码。

```cpp
//教材源码 code_5_1_1_1\widget.cpp
QDialog * dlg = new QDialog(this);                //创建对话框对象
dlg->setWindowTitle(tr("对话框示例"));             //设置标题
dlg->setFixedSize(320, 240);                      //设置对话框为固定大小
//设置对话框中的 OK 和 Cancel 按钮
QDialogButtonBox * buttonBox = new QDialogButtonBox(dlg);
buttonBox->setGeometry(QRect(10, 200, 301, 32));
buttonBox->setOrientation(Qt::Horizontal);
buttonBox->setStandardButtons(QDialogButtonBox::Cancel | QDialogButtonBox::OK);
//关联信号和槽
connect(buttonBox,&QDialogButtonBox::accepted,dlg,&QDialog::accept);
connect(buttonBox,&QDialogButtonBox::rejected,dlg,&QDialog::reject);
dlg->exec();                                      //以模态方式打开对话框
QString str;
if(dlg->result()){
    str = "你点击了 OK 按钮!";
}else{
    str = "你点击了 Cancel 按钮!";
}
QMessageBox::information(this,tr("提示信息"),str);
delete buttonBox;                                 //删除按钮框对象
delete dlg;                                       //删除对话框对象
```

上述代码片段创建的对话框如图 5.1 所示。

图 5.1　对话框示例

在上述示例代码中,使用了 QDialogButtonBox 类创建对话框中的 OK 和 Cancel 标准按钮,并实现对话框的 accept()和 reject()操作。当然,也可以使用 QPushButton 类实现这两个按钮的功能。

5.1.2　QDialogButtonBox 类

QDialogButtonBox 类用于表示对话框上的按钮框,它会以适合当前窗体样式的布局显示按钮。QDialogButtonBox 类继承自 QWidget 类,其部分成员函数及功能描述如表 5.2 所示。

表 5.2　QDialogButtonBox 类的部分成员函数及功能描述

成 员 函 数	功 能 描 述
QDialogButtonBox()	构造对象
addButton()	将给定按钮添加到具有指定角色的按钮框中。如果角色无效,则不会添加该按钮
button()	返回与标准按钮对应的 QPushButton 对象指针,如果此按钮框中没有标准按钮,则返回 nullptr 空指针
buttonRole()	返回指定按钮的按钮角色或 InvalidRole
buttons()	返回已添加到按钮框的所有按钮的列表
centerButtons()、setCenterButtons()	处理按钮框的 centerButtons 属性。该属性确定按钮框中的按钮是否居中
clear()	清除按钮框,删除其中的所有按钮
orientation()、setOrientation()	处理按钮框的 orientation 属性。该属性控制按钮框的方向,默认为水平(即按钮并排布置)
removeButton()	从按钮框中移除某个按钮
standardButtons()、setStandardButtons()	处理按钮框的 standarButtons 属性。该属性控制按钮框使用哪些标准按钮
standardButton()	返回与给定按钮相对应的标准按钮枚举值
accepted()	信号函数。当单击按钮框中的以 AcceptRole 或 YesRole 角色定义的按钮时发射此信号
clicked()	信号函数。当单击按钮框内的某个按钮时发射此信号

续表

成 员 函 数	功 能 描 述
helpRequested()	信号函数。当单击按钮框中的以 HelpRole 角色定义的按钮时发射此信号
rejected()	信号函数。当单击按钮框中的以 RejectRole 或 NoRole 角色定义的按钮时发射此信号

QDialogButtonBox 类的使用非常简单，先构造一个 QDialogButtonBox 对象，然后调用其成员函数完成相应功能即可。

5.2　自定义对话框

Qt 中的对话框分为模态对话框和非模态对话框。所谓模态对话框，就是运行时会阻塞同一应用程序中其他窗体的输入的对话框。例如，MS Word 软件中的"打开文件"对话框，当该对话框运行时，用户不能对除此之外的窗体进行操作。与此相反的是非模态对话框，用户可以在运行该对话框的同时继续进行程序的其他操作，如 MS Word 软件中的"查找和替换"对话框。

5.2.1　模态对话框

Qt 中对话框有两种级别的模态，即应用程序级别的模态和窗体级别的模态，默认是应用程序级别的模态。所谓应用程序级别的模态，是指当该种模态的对话框出现时，用户必须首先与对话框进行交互，直到关闭对话框，然后才能访问应用程序的其他窗体；而窗体级别的模态仅阻塞与对话框关联的窗体，它允许用户与其他非关联窗体进行交互。

Qt 使用 QDialog::exec() 函数实现应用程序级别的模态对话框，使用 QDialog::open() 函数实现窗体级别的模态对话框。

【例 5.1】　编写一个 Qt 应用程序，在其主窗体中添加一个文本编辑器，通过自定义的颜色对话框设置文本编辑器中的字体颜色。程序运行结果如图 5.2 所示。

扫一扫

视频讲解

图 5.2　例 5.1 程序运行结果

为了缩减篇幅，也为了让应用程序功能相对完整，本例在例 4.6 应用程序的基础上进行设计。

（1）将教材源码中的 examp4_6 项目复制到第 5 章的实例目录 chap05 中，并将项目文件夹名称修改为 examp5_1，项目文件名称修改为 examp5_1.pro。

（2）在 Qt Creator 中打开 examp5_1 项目，将其主框架标题修改为"例 5.1"，并在"格式"主菜单下添加一个名为"颜色"的 Action。

（3）为项目添加一个基于 QDialog 类的界面类，类名为 ColorDialog。这里使用 Qt Creator 向导同时生成类文件及界面文件，如图 5.3 所示。

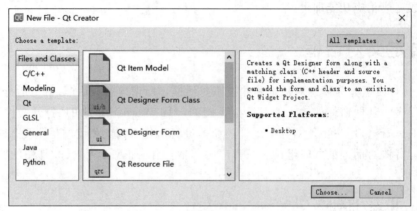

图 5.3　添加新文件

（4）将新对话框的标题设置为"颜色对话框"，大小设置为 200×100。

（5）为步骤（2）中的"颜色"Action 添加信号与槽，并在槽函数中添加代码。

```
void MainWindow::on_action_color_triggered()
{
    ColorDialog * dlg = new ColorDialog(this);        //语句 1
    dlg -> exec();                                    //语句 2
}
```

上述代码中的语句 1 创建一个 dlg 对话框对象，并设置应用程序主窗体为其父窗体；语句 2 通过 dlg 对象调用 QDialog 的 exec()成员函数，显示对话框界面。

（6）构建并运行程序。执行程序的"格式"→"颜色"菜单命令，结果如图 5.2 所示。

从程序运行结果可以看出，当自定义的"颜色设置"对话框被激活后，程序的主框架窗体随即变为灰色。此时，不能对主窗体中的任何元素进行操作。

如果把步骤（5）中的语句 2 代码修改为

```
dlg -> open();
```

运行程序会得到相同的结果。

上面的示例说明，在 Qt 中使用 QDialog::exec()和 QDialog::open()函数均能实现模态对话框。至于这两个函数的区别，限于篇幅，这里不再展开讨论，请大家参考相关的技术文档自行思考。

5.2.2　非模态对话框

Qt 使用 QDialog::show()函数实现非模态对话框。将例 5.1 步骤（5）中的语句 2 修

改为

```
dlg -> show();      //语句2
```

即可实现"颜色设置"对话框的非模态显示。程序运行结果如图5.4所示。

图5.4 非模态对话框示例

从程序运行的结果可以看出,当"颜色对话框"被激活时,是可以对主窗体进行操作的。下面尝试将例5.1步骤(5)的代码修改为

```
ColorDialog dlg(this);        //语句1
dlg.show();                   //语句2
```

构建并运行程序。执行应用程序的"格式"→"颜色"菜单命令,可以看到"颜色设置"对话框竟然一闪而过。

这是因为QDialog::show()函数并没有阻塞当前线程,当对话框显示出来后,show()函数会立即返回,继续执行语句2后面的代码。注意,这里dlg是建立在栈上的,show()函数运行结束后,MainWindow::on_action_color_triggered()槽函数也执行完成了。此时,作为槽函数局部变量的dlg随即被析构清除,因此"颜色设置"对话框瞬间就消失了。所以,要实现非模态对话框,对话框对象必须建立在堆上,也就是要用new方法构建对话框对象,然后调用QDialog::show()函数将其显示即可。

5.2.3 数据交换

在应用程序中使用对话框,往往都是想通过它传递数据,也就是使用它与主窗体之间进行数据的交换。

1. 获取模态对话框数据

在例5.1应用程序中,我们只是实现了对话框的模态与非模态显示,并没有真正通过该对话框设置主窗体中文本编辑器的字体颜色。下面通过实例说明如何从模态对话框中获取数据。

【例5.2】 继续实现例5.1应用程序功能,使用"颜色设置"对话框设置主窗体中文本编辑器字体颜色。程序运行结果如图5.5所示。

(1) 复制examp5_1项目到第5章的实例目录chap05中,并将项目文件夹名称修改为examp5_2,项目文件名称修改为examp5_2.pro。

扫一扫

视频讲解

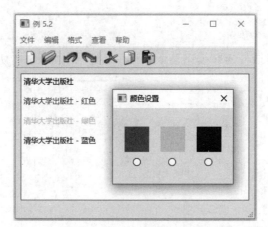

图 5.5　例 5.2 程序运行结果

（2）在 Qt Creator 中打开 examp5_2 项目，将其主框架标题修改为"例 5.2"，并在"颜色设置"对话框中添加 3 个 QFrame 对象和 3 个 QRadioButton 对象。3 个 QFrame 对象的名称分别为 redFrame、greenFrame 和 blueFrame；3 个 QRadioButton 对象的名称分别为 redBtn、greenBtn 和 blueBtn。

（3）在 ColorDialog 中添加一个 private 访问权限的名称为 color 的 QColor 对象，用于存储用户选择的颜色；另外，再添加一个 public 访问权限的 getColor() 成员函数，该函数返回一个 QColor 颜色对象。

（4）在类 ColorDialog 构造方法中编写代码，对 3 个 QFrame 对象初始化，将它们填充为相应的色块。代码如下。

```
ui->red->setAutoFillBackground(true);
ui->red->setPalette(QPalette(QColor(255,0,0)));
ui->green->setAutoFillBackground(true);
ui->green->setPalette(QPalette(QColor(0,255,0)));
ui->blue->setAutoFillBackground(true);
ui->blue->setPalette(QPalette(QColor(0,0,255)));
color = QColor(0,0,0);
```

（5）编写 ColorDialog 类的 getColor() 成员函数的实现代码。

```
QColor ColorDialog::getColor(){
if(ui->redBtn->isChecked()){
    color = QColor(255,0,0);
}
if(ui->greenBtn->isChecked()){
    color = QColor(0,255,0);
}
if(ui->blueBtn->isChecked()){
    color = QColor(0,0,255);
}
return color;
}
```

（6）为 ColorDialog 类的 3 个 QRadioButton 对象添加 clicked 信号与槽函数，并编写槽函数代码。

```
void ColorDialog::on_redBtn_clicked()
{
    ui->redBtn->setChecked(true);
    this->accept();
}
void ColorDialog::on_greenBtn_clicked()
{
    ui->greenBtn->setChecked(true);
    this->accept();
}
void ColorDialog::on_blueBtn_clicked()
{
    ui->blueBtn->setChecked(true);
    this->accept();
}
```

（7）修改主窗体"格式"→"颜色"菜单命令槽函数代码，完成文本编辑器文字颜色的设置。代码如下。

```
void MainWindow::on_action_color_triggered()
{
    ColorDialog * dlg = new ColorDialog(this);
    if(dlg->exec() == QDialog::Accepted){
        ui->textEdit->setTextColor(dlg->getColor());
    }
}
```

（8）构建并运行程序。程序运行后的测试结果如图5.5所示。

从上述实例代码可以看出，获取模态对话框中的数据一般使用对话框的公有成员函数。模态对话框使用 QDialog::exec()函数来实现，该函数的真正含义是开启一个新的事件循环（参见第6章）。所谓事件循环，可以理解成一个无限循环。Qt 在开启了事件循环之后，系统发出的各种事件才能够被程序监听到。

2. 获取非模态对话框数据

非模态对话框使用 QDialog::show()函数来实现，与 QDialog::exec()函数不同的是，show()函数没有返回值，它的作用仅仅是将对话框显示出来而已。因此，从非模态对话框中获取数据不能采用 dlg->show()＝＝QDialog::Accepted 这样的代码。

从非模态对话框中获取数据最好采用信号与槽的通信机制，通过信号函数与槽函数进行数据的传递。例如，对于例5.2中的应用程序，建立"颜色设置"对话框和主窗体之间信号与槽通信机制，当对话框执行某个操作（如单击单选按钮）时，将对话框中需要传送的数据放到信号中发射出去，主窗体中的槽函数接收这一信号并进行相应的处理，从而实现数据从对话框向主窗口的传递。

【例5.3】 使用非模态对话框实现例5.2中应用程序功能。程序运行结果如图5.6所示。

扫一扫

视频讲解

（1）复制 examp5_2 项目到第5章的实例目录 chap05 中，并将项目文件夹名称修改为 examp5_3，项目文件名称修改为 examp5_3.pro。

（2）在 Qt Creator 中打开 examp5_3 项目，将其主框架标题修改为"例5.3"。

（3）在 ColorDialog 类的头文件 colordialog.h 中添加信号声明代码。

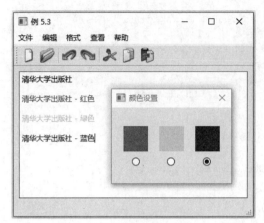

图 5.6　例 5.3 程序运行结果

```
signals:
    void sendData(QColor);
```

（4）打开 ColorDialog 类的实现文件 colordialog.cpp，修改其中 3 个单选按钮的槽函数代码。

```
void ColorDialog::on_redBtn_clicked()
{
    emit sendData(QColor(255,0,0));
}
void ColorDialog::on_greenBtn_clicked()
{
    emit sendData(QColor(0,255,0));
}
void ColorDialog::on_blueBtn_clicked()
{
    emit sendData(QColor(0,0,255));
}
```

（5）在 MainWindow 类的头文件 mainwindow.h 中添加槽函数声明代码。

```
private slots:
    void receiveData(QColor);
```

（6）打开 MainWindow 类的实现文件 mainwindow.cpp，添加槽函数的实现代码。

```
void MainWindow::receiveData(QColor c){
    ui->textEdit->setTextColor(c);
}
```

（7）修改 mainwindow.cpp 文件中 on_action_color_triggered()槽函数代码。

```
void MainWindow::on_action_color_triggered()
{
    ColorDialog * dlg = new ColorDialog(this);
    connect(dlg,SIGNAL(sendData(QColor)),this,SLOT(receiveData(QColor)));
    dlg->show();
}
```

（8）构建并运行程序，结果如图 5.6 所示。注意图中"颜色设置"对话框中单选按钮的状态与图 5.5 中的区别。

5.3　标准对话框

Qt 为应用程序设计提供了一些常用的标准对话框,如文件对话框、颜色对话框、字体对话框、输入对话框以及消息对话框等,用于实现应用程序中的一些常用功能。另外,这些标准对话框也为应用程序提供了一致的界面观感。

Qt 为每个标准对话框定义了相关的类,这些类全部继承于 QDialog 类,如第 3 章的图 3.1 所示。下面对几个常用的标准对话框类进行简单的介绍,它们分别是 QColorDialog、QFileDialog、QFontDialog、QInputDialog 和 QMessageBox。

5.3.1　颜色对话框

颜色对话框用于选取颜色值,由 QColorDialog 类实现,其界面效果如图 5.7 所示。

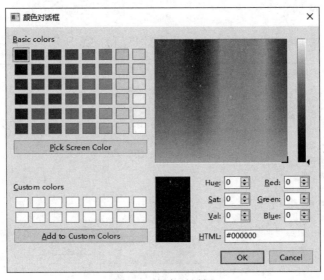

图 5.7　颜色对话框

颜色对话框的使用非常简单,打开对话框后,可以通过使用鼠标选择颜色色块、使用颜色拾取器在屏幕中拾取颜色或自定义颜色分量值等方法获取颜色值。

【例 5.4】　使用 Qt 的颜色对话框实现例 5.1 应用程序功能。

(1) 复制 examp5_1 项目到第 5 章的实例目录 chap05 中,并将项目文件夹名称修改为 examp5_4,项目文件名称修改为 examp5_4.pro。

(2) 在 Qt Creator 中打开 examp5_4 项目,删除 colordialog.ui 界面文件,同时删除该界面文件对应的 colordialog.h 和 colordialog.cpp 类文件。

(3) 打开 mainwindow.cpp 文件,修改 on_action_color_triggered()槽函数中的代码。

```
void MainWindow::on_action_color_triggered()
{
    //打开颜色对话框方法一
    QColor c = QColorDialog::getColor(Qt::black,this,tr("颜色对话框"));
    /* 打开颜色对话框方法二
```

```
QColorDialog dlg(this);
    dlg.setOption(QColorDialog::ShowAlphaChannel);
    dlg.exec();
QColor c =dlg.currentColor();
* /
    ui->textEdit->setTextColor(c);
}
```

可以使用两种方法打开颜色对话框,一种方法是使用 QColorDialog 类的静态方法 getColor()直接打开;另一种方法是先创建对象,然后再通过 QDialog::exec()函数打开。第 1 种方法简洁,不需要创建对象;第 2 种方法灵活,当需要对颜色对话框进行设置时,建议使用这种方法。

(4) 构建并运行程序。程序运行后,执行"格式"→"颜色"菜单命令,即可打开 Qt 的标准颜色对话框,如图 5.7 所示。

5.3.2　文件对话框

文件对话框由 QFileDialog 类实现,其界面效果如图 5.8 所示。

图 5.8　文件对话框

【例 5.5】　使用文件对话框实现例 5.4 应用程序的"文件"→"打开"菜单的部分功能,要求将用户选择的文件名显示在主窗体的文本编辑器中。

(1) 复制 examp5_4 项目到第 5 章的实例目录 chap05 中,并将项目文件夹名称修改为 examp5_5,项目文件名称修改为 examp5_5.pro。

(2) 在 Qt Creator 中打开 examp5_5 项目,为其"文件"→"打开"菜单命令添加槽函数,并编写代码。

```
void MainWindow::on_action_open_triggered()
{
    QString fileName = QFileDialog::getOpenFileName(this,tr("文件对话框"),
    "f:/temp",tr("文本文件(*txt)"));
    ui->textEdit->setText(fileName);
}
```

(3) 构建并运行程序。程序运行后,执行"文件"→"打开"菜单命令,弹出的文件对话框如图 5.8 所示。

这里使用 QFileDialog 类的 getOpenFileName() 静态函数打开文件对话框，该函数的原型如下。

```
[static] QString QFileDialog::getOpenFileName(QWidget * parent = nullptr, const
QString &caption = QString(), const QString &dir = QString(), const QString
&filter = QString(), QString * selectedFilter = nullptr, QFileDialog::Options
options = Options())
```

其中，参数 parent 为父窗口指针；caption 为对话框标题；dir 为默认的文件路径；filter 为文件类型过滤器字符串；selectedFilter 为文件类型过渡器指针；options 为对话框设置。

5.3.3　字体对话框

字体对话框由 QFontDialog 类实现，其界面效果如图 5.9 所示。

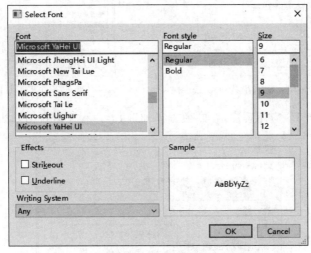

图 5.9　字体对话框

【例 5.6】　使用字体对话框设置例 5.5 应用程序文本编辑器的字体。

（1）复制 examp5_5 项目到第 5 章的实例目录 chap05 中，并将项目文件夹名称修改为 examp5_6，项目文件名称修改为 examp5_6.pro。

（2）在 Qt Creator 中打开 examp5_6 项目，在项目主窗体中添加一个名为"字体"的 Action，并将其放置在"格式"→"颜色"菜单命令的后面。为该 Action 添加槽函数，并编写代码。

```
void MainWindow::on_action_font_triggered()
{
    bool ok;
    QFont font = QFontDialog::getFont(&ok,this);
    if(ok){
        ui->textEdit->setFont(font);
    }
}
```

（3）构建并运行程序。程序运行后，选择"文件"→"字体"菜单命令，弹出的字体对话框如图 5.9 所示。

5.3.4　输入对话框

输入对话框由 QInputDialog 类实现,其界面效果如图 5.10～图 5.14 所示。

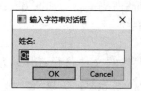
图 5.10　输入字符串对话框

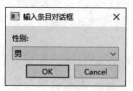
图 5.11　输入条目对话框

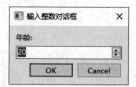
图 5.12　输入整数对话框

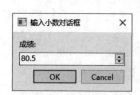
图 5.13　输入小数对话框

图 5.14　输入多行文本对话框

扫一扫

视频讲解

【例 5.7】　为例 5.6 应用程序增加"数据添加"功能。程序运行结果如图 5.15 所示。

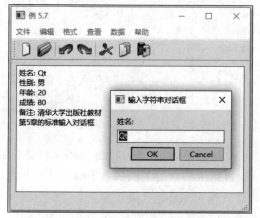
图 5.15　例 5.7 程序运行结果

(1) 复制 examp5_6 项目到第 5 章的实例目录 chap05 中,并将项目文件夹名称修改为 examp5_7,项目文件名称修改为 examp5_7.pro。

(2) 在 Qt Creator 中打开 examp5_7 项目,在主窗体中添加"数据"→"添加"菜单命令,并为"添加"菜单项添加槽函数,代码如下。

```
void MainWindow::on_action_add_triggered()
{
    bool ok;
    QString name = QInputDialog::getText(this,tr("输入字符串对话框"),tr("姓名:"),
QLineEdit::Normal,tr("Qt"),&ok);
    QStringList items;
    items << tr("男") << tr("女") ;
```

```
    QString sex = QInputDialog::getItem(this, tr("输入条目对话框"), tr("性别:"),
items, 0, false, &ok);
    int age = QInputDialog::getInt(this,tr("输入整数对话框"),tr("年龄:"),20,1,
150,1,&ok);
    double score = QInputDialog::getDouble(this, tr("输入小数对话框"), tr("成
绩:"), 80, 0, 120, 1, &ok, Qt::WindowFlags(), 1);
    QString des = QInputDialog::getMultiLineText(this, tr("输入多行文本对话框"),
tr("备注:"), "清华大学出版社教材\n第5章的标准输入对话框", &ok);
    ui->textEdit->setText(tr("姓名: %1\n 性别: %2\n 年龄: %3\n 成绩: %4\n 备注: %
5").arg(name).arg(sex).arg(age).arg(score).arg(des));
}
```

(3) 构建并运行程序。程序运行后,执行"文件"→"添加"菜单命令,就会依次弹出如图 5.10～图 5.14 所示的 5 种类型的输入对话框。

5.3.5　消息对话框

消息对话框由 QMessageBox 类实现,其界面效果如图 5.16～图 5.21 所示。

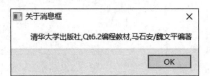

图 5.16　about 消息框

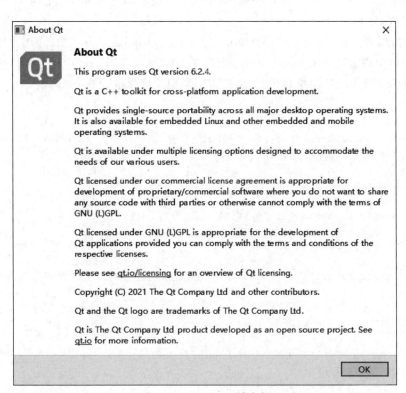

图 5.17　About Qt 消息框

图 5.18　critical 消息框

图 5.19　information 消息框

图 5.20　question 消息框

【例 5.8】　编写一个基于 QWidget 的应用程序,演示各消息框的使用,如图 5.22 所示。

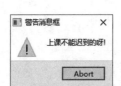

图 5.21　warning 消息框

图 5.22　例 5.8 应用程序主窗体

(1) 启动 Qt Creator 集成开发环境,创建一个名为 examp5_8 的应用程序,应用程序主窗体基于 QWidget 类。

(2) 双击项目中的 widget.ui 界面文件,打开 Qt Designer 工具,设计应用程序主窗体界面。在主窗体中添加 6 个 QPushButton 按钮,并为它们设置 clicked()信号的槽函数。

(3) 在按钮的槽函数中编写代码,生成不同类型的消息框。

```cpp
void Widget::on_pushButton_1_clicked()
{
    QMessageBox::about(this,tr("关于消息框"),tr("清华大学出版社,Qt6.2 编程教材,马
石安/魏文平编著"),QMessageBox::Ok);
}
void Widget::on_pushButton_2_clicked()
{
    QMessageBox::aboutQt(this,tr("About Qt"),QMessageBox::Ok);
}
void Widget::on_pushButton_3_clicked()
{
    QMessageBox::critical(this,tr("严重错误消息框"),tr("程序出现致命错误!"),
QMessageBox::Ok | QMessageBox::Cancel);
}
void Widget::on_pushButton_4_clicked()
{
    QMessageBox::information(this,tr("提示消息框"),tr("这是一本 Qt6.2 编程教
材!"),QMessageBox::Ok);
}
void Widget::on_pushButton_5_clicked()
{
```

```
        QMessageBox::question(this,tr("询问消息框"),tr("你觉得 Qt 难学吗?"),
    QMessageBox::Yes,QMessageBox::No);
    }
    void Widget::on_pushButton_6_clicked()
    {
        QMessageBox::warning(this,tr("警告消息框"),tr("上课不能迟到的呀!"),
    QMessageBox::Abort);
    }
```

（4）构建并运行程序。程序运行后,分别单击程序主窗体中的各个按钮,对各种消息框进行测试。

5.4 其他 Qt 窗体

除了第 3 章介绍的 QWidget 窗体、第 4 章介绍的 QMainWindow 窗体以及本章介绍的 QDialog 窗体之外,在实际编程过程中还常使用分割窗体、层叠窗体、闪屏窗体和 MDI 窗体。下面对这些窗体的设计进行简单的介绍。

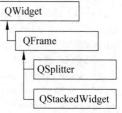

图 5.23 QSplitter 类继承关系

5.4.1 分割窗体

Qt 的分割窗体一般用于分割窗口的布局,它所对应的 C++ 类为 QSplitter 类,其继承关系如图 5.23 所示。

QSplitter 类的部分成员函数及功能描述如表 5.3 所示。

表 5.3 QSplitter 类的部分成员函数及功能描述

成 员 函 数	功 能 描 述
QSplitter()	构造分割窗体对象
addWidget()	为分割窗体添加子窗体对象
childrenCollapsible()、setChildrenCollapsible()	处理子窗体的 childrenCollapsible(可折叠性)属性。默认情况下子窗体是可以折叠的
count()	返回子窗体数量
getRange()	返回分割窗体中子窗体索引的有效范围
handle()	返回给定索引处子窗体左侧(或上方)的分拆器
handleWidth()、setHandleWidth()	处理拆分窗体的 handleWidth 属性。该属性表示拆分窗体中拆分器(拆分窗体的横杆或竖杆)
indexOf()	返回某个子窗体的索引
insertWidget()	在指定的索引处插入子窗体
isCollapsible()、setCollapsible()	判断或设置在指定的索引处的窗体的折叠性
opaqueResize()、setOpaqueResize()	处理拆分窗体的 opaqueResize 属性。该属性控制是否可以动态拖动分拆器调整子窗体大小
orientation()、setOrientation()	处理拆分窗体的 orientation 属性。该属性表示拆分方向
refresh()	更新拆分状态。该函数由系统自动调用
replaceWidget()	替换指定索引处的子窗体

续表

成 员 函 数	功 能 描 述
restoreState()	将拆分窗体布局恢复到指定的状态
saveState()	保存拆分窗体布局状态
sizes()、setSizes()	获取或设置拆分窗体中所有子窗体的大小
setStretchFactor()	设置某索引处子窗体的拉伸因子
widget()	获取指定索引处的子窗体
splitterMoved()	信号函数。当拆分窗体中的拆分器移动时发射此信号

QSplitter 类的使用非常简单,下面给出一段简单的示例代码。

```cpp
//教材源码 code_5_4_1\widget.cpp
resize(320,240);
setWindowTitle(tr("分割窗体示例"));
QSplitter * splitter = new QSplitter;
splitter->setChildrenCollapsible(false);
QListView * listview = new QListView;
splitter->addWidget(listview);
QSplitter * splitterRight = new QSplitter(splitter);
splitterRight->setOrientation(Qt::Vertical);
splitterRight->setOpaqueResize(false);
splitterRight->setChildrenCollapsible(true);
QTreeView * treeview = new QTreeView;
QTextEdit * textedit = new QTextEdit;
splitterRight->addWidget(treeview);
splitterRight->addWidget(textedit);
QHBoxLayout * layout = new QHBoxLayout(this);
layout->addWidget(splitter);
```

上述代码片段的运行结果如图 5.24 所示。

下面给出一个简单的分割窗体实例。

【例 5.9】　一个简单的分割窗体实例。程序运行结果如图 5.25 所示。

扫一扫

视频讲解

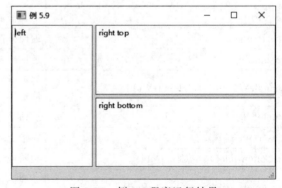

图 5.24　分割窗体示例　　　　　图 5.25　例 5.9 程序运行结果

(1) 启动 Qt Creator 集成开发环境,创建一个名为 examp5_9 的应用程序,应用程序主窗体基于 QMainWindow 类。

(2) 双击 mainwindow.ui 界面文件,打开 Qt Designer 设计工具。删除主窗体中默认的菜单栏,并设置其他属性。

(3) 打开 mainwindow.h 文件,在 MainWindow 类中添加几个私有成员指针。

```
private:
    Ui::MainWindow * ui;
    QSplitter * splitterMain, * splitterRight;
    QTextEdit * textLeft, * textTop, * textBottom;
```

(4) 打开 mainwindow.cpp 文件,在 MainWindow 类的构造函数中编写代码。

```
MainWindow::MainWindow(QWidget * parent) : QMainWindow(parent)
    , ui(new Ui::MainWindow)
{
    ui->setupUi(this);
    splitterMain = new QSplitter(Qt::Horizontal,this);
    textLeft = new QTextEdit(splitterMain);
    textLeft->setText(tr("left"));
    splitterRight = new QSplitter(Qt::Vertical,splitterMain);
    textTop = new QTextEdit(splitterRight);
    textTop->setText(tr("right top"));
    textBottom = new QTextEdit(splitterRight);
    textBottom->setText(tr("right bottom"));
    splitterRight->setOpaqueResize(false);
    setCentralWidget(splitterMain);
}
```

(5) 构建并运行程序,结果如图 5.25 所示。程序运行后,移动分割窗体中的分割条,可以调整各个窗体的大小。

5.4.2 层叠窗体

层叠窗体也称为堆栈窗体,它是一种容器组件,可以将多个窗体界面叠放在一起,当需要时再将其显示出来。一般与列表框 QListWidget 及下拉列表框 QComboBox 配合使用。

层叠窗体所对应的 C++ 类为 QStackedWidget,其继承关系如图 5.23 所示。QStackedWidget 类的使用非常简单,只需要使用其构造方法构造对象,并使用成员函数设置属性、实现相应的业务逻辑即可。表 5.4 列出了 QStackedWidget 类的部分成员函数及功能描述。

表 5.4 QStackedWidget 类的部分成员函数及功能描述

成 员 函 数	功 能 描 述
QStackedWidget()	构造对象
addWidget()	将给定的 QWidget 窗体附加到层叠窗体并返回索引位置
count()	返回层叠窗体包含的 QWidget 子窗体数量
currentIndex()	获取当前显示的子窗体的索引
currentWidget()	获取当前子窗体
indexOf()	返回指定子窗体的索引
insertWidget()	将指定的窗体插入层叠窗体中的指定位置
removeWidget()	从层叠窗体中移除指定的子窗体

续表

成 员 函 数	功 能 描 述
widget()	返回层叠窗体中指定索引位置的子窗体
setCurrentIndex()	槽函数。设置当前显示的子窗体索引
setCurrentWidget()	槽函数。设置当前子窗体
currentChanged()	信号函数。当当前子窗体属性变化时发射此信号
widgetRemoved()	信号函数。当指定索引的子窗体被移除时发射此信号

下面是生成 QStackedWidget 层叠窗体的一段示例代码。

```
void setupUi(QWidget * Widget)
{
    ...
    stackedWidget = new QStackedWidget(Widget);
    stackedWidget->setObjectName(QString::fromUtf8("stackedWidget"));
    stackedWidget->setFrameShape(QFrame::Box);
    stackedWidget->setFrameShadow(QFrame::Sunken);
    page = new QWidget();
    page->setObjectName(QString::fromUtf8("page"));
    ...
    stackedWidget->addWidget(page);
    page_2 = new QWidget();
    page_2->setObjectName(QString::fromUtf8("page_2"));
    ...
    stackedWidget->addWidget(page_2);
    page_3 = new QWidget();
    page_3->setObjectName(QString::fromUtf8("page_3"));
    ...
    stackedWidget->addWidget(page_3);
    ...
    QObject::connect(listWidget, &QListWidget::currentRowChanged,
    stackedWidget, &QStackedWidget::setCurrentIndex);
    stackedWidget->setCurrentIndex(0);
    ...
} //setupUi
```

上述代码片段是在 Qt Creator 集成开发环境中,采用可视化方法生成初始层叠窗体的源码。

扫一扫

视频讲解

图 5.26　例 5.10 程序运行结果

【例 5.10】　一个简单的层叠窗体应用实例。程序运行后,选择左侧列表框中不同的选项时,右侧显示所选项内容对应的不同窗体。运行结果如图 5.26 所示。

(1) 启动 Qt Creator 集成开发环境,创建一个名为 examp5_10 的应用程序,应用程序主窗体基于 QWidget 类。

(2) 双击 widget.ui 界面文件,打开 Qt Designer 设计工具。在应用程序主窗体中添加一个名为 listWidget 的列表框、一个名为 stackedWidget 的层叠窗体。在层叠窗体中添加 3 个 QWidget 窗体,并在每个 page 窗体中添加一个测试用的标签部件。主窗体采用水平布局,层叠窗体的每个 page 窗体采用垂直布局。最终的界面布局、子部件名称和对应的类如图 5.27 所示。

设置主窗体标题和大小、列表框初始数据项、标签控件文本等属性,如图 5.28 所示。注意,Qt Designer 中的层叠窗体默认两个 page 窗体,如果需要添加多个 page,右击图 5.27 中的 stackedWidget 对象,在弹出的快捷菜单中选择 insert Page 命令即可。编辑层叠窗体中的不同 page 窗体时,通过图 5.28 右上角的小三角形符号进行切换。

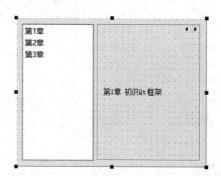

图 5.27　界面布局、子部件名称和对应的类　　　　图 5.28　主窗体编辑状态

(3) 切换到"信号与槽"编辑状态,将列表框中的 currentRowChanged(int) 信号关联到层叠窗体的 setCurrentIndex(int) 槽函数上,如图 5.29 所示。

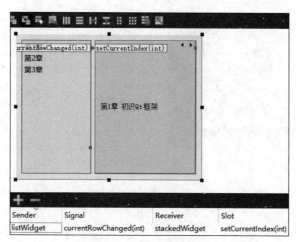

图 5.29　设置信号与槽

(4) 构建并运行程序。程序运行后,当选择主窗体左侧列表框中的选项时,显示层叠窗体中的相应 page 窗体,如图 5.26 所示。

5.4.3　闪屏窗体

闪屏(Splash)窗体一般作为大型应用程序的启动画面,用于展示软件功能或版权等信息,当然也可以用于登录验证。闪屏窗体显示时,应用程序会在后台做一些比较耗时的启动准备工作,如连接数据库、连接网络等,闪屏窗体显示一段时间后自动关闭,然后软件的主窗体显示出来。

在 Qt 中,有两种方法可以创建闪屏窗体。一种方法是先创建一个 QWidget 或 QDialog 窗体,然后将其窗体类型设置为 Qt::SplashScreen 类型;另一种方法是直接使用 QSplashScreen 类。QSplashScreen 类是 QWidget 的直接子类,它提供了载入图片、自动设置窗体无边框效果等功能。QSplashScreen 类的部分成员函数及功能描述如表 5.5 所示。

表 5.5　QSplashScreen 类的部分成员函数及功能描述

成　员　函　数	功　能　描　述
QSplashScreen()	构造对象
finish()	在调用 QSplashScreen::close() 函数之前,使闪屏窗体等待应用程序主窗体的显示
message()	返回闪屏窗体当前显示的信息
pixmap()、setPixmap()	获取或设置闪屏窗体中的图像
repaint()	重绘闪屏窗体
clearMessage()	槽函数。删除闪屏窗体信息
showMessage()	槽函数。显示闪屏窗体信息
messageChanged()	信号函数。当闪屏窗体上的消息发生变化时发射此信号

下面给出一个简单的 QSplashScreen 闪屏窗体应用实例。

扫一扫

视频讲解

【例 5.11】　一个简单的闪屏窗体应用实例。程序运行后,首先显示欢迎界面,几秒后显示程序主窗体,如图 5.30 所示。

图 5.30　例 5.11 程序运行结果

(1) 启动 Qt Creator 集成开发环境,创建一个名为 examp5_11 的应用程序,应用程序主窗体基于 QWidget 类。

(2) 为项目增加一个新的 res.qrc 资源文件,并在该文件中添加一个图像文件,作为程序的闪屏窗体画面。

(3) 打开项目的 main.cpp 主函数文件,并编写代码。

```cpp
int main(int argc, char * argv[])
{
QApplication a(argc, argv);
QPixmap pixmap(":/w320.jpg");                //加载图片资源
    QSplashScreen splashScreen(pixmap);      //创建闪屏窗体
    splashScreen.show();
    splashScreen.showMessage(QObject::tr("欢迎使用本教材"),
    Qt::AlignCenter,Qt::red);                //在闪屏窗体上显示信息
    a.processEvents();
```

```
//设置闪屏延时
QDateTime n=QDateTime::currentDateTime();
QDateTime now;
do{
    now=QDateTime::currentDateTime();
} while (n.secsTo(now)<=5);
Widget w;
w.show();                              //显示主窗体
splashScreen.finish(&w);               //主窗体显示后,闪屏自动消失
return a.exec();
}
```

（4）构造并运行程序。运行结果如图 5.30 所示。

5.4.4　MDI 窗体

使用 Qt 不仅能够开发单文档界面（SDI，Single-Document Interface）和基于窗体（QWidget 或 QDialog）的应用程序，还可以开发多文档界面（MDI，Multi-Document Interface）的应用程序。Qt 的多文档应用程序需要 QMdiArea 和 QMdiSubWindow 这两个类的支持。

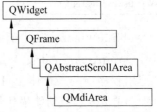

图 5.31　QMdiArea 类的继承关系

QMdiArea 表示一个多窗体区域，实际上就是一个 MDI 窗体容器，负责管理添加到这个区域中的多个子窗体。QMdiArea 类的继承关系如图 5.31 所示。

一般情况下，QMdiArea 被用作 QMainWindow 主框架窗体的中心部件，其部分成员函数及功能描述如表 5.6 所示。使用 QMdiArea 类的成员函数可以完成子窗体的添加、激活、关闭等操作。

表 5.6　QMdiArea 类的部分成员函数及功能描述

成 员 函 数	功 能 描 述
QMdiArea()	构造对象
activationOrder()、setActivationOrder()	处理多文档窗体的 activation 属性。该属性控制子窗体的排列顺序
activeSubWindow()	返回多文档窗体中的当前子窗体
addSubWindow()	向多文档窗体中添加新的子窗体
background()、setBackground()	处理多文档窗体的 background 属性。该属性控制窗体背景
currentSubWindow()	返回当前子窗体
documentMode()、setDocumentMode()	处理多文档窗体的 documentMode 属性。该属性控制选项卡栏是否在选项卡视图模式下设置为文档模式
removeSubWindow()	移除多文档窗体中的子窗体
subWindowList()	返回多文档窗体包含的所有子窗体列表
tabPosition()、setTabPosition()	处理多文档窗体的 tabPosition 属性。该属性控制选项卡视图模式下选项卡的位置
tabShape()、setTabShape()	处理选项卡视图模式下选项卡的形状

续表

成 员 函 数	功 能 描 述
tabsClosable()、setTabsClosable()	处理选项卡视图模式下选项卡上是否设置"关闭"按钮
tabsMovable()、setTabsMovable()	处理选项卡视图模式下选项卡的移动性
viewMode()、setViewMode()	处理多文档窗体中子窗体的显示方式
activateNextSubWindow()	槽函数。将键盘焦点指向子窗体列表中的下一个窗体
activatePreviousSubWindow()	槽函数。将键盘焦点指向子窗体列表中的前一个窗体
cascadeSubWindows()	槽函数。以级联模式排列所有子窗体
closeActiveSubWindow()	槽函数。关闭当前子窗体
closeAllSubWindows()	槽函数。关闭所有子窗体
setActiveSubWindow()	槽函数。设置多文档窗体中的当前子窗体
tileSubWindows()	槽函数。以平铺模式排列所有子窗体
subWindowActivated()	信号函数。当指定的子窗体被激活时发射此信号

　　QMdiSubWindow 类用于创建 MDI 的子窗体实例,QMdiSubWindow 类型的子窗体通过调用 QMdiArea∷addSubWindow() 函数将其添加到程序的多文档界面区域中。当然,MDI 应用程序中的子窗体也可以直接使用 QWidget 类或其子类窗体。QMdiSubWindow 类的部分成员函数及功能描述如表 5.7 所示。

表 5.7　QMdiSubWindow 类的部分成员函数及功能描述

成 员 函 数	功 能 描 述
QMdiSubWindow()	构造子窗体对象
isShaded()	判断窗体是否被着色。如果窗体折叠,则会对其进行着色处理,以便仅显示标题栏
keyboardPageStep()、setKeyboardPageStep()	获取或设置使用键盘页面键时窗体应移动或调整大小的距离
keyboardSingleStep()、setKeyboardSingleStep()	获取或设置使用键盘箭头键时窗体应移动或调整大小的距离
mdiArea()	返回包含此子窗体的多文档窗体
setOption()、testOption()	处理子窗体设置
systemMenu()、setSystemMenu()	处理子窗体中的系统菜单
widget()、setWidget()	获取或设置当前的内部窗体
showShaded()	槽函数。子窗体显示为折叠模式
showSystemMenu()	槽函数。在标题栏的系统菜单图标下方显示系统菜单
aboutToActivate()	信号函数。子窗体被激活后立即发射此信号
windowStateChanged()	信号函数。当子窗体状态发生变化时发射此信号

扫一扫

视频讲解

　　下面给出一个 MDI 窗体应用的简单实例。

　　【例 5.12】　一个简单的 MDI 窗体应用实例。程序运行后,每单击一次工具栏上的"新建"按钮,则在主窗体中产生一个新的子窗体,如图 5.32 所示。

（1）启动 Qt Creator 集成开发环境，创建一个名为 examp5_12 的应用程序，应用程序主窗体基于 QMainWindow 类。

（2）为项目增加一个新的 res.qrc 资源文件，并在该文件中添加两个图标文件，作为程序中 Action 的图标资源。

（3）双击 mainwindow.ui 界面文件，打开 Qt Designer 设计工具。删除主窗体中的菜单栏，并添加一个工具栏；在工具栏上添加"新建"和"退出"两个按钮；设置主窗体的标题、大小等属性。主窗体及其子部件对象名称、类型如图 5.33 所示。

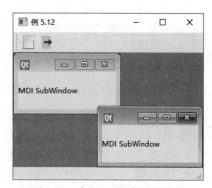

图 5.32　例 5.12 程序运行结果

（4）为工具栏上的"退出"按钮添加信号与槽，如图 5.34 所示。

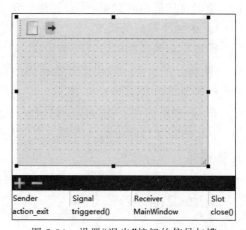

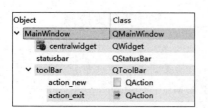

图 5.33　主窗体及其子部件对象名称、类型

图 5.34　设置"退出"按钮的信号与槽

（5）在 MainWindow 类中添加一个名为 mdiArea 的私有 QMdiArea 类型的指针变量。代码如下。

```
private:
    …
    QMdiArea * mdiArea;
```

（6）在 MainWindow 类的构造函数中添加初始化代码。

```
MainWindow::MainWindow(QWidget * parent)  : QMainWindow(parent)
    , ui(new Ui::MainWindow)
{
    …
    mdiArea = new QMdiArea(this);
    setCentralWidget(mdiArea);
}
```

（7）为工具栏上的"新建"按钮添加槽函数，并编写代码。

```
void MainWindow::on_action_new_triggered()
{
    QLabel * label = new QLabel(tr("MDI SubWindow"));
    QMdiSubWindow * subWindow = new QMdiSubWindow;
```

```
        subWindow->resize(180,100);
        subWindow->setWidget(label);
        mdiArea->addSubWindow(subWindow);
        subWindow->show();
    }
```

（8）构建并运行程序，结果如图 5.32 所示。

扫一扫

自测题

习题 5

1. 填空题

（1）Qt 应用程序的对话框由_____类来实现，它继承自_____类。

（2）模态对话框的结果代码有两个，它们是_____和_____。

（3）Qt 使用 QDialog 的_____和_____函数分别实现模态和非模态对话框。

（4）获取对话框中的数据，可以使用_____方法，也可以使用_____方法。

（5）Qt 的标准对话框类有_____、_____、_____、_____和_____。

（6）标准提示消息框可以直接调用_____类的静态函数_____创建。

（7）Qt 的分割窗体一般用于分割窗体的布局，它所对应的 C++ 类为_____。

（8）层叠窗体所对应的 C++ 类为_____，它继承自_____类。

（9）在 Qt 中有两种方法可以创建闪屏窗体，一种是_____；另一种是_____。

（10）Qt 的多文档应用程序需要_____和_____这两个类的支持。

2. 选择题

（1）Qt 中的对话框由（　　）类实现，它继承自（　　）类。

    A. QWidget   B. QMainWindow

    C. QDialog   D. QWindow

（2）（　　）类用于表示对话框上的按钮框。

    A. QGroupBox   B. QBoxLayout

    C. QDialogButtonBox   D. QBoxSet

（3）下列选项中是 QDialogButtonBox::AcceptRole 角色的标准按钮的是（　　）。

    A. QDialogButtonBox::Yes   B. QDialogButtonBox::No

    C. QDialogButtonBox::Ok   D. QDialogButtonBox::Cancel

（4）下列函数中返回 QDialogButtonBox 中标准按钮的 QPushButton 对象指针的是（　　）。

    A. button()   B. buttonRole()   C. buttons()   D. addButton()

（5）Qt 使用 QDialog 类的（　　）函数实现模态对话框。

    A. exec()   B. open()   C. show()   D. accept()

（6）Qt 的标准消息框类是（　　）。

    A. QColorDialog   B. QFileDialog

    C. QFontDialog   D. QMessageBox

（7）QSplitter 分割窗体中的分割杆用（　　）类表示。

    A. QSplitter   B. QSplitterHandle

    C. QSlider   D. QWidget

（8）若要将多个窗体界面叠放在一起,常常使用（　　　）类表示的层叠窗体容器。

    A. QGroupBox   B. QTabWidget

    C. QStackedWidget   D. QDockWidget

（9）下列类中表示闪屏窗体的是（　　　）。

    A. QScreen   B. QSplashScreen

    C. QWindow   D. QSpinBox

（10）下列类中表示一个多窗体区域的是（　　　）。

    A. QAbstractScrollArea   B. QMdiArea

    C. QAreaSeries   D. QScrollArea

3. 程序阅读题

启动 Qt Creator 集成开发环境,创建一个 Qt Widgets Application 类型的应用程序,该应用程序主窗体基于 QWidget 类;在主窗体中添加一个对象名称为 pBtn 的 QPushButton 类型按钮,并为该按钮的 clicked 信号关联 Widget::on_pBtn_clicked()槽函数。

（1）在 Widget 类的 on_pBtn_clicked()槽函数中编写如下代码,请找出其中的错误语句,说明错误原因并将其更改正确。

```
void Widget::on_pBtn_clicked()
{
    QWidget * dlg = new QWidget(this, Qt::Dialog);
    dlg->resize(160, 120);
    dlg->exec();
}
```

（2）将 Widget::on_pBtn_clicked()函数代码修改为如下内容,回答下面的问题。

```
void Widget::on_pBtn_clicked()
{
    QDialog dlg(this);          //语句 1
    dlg.resize(160, 120);       //语句 2
    dlg.exec();                 //语句 3
    dlg.open();                 //语句 4
    dlg.show();                 //语句 5
}
```

① 说明上述代码中各语句的功能,以及函数执行完成后的结果。

② 若注释上述代码中的语句 3 和语句 5,执行结果会怎么样? 若注释语句 3 和语句 4,执行结果又会怎么样? 请解释出现这些运行结果的原因。

③ 若要将上述代码中的对话框以非模态方式长时间显示出来,应该怎样修改函数中的代码?

（3）将 Widget::on_pBtn_clicked()函数代码修改为如下内容,回答下面的问题。

```
void Widget::on_pBtn_clicked()
{
    QSplitter * splitter = new QSplitter(this);             //语句 1
    QLabel * w1 = new QLabel(tr("窗体 1"));
    w1->setStyleSheet("background-color:white");
    QLabel * w2 = new QLabel(tr("窗体 2"));
    w2->setStyleSheet("background-color:white");
    splitter->addWidget(w1);                                //语句 2
```

```
    splitter->addWidget(w2);
    QSplitterHandle * sHandle = splitter->handle(1);          //语句 3
    splitter->setHandleWidth(10);                              //语句 4
    sHandle->setStyleSheet("background-color:red");
    ui->verticalLayout->addWidget(splitter);                   //语句 5
}
```

① 说明上述代码中语句 1～语句 5 的作用,以及该函数代码实现的功能。

② 在语句 2 和语句 5 中都调用了 addWidget()函数,它们是一样的吗?为什么?

③ QSplitter 分割窗体的默认方向是什么?若将上述代码生成的分割窗体换成另一个方向,应该如何操作?

(4) 将 Widget::on_pBtn_clicked()函数代码修改为如下内容,回答下面的问题。

```
void Widget::on_pBtn_clicked()
{
    QMdiArea * mdi = new QMdiArea(this);
    //mdi->setViewMode(QMdiArea::TabbedView);     //语句 1
    //mdi->tileSubWindows();                       //语句 2
    QMdiSubWindow * sw1 = new QMdiSubWindow;
    sw1->setWindowTitle(tr("子窗体 1"));
    sw1->resize(160, 120);
    QLabel * label1 = new QLabel(tr("子窗体 1"));
    label1->setStyleSheet("background-color:yellow");
    sw1->setWidget(label1);
    QMdiSubWindow * sw2 = new QMdiSubWindow;
    sw2->setWindowTitle(tr("子窗体 2"));
    sw2->resize(160, 120);
    QLabel * label2 = new QLabel(tr("子窗体 2"));
    label2->setStyleSheet("background-color:pink");
    sw2->setWidget(label2);
    mdi->addSubWindow(sw1);
    mdi->addSubWindow(sw2);
    ui->verticalLayout->addWidget(mdi);
}
```

① 说明该函数代码实现的功能。

② 说明语句 1 和语句 2 的作用。

4. 程序设计题

(1) 完善例 5.2 中的 examp5_2 应用程序功能。在应用程序中新增一个“字体设置”对话框,通过该对话框将文本编辑器中的字体设置为“粗体”“斜体”或“下画线”格式。

(2) 完善例 5.3 中的 examp5_3 应用程序功能。在应用程序中新增一个“字体设置”对话框,通过该对话框将文本编辑器中的字体设置为“粗体”“斜体”或“下画线”格式。

(3) 重新设计程序设计题(1)中的应用程序,将自定义的“颜色设置”和“字体设置”对话框替换为标准颜色对话框和标准字体对话框。

(4) 重新设计程序设计题(2)中的应用程序。将应用程序主窗体中的“文本编辑”组件、自定义“颜色设置”对话框中的组件以及自定义“字体设置”对话框中的组件分别放置在一个水平分割窗体的不同格栅中。

(5) 完善例 5.12 中的 examp5_12 应用程序功能。为应用程序增加一个启动欢迎界面;在新增的子窗体中设置一个文本编辑器,并在文本编辑器中显示“这是 MDI 子窗体”文本。

第6章

事 件 系 统

与 Windows 应用程序一样,Qt 的 GUI 应用程序也是由事件驱动的,事件的描述、派发、过滤和处理等功能由其事件系统实现。在 Qt 中,事件代表着用户的某种操作或操作系统的某种行为,用 QEvent 类的子类对象表示。例如,当用户在应用程序的窗体中操作鼠标时,就会产生一个由 QMouseEvent 对象表示的鼠标事件。

本章介绍 Qt 的事件系统,主要包括事件的描述、事件的传递、事件的过滤和事件的处理等基础知识,以及常用的鼠标事件、键盘事件和定时器事件的处理方法。

6.1 事件机制

Qt 应用程序由事件驱动,事件的发生和处理作为 Qt 应用程序运行的主线,存在于程序的整个生命周期中。要想对事件进行正确的处理,首先必须对 Qt 的事件机制有所了解,如 Qt 是如何描述事件的、Qt 有哪些类型的事件、如何监听 Qt 的事件等。

6.1.1 事件的描述

事件是对各种应用程序需要知道的、由应用程序内部或外部产生的事情或动作的通称。在 Qt 中,事件用 QEvent 类的子类对象表示。QEvent 类及其子类的继承关系如图 6.1 所示。

可以看出,不同事件对应不同的类。例如,QKeyEvent 是键盘事件类,QMouseEvent 是鼠标事件类,QResizeEvent 是窗口大小改变事件类,QTimerEvent 是定时器事件类。

QEvent 类是一个抽象类,定义了一些 Qt 事件的通用特性和公共接口,如事件的类型 Type、事件的 accept()函数和 ignore()函数(可以用它们告诉 Qt 在某个窗体中"接收"或"忽略"这个事件)等。QEvent 类的 Type 属性是一个 enum 类型,它表示 Qt 的事件类型。表 6.1 列出了 Qt 的部分事件类型常量、对应的事件类以及简要说明。

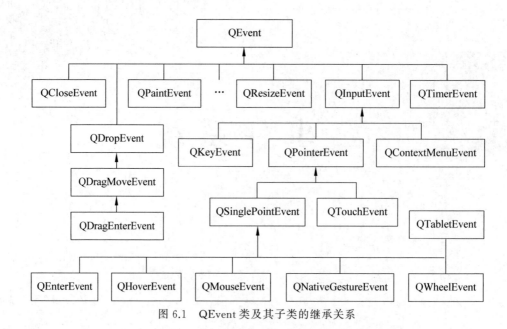

图 6.1　QEvent 类及其子类的继承关系

表 6.1　Qt 的部分事件类型常量、对应的事件类以及简要说明

常　　量	事　件　类	简　要　说　明
QEvent::Close	QCloseEvent	窗体被关闭
QEvent::ContextMenu	QContextMenuEvent	上下文菜单操作
QEvent::Enter	QEnterEvent	鼠标进入窗体边界
QEvent::FileOpen	QFileOpenEvent	文件打开请求
QEvent::FocusIn	QFocusEvent	组件或窗体获得键盘焦点
QEvent::FocusOut	QFocusEvent	组件或窗体失去键盘焦点
QEvent::Hide	QHideEvent	窗体被隐藏
QEvent::KeyPress	QKeyEvent	按下键盘键
QEvent::KeyRelease	QKeyEvent	释放键盘键
QEvent::MouseButtonDblClick	QMouseEvent	鼠标双击
QEvent::MouseButtonPress	QMouseEvent	按下鼠标按键
QEvent::MouseButtonRelease	QMouseEvent	释放鼠标按键
QEvent::MouseMove	QMouseEvent	鼠标移动
QEvent::Move	QMoveEvent	窗体移动
QEvent::Paint	QPaintEvent	窗体重绘
QEvent::Resize	QResizeEvent	窗体大小改变
QEvent::Scroll	QScrollEvent	对象需要滚动到指定位置
QEvent::Shortcut	QShortcutEvent	快捷键操作
QEvent::Show	QShowEvent	窗体显示
QEvent::StatusTip	QStatusTipEvent	状态栏提示请求
QEvent::Timer	QTimerEvent	定时器事件

续表

常 量	事 件 类	简 要 说 明
QEvent∷ToolTip	QHelpEvent	工具栏提示请求
QEvent∷Wheel	QWheelEvent	鼠标滚轮滚动
QEvent∷WindowStateChange	QWindowStateChangeEvent	窗体状态变化

在 Qt 6.2.4 的帮助文件中,通过搜索关键词 QEvent∷Type 可以查询所有 Qt 事件类型,共有 120 多种。由于篇幅限制,这里只列出了部分事件类型。但概括起来,可以将 Qt 的事件分成 12 种常见类型,分别是键盘事件、鼠标事件、拖放事件、滚轮事件、绘屏事件、定时事件、焦点事件、进入和离开事件、移动事件、大小改变事件、显示和隐藏事件以及窗体事件。

QEvent 作为 Qt 事件类的基类,除了定义事件类型之外,还定义了一些成员函数,通过这些函数可以获取事件的属性信息,如表 6.2 所示。

表 6.2　QEvent 类的部分成员函数及功能描述

成 员 函 数	功 能 描 述
QEvent()	构造事件对象
accept()、isAccepted()、setAccepted()	处理事件对象的 accept 属性。此属性控制事件对象的接受标志
clone()	创建并返回事件的相同副本
ignore()	清除事件对象的接受标志参数,相当于 setAccepted(False)
isInputEvent()	判断是否为 QInputEvent 事件
isPointerEvent()	判断是否为 QPointerEvent 事件
isSinglePointEvent()	判断是否为 QSinglePointEvent 事件
spontaneous()	判断事件是否源于应用程序外部(系统事件)
type()	返回事件类型
registerEventType()	静态函数。注册并返回自定义事件类型

Qt 系统中的每个事件,除具有来自 QEvent 类的特征外,还拥有众多的特定信息。例如,鼠标事件 QMouseEvent 包含有鼠标的位置信息,键盘事件 QKeyEvent 包含有按键的编码信息。每个 QEvent 子类均提供事件类型的相关附加信息,因此,每个 Qt 的事件处理器可以利用这些附加信息对事件进行相应的处理。

【例 6.1】 编写一个 Qt 应用程序,演示事件的表示方法。程序运行结果如图 6.2 所示。

扫一扫

视频讲解

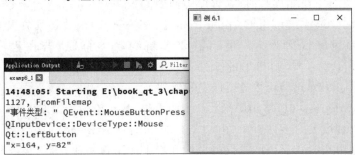

图 6.2　例 6.1 程序运行结果

（1）启动 Qt Creator 集成开发工具，创建一个名为 examp6_1 的 Qt 应用程序，该应用程序主窗体基于 QWidget 类。

（2）在 Widget 类文件中编写代码，重写 mousePressEvent()虚函数。

```
//在 widget.h 文件中添加函数声明
…
protected:
    void mousePressEvent(QMouseEvent * event);
//在 widget.cpp 文件中添加函数实现
void Widget::mousePressEvent(QMouseEvent * event){
    qDebug() << tr("事件类型: ") << event->type();
    qDebug() << event->deviceType();
    qDebug() << event->button();
    qDebug() << tr("x=%1, y=%2").arg(event->position().x()).arg(event->
position().y());
    QWidget::mousePressEvent(event);
}
…
```

（3）构建并运行程序。程序运行后，在主窗体中单击，即可在 Qt Creator 的输出窗体中看到事件类型、设备类型、鼠标按键类型及鼠标位置等事件信息，如图 6.2 所示。

在上述代码中，使用 QMouseEvent 对象 event 表示鼠标事件，QMouseEvent 类是 QEvent 的子类。从程序输出结果可以看出，这里的事件对象 event 表示的是鼠标事件中的按键事件，并且按下的是鼠标左键。

6.1.2 事件的产生

Qt 的事件代表用户的某种操作或操作系统的某种行为。所以，在 Qt 中，事件的主要来源是操作系统或 Qt 应用程序。

1. 由操作系统产生

通常，操作系统把从窗体系统得到的消息，如鼠标按下、键盘操作等，放入系统的消息队列中。Qt 在事件循环的过程中读取这些消息，先将其转换为 QEvent 对象，再依次进行处理。

2. 由 Qt 应用程序产生

Qt 应用程序通过两种方式产生事件，一种是调用 QApplication::postEvent()函数，另一种是调用 QApplication::sendEvent()函数。

例如，当需要重新绘制屏幕时，在程序中调用 QWidget::update()函数，产生一个重绘事件 QPaintEvent，Qt 系统调用 QApplication::postEvent()函数将其放入 Qt 的事件队列中，等待被应用程序依次处理。但当需要重新绘制屏幕时，若在程序中调用的是 QWidget::repaint()函数，则产生的事件不会被放入 Qt 的事件队列中，而是直接通过 QApplication::sendEvent()函数进行派发和处理。

由 QApplication::sendEvent()函数产生的事件，其对象的生命期由 Qt 程序管理，同时支持分配在栈上和堆上的事件对象；由 QApplication::postEvent()函数产生的事件，其事件对象的生命期由 Qt 系统管理，只支持分配在堆上的事件对象，事件被处理后由 Qt 系统销毁。

6.1.3 事件的传递

Qt应用程序都是事件驱动的，启动应用程序也就是开启了一个Qt事件循环。Qt的事件循环是一个无限"循环"，程序的执行过程实际上就是不停地捕获事件、传递事件、处理事件，这样一个循环往复的过程。

在Qt中，事件的传递从派发开始至处理后结束。事件派发从调用QApplication∷notify()函数开始，因为QApplication类也是继承自QObject类，所以应先检查QApplication对象。如果有事件过滤器安装在应用程序对象上，就先调用该事件过滤器。接下来，QApplication∷notify()函数会过滤或合并一些事件（如失效窗体的鼠标事件会被过滤掉，而同一区域重复的绘图事件会被合并）。之后，事件被送到接收对象的event()函数进行处理。

同样，在接收对象的event()函数中，也是先检查有无事件过滤器安装在该事件接收对象上。若有，则调用它。然后根据QEvent的类型调用相应的特定事件处理函数。

对于某些类型的事件，如果在整个事件的派发过程结束后都还没有被处理，那么这个事件将会向上转发给它的父窗体，直到最顶层窗体。这是事件传递的另一种情况，称为事件的转发。

【例6.2】 编写一个Qt应用程序，演示事件的传递方式。程序运行结果如图6.3所示。

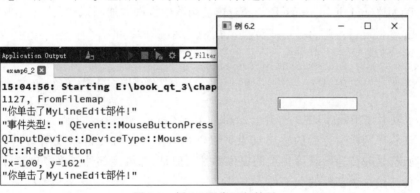

图6.3　例6.2程序运行结果

（1）复制例6.1中的应用程序，将项目名称修改为examp6_2。

（2）在Qt Creator集成开发环境中打开项目examp6_2，在该项目中添加一个自定义的QLineEdit组件类，类名为MyLineEdit。

（3）打开MyLineEdit类的头文件及实现文件，添加mousePressEvent()虚函数代码。

```
//mylineedit.h 文件
#ifndef MYLINEEDIT_H
#define MYLINEEDIT_H
#include <QLineEdit>
class QMouseEvent;
class MyLineEdit: public QLineEdit
{
    Q_OBJECT
public:
    MyLineEdit(QWidget * parent = nullptr);
```

```
    ~MyLineEdit();
    //QWidget interface
protected:
    void mousePressEvent(QMouseEvent * event);   //重写事件处理虚函数
};
#endif //MYLINEEDIT_H
//mylinedit.cpp 文件
#include "mylineedit.h"
#include <QMouseEvent>
#include <QDebug>
MyLineEdit::MyLineEdit(QWidget * parent):QLineEdit(parent)
{}
MyLineEdit::~MyLineEdit(){
}
void MyLineEdit::mousePressEvent(QMouseEvent * event){
    QLineEdit::mousePressEvent(event);
}
```

(4) 在 MyLineEdit::mousePressEvent()函数中添加测试代码。

```
qDebug() << tr("你单击了 MyLineEdit 组件!");
```

(5) 构建并运行程序。程序运行后,分别单击主窗体和自定义的 MyLineEdit 组件,观察程序的输出结果。

(6) 在 MyLineEdit::mousePressEvent()函数中再次添加测试代码。

```
void MyLineEdit::mousePressEvent(QMouseEvent * event){
    qDebug() << tr("你单击了 MyLineEdit 组件!");
    QLineEdit::mousePressEvent(event);
    event ->ignore();                         //添加此行代码,忽略 event 事件
}
```

(7) 重复上述步骤(5)中的操作。结果如图 6.3 所示。

从上述程序两次运行后的输出结果可以看出,Qt 事件首先被派发给了指定的窗体部件,确切地说,是先传递给获得焦点的窗体部件。但是,如果该部件忽略掉该事件,那么这个事件就会传递给这个部件的父部件。

6.1.4 事件的过滤

事件过滤器是 Qt 中一个独特的事件处理机制,功能强大而且使用起来灵活方便。通过事件过滤器,可以让一个对象监听或拦截另外一个对象的事件。

在 Qt 事件系统中,允许在 QObject 或其子类的对象 A 上设置另一个派生自 QObject 的对象 B 监视将要到达对象 A 的事件。若在对象 A 上设置了对象 B,则事件首先到达对象 B,对象 B 根据需要仅将部分事件传递给对象 A。此时,对于对象 A,对象 B 就是事件过滤器。

那么,Qt 的事件过滤器功能到底是怎样实现的呢? 其实,在所有 Qt 对象的基类 QObject 中有一个类型为 QObjectList 的关联容器,当在对象 A 上安装了过滤器对象 B 后,对象 A 会把对象 B 的指针保存在这个关联容器中。在对象 A 对事件进行处理之前,会先去检查它的关联容器中的对象列表,如果该列表非空,就会优先调用列表中所保存的对象的 eventFilter()函数,也就是过滤器 B 的 eventFilter()函数。从而实现对对象 A 事件的"过滤"。

一个对象可以给多个对象安装过滤器,一个对象能同时被安装多个过滤器,在事件到达之后,事件过滤器以安装次序的反序被调用。事件过滤器函数 eventFilter() 的返回值是一个 bool 类型的数据,如果该函数调用后返回 True,则表示事件已经被处理完毕,Qt 将直接返回,进行下一事件的处理;如果返回 False,事件将接着被送往剩下的事件过滤器或是目标对象进行处理。

【例 6.3】 编写一个 Qt 应用程序,再次演示事件的传递。程序运行结果如图 6.4 所示。

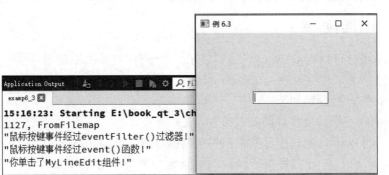

图 6.4 例 6.3 程序运行结果

(1) 复制例 6.2 中的应用程序,将项目名称修改为 examp6_3。

(2) 在 Qt Creator 集成开发环境中打开项目 examp6_3,在 MyLineEdit 类中重写 event() 函数。代码如下。

```
//mylineedit.h 文件
...
public:
    bool event(QEvent * event);
...
//mylineedit.cpp 文件
...
bool MyLineEdit::event(QEvent * event){
    if(event->type() == QEvent::MouseButtonPress){
        qDebug() << tr("鼠标按键事件经过 event()函数!");
    }
    return QLineEdit::event(event);
}
...
```

(3) 在 Widget 类中重写过滤器函数 eventFilter(),代码如下。

```
//widget.h 文件
public:
    bool eventFilter(QObject * watched, QEvent * event);
//widget.cpp 文件
bool Widget::eventFilter(QObject * watched, QEvent * event){
    if(watched == myLineEdit){
        if(event->type() == QEvent::MouseButtonPress){
            qDebug() << tr("鼠标按键事件经过 eventFilter()过滤器!");
        }
    }
    return QWidget::eventFilter(watched,event);
}
```

（4）在 Widget 类的构造函数中添加如下代码，为自定义组件安装过滤器。

```
myLineEdit -> installEventFilter(this);
```

（5）构建并运行程序。程序运行后，单击主窗体中的自定义组件 MyLineEdit，程序输出结果如图 6.4 所示。

从程序的输出结果可以看到，事件传递的顺序是这样的：先是事件过滤器，然后是该部件的 event()函数，最后是该部件的事件处理函数。

6.1.5 事件的处理

在 Qt 中，虽然可以用 QEvent 的子类表示一个事件，但是却不能用它处理事件。那么，应该怎样处理一个事件呢？在 QCoreApplication 类的 notify()函数的帮助文档中给出了5 种事件处理的方法，分别如下。

1）重新实现一个特定事件的处理函数

QObject 和 QWidget 提供了很多特定的事件处理函数，如 paintEvent()、mousePressEvent()、keyPressEvent()等。由于这些处理函数都与特定的事件相对应，所以，可以通过重写它们实现对相应事件的处理。这是最常用、最通用、最容易的方法。例 6.1 处理鼠标的按钮事件，采用的就是这种方法。

2）重新实现 QApplication∷notify()函数

在 Qt 中，事件派发的初始阶段会调用 QApplication 类的 notify()函数，然后事件才一步一步传递给各个窗体及控件。所以，通过重写 notify()函数，程序就可以比任何窗体都更早地捕获事件并加以处理。但是，在每个 Qt 应用程序中，由于只能有一个 QApplication 类的实例存在，所以它一次只能处理一个事件。

3）在 QApplication 对象上安装事件过滤器

因为一个 Qt 程序只有一个 QApplication 对象，所以这样实现的功能与使用 notify()函数是相同的，优点是可以同时处理多个事件。

4）重新实现 QObject∷event()函数

QObject 对象的 event()函数可以在事件到达默认的事件处理函数之前捕获到该事件，重写 event()函数时，需要调用父类的 event()函数处理不需要处理或是不清楚如何处理的事件，如例 6.3 所示。

5）在 Qt 对象上安装事件过滤器

使用事件过滤器可以在一个界面类中同时处理不同子部件的不同事件，如例 6.3 所示。

需要注意的是，上面介绍的 5 种事件处理的方法，其实是事件处理的 5 个层次，它们的控制权是不同的。其中，方法 2)的控制权级别最高，方法 1)的控制权级别最低。

另外，在学习 Qt 的事件系统时，还需要注意 Qt 的事件系统与 Qt 的信号与槽机制的区别。相关内容请参考相关的 Qt 技术文档。

6.2 事件处理

事件的处理是 Qt 程序运行的核心操作。下面通过实例详细介绍 Qt 中 5 种不同层次的事件处理方法。

6.2.1 事件处理示例

Qt 应用程序启动以后，便进入了一个事件循环，Qt 程序的执行过程就是不断地产生事件、分发事件、处理事件的过程。事件的传递需要经过多个环节，所以可以在每个环节中对事件进行处理。

1. 重新实现事件处理函数

在例 6.2 的应用程序中，通过重新实现鼠标事件的 mousePressEvent()函数，实现了对自定义组件 MyLineEdit 的鼠标按键事件的处理。下面通过重新实现键盘事件的 keyPressEvent()函数实现键盘的按键事件处理。

【例 6.4】 通过实现 keyPressEvent()函数，实现例 6.2 中自定义组件的键盘事件处理。程序运行结果如图 6.5 所示。

（1）复制例 6.2 中的应用程序，将项目名称修改为 examp6_4。

（2）在 Qt Creator 集成开发环境中打开 examp6_4 项目，在 MyLineEdit 类中重写 keyPressEvent()函数。建议使用 Qt Creator 的 Insert Virtual Functions 对话框添加虚函数的声明及实现，如图 6.6 所示。

扫一扫

视频讲解

图 6.5 例 6.4 程序运行结果

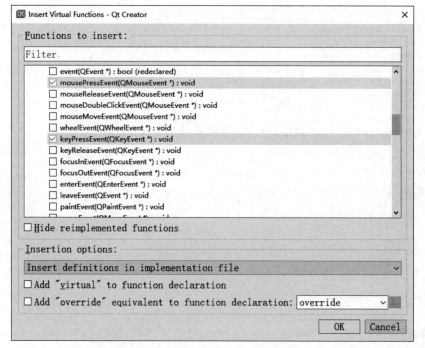

图 6.6 Insert Virtual Functions 对话框

在 keyPressEvent()函数中添加测试代码。

```
void MyLineEdit::keyPressEvent(QKeyEvent * event)
{
    if(event->key() == Qt::Key_A){
        qDebug() << tr("你按下了 a 键");
    }else{
        qDebug() << tr("你按下了%1键").arg(event->text());
    }
    QLineEdit::keyPressEvent(event);
}
```

（3）构建并运行程序。程序运行后，按下键盘上的键进行测试，结果如图 6.5 所示。

2. 重新实现 QObject::event()函数

从例 6.3 程序的演示结果可以看出，事件在到达目标处理函数之前，需要经过 event()函数。所以，可以通过重新实现该函数对事件进行处理。

扫一扫

视频讲解

【例 6.5】 通过重新实现 event()函数，过滤例 6.4 程序中自定义部件的鼠标按键事件。

如图 6.7 所示，在没有过滤鼠标事件时，单击自定义部件会输出鼠标按键事件的测试文本。本例要求通过重写自定义部件的 event()函数，过滤鼠标按键事件，也就是不对自定义部件的鼠标按键事件进行处理。

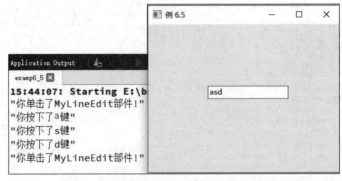

图 6.7 例 6.5 程序运行结果（未过滤鼠标事件）

（1）复制例 6.4 中的应用程序，将项目名称修改为 examp6_5。

（2）在 Qt Creator 集成开发环境中打开 examp6_5 项目，双击打开 mylineedit.h 文件，右击，在弹出的快捷菜单中选择 Refactor→Insert Virtual Functions of Base Classes，打开如图 6.6 所示的对话框。选择对话框列表中的 event()函数，并添加如下代码。

```
bool MyLineEdit::event(QEvent * event)
{
    if(event->type() == QEvent::MouseButtonPress){
        return true;
    }
    return QLineEdit::event(event);
}
```

（3）构建并运行程序。程序运行后，先单击自定义部件，接着按下键盘上的 a、s、d 键，再单击自定义部件。程序输出结果如图 6.8 所示。

从程序的测试结果可以看出，通过重新实现 MyLineEdit 类的 event()函数，成功过滤了 MyLineEdit 对象的鼠标按键事件。

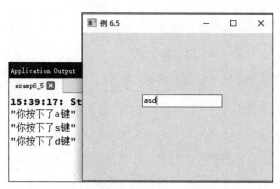

图 6.8 例 6.5 程序运行结果(过滤鼠标事件)

3. 重新实现 QApplication 类的 notify()函数

在 Qt 应用程序中,事件是从 QApplication::notify()函数开始传递的,可以通过重新实现 notify()函数对事件进行处理。

【**例 6.6**】 通过重新实现 notify()函数,拦截例 6.5 程序中自定义部件的键盘按键事件。程序运行结果如图 6.9 所示。

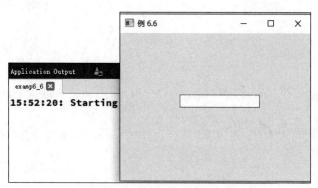

图 6.9 例 6.6 程序运行结果

(1)复制例 6.5 中的应用程序,将项目名称修改为 examp6_6。

(2)在 Qt Creator 集成开发环境中打开 examp6_6 项目,为该项目添加一个名为 MyApplication 的应用程序类,其基类为 QApplication。MyApplication 类的头文件及实现文件代码如下。

```
//myapplication.h 文件
#ifndef MYAPPLICATION_H
#define MYAPPLICATION_H
#include <QApplication>
class MyApplication : public QApplication
{
    Q_OBJECT
public:
    MyApplication(int argc, char * argv[]);
    ~MyApplication();
};
#endif //MYAPPLICATION_H
//myapplication.cpp 文件
```

```
#include "myapplication.h"
MyApplication::MyApplication(int argc, char * argv[]):QApplication(argc,argv)
{}
MyApplication::~ MyApplication(){}
```

(3) 重写 MyApplication 类的 notify()函数。代码如下。

```
bool MyApplication::notify(QObject * receiver, QEvent * event)
{
    if(event->type() == QEvent::KeyPress){
        return true;
    }
    return QApplication::notify(receiver,event);
}
```

(4) 打开应用程序主函数 main(),将应用程序类修改为 MyApplication。

```
#include "widget.h"
//#include <QApplication>
#include "myapplication.h"
int main(int argc, char * argv[])
{
    //QApplication a(argc, argv);
    MyApplication a(argc, argv);
    Widget w;
    w.show();
    return a.exec();
}
```

(5) 构建并运行程序。程序运行后单击自定义组件,或按下键盘上的键,程序均不会输出任何信息,如图 6.9 所示。

从程序运行结果可以看出,通过重写应用程序的 notify()函数,成功拦截了所有键盘按键事件。

6.2.2 事件过滤器的使用

事件的处理可以通过安装事件过滤器的方法来实现,事件过滤器可以安装在组件对象上,也可以安装在应用程序对象上。

1. 在组件对象上安装事件过滤器

从例 6.3 可以看出,如果目标对象使用 installEventFilter()函数注册了事件过滤器,目标对象中的所有事件将首先发给这个监视对象的 eventFilter()函数。

扫一扫

视频讲解

【例 6.7】 在例 6.5 应用程序中为自定义组件安装事件过滤器,用该过滤器拦截自定义组件的键盘按键事件。

(1) 复制例 6.5 中的应用程序,将项目名称修改为 examp6_7。

(2) 在 Qt Creator 集成开发环境中打开 examp6_7 项目,为项目中的 Widget 类事件过滤器函数 eventFilter()添加代码。

```
bool Widget::eventFilter(QObject * watched, QEvent * event)
{
    if(watched == myLineEdit){
        if(event->type()==QEvent::KeyPress){
```

```
            return true;
        }
    }
    return QWidget::eventFilter(watched, event);
}
```

（3）在 Widget 类的构造函数中添加代码，为自定义组件安装事件过滤器。

```
myLineEdit -> installEventFilter(this);
```

（4）构建并运行程序，结果如图 6.9 所示。

2. 在 QApplication 上安装事件过滤器

如果一个事件过滤器被安装到程序中唯一的 QApplication 对象上，应用程序中所有对象中的每个事件都会在它们被送达其他事件过滤器之前首先到达这个 eventFilter() 函数。

【**例 6.8**】 在例 6.6 应用程序中为应用程序安装事件过滤器，用该过滤器拦截键盘的按键事件。

扫一扫

视频讲解

（1）复制例 6.6 中的应用程序，将项目名称修改为 examp6_8。

（2）在 Qt Creator 集成开发环境中打开 examp6_8 项目，为项目应用程序类 MyApplication 重新实现事件过滤器函数 eventFilter()，并添加代码。

```
bool MyApplication::eventFilter(QObject * watched, QEvent * event)
{
    if(event->type() == QEvent::KeyPress){
        return true;
    }
    return QApplication::eventFilter(watched,event);
}
```

（3）在应用程序主函数 main() 中添加代码，为应用程序对象安装事件过滤器。

```
MyApplication a(argc, argv);
a.installEventFilter(&a);              //添加此行代码,安装事件过滤器
```

（4）将 MyApplication::notify() 函数中的相应代码注释掉。

```
bool MyApplication::notify(QObject * receiver, QEvent * event)
{
    /* if(event->type() == QEvent::KeyPress){
        return true;
    } */
    return QApplication::notify(receiver,event);
}
```

（5）编译并运行程序，结果如图 6.9 所示。

6.3 鼠标事件

Qt 中的鼠标事件用 QMouseEvent 对象表示，包括鼠标的移动，以及鼠标键按下、松开、单击、双击等。

6.3.1 QMouseEvent 类

QMouseEvent 类用来表示一个鼠标事件，其继承关系如图 6.1 所示。通过 QMouseEvent

对象可以获知鼠标哪个键被按下、鼠标指针的当前位置等信息。

QMouseEvent 类的部分成员函数及功能描述如表 6.3 所示。

表 6.3　QMouseEvent 类的部分成员函数及功能描述

成 员 函 数	功 能 描 述
QMouseEvent()	构造方法
accept()	设置事件对象的 accept 标志,相当于调用 SetAccept(True)
button()、buttons()	返回触发事件的鼠标键类型
device()、deviceType()	返回触发事件的源设备
flags()	返回鼠标事件标记。该标记提供一些鼠标事件的附加信息
globalPosition()	返回鼠标的全局位置。鼠标在屏幕或虚拟设备上的位置
ignore()	忽略该鼠标事件。相当于调用 SetAccept(False)
pos()、position()	返回鼠标在窗口中的位置
setAccepted()	设置或去除事件对象的 accept 标志
type()	返回事件名称

QMouseEvent 类的对象一般由系统创建,它是以事件处理虚函数的参数形式出现的。使用 QMouseEvent 对象时,更多的是通过它的成员函数获取产生事件的鼠标键的类型,以及事件发生时鼠标指针的位置。下面给出一段有关 QMouseEvent 类的示例代码。

```cpp
//教材源码 code_6_3_1\widget.cpp
void Widget::mousePressEvent(QMouseEvent * event)
{
    if(event->button() == Qt::LeftButton){
        QCursor cursor;
        cursor.setShape(Qt::ClosedHandCursor);
        QApplication::setOverrideCursor(cursor);
        offset = event->globalPosition() - pos();
    }
}
void Widget::mouseReleaseEvent(QMouseEvent * event)
{
    QApplication::restoreOverrideCursor();
}
void Widget::mouseMoveEvent(QMouseEvent * event)
{
    if(event->buttons() & Qt::LeftButton){
        QPointF temp;
        temp = event->globalPosition()-offset;
        move(temp.toPoint());
    }
}
```

上述示例代码实现了通过按住鼠标左键移动应用程序主窗体的功能。可以看出,代码中的 QMouseEvent 对象指针是以鼠标事件处理函数的参数形式呈现的。代码中使用 QMouseEvent 类的 button()和 globalPosition()成员函数获取按键的类型和全局位置。

6.3.2　鼠标事件处理

一般使用重新实现事件处理函数的方法处理鼠标事件。在 QWidget 类中定义了几个常用的鼠标事件处理虚函数,如下所示。

```
virtual void mouseDoubleClickEvent(QMouseEvent * event)
virtual void mouseMoveEvent(QMouseEvent * event)
virtual void mousePressEvent(QMouseEvent * event)
virtual void mouseReleaseEvent(QMouseEvent * event)
```

从虚函数的名称可以看出,它们分别用于处理鼠标双击、鼠标移动、按下鼠标按键和释放鼠标按键事件。

【例 6.9】　鼠标事件处理示例。程序运行结果如图 6.10 和图 6.11 所示。

扫一扫

视频讲解

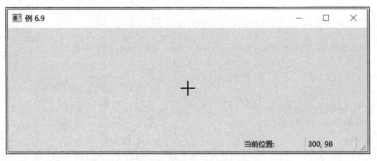

图 6.10　鼠标移动事件处理

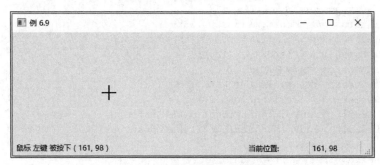

图 6.11　鼠标按键事件处理

当用户操作鼠标在特定区域内移动时,状态栏右侧会实时显示当前鼠标指针所在的位置信息;当用户按下鼠标按键时,状态栏左侧会显示用户按下的键属性,并显示按键时的鼠标位置;当用户释放鼠标按键时,状态栏左侧又会显示松开时的位置信息。

(1) 打开 Qt Creator 集成开发环境,创建一个名称为 examp6_9、类型为 Qt Widgets Application 的 Qt 应用程序,选择 QMainWindow 主窗体基类并取消 Generate form 选项的勾选。

(2) 为 MainWindow 主框架类添加成员属性及方法。打开项目文件 mainwindow.h,在 MainWindow 类的声明中添加两个私有的 QLabel 对象 labelStatus 和 labelMousePos,分别表示鼠标状态或位置信息;添加一个名为 createStatus() 的私有成员函数,用于初始化应用程序的状态栏;重写鼠标事件处理函数 mousePressEvent()、mouseReleaseEvent()、mouseDoubleClickEvent() 和 mouseMoveEvent()。代码如下。

```
class MainWindow : public QMainWindow
{
    Q_OBJECT
...
private:
    QLabel * labelStatus;
    QLabel * labelMousePos;
private:
    void createStatusBar();
protected:
    void mousePressEvent(QMouseEvent * e);
    void mouseReleaseEvent(QMouseEvent * e);
    void mouseDoubleClickEvent(QMouseEvent * e);
    void mouseMoveEvent(QMouseEvent * e);
};
```

(3) 初始化主窗体,并添加新增成员函数的实现代码。

```
MainWindow::MainWindow(QWidget * parent) : QMainWindow(parent)
{
    setWindowTitle(tr("例 6.9"));
    resize(600,200);
    setCursor(Qt::CrossCursor);            //设置鼠标指针为十字形
    this->setMouseTracking(true);          //开启自动跟踪鼠标功能
    createStatusBar();                     //初始化状态栏
}
void MainWindow::createStatusBar(){
    labelStatus = new QLabel();
    labelStatus->setMinimumSize(100,20);
    labelStatus->setText(tr("当前位置: "));
    labelStatus->setFixedWidth(100);
    labelMousePos = new QLabel();
    labelMousePos->setText(tr(""));
    labelMousePos->setFixedWidth(80);
    statusBar()->addPermanentWidget(labelStatus);
    statusBar()->addPermanentWidget(labelMousePos);
}
void MainWindow::mouseMoveEvent(QMouseEvent * e){
    labelMousePos->setText(QString::number(e->position().x())+",
"+QString::number(e->position().y()));
}
void MainWindow::mousePressEvent(QMouseEvent * e){
    QString str = " ( "+QString::number(e->position().x())+",
"+QString::number(e->position().y())+" )";
    if(e->button() == Qt::LeftButton){
        statusBar()->showMessage(tr("鼠标 左键 被按下")+str);
    }else if(e->button() == Qt::RightButton){
        statusBar()->showMessage(tr("鼠标 右键 被按下")+str);
    }else if(e->button() == Qt::MiddleButton){
        statusBar()->showMessage(tr("鼠标 中键 被按下")+str);
    }
}
void MainWindow::mouseDoubleClickEvent(QMouseEvent * e){
    QString str = " ( "+QString::number(e->position().x())+",
"+QString::number(e->position().y())+" )";
```

```
        if(e->button() == Qt::LeftButton){
            statusBar()->showMessage(tr("鼠标 左键 被双击")+str);
        }else if(e->button() == Qt::RightButton){
            statusBar()->showMessage(tr("鼠标 右键 被双击")+str);
        }else if(e->button() == Qt::MiddleButton){
            statusBar()->showMessage(tr("鼠标 中键 被双击")+str);
        }
    }
    void MainWindow::mouseReleaseEvent(QMouseEvent * e){
        QString str = " ( "+QString::number(e->position().x())+",
    "+QString::number(e->position().y())+" )";
        statusBar()->showMessage(tr("鼠标键被释放")+str, 2000);
    }
```

（4）构建并运行程序。程序运行后，在应用程序主窗体中移动鼠标，状态栏右侧的栅格中会实时显示鼠标的当前坐标；分别按下鼠标左键、中键和右键，在不释放的情况下，状态栏的左侧栅格中会显示被按下的鼠标按键的类型以及鼠标指针位置信息；按下鼠标按键并释放后，状态栏的左侧栅格中显示相应的提示信息，该信息2s后会消失。

6.4 键盘事件

键盘事件是由用户敲击键盘设备上的按键时触发的，包括按键被按下和被释放两种类型。键盘事件用 QKeyEvent 类的对象表示。

6.4.1 QKeyEvent 类

QKeyEvent 类的继承关系如图 6.1 所示。通过 QKeyEvent 对象，可以获知键盘上的哪个键被按下或释放了、是否按下了像 Ctrl 或 Shift 这样的修饰键等信息。

QKeyEvent 类的部分成员函数及功能描述如表 6.4 所示。

表 6.4　QKeyEvent 类的部分成员函数及功能描述

成 员 函 数	功 能 描 述
QKeyEvent()	构造事件对象
count()	返回此事件中涉及的键数
isAutoRepeat()	判断事件是否来自自动重复键
key()	返回按下或释放的键的键码
keyCombination()	返回一个 QKeyCombination 对象，该对象包含事件所携带的 key() 和 modifiers()
matches()	判断键事件是否与给定的标准键匹配
modifiers()	返回事件中的修饰器
nativeModifiers()	返回键事件的本机修饰符
nativeScanCode()	返回键事件的本机扫描码
nativeVirtualKey()	返回键事件的本机虚拟键或键符号
text()	返回键生成的 Unicode 文本

与上述 QMouseEvent 类的使用一样,QKeyEvent 类对象的使用也是在 QWidget 类的
事件处理函数中进行的。下面给出一段简单的示例代码。

```
//教材源码 code_6_4_1\widget.cpp
void Widget::keyPressEvent(QKeyEvent * event)
{
    if(event->modifiers()==Qt::ControlModifier){
        if(event->key()==Qt::Key_M)
            setWindowState(Qt::WindowMaximized);
    }else{
        QWidget::keyPressEvent(event);
    }
}
```

这里使用 Ctrl+M 组合键使应用程序主窗体最大化。

6.4.2　键盘事件处理

键盘事件通过重新实现事件处理函数的方法进行处理。在 QWidget 类中定义了两个
键盘事件处理虚函数,如下所示。

```
virtual void keyPressEvent(QKeyEvent * event)
virtual void keyReleaseEvent(QKeyEvent * event)
```

图 6.12　键盘事件处理

这两个虚函数分别用于对键盘按键被按下、被释放
时的事件处理。

【例 6.10】　键盘事件处理示例。程序运行结果如
图 6.12 所示。

程序运行后,用户可以使用键盘上的向上、向下、向
左或向右方向键快速移动窗体中的“按钮”部件,每次移
动步长为 10 个单位;如果用户在按下方向键的同时按
下 Ctrl 键,则可以微调“按钮”部件的位置,此时每次移
动的步长为一个单位。

(1) 打开 Qt Creator 集成开发环境,创建一个名称为 examp6_10、类型为 Qt Widgets
Application 的 Qt 应用程序,选择 QWidget 主窗体基类并取消 Generate form 选项的勾选。

(2) 为 Widget 主框架类添加成员属性及方法。

打开 widget.h 项目文件,在 Widget 类的声明中添加一个私有的 QPushButton 对象
pushBtn,作为移动操作的操作对象;重写键盘事件处理函数 keyPressEvent()。代码如下。

```
...
class Widget : public QWidget
{
    Q_OBJECT
private:
    QPushButton * pushBtn;
...
protected:
    void keyPressEvent(QKeyEvent * e);

};
```

（3）初始化主窗体，并添加新增成员函数的实现代码。

打开项目文件 widget.cpp，在 Widget 类的构造函数中添加初始化代码；在 keyPressEvent()
函数中实现对键盘事件的处理。代码如下。

```
...
Widget::Widget(QWidget * parent)  : QWidget(parent)
{
    resize(300,200);
    setWindowTitle(tr("例 6.10"));
    pushBtn = new QPushButton(tr("使用方向键移动我"),this);
    pushBtn->setGeometry(60,80,160,30);
    setFocusPolicy(Qt::StrongFocus);
}
void Widget::keyPressEvent(QKeyEvent * e){
    int x1 = pushBtn->pos().x();
    int y1 = pushBtn->pos().y();
    int x2=x1;
    int y2=y1;
    if(e->modifiers() == Qt::ControlModifier){
        switch (e->key()) {
        case Qt::Key_Left :
            x2 = x1-1; y2 = y1; break;
        case Qt::Key_Right :
            x2 = x1+1; y2 = y1; break;
        case Qt::Key_Up :
            x2 = x1; y2 = y1-1; break;
        case Qt::Key_Down :
            x2 = x1; y2 = y1+1; break;
        }
    }else{
        switch (e->key()) {
        case Qt::Key_Left :
            x2 = x1-10; y2 = y1; break;
        case Qt::Key_Right :
            x2 = x1+10; y2 = y1; break;
        case Qt::Key_Up :
            x2 = x1; y2 = y1-10; break;
        case Qt::Key_Down :
            x2 = x1; y2 = y1+10; break;
        }
    }
    pushBtn->move(x2,y2);
    QWidget::keyPressEvent(e);
}
```

（4）构建并运行程序。程序运行后，单独按下键盘上的方向键，或按下 Ctrl＋方向键组
合键，可以看到主窗体中的按钮组件会以不同的步长、向不同的方向移动。

6.5 定时器事件

定时器事件是系统以固定的时间间隔发送给启动了一个或多个定时器对象的事件。在
Qt 中使用定时器有两种方法，一种是使用 QObject 类的定时器，另一种是使用 QTimer 类
的实例定时器。QObject 类的定时器事件使用 QTimerEvent 对象来描述。

6.5.1　QTimerEvent 类

QTimerEvent 类是 QEvent 类的直接子类,除 timerId()函数和构造函数外,它的成员函数都继承自父类 QEvent。

对于一个 QObject 的子类,一般不直接使用 QTimerEvent 类的构造函数创建定时器,而是通过调用 QObject 类的 startTimer()函数开启一个定时器。QTimerEvent 定时器事件的处理通过重新实现 QObject 类的 timerEvent()虚函数实现。

6.5.2　基于 QObject 类的定时器

QObject 类是所有 Qt 类的基类,它提供了一个基本的定时器。在 QObject 类中,提供了 3 个与定时器相关的成员函数,分别如下。

① int startTimer(int interval, Qt::TimerType timerType = Qt::CoarseTimer)

或

```
int startTimer(std::chrono::milliseconds time, Qt::TimerType timerType = Qt::
CoarseTimer)
```
② void killTimer(int id)
③ virtual void timerEvent(QTimerEvent * event)

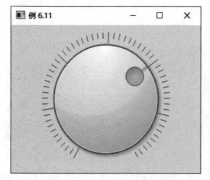

图 6.13　例 6.11 程序运行结果

startTimer()函数用于启动一个定时器,其参数是以毫秒为单位的整数间隔时间,并返回一个唯一的整数作为定时器的编号;killTimer()函数用于关闭定时器,其参数为需要关闭的定时器编号;timerEvent()是 QObject 类的虚函数,通过重载它实现用户特定的定时器事件处理函数。

【例 6.11】　一个基于 QObject 类的简单定时器应用实例。程序启动后,主窗体中拨号盘指针随着系统时间的秒数移动;单击拨号盘滑块,停止或再次开启定时器,如图 6.13 所示。

(1) 启动 Qt Creator 集成开发环境,创建一个名为 examp6_11 的应用程序,应用程序主窗体基于 QWidget 类。

(2) 双击 widget.ui 界面文件,打开 Qt Designer 设计工具。在主窗体中放置一个名为 dial 的 QDial 控件,并设置其值的范围为 0~59,步长为 1。

(3) 为 dial 控件添加滑块被按下信号 sliderPressed()的槽函数。

```
void Widget::on_dial_sliderPressed()
{
    ...
}
```

(4) 打开 widget.h 头文件,为 Widget 类添加一个名为 timerId 的私有整型变量,用于存储定时器编号,并重载 Widget 类的虚函数 timerEvent()。代码如下。

```
private:
    ...
```

```
        int timerId;
//QObject interface
protected:
        void timerEvent(QTimerEvent * event);
```

（5）打开 widget.cpp 实现文件，在构造函数、重载函数和槽函数中添加代码，实现程序功能。

```
Widget::Widget(QWidget * parent) : QWidget(parent), ui(new Ui::Widget)
{
    ui->setupUi(this);
    timerId = startTimer(1000);
    ui->dial->setValue(QTime::currentTime().second());
}
void Widget::timerEvent(QTimerEvent * event)
{
    if(event->timerId()==timerId){
       ui->dial->setValue(QTime::currentTime().second());
    }
}
void Widget::on_dial_sliderPressed()
{
    if(timerId){
        killTimer(timerId);
        timerId = 0;
    }else {
        timerId = startTimer(1000);
    }
}
```

（6）构建并运行程序。

本程序使用 QObject 的基本定时器，实现了类似秒表的显示效果。其实编程中更多的是使用 QTimer 类实现一个定时器，它提供了更高层次的编程接口，如可以使用信号和槽，还可以设置只运行一次的定时器。下面对 QTimer 定时器进行简单介绍。

6.5.3　基于 QTimer 类的定时器

QTimer 类提供当定时器触发时发射一个信号的定时器。该类是 QObject 的直接子类，它定义的 timeout()信号会在定时器溢出时被发射，所以可以在溢出处理函数中实现程序的定时器功能。表 6.5 列出了 QTimer 类的部分成员函数及功能描述。

表 6.5　QTimer 类的部分成员函数及功能描述

成 员 函 数	功 能 描 述
QTimer()	构造定时器
callOnTimeout()	将 timeout()信号与槽关联，并返回连接的句柄
interval()、setInterval()	处理定时器的 interval 属性。该属性以毫秒为单位控制定时器超时间隔
intervalAsDuration()	将定时器的间隔作为 std::chrono::milliseconds 对象返回
isActive()	定时器是否正在运行
isSingleShot()、setSingleShot()	处理定时器的 singleShot 属性。该属性表示单触发定时器

续表

成 员 函 数	功 能 描 述
remainingTime()	返回定时器剩余时间。以毫秒为单位
timerId()	返回正在运行的定时器的 ID
timerType()、setTimerType()	处理定时器的 timerType 属性。该属性控制定时器的精度
start()	槽函数。开始运行定时器
stop()	槽函数。停止运行定时器
singleShot()	静态函数。创建单触发定时器
timeout()	信号函数。当计时器超时时发射此信号

QTimer 类的 singleShot() 是一个静态函数,可以使用它创建一个单触发定时器。所谓单触发定时器,就是指开启后只运行一次的定时器。例如,下面的代码创建一个单触发定时器,让程序运行 5s 后自动关闭。

```
QTimer::singleShot(5000,this,&QWidget::close);
```

【例 6.12】 一个基于 QTimer 类的简单定时器应用实例。这是一个简单的液晶时钟,程序运行时,当前系统时间会在主窗体的 QLCDNumber 控件中显示,如图 6.14 所示。

图 6.14 基于 QTimer 类的定时器

(1) 启动 Qt Creator 集成开发环境,创建一个名为 examp6_12 的应用程序,应用程序主窗体基于 QWidget 类。

(2) 双击 widget.ui 界面文件,打开 Qt Designer 设计工具。在主窗体中放置一个名为 lcdNumber 的 QLCDNumber 控件,并设置其 digitCout 属性为 8。

(3) 打开 widget.h 头文件,为 Widget 类添加一个名为 timer 的私有 QTimer 定时器指针、一个名为 time 的 QTime 对象,以及一个名为 OnTimerOut() 的槽函数。

```
...
private:
    QTimer * timer;
    QTime time;
public slots:
    void OnTimerOut();
...
```

(4) 打开 widget.cpp 文件,在构造函数和槽函数中添加代码。

```
Widget::Widget(QWidget * parent) : QWidget(parent), ui(new Ui::Widget)
{
    ui->setupUi(this);
    //时钟初始化
    time = QTime::currentTime();
    ui->lcdNumber->display(time.toString("hh:mm:ss"));
    //创建定时器并启动
    timer = new QTimer(this);
    timer->start(1000);
```

```
    //设置信号与槽的关联
    connect(timer,&QTimer::timeout,this,&Widget::OnTimerOut);
}
void Widget::OnTimerOut()
{
    time = QTime::currentTime();
    //实时显示时间
    ui->lcdNumber->display(time.toString("hh:mm:ss"));
}
```

（5）构建并运行程序，结果如图6.14所示。

习题 6

扫一扫

自测题

1. 填空题

（1）Qt中的事件用_____类的子类对象表示。例如，_____类表示鼠标事件。

（2）事件的主要来源是_____或_____。

（3）通过_____，可以让一个对象监听或拦截另一个对象的事件。

（4）事件的处理方法有很多，其中最常用的方法是_____。例如，为了处理鼠标按键事件，只需要重新实现_____事件处理函数即可。

（5）在处理鼠标事件时，通过调用QMouseEvent类的_____函数获取触发事件的鼠标按键类型。

（6）键盘事件用_____类表示，其特定处理函数有_____和_____两个。

（7）在处理键盘事件时，通过调用QKeyEvent类的_____函数获取按下或释放的键码。例如，键盘上的a键的键码为_____。

（8）在Qt中使用定时器有两种方法，一种是使用_____类的定时器，另一种是使用_____类的实例定时器。

（9）在QObject类中，提供了3个与定时器相关的成员函数，其中_____函数用于启动定时器。

（10）使用QTimer类的_____静态函数，可以创建一个单触发定时器。

2. 选择题

（1）下列选项中不是QEvent类的直接子类的是（   ）。

    A. QCloseEvent   B. QPaintEvent   C. QResizeEvent   D. QMouseEvent

（2）在Qt事件系统中，允许在（   ）或其子类的对象A上设置另一个派生自（   ）的对象B监视将要到达A的事件。

    A. QObject   B. QEvent   C. QWidget   D. QTimerEvent

（3）下列事件处理方法中，控制级别最高的方法是（   ）。

    A. 重新实现一个特定事件的处理函数

    B. 重新实现 QApplication::notify()函数

    C. 重新实现 QObject::event()函数

    D. 在 Qt 对象上安装事件过滤器

（4）QMouseEvent 类是（   ）类的直接子类。

A. QEvent
B. QInputEvent

C. QPointerEvent
D. QSinglePointEvent

(5) 下列鼠标事件处理函数中,用于处理鼠标移动事件的函数是( )。

A. mouseDoubleClickEvent()
B. mouseMoveEvent()

C. mousePressEvent()
D. mouseReleaseEvent()

(6) 在鼠标事件中,用( )表示鼠标左键。

A. Qt::LeftButton
B. Qt::RightButton

C. Qt::MiddleButton
D. Qt::NoButton

(7) QKeyEvent 类是( )类的直接子类。

A. QEvent   B. QInputEvent   C. QPointerEvent   D. QObject

(8) 若要获取键盘事件中的修饰键,调用 QKeyEvent 类的( )函数即可。

A. key()   B. modifiers()   C. count()   D. text()

(9) QObject 类的定时器事件使用( )类的对象来描述。

A. QTimer   B. QTimerEvent   C. QTime   D. QEvent

(10) QTimer 是( )的直接子类。

A. QEvent   B. QObject   C. QTime   D. QDate

3. 程序阅读题

启动 Qt Creator 集成开发环境,创建一个 Qt Widgets Application 类型的应用程序,该应用程序主窗体基于 QWidget 类。在应用程序主窗体中添加一个 QLabel 类型的标签,对象名称为 label。

(1) 在 Widget 类中添加如下事件处理函数,并编写代码。

```
void Widget::closeEvent(QCloseEvent * event)
{
    QMessageBox::StandardButton res =   QMessageBox::question(this,tr("提示信息"), tr("你确定要退出吗?"));
    if(res == QMessageBox::No){
        event->ignore();                              //语句1
        ui->label->setText("退出程序事件被忽略");
        return;                                       //语句2
    }
    QMessageBox::information(this, tr("信息"), tr("欢迎再次光临!"));
}
```

回答下面的问题:

① 该事件处理函数在什么事件发生时被调用?

② 该函数的功能是什么?

③ 说明语句 1 和语句 2 的作用,如果注释掉语句 2,会怎么样?

(2) 在 Widget 类中添加事件处理及过滤函数,并在构造函数中添加如下代码。

```
Widget::Widget(QWidget * parent) : QWidget(parent), ui(new Ui::Widget)
{
    ...
    ui->label->installEventFilter(this);          //语句1
}
```

```
bool Widget::eventFilter(QObject * watched, QEvent * event)
{
    if(watched == ui->label){
        if(event->type() == QEvent::MouseButtonPress){
            ui->label->setText("你单击的是标签");
            return true;                              //语句2
        }
    }
    return QWidget::eventFilter(watched,event);
}
void Widget::mousePressEvent(QMouseEvent * event)
{
    Q_UNUSED(event)
    ui->label->setText("你单击的是主窗口");
}
```

回答下面的问题：

① 新添加的两个函数中,哪个是事件过滤函数？哪个是事件处理函数？它们过滤和处理的是哪种类型的事件？

② 说明语句1和语句2的作用。

③ 程序运行后,单击主窗体或主窗体中的标签,结果会怎么样？

（3）在上述代码的基础上,继续在 Widget 构造函数和事件过滤函数中添加如下代码。

```
Widget::Widget(QWidget * parent) : QWidget(parent), ui(new Ui::Widget)
{
    ...
    ui->label->installEventFilter(this);
    ui->label->setFocus();                    //语句1
}
bool Widget::eventFilter(QObject * watched, QEvent * event)
{
    if(watched == ui->label){
        ...
    }
    if(event->type() == QEvent::KeyPress){
        QKeyEvent * e = (QKeyEvent *)event;    //语句2
        ui->label->setText(ui->label->text()+tr("%1").arg(e->text()));
    }
    return QWidget::eventFilter(watched,event);
}
```

回答下面的问题：

① 说明语句1和语句2的作用。

② 说明新增代码的功能。

③ 如果注释掉语句1,新增代码的功能还能够实现吗？为什么？

（4）在上述代码的基础上,继续在 Widget 构造函数和事件处理函数中添加如下代码。

```
Widget::Widget(QWidget * parent) : QWidget(parent), ui(new Ui::Widget)
{
    ...
    timerId = startTimer(1000);                    //语句1
}
```

```
void Widget::mousePressEvent(QMouseEvent * event)
{
    ...
    if(timerId){
        killTimer(timerId);                         //语句2
        timerId = 0;
    }else {
        timerId = startTimer(1000);
    }
}
void Widget::timerEvent(QTimerEvent * event)
{
    Q_UNUSED(event)
    ui->label->setText(tr("%1").arg(QTime::currentTime().second()));
}
```

回答下面的问题：

① 上述代码中的事件处理函数 timerEvent()是处理哪个事件的？

② 说明语句1和语句2的作用。

③ 说明新增代码的功能。

(5) 在上述代码的基础上，在 mousePressEvent()函数中添加两条语句，请说明这两条语句的功能。

```
void Widget::mousePressEvent(QMouseEvent * event)
{
    ...
    if(timerId){
        ...
        QTimer::singleShot(10, this, &QWidget::showNormal);
    }else {
        ...
        QTimer::singleShot(5000, this, &QWidget::showMaximized);
    }
}
```

4. 程序设计题

(1) 编写一个 Qt 应用程序。程序运行后，在主窗体中显示一幅小图片，当单击窗体其他位置后，小图片移动到以单击位置为中心的区域。

(2) 编写一个 Qt 应用程序。程序运行后，在主窗体中显示一幅小图片，当按下键盘上的上、下、左、右方向键时，小图片向相应的方向移动。要求小图片始终位于主窗体内。

(3) 编写一个 Qt 应用程序。程序运行后，在主窗体中心显示一幅小球图片，单击主窗体，小球开始在水平方向上左右匀速运动。假设主窗体的左右边界为墙壁。

(4) 完善程序设计题(1)中的应用程序，过滤鼠标中键和右键的单击事件。程序运行后，只能单击鼠标左键时小图片才移动位置。

(5) 完善程序设计题(3)中的应用程序，增加对小球运行速度进行调节的功能。

第7章

文件与数据库

文件与数据库是应用程序数据持久化的两种主要方式，能够对文件进行读/写或对数据库进行操作是应用程序不可或缺的基本功能。在 Qt 中，文件被当作一种支持读/写数据块的设备，可以使用 Qt 的 QFile、QTextStream 和 QDataSteam 等多个输入/输出设备对其操作。作为一个通用的 GUI 应用程序开发库，Qt 不仅提供了跨平台的文件操作能力，同时也对各种主流数据库提供了强有力的支持。

本章介绍 Qt 文件系统与常用的数据库操作方法，主要包括文件系统类、目录操作、文件操作，以及数据库的连接、查询、结果处理等内容。

7.1　Qt 文件系统

Qt 文件系统主要用于处理外部设备、进程、文件等的输入与输出，以及对文件和目录进行操作。Qt 文件系统的功能通过 Qt 的一些支持数据块读/写的输入/输出(I/O)类来实现。

7.1.1　文件系统类

Qt 文件系统包含多个支持读/写数据块的设备。这里所说的"设备"，不是指平常所说的硬件设备，而是指软件设备，也就是像 QFile、QProcess 等这样的文件 I/O 设备对象。打开 Qt Assistant 工具，在关键字 Input/Output and Networking 对应的文档中可以查看 Qt 的文件系统相关的操作类。与 Qt 文件系统相关的类非常多，且各个版本也不尽相同，表 7.1 给出的是 Qt 6.2.4 版本中的部分文件系统相关类。

表 7.1　Qt 部分文件系统操作类及功能

类　　名	功　　能
QBuffer	QByteArray 的 QIODevice 接口。用于读写 QByteArray 内存文件
QDataStream	将二进制数据串行化到 QIODevice 设备。用于读写二进制数据

续表

类　　名	功　　能
QDir	访问目录结构及其内容
QFile	用于读取和写入文件的接口。用于访问本地文件或嵌入资源
QFileDevice	用于读取和写入打开文件的接口。提供了有关文件操作的通用实现
QFileInfo	表示独立于系统的文件信息
QFileSystemWatcher	用于监视文件和目录更改的接口
QIODevice	所有 I/O 设备类的父类,提供了字节块读写的通用操作以及基本接口
QImageReader	用于从文件或其他设备读取图像的独立格式接口
QImageWriter	用于将图像写入文件或其他设备的独立格式接口
QProcess	运行外部程序,处理进程间通信
QProcessEnvironment	用于处理可以传递给程序的环境变量
QResource	用于直接从资源读取数据的接口。它可以直接访问原始格式的字节
QSaveFile	用于安全写入文件的接口
QSettings	表示持久地独立于平台的应用程序设置
QSocketNotifier	对监视文件描述符上的活动提供支持
QStorageInfo	提供有关当前装载的存储和驱动器的信息
QTemporaryDir	创建临时使用的唯一目录
QTemporaryFile	创建和访问本地文件系统的临时文件
QTextDocumentWriter	用于将 QTextDocument 写入文件或其他设备的独立格式接口
QTextStream	用于文本数据读写的便捷接口
QUrl	使用 URL 的便捷接口
QUrlQuery	提供在 URL 查询中操作键值对的方法
Qt3DRender::QSceneLoader	提供加载现有场景的工具

在表 7.1 的类中,其继承关系可以大致分为 3 种类型。第 1 种是完全独立的类,如 QDir、QFileInfo、QImageReader 和 QUrl 等,它们既无父类,也无子类。第 2 种是只有一个父类而没有子类的类,如 QFileSystemWatcher、QSettings、QSocketNotifier、QTextDocument 只有 QObject 一个父类;QDataStream、QTextStream 只有 QIODeviceBase 一个父类。第 3 种是继承关系相对比较复杂的类,如 QIODevice、QBuff、QFile 等,如图 7.1 所示。

7.1.2　文件 I/O 设备

Qt 文件系统中的相关操作类也称为文件 I/O 设备,都是从 QIODevice 类派生而来的,QIODevice 类为这些 I/O 设备提供了一个基础的抽象接口。QIODevice 类继承于 QObject 和 QIODeviceBase 类,如图 7.1 所示。该类是一个抽象类,不能直接实例化,一般是使用它所定义的接口,如 open()、read()和 write()等,实现与设备无关的相关 I/O 功能。

在访问一个设备之前,需要首先打开该设备,并且必须指定正确的打开模式。QIODevice 中的所有打开模式在其基类 QIODeviceBase 中定义,如表 7.2 所示。设备打开后可以进行数据的读取、写入等操作,操作完毕后关闭该设备。

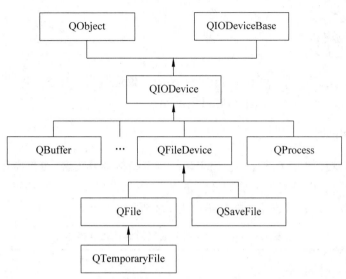

图 7.1 部分文件系统类的继承关系

表 7.2 QIODeviceBase 中的打开模式

常 量	描 述
QIODeviceBase::NotOpen	设备没有打开
QIODeviceBase::ReadOnly	设备以只读方式打开
QIODeviceBase::WriteOnly	设备以只写方式打开
QIODeviceBase::ReadWrite	设备以读写方式打开
QIODeviceBase::Append	设备以添加模式打开,所有数据添加到设备末尾
QIODeviceBase::Truncate	设备以截取方式打开,设备原有内容全部被删除
QIODeviceBase::Text	设备以文本方式打开。读取时,行结尾终止符被自动转换为\n;写入时,行结尾终止符会被自动转换为本地编码,如 Windows 平台下的\r\n
QIODeviceBase::Unbuffered	绕过设备所有缓冲区
QIODeviceBase::NewOnly	如果要打开的文件已存在,则失败。仅当文件不存在时才创建并打开该文件。此标志当前仅对 QFile 有效
QIODeviceBase::ExistingOnly	如果要打开的文件不存在,则失败。此标志必须与 ReadOnly、WriteOnly 或 ReadWrite 一起指定。此标志当前仅对 QFile 有效

在图 7.1 所示的基于 QIODevice 的 I/O 设备中,存在两种不同的设备类型,一种是随机访问设备,另一种是顺序访问设备。

随机访问设备可以对文件中的任意位置访问任意次数,支持使用像 seek()这样的函数重新定位文件访问位置指针。这种类型的文件 I/O 设备有 QFile、QTemporaryFile 和 QBuffer 等。

Qt 的顺序访问设备不支持定位到文件中的任意位置,数据必须一次性读取。也就是说,数据只能访问一遍,即从第 1 字节开始访问,直到最后一字节,中途不能返回去读取上一字节。这种类型的文件 I/O 设备有 QProcess、QTcpSocket 和 QUdpSoctet 等。

可以在程序中使用 QDevice::isSequential()函数判断设备的类型。本章主要介绍随机 I/O 设备的操作,关于顺序 I/O 设备,请参见第 11 章和第 12 章的相关内容。

7.2 目录操作

在 Qt 中,使用 QDir 和 QTemporaryDir 类的对象进行目录操作。其中,QDir 用于普通目录的操作,QTemporaryDir 用于临时目录的操作。

7.2.1 QDir 类

QDir 类位于 Qt 的 Core 模块内,用于访问目录结构及其内容,可以操作路径名、访问路径和文件的相关信息以及操作低层的文件系统,还可以访问 Qt 的资源系统。

QDir 类的部分成员函数及功能描述如表 7.3 所示。

表 7.3　QDir 类的部分成员函数及功能描述

函 数 名 称	功 能 描 述
QDir()	构造并初始化对象
current()	静态函数。返回应用程序当前目录对象
currentPath()	静态函数。返回应用程序当前目录名称
drivers()	静态函数。返回系统的根目录列表。在 Windows 系统上返回的是盘符列表
fromNativeSeparators()	静态函数。使用/作为文件分隔符返回路径名称
home()	静态函数。返回主目录对象
homePath()	静态函数。返回主目录名称
isAbsolutePath()	静态函数。判断是否为绝对路径
isRelativePath()	静态函数。判断是否为相对路径
root()	静态函数。返回根目录对象
rootPath()	静态函数。返回根目录名称
setCurrent()	静态函数。设置当前目录
temp()	静态函数。返回临时文件目录对象
tempPath()	静态函数。返回临时文件目录名称
toNativeSeparators()	静态函数。返回目录路径名称,其中/分隔符转换为适用于本地操作系统的分隔符
absoluteFilePath()	返回当前目录下的一个文件的含绝对路径文件名
absolutePath()	返回当前目录的绝对路径
dirName()	返回目录名称
exists()	如果具有指定文件名的文件存在,则返回 True;否则返回 False
mkdir()	按指定的目录名称创建子目录
rename()	更改文件或目录名称
rmdir()	删除指定名称的目录
setFilter()	设置文件过滤器
setSorting()	设置文件排序规则

QDir 类的使用非常简单,只需要根据应用程序的业务逻辑调用相应的成员函数即可。下面给出一段简单的示例代码。

```
//教材源码 code_7_2_1\main.cpp
...
QDir dir;
dir.setFilter(QDir::Dirs | QDir::Files | QDir::Hidden | QDir::NoSymLinks);
dir.setSorting(QDir::Size | QDir::Reversed);
std::cout<<qPrintable(QString("当前目录: %1").arg(dir.absolutePath()))<<std::
endl;
QFileInfoList list = dir.entryInfoList();
std::cout<<qPrintable("        大小        名称")<<std::endl;
for(int i=0;i<list.size();++i){
    QFileInfo fileInfo = list.at(i);
std::cout<<qPrintable(QString("%1        %2").arg(fileInfo.size(),10).arg
(fileInfo.fileName()));
    std::cout<<std::endl;
}
```

上述代码的运行结果如图 7.2 所示。图中上半部分为资源管理器中的应用程序当前目录。

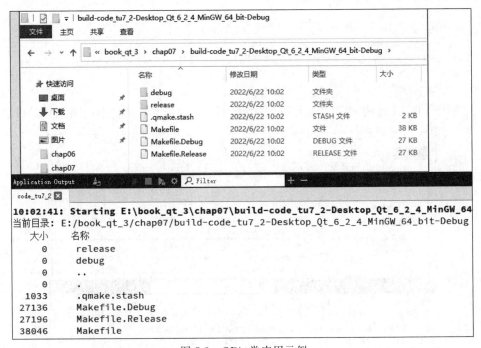

图 7.2　QDir 类应用示例

从应用程序的输出结果可以看出,使用 QDir 及其他相关类可以准确读取到目录中的数据信息。

7.2.2　QTemporaryDir 类

QTemporaryDir 类用于创建、删除临时目录,部分成员函数及功能描述如表 7.4 所示。

表 7.4　QTemporaryDir 类的部分成员函数及功能描述

函 数 名 称	功 能 描 述
QTemporaryDir()	构造并初始化对象
autoRemove()	如果 QTemporaryDir 处于自动删除模式，则返回 True
errorString()	返回创建临时目录失败的错误字符串
filePath()	返回临时目录路径名称
isValid()	如果临时目录创建成功，则返回 True
path()	返回临时目录的路径
remove()	删除临时目录及包含的所有内容
setAutoRemove()	设置 QTemporaryDir 的自动删除模式

使用 QTemporaryDir 类可以在系统临时目录，即在 QDir::tempPath 目录下创建一个临时目录，临时目录名称以 QCoreApplication::applicationName() 函数的返回值为前缀，后加 6 个字符。临时目录可以设置为使用完后自动删除，即临时目录变量删除时，临时目录也删除。

下面给出一段简单的示例代码。

```
//教材源码 code_7_2_2\main.cpp
…
a.setApplicationName("code_tu7_3");
QTemporaryDir tempDir;
std::cout << qPrintable(QString("临时目录: %1").arg(tempDir.path())) << std::endl;
…
```

上述代码的运行结果如图 7.3 所示，图中上半部分为资源管理器中的系统临时目录。

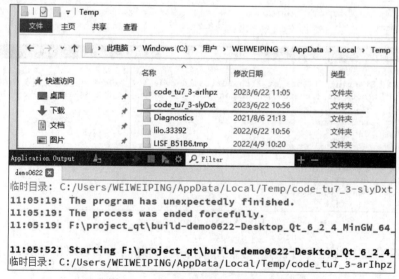

图 7.3　QTemporarayDir 类应用示例

与 QTemporaryDir 类功能相似的还有一个名为 QTemporaryFile 的类，如表 7.1 所示。该类用于创建临时文件，临时文件默认保存在系统临时目录下。临时文件以

QCoreApplication::applicationName()作为文件名,并以 6 个随机数字作为文件后缀。调用 QTemporaryFile::setAutoRemove()函数设置是否自动删除临时文件;QTemporaryFile::open()函数用于打开临时文件,只有打开临时文件,才实际创建了此文件。

7.2.3 QFileInfo 类

在 7.2.1 节的示例程序中,使用了 QFileInfo 类获取某个文件的信息。QFileInfo 类的部分成员函数及功能描述如表 7.5 所示。

表 7.5 QFileInfo 类的部分成员函数及功能描述

函 数 名 称	功 能 描 述
QFileInfo()	构造并初始化对象
absoluteDir()	将文件的绝对路径作为 QDir 对象返回
absoluteFilePath()	返回包含文件名的绝对路径
absolutePath()	返回文件的绝对路径,不包括文件名
baseName()	返回不带路径的文件名称
birthTime()	返回文件创建(或生成)的日期和时间
completeSuffix()	返回文件扩展名
dir()	将对象的父目录的路径作为 QDir 对象返回
fileName()	返回文件的名称,不包括路径
filePath()	返回文件名,包括路径(绝对的或相对的)
fileTime()	返回指定类型(QFile::FileTime)的文件时间
filesystemAbsoluteFilePath()	返回 absoluteFilePath()结果的 std::filesystem::path 形式
isDir()	判断对象是否为目录
isFile()	判断对象是否为文件
isExecutable()	判断文件是否为可执行的
isReadable()	判断文件是否为可读的
isRoot()	判断对象是否为根目录
isWritable()	判断文件是否为可写的
lastModified()	返回上次修改文件的日期和本地时间
lastRead()	返回上次读取(访问)文件的日期和本地时间
path()	返回文件的路径,不包括文件名
setFile()	设置 QFileInfo 对象所对应的文件
size()	返回文件大小(字节)
stat()	从文件系统读取所有属性
exists()	静态函数。判断文件是否存在

下面给出一段简单的 QFileInfo 类成员函数的示例代码。

```
//教材源码 code_7_2_3\main.cpp
QFileInfo fileInfo;
```

```
fileInfo.setFile("f:\\temp\\doc.txt");
if(fileInfo.exists() && fileInfo.isFile()){
    qDebug() << fileInfo.absoluteFilePath();
    qDebug() << fileInfo.absolutePath();
    qDebug() << fileInfo.fileName();
    qDebug() << fileInfo.filePath();
    qDebug() << fileInfo.birthTime();
    qDebug() << fileInfo.lastModified();
    qDebug() << fileInfo.lastRead();
}
else{
    qDebug() << "文件不存在!";
}
```

假设本示例代码中的测试文件 f:\temp\doc.txt 是存在的。上述代码的输出结果如下。

```
"F:/temp/doc.txt"
"F:/temp"
"doc.txt"
"f:/temp/doc.txt"
QDateTime(2023-06-22 15:14:14.016 中国标准时间 Qt::LocalTime)
QDateTime(2023-06-22 15:20:16.864 中国标准时间 Qt::LocalTime)
QDateTime(2023-06-22 15:26:00.828 中国标准时间 Qt::LocalTime)
```

7.2.4　常用目录操作

Qt 对目录的操作主要包括新建、删除、重命名、属性查询和遍历等。

1. 新建

使用 QDir 类的 mkdir()或 mkpath()成员函数创建单层或多层目录。函数原型如下。

```
bool QDir::mkdir(const QString &dirName) const
```

或

```
bool QDir::mkpath(const QString &dirPath) const
```

其中,参数 dirName 和 dirPath 分别表示单层目录和多层目录名称。若目录创建成功,函数返回 True;否则返回 False。在调用函数时,若目录已经存在,mkdir()函数会返回 False;而mkpath()函数则返回 True。

例如,下面的语句将会在 F 盘的根目录下创建一个名为 qt 的新的子目录。

```
QDir dir;
dir.mkdir("f:/qt");
```

而下面的语句则会在 F 盘的根目录下创建名为 demo 的子目录。若 demo 子目录的上一级目录不存在,则会依次创建其上一级目录。

```
QDir dir;
dir.mkpath("f:/qt1/qt2/demo")
```

2. 删除

使用 QDir 类的 rmdir()、rmpath()或 removeRecursively()成员函数删除目录。其中,rmdir()函数用于删除单层空目录;rmpath()函数用于删除多层空目录;removeRecursively()函数用于删除目录及其中的所有文件。

例如,下面的语句将会删除 F 盘根目录下的名为 qt 的空子目录。

```
QDir dir;
dir.rmdir("f:/qt");
```

而下面的语句则会删除 F 盘根目录下的名为 demo 的空子目录及其上一级目录中的空目录。

```
QDir dir;
dir.rmpath("f:/qt1/qt2/demo")
```

而下面的语句则会删除 F 盘根目录下的名为 demo 的目录及其中的所有内容(子目录和文件)。

```
QDir dir("f:/qt1/qt2/demo");
dir. removeRecursively()
```

3. 重命名

使用 QDir 类的 rename()成员函数重命名目录。函数原型如下。

```
bool QDir::rename(const QString &oldName, const QString &newName)
```

其中,参数 oldName 和 newName 分别表示目录的原名称和新名称。

例如,下面的语句将 F 盘根目录下的 qt 目录名称修改为 qt2。

```
QDir dir;
dir.rename("f:/qt","f:/qt2");
```

若操作成功,rename()函数返回 True;否则返回 False。若 oldName 参数表示的目录不存在,或者 newName 参数表示的目录已经存在,rename()函数均会返回 False。当然,还有其他的很多原因都会导致操作失败。例如,下面的语句也会致使重命名操作失败。

```
dir.rename("f:/qt","d:/qt2");
```

4. 属性查询

目录的属性可以通过 QDir 类和 QFileInfo 类的成员函数进行查询。使用 QDir 类的 isAbsolute()、isRelative()、isAbsolutePath()、isRelativePath()、isReadable()、isRoot()和 isEmpty()成员函数判断目录是绝对路径还是相对路径、是否可读、是否是根目录和是否为空,目录的大小、创建时间、修改时间等属性则需要通过 QFileInfo 类的成员函数进行查询。

例如,运行下面的程序片段:

```
QDir dir("f:/");                         //假设 F 盘根目录非空
bool flag1,flag2,flag3,flag4,flag5;
flag1 = dir.isAbsolute();                //判断是否为绝对路径
flag2 = dir.isRelative();                //判断是否为相对路径
flag3 = dir.isReadable();                //判断是否为可读
flag4 = dir.isRoot();                    //判断是否为根目录
flag5 = dir.isEmpty();                   //判断目录是否为空
qDebug()<<flag1<<flag2<<flag3<<flag4<<flag5;
```

会输出

```
true false true true false
```

上述代码中使用的属性判断函数均为 QDir 类的成员函数,QFileInfo 类中相关的属性查询方法可参见 7.2.3 节或 7.3 节中的示例代码。

5. 遍历

通过遍历目录可以获取该目录下的所有子目录和文件信息,使用 QDir 类的 entryList()或 entryInfoList()成员函数可以完成相应的操作。

QDir::entryList()函数原型如下。

```
QStringList QDir::entryList(const QStringList &nameFilters, QDir::Filters
filters = NoFilter, QDir::SortFlags sort = NoSort) const
```

或

```
QStringList QDir::entryList(QDir::Filters filters = NoFilter, QDir::SortFlags
sort = NoSort) const
```

QDir::entryInfoList()函数原型如下。

```
QFileInfoList QDir::entryInfoList(const QStringList &nameFilters, QDir::Filters
filters = NoFilter, QDir::SortFlags sort = NoSort) const
```

或

```
QFileInfoList QDir::entryInfoList(QDir::Filters filters = NoFilter, QDir::SortFlags
sort = NoSort) const
```

其中,参数 QDir::Filter 表示目录内容的过滤方式,如表 7.6 所示;参数 QDir::SortFlag 表示目录内容的排序方式,如表 7.7 所示。

表 7.6 QDir::Filter 定义的过滤方式

常　　量	描　　述
QDir::Dirs	按照过滤方式列出所有目录
QDir::AllDirs	列出所有目录,不考虑过滤方式
QDir::Files	只列出文件
QDir::Drives	列出磁盘驱动器(UNIX 系统无效)
QDir::NoSymLinks	不列出符号连接(对不支持符号连接的操作系统无效)
QDir::NoDotAndDotDot	不列出"./"和"../"目录(./表示当前目录,../表示上一级目录)
QDir::NoDot	不列出"./"目录
QDir::NoDotDot	不列出"../"目录
QDir::AllEntries	列出目录、文件和磁盘驱动器,相当于 Dirs ∣ Files ∣ Drivers
QDir::Readable	列出所有具有"可读"属性的文件和目录
QDir::Writable	列出所有具有"可写"属性的文件和目录
QDir::Executable	列出所有具有"可执行"属性的文件和目录
QDir::Modified	只列出被修改过的文件(UNIX 系统无效)
QDir::Hidden	列出隐藏文件
QDir::System	列出系统文件
QDir::CaseSensitive	文件系统如果区分大小写,则按大小写方式过滤

表 7.7　QDir：：SortFlag 定义的排序方式

常　量	描　述	常　量	描　述
QDir：：Name	按名称排序	QDir：：DirsFirst	目录优先排序
QDir：：Time	按时间排序（修改时间）	QDir：：DirsLast	目录靠后排序
QDir：：Size	按文件大小排序	QDir：：Reversed	反序
QDir：：Type	按文件类型排序	QDir：：IgnoreCase	忽略大小写方式排序
QDir：：Unsorted	不排序	QDir：：LocaleAware	使用当前本地方式排序
QDir：：NoSort	不排序		

【例 7.1】　编写一个名为 examp7_1 的 Qt 应用程序，实现指定目录的遍历功能。程序运行结果如图 7.4 所示。

（1）启动 Qt Creator 集成开发环境，创建一个名为 examp7_1 的应用程序。该应用程序主窗体基于 QWidget 类。

（2）在应用程序主窗体中添加两个控件，一个是 QLineEdit 对象 lineEdit，另一个是 QListWidget 对象 listWidget。lineEdit 控件用于输入目录名称，listWidget 控件用于显示目录下的信息。

（3）为应用程序的 Widget 类添加 showInfoList() 成员函数，以及 showDirs() 和 showSubDirs() 槽函数。showInfoList() 函数用于遍历指定的目录；showDirs() 槽函数用于响应 lineEdit 对象的输入结束信号；showSubDirs() 槽函数用于响应 listWidget 子项的双击信号。函数声明及实现代码如下。

图 7.4　例 7.1 程序运行结果

```
//widget.h 文件中的函数声明代码
…
private:
    void showFileInfoList(QFileInfoList list);
public slots:
    void showDirs();
    void showSubDirs(QListWidgetItem * item);
  …
  //widget.cpp 文件中的函数实现代码
void Widget::showInfoList(QFileInfoList list){
    ui->listWidget->clear();
    for(int i = 0; i < list.count(); i++) {
        QFileInfo temFileInfo = list.at(i);
        if(temFileInfo.isDir()){
            QIcon icon(":/images/dir.png");
            QString dirName = temFileInfo.fileName();
            QListWidgetItem * tmp = new QListWidgetItem(icon,dirName);
            ui->listWidget->addItem(tmp);
        }
        else if(temFileInfo.isFile()){
            QIcon icon(":/images/file.png");
            QString dirName = temFileInfo.fileName();
            QListWidgetItem * tmp = new QListWidgetItem(icon,dirName);
```

```
            ui->listWidget->addItem(tmp);
        }
    }
}
void Widget::showDirs(){
    QDir dir(ui->lineEdit->text());
    QStringList strList;
    strList << "*";
    QFileInfoList list = dir.entryInfoList(strList,QDir::AllEntries,
    QDir::DirsFirst);
    showInfoList(list);
}
void Widget::showSubDirs(QListWidgetItem * item){
    QString str = item->text();
    QDir dir;
    dir.setPath(ui->lineEdit->text());
    dir.cd(str);
    ui->lineEdit->setText(dir.absolutePath());
    showDirs();
}
```

(4) 在 Widget 类的构造函数中添加初始化代码。

```
Widget::Widget(QWidget * parent):QWidget(parent),ui(new Ui::Widget)
{
    ui->setupUi(this);
    ui->lineEdit->setText(QDir::currentPath());   //设置初始目录
    QDir rootDir(QDir::currentPath());
    QStringList str;
    str << "*";
    QFileInfoList list = rootDir.entryInfoList(str);
    showInfoList(list);                           //显示初始目录中的内容
    //关联信号与槽
    connect(ui->lineEdit,SIGNAL(returnPressed()),this,SLOT(showDirs()));
    connect(ui->listWidget,SIGNAL(itemDoubleClicked(QListWidgetItem * )),
    this,SLOT(showSubDirs(QListWidgetItem * )));
}
```

(5) 构建并运行程序。程序主窗体初始状态如图 7.4 所示,双击图中的 debug 子目录,结果如图 7.5 所示,此时在列表框中显示的是 debug 子目录中的内容。

图 7.5 debug 子目录内容显示

当然，也可以自行输入目录（如 f:\temp）对程序进行测试。

7.3　文件操作

应用程序对文件的操作主要包括文件的打开与关闭、信息的查询、内容的读写，以及重命名、移动与复制、删除等。这些功能通过 Qt 的文件 I/O 设备 QFile、QSaveFile 等类实现。

7.3.1　相关操作类

实现 Qt 应用程序的文件操作功能，除了需要使用上面介绍的 QDir、QFileInfo 等类之外，还可以使用 QFile、QTextStream 和 QDataStream 等类。

1. QFile 类

Qt 的 QFile 类提供了一个用于读/写文件的接口，可以用来读/写文本文件、二进制文件和 Qt 的资源文件。

QFile 类继承自 QFileDevice 类，而 QFileDevice 类又继承自 QIODevice 类，如图 7.1 所示。QFile 类的部分成员函数及功能描述如表 7.8 所示。

表 7.8　QFile 类的部分成员函数及功能描述

函 数 名 称	功 能 描 述
QFile()	构造并初始化对象
copy()	复制名为 fileName() 的文件
exists()	如果 fileName() 指定的文件存在，则返回 True；否则返回 False
filesystemFileName()	返回 fileName() 结果的 std::filesystem::path 格式
link()	创建一个指定名称的链接，该链接指向 fileName() 当前指定的文件
open()	按给定模式打开现有文件。如果成功，则返回 True；否则返回 False
remove()	删除由 fileName() 指定的文件。如果成功，则返回 True；否则返回 False
rename()	重命名由 fileName() 指定的文件。如果成功，则返回 True；否则返回 False
setFileName()	设置文件的名称。名称可以没有路径、相对路径或绝对路径
symLinkTarget()	返回符号链接（或 Windows 上的快捷方式）指向的文件或目录的绝对路径，如果对象不是符号链接，则返回空字符串
copy()	静态函数。复制文件
decodeName()	静态函数。对本地编码的文件名进行解码操作
encodeName()	静态函数。将指定的文件名转换为由用户区域设置的本地 8 位编码
exists()	静态函数。判断指定的文件是否存在
link()	静态函数。为指定文件创建一个链接
moveToTrash()	静态函数。将 fileName() 指定的文件移到回收站。如果成功，则返回 True，并将 fileName() 设置为可以在回收站中找到文件的路径
permissions()	静态函数。返回文件的 QFile::Permission 的完整 OR 组合
remove()	静态函数。移除指定的文件
rename()	静态函数。重命名指定文件

续表

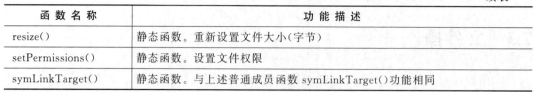

函 数 名 称	功 能 描 述
resize()	静态函数。重新设置文件大小(字节)
setPermissions()	静态函数。设置文件权限
symLinkTarget()	静态函数。与上述普通成员函数 symLinkTarget() 功能相同

QFile 类的成员函数非常多,表 7.8 只是列出了其部分非继承的函数,这些函数的使用方法请参见下面的实例和 Qt 的帮助文档。下面给出一段示例代码。

```
//教材源码 code_7_3_1_1\mainwindow.cpp
QFileDialog dlg(this);
QString fileName = dlg.getOpenFileName();        //获取文件名
QString content;
//char buffer[1024];
QFile file(fileName);                            //创建 QFile 对象
if(file.open(QIODeviceBase::ReadOnly)){          //以只读方式打开文件
    QByteArray c = file.readAll();               //一次性读取全部文件内容
    /* 下面的代码一行一行地读取文件内容
    while(file.readLine(buffer,sizeof(buffer))!=-1){
        content.append(buffer);
    } */
    file.close();                                //关闭文件
    //ui->textEdit->setText(content);
    ui->textEdit->setText(content.append(c));    //显示文件
}
```

上述代码打开用户选择的文本文件,并在文本编辑器显示。请大家自行运行教材源码中的 code_7_3_1_1 项目,测试运行效果。

2. QTextStream 类

对文本文件的读/写,除了使用 QFile 类对其直接操作之外,还可以采用文本流的方式,Qt 的 QTextStream 是以流方式操作文本文件的类。与 QFile 类相比,它提供了更方便的接口用于读写文本,可以操作 QIODevice、QByteArray 和 QString。使用 QTextStream 类的流操作符,可以方便地读/写单词、行和数字。对于生成的文本,QTextStream 类还提供了字段填充、对齐和数字格式化的选项。

QTextStream 类继承自 QIODeviceBase 类,它一般与 QFile、QTemporaryFile、QBuffer、QTcpSocket 和 QUdpSocket 等 I/O 设备类结合使用。部分成员函数及功能描述如表 7.9 所示。

表 7.9　QTextStream 类的部分成员函数及功能描述

函 数 名 称	功 能 描 述
QTextStream()	构造并初始化对象
atEnd()	如果没有更多数据要从文本流中读取,则返回 True
autoDetectUnicode()	如果启用了自动 Unicode 检测,则返回 True
device()	返回与文本流关联的当前设备,如果未分配,则返回 nullptr
encoding()	返回当前分配给文本流的编码

函　数　名　称	功　能　描　述
fieldAlignment()	返回当前字段对齐方式
fieldWidth()	返回当前字段宽度
read(qint64　maxlen)	从流中读取最多 maxlen 个字符,并将读取的数据作为 QString 返回
readAll()	读取文本流的全部内容,并将其作为 QString 返回
readLine()	从文本流中读取一行文本,并将其作为 QString 返回
seek(qint64　pos)	寻找设备中的位置 pos。成功后返回 True;否则返回 False
setAutoDetectUnicode()	设置自动识别 Unicode 编码
setEncoding()	设置文本流编码
setFieldAlignment()	设置当前字段对齐方式
setFieldWidth()	设置当前字段宽度
setNumberFlags()	设置当前数字标志
setRealNumberPrecision()	设置实数的精度。精度不能为负值,默认值为 6
skipWhiteSpace()	读取并丢弃文本流中的空白,直到检测到非空格字符,或者直到 atEnd() 函数返回 True 为止
operator<<()	运算符<<重载函数。将字符写入文本流
operator>>()	运算符>>重载函数。读取文本流中的字符

QTextStream 类的使用也非常简单,下面给出一段示例代码。

```
//教材源码 code_7_3_1_2\mainwindow.cpp
QFileDialog dlg(this);
QString fileName = dlg.getOpenFileName();
QFile file(fileName);
if(!file.exists())
    return ;
if(!file.open(QIODeviceBase::ReadOnly | QIODeviceBase::Text))
    return;
QTextStream textStream(&file);
textStream.setAutoDetectUnicode(true);
QString str = textStream.readAll();
ui->textEdit->setText(str);
/* 下面的代码逐行读取文件内容
QString str;
ui->textEdit->clear();
while(!textStream.atEnd()){
    str = textStream.readLine();
    ui->textEdit->append(str);
} */
file.close();
```

上述代码打开用户选择的文本文件,并在文本编辑器显示。

3. QDataStream 类

QDataStream 类实现了将 QIODevice 的二进制数据串行化。一个数据流就是一个二进制编码信息流,完全独立于主机的操作系统、中央处理器(Central Processing Unit,CPU)

和字节顺序。数据流也可以读/写未编码的二进制数据。QDataStream 类可以实现 C++ 基本数据类型的串行化,如 char、short、int 和 char * 等。而更复杂的串行化操作则是通过将数据类型分解为基本类型完成的。

QDataStream 类的大多数成员函数与 QTextStream 类相似,这里不再列表讲述。下面给出一段 QDataStream 应用的示例代码。

```cpp
//教材源码 code_7_3_1_3\mainwindow.cpp
//写文件
QFile file("f:\\temp\\doc.dat");
file.open(QIODevice::WriteOnly | QIODevice::Truncate);
QDataStream out(&file);
QString str = ui->textEdit->toPlainText();
out << str;
out << QDate::fromString("2022/06/23","yyyy/MM/dd");
file.close();
//读文件
QFileDialog dlg(this);
QString fileName = dlg.getOpenFileName();
QFile file(fileName);
if(!file.exists())
    return ;
if(!file.open(QIODeviceBase::ReadOnly | QIODeviceBase::Text))
    return;
QDataStream in(&file);
QString str;
QDate date;
in >> str >> date;
ui->textEdit->setText(str+"  /  "+date.toString());
file.close();
```

上述代码存储用户在文本编辑器中输入的文本,并在文件中添加日期信息。

7.3.2 文件信息查询

QFileInfo 类提供了对文件进行操作时获得的文件相关属性信息,包括文件名、文件大小、创建时间、最后修改时间、最后访问时间,以及文件是否为目录、文件或符号链接和读写属性等。

【例 7.2】 编写一个 Qt 应用程序,获取用户所选文件信息。运行结果如图 7.6 所示。

图 7.6 例 7.2 程序运行结果

（1）启动 Qt Creator 集成开发环境，创建一个名为 examp7_2 的应用程序。该应用程序主窗体基于 QWidget 类。

（2）双击 widget.ui 界面文件，打开 Qt Designer 设计工具，设计如图 7.6 所示的应用程序主窗体界面。界面中组件对象名称及类型可参见教材源码。

（3）为主窗体中的"文件"和"获取文件信息"两个按钮添加 clicked 信号槽函数，并编写代码。

```
void Widget::on_fileBtn_clicked()
{
    QString fileName = QFileDialog::getOpenFileName(this,"打开","/",
    "files (*)");
    ui->fileNameLineEdit->setText(fileName);
}

void Widget::on_getBtn_clicked()
{
    QString file = ui->fileNameLineEdit->text();
    QFileInfo info(file);
    qint64 size = info.size();
    QDateTime created = info.birthTime();
    QDateTime lastModified = info.lastModified();
    QDateTime lastRead = info.lastRead();
    bool isDir = info.isDir();
    bool isFile = info.isFile();
    bool isSymLink = info.isSymLink();
    bool isHidden = info.isHidden();
    bool isReadable = info.isReadable();
    bool isWritable = info.isWritable();
    bool isExecutable = info.isExecutable();
    ui->sizeLineEdit->setText(QString::number(size));
    ui->createTimeLineEdit->setText(created.toString());
    ui->lastModifiedLineEdit->setText(lastModified.toString());
    ui->lastReadLineEdit->setText(lastRead.toString());
    ui->isDirCheckBox->setCheckState(isDir?Qt::Checked:Qt::Unchecked);
    ui->isFileCheckBox->setCheckState(isFile?Qt::Checked:Qt::Unchecked);
    ui->isSymLinkCheckBox->setCheckState(isSymLink?Qt::Checked:Qt::Unchecked);
    ui->isHiddenCheckBox->setCheckState(isHidden?Qt::Checked:Qt::Unchecked);
    ui->isReadableCheckBox->setCheckState(isReadable?Qt::Checked:Qt::Unchecked);
    ui->isWritableCheckBox->setCheckState(isWritable?Qt::Checked:Qt::Unchecked);
    ui->isExecutableCheckBox->setCheckState(isExecutable?Qt::Checked:Qt::
    Unchecked);
}
```

（4）构建并运行程序。程序运行后，单击"文件"按钮，指定需要查询的文件；然后，单击"获取文件信息"按钮，即可获取到该文件的相关信息，如图 7.6 所示。

7.3.3 文本文件读写

文本文件是指以纯文本格式存储的文件，如 Windows 的记事本文件。Qt 提供了两种读写文本文件的方法，一种是使用 QFile 类的 IODevice 读写功能直接进行文件的读写，另一种是将 QFile 和 QTextStream 结合起来，用流（Stream）的方法进行文件读写。

【例7.3】 编写一个 Qt 应用程序,演示文本文件的读/写操作。程序运行结果如图7.7所示。

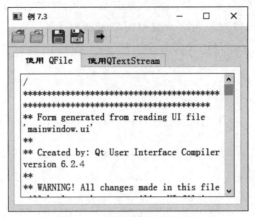

图7.7 例7.3程序运行结果

(1) 打开 Qt Creator 集成开发环境,创建一个名为 examp7_3 的应用程序。该应用程序主窗体基于 QMainWindow 类。

(2) 双击 mainwindow.ui 界面文件,打开 Qt Designer 设计工具,设计应用程序主窗体界面及工具栏上的 Action,如图7.8所示。

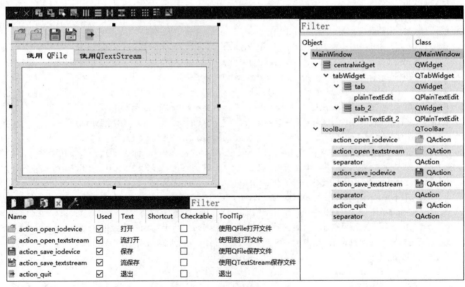

图7.8 主窗体界面及 Action 设计

(3) 为 MainWindow 类添加4个私有成员函数,实现文本文件的打开和保存功能。声明代码如下。

```cpp
private:
    bool openTextFile(const QString& aFileName);
    bool saveTextFile(const QString& aFileName);
    bool openTextByStream(const QString& aFileName);
    bool saveTextByStream(const QString& aFileName);
```

其中,openTextFile()和 saveTextFile()函数功能通过 QFile 类实现;openTextByStream()和 saveTextByStream()函数功能通过 QFile 与 QTextStream 类协同实现。

(4) 编写 4 个私有成员代码,完成相应的文本文件读/写功能。

```cpp
bool MainWindow::openTextFile(const QString& aFileName)
{
    QFile aFile(aFileName);
    if(!aFile.exists())
        return false;
    if(!aFile.open(QIODevice::ReadOnly | QIODevice::Text))
        return false;
    ui->plainTextEdit->setPlainText(aFile.readAll());
    aFile.close();
    return true;
}
bool MainWindow::saveTextFile(const QString &aFileName)
{
    QFile aFile(aFileName);
    if(!aFile.open(QIODevice::WriteOnly | QIODevice::Text))
        return false;
    QString str = ui->plainTextEdit->toPlainText();
    QByteArray strBytes = str.toUtf8();
    aFile.write(strBytes,strBytes.length());
    aFile.close();
    return   true;
}
bool MainWindow::openTextByStream(const QString &aFileName)
{
    QFile aFile(aFileName);
    if(!aFile.exists())
        return false;
    if(!aFile.open(QIODevice::ReadOnly | QIODevice::Text))
        return false;
    QTextStream aStream(&aFile);
    //ui->plainTextEdit_2->setPlainText(aStream.readAll());
    ui->plainTextEdit_2->clear();                       //清空
    QString str;
    while (!aStream.atEnd())
    {
        str = aStream.readLine();                       //逐行读取
        ui->plainTextEdit_2->appendPlainText(str);      //添加到文本框显示
    }
    aFile.close();
    ui->tabWidget->setCurrentIndex(1);
    return true;
}
bool MainWindow::saveTextByStream(const QString &aFileName)
{
    QFile aFile(aFileName);
    if(!aFile.open(QIODevice::WriteOnly | QIODevice::Text))
        return false;
    QTextStream aStream(&aFile);
    QString str = ui->plainTextEdit_2->toPlainText();   //转换为字符串
    aStream << str;                                     //写入文本流
```

```
    aFile.close();
    return true;
}
```

(5) 为 Action 添加槽函数。

```
void MainWindow::on_action_open_iodevice_triggered()
{
    QString curPath=QDir::currentPath();            //获取系统当前目录
    QString dlgTitle="打开一个文件";                //对话框标题
    QString filter="程序文件(＊.h ＊.cpp);;文本文件(＊.txt);;所有文件(＊.＊)";
    //文件过滤器
    QString aFileName = QFileDialog::getOpenFileName(this, dlgTitle, curPath,
filter);
    if(aFileName.isEmpty())  return ;
    openTextFile(aFileName);
    ui->tabWidget->setCurrentIndex(0);
}
void MainWindow::on_action_open_textstream_triggered()
{
    QString curPath = QDir::currentPath();          //获取系统当前目录
    QString aFileName = QFileDialog::getOpenFileName(this,"打开一个文件",
curPath, "程序文件(＊.h ＊cpp);;文本文件(＊.txt);;所有文件(＊.＊)");
    if(aFileName.isEmpty())
        return;
    openTextByStream(aFileName);
}
void MainWindow::on_action_save_iodevice_triggered()
{
    QString curPath = QDir::currentPath();          //获取系统当前目录
    QString dlgTitle = "另存为一个文件";            //对话框标题
    QString filter = "h 文件(＊.h);;c++文件(＊.cpp);;文本文件(＊.txt);;所有文件
(＊.＊)";                                          //文件过滤器
    QString aFileName = QFileDialog::getSaveFileName(this, dlgTitle, curPath,
filter);
    if(aFileName.isEmpty())
        return;
    saveTextFile(aFileName);
    ui->tabWidget->setCurrentIndex(0);
}
void MainWindow::on_action_save_textstream_triggered()
{
    QString curPath = QDir::currentPath();
    QString dlgTitle = "另存为一个文件";
    QString filter = "h 文件(＊.h);;c++文件(＊.cpp);;文本文件(＊.txt);;所有文件
(＊.＊)";
    QString aFileName = QFileDialog::getSaveFileName(this, dlgTitle, curPath,
filter);
    if(aFileName.isEmpty())
        return;
    saveTextByStream(aFileName);
    ui->tabWidget->setCurrentIndex(1);
}
```

(6) 构建并运行程序,测试结果如图 7.7 所示。

7.3.4　二进制文件读写

QDataStream 类提供了基于 QIODevice 的二进制数据的序列化。数据流是一种二进制流，这种流完全不依赖于底层操作系统、CPU 或字节顺序（大端或小端）。例如，在安装了 Windows 系统的 PC 上写入的一个数据流，可以不经过任何处理，直接拿到运行了 Solaris 的 SPARC 机器上读取。由于数据流就是二进制流，因此也可以直接读写没有编码的二进制数据，如图像、视频、音频等。

QDataStream 类既能够存取 C++ 基本类型，如 int、char、short 等，也可以存取复杂的数据类型，如自定义的类。实际上，QDataStream 对于类的存储，是将复杂的类分割为很多基本单元实现的。

【例 7.4】 编写一个 Qt 应用程序，演示二进制文件的读/写操作。程序运行结果如图 7.9 所示。

（1）打开 Qt Creator 集成开发环境，创建一个名为 examp7_4 的应用程序。该应用程序主窗体基于 QMainWindow 类。

（2）双击 mainwindow.ui 界面文件，打开 Qt Designer 设计工具，设计应用程序主窗体界面及

图 7.9　例 7.4 程序运行结果

工具栏上的 Action。如图 7.9 所示，应用程序工具栏上的 Action 从左至右依次为"打开二进制文件""保存为二进制文件"和"退出"。

（3）编写上述 Action 的 triggered 信号槽函数代码。

```
void MainWindow::on_action_save_triggered()
{
    QFile aFile("f:\\temp\\examp7_4dat.dat");
    if(!(aFile.open(QIODevice::WriteOnly)))
        return;
    QDataStream aStream(&aFile);                    //用文本流读取文件
    aStream.setByteOrder(QDataStream::LittleEndian);
    qint16  rowCount = ui->tableWidget->rowCount();
    qint16  colCount = ui->tableWidget->columnCount();
    aStream.writeRawData((char *)&rowCount,sizeof(qint16));
    aStream.writeRawData((char *)&colCount,sizeof(qint16));
    //获取表头文字
    QByteArray btArray;
    QTableWidgetItem * aItem;
    for(int i = 0;i < ui->tableWidget->columnCount(); i++)
    {
        aItem = ui->tableWidget->horizontalHeaderItem(i);
        QString str=aItem->text();
        btArray=str.toUtf8();
        aStream.writeBytes(btArray,btArray.length());
    }
    //获取数据区文字
    for(int i=0;i<ui->tableWidget->rowCount();i++)
```

```
        {
            aItem = ui->tableWidget->item(i,0);        //学号
            btArray = aItem->text().toUtf8();
            aStream.writeBytes(btArray,btArray.length());
            aItem = ui->tableWidget->item(i,1);        //姓名
            btArray = aItem->text().toUtf8();
            aStream.writeBytes(btArray,btArray.length());
            aItem = ui->tableWidget->item(i,2);        //课程
            btArray = aItem->text().toUtf8();
            aStream.writeBytes(btArray,btArray.length());
            aItem = ui->tableWidget->item(i,3);        //成绩
            qreal score = aItem->data(Qt::DisplayRole).toFloat();
            aStream.writeRawData((char *)&score,sizeof(qreal));
        }
        aFile.close();
}
void MainWindow::on_action_open_triggered()
{
    QFile aFile("f:\\temp\\examp7_4dat.dat");    //以文件方式读出
    if(!(aFile.open(QIODevice::ReadOnly)))
        return;
    QDataStream aStream(&aFile);                        //用文本流读取文件
    aStream.setByteOrder(QDataStream::LittleEndian);
    qint16  rowCount,colCount;
    aStream.readRawData((char *)&rowCount, sizeof(qint16));
    aStream.readRawData((char *)&colCount, sizeof(qint16));
    //获取表头文字
    char *buf;
    uint strLen;
    for(int i=0;i<colCount;i++)
    {
        aStream.readBytes(buf,strLen);                 //同时读取字符串长度和字符串内容
    }
    //获取数据区数据
    qreal score;
    QTableWidgetItem * aItem;
    for(int i=0;i<rowCount;i++)
    {
       aStream.readBytes(buf,strLen);           //学号
       aItem = ui->tableWidget->item(i,0);
       QString str1 = QString::fromUtf8(buf,strLen);
       aItem->setText(str1);
       if(str1.isEmpty()) break;
       aStream.readBytes(buf,strLen);           //姓名
       aItem = ui->tableWidget->item(i,1);
       QString str2 = QString::fromUtf8(buf,strLen);
       aItem->setText(str2);
       aStream.readBytes(buf,strLen);           //课程
       aItem = ui->tableWidget->item(i,2);
       QString str3 = QString::fromUtf8(buf,strLen);
       aItem->setText(str3);
       aStream.readRawData((char *)&score, sizeof(qreal));        //成绩
       aItem = ui->tableWidget->item(i,3);
       aItem->setText(tr("%1").arg(score));
```

```
    }
    aFile.close();
}
```

（4）构建并运行程序。程序运行后,首先双击各个单元格输入测试数据,然后单击工具栏上的"保存"按钮,接着单击"退出"按钮;再次运行程序,单击工具栏上的"打开"按钮,显示文件中的数据,如图7.9所示。

7.4 Qt SQL 概述

Qt 的 SQL 模块提供对数据库编程的支持。Qt 支持多种常见的数据库,如 MySQL、Oracle、MS SQL Server、SQLite 等。

7.4.1 Qt SQL 模块

Qt SQL 模块包含多个类,可以实现数据库连接、SQL 语句执行、数据获取与界面显示等功能。

Qt SQL 模块中的类可以分为 3 个层次,即驱动层、SQL 接口层和用户接口层。驱动层为具体的数据库和 SQL 接口层之间提供底层桥梁;SQL 接口层提供了对数据库的访问支持;用户接口层提供数据从数据库到界面窗体部件的映射,使用 Qt 的模型/视图结构实现。Qt SQL 模块类所属层次及功能如表 7.10 所示。

表 7.10　Qt SQL 模块类所属层次及功能

类　　名	层　　次	功　　能
QSqlDatabase	SQL 接口层	用于建立与数据库的连接
QSqlDriver	驱动层	抽象类。用于访问具体的 SQL 数据库底层
QSqlDriverCreator<T>	驱动层	模板类。为某个具体的数据库驱动提供 SQL 驱动类
QSqlDriverCreatorBase	驱动层	所有 SQL 驱动类的基类
QSqlDriverPlugin	驱动层	抽象类。定制 QSqlDriver 插件的基类
QSqlError	SQL 接口层	SQL 数据库错误信息。用于访问上一次数据库错误信息
QSqlField	SQL 接口层	用于操作数据表或视图的字段
QSqlIndex	SQL 接口层	用于操作数据库的索引
QSqlQuery	SQL 接口层	执行 SQL 语句
QSqlQueryModel	用户接口层	SQL 查询的只读数据模型。用于结果集数据的只读显示
QSqlRecord	SQL 接口层	用于对数据记录的操作
QSqlRelation	SQL 接口层	用于存储 SQL 外键信息
QSqlRelationalDelegate	用户接口层	数据模型 QSqlRelationalTableModel 中显示和编辑字段的代理组件
QSqlRelationalTableModel	用户接口层	单个数据表的可编辑数据模型,支持数据表字段的外键
QSqlResult	驱动层	访问 SQL 数据库的抽象接口
QSqlTableModel	用户接口层	用于编辑一个单一数据表的数据模型

在 Qt 应用程序的开发过程中,若要使用 Qt SQL 模块中的类,需要将该模块加载到项目中,即需要在项目文件(＊.pro 文件)中添加如下代码。

```
QT += sql
```

7.4.2 Qt SQL 驱动

Qt SQL 模块使用数据库驱动与不同的数据库接口进行通信。Qt 的 SQL 模块接口是独立于数据库的,所以所有数据库特定的代码都包含在这些驱动中。Qt 默认支持一些驱动,如表 7.11 所示。当然,也可以添加其他的数据库驱动。

表 7.11 Qt 部分数据库驱动

驱 动 名 称	数 据 库
QDB2	IBM DB2(7.1 版及以上版本)数据库
QMYSQL/MARIADB	MySQL 或 MariaDB(5.6 版及以上版本)数据库
QOCI	Oracle 调用接口驱动(Oracle Call Interface Driver)(12.1 版及以上版本)
QODBC	Open Database Connectivity(ODBC),Microsoft 的 SQL Server 数据库及其他 ODBC 兼容数据库
QPSQL	PostgreSQL(7.3 及以上版本)数据库
QSQLITE	SQLite3 数据库

Qt 中的数据库驱动是以动态链接库插件的形式提供的,开源版本的 Qt 6.2.4 在下载时只带有 QSQLITE、QODBC 和 QPSQL 这 3 种类型的数据库驱动。如果需要使用其他 Qt 支持的数据库,可以使用下载的源码自己构建、安装这种数据库的驱动插件。下面以 MySQL 数据库为例简单介绍其操作步骤。

构建和安装 Qt 6.2.4 的 MySQL 数据库驱动,需要下载 Qt 6.2.4 的源码和一些必要的构建工具,如 CMake、Ninja 等。另外,还需要在本地安装 MySQL 数据库。编者安装的 Qt 6.2.4 工具如图 7.10 所示。

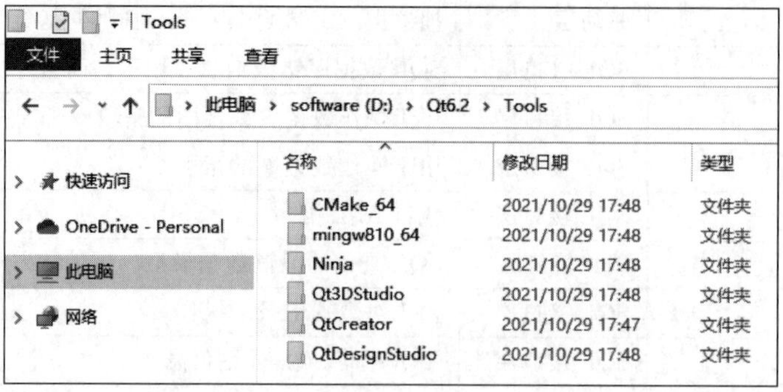

图 7.10 Qt 6.2.4 的 Tools 目录

在编者的计算机中,安装了一个名为 Wampserver 的集成开发环境,是一款 PHP 应用开发时的项目调试与运行软件包,这个软件包包含 MySQL 数据库,版本为 5.7.26,安装位置为 D:\wampserver3.1.9\bin\mysql\mysql5.7.26。若读者的计算机中没有安装 MySQL 数据库,需要先下载安装,因为在构建 Qt 的 MySQL 驱动插件时要使用 MySQL 数据库

include 目录中的文件和 lib 目录中的 libmysql.lib 文件。

具体操作步骤如下。

（1）为了运行命令方便，先将图 7.10 中的一些工具的路径存放到计算机的 Path 环境变量中，如图 7.11 所示。

图 7.11　设置 Path 环境变量

（2）在计算机硬盘上新建一个目录，如 f:\qtmysql。然后，以管理员身份启动 Windows 命令行窗口，并将目录切换到该目录。

（3）在命令行窗口中运行以下命令。

```
qt-cmake - G Ninja d:\Qt6.2\6.2.4\Src\qtbase\src\plugins\sqldrivers - DMySQL_
INCLUDE_DIR="D:\wampserver3.1.9\bin\mysql\mysql5.7.26\include" - DMySQL_LIBRARY =
"D:\wampserver3.1.9\bin\mysql\mysql5.7.26\lib\ libmysql.lib" - DCMAKE_INSTALL_
PREFIX = "D:\Qt6.2\6.2.4\mingw81_64"
```

上述命令中的 d:\Qt6.2\6.2.4\Src\qtbase\src\plugins\sqldrivers 是编者的 Qt 6.2.4 源码中的数据库驱动(sqldrivers)源码目录；D:\wampserver3.1.9\bin\mysql\mysql5.7.26\ include 是编者安装的 MySQL 数据库的 include 目录；D:\wampserver3.1.9\bin\mysql\ mysql5.7.26\lib\ libmysql.lib 是编者安装的 MySQL 数据库的 lib 库文件；D:\Qt6.2\6.2.4\ mingw81_64 表示数据库驱动插件的安装位置。读者根据自己的 Qt 实际安装位置进行相应的调整。

命令执行完成后，目录 f:\qtmysql 中的内容如图 7.12 所示。

（4）接着在命令行窗口中运行以下命令。

```
cmake -- build
```

该命令构建 MySQL 数据库驱动插件，也就是生成扩展名为.dll 的动态链接库及相关

图 7.12　中间结果目录

的.debug 文件。这些文件存放在图 7.12 所示目录下的 plugins\sqldrivers 子目录中。

(5) 继续在命令行窗口中运行以下命令。

```
cmake -- install
```

该命令将插件安装到指定的 Qt 中。

上述命令均成功运行后,打开 Qt 6.2.4 的数据库插件目录,即可看到新生成的 MySQL 数据库驱动文件,如图 7.13 所示。

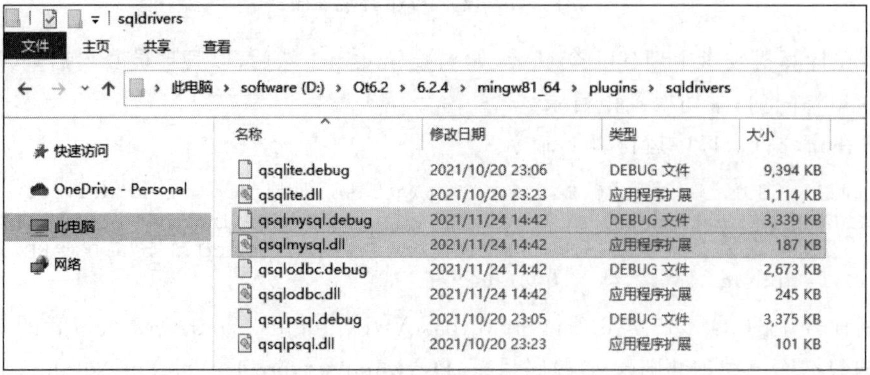

图 7.13　MySQL 数据库驱动文件

MySQL 数据库驱动安装成功后,就可以在 Qt 程序中使用 QMYSQL 驱动与 MySQL 数据库进行交互了。

7.5　数据库操作

Qt 应用程序中的数据库的操作,主要包括连接数据库、打开数据库、查询数据库、创建数据表、对数据表中的记录执行增、删、改、查操作等。

7.5.1　数据库的连接

应用程序要与数据库进行交互，必须先创建并打开一个或多个数据库连接。在 Qt 中，数据库的连接、打开等操作通过 QSqlDatabase 类实现。QSqlDatabase 类的部分成员函数及功能描述如表 7.12 所示。

表 7.12　QSqlDatabase 类的部分成员函数及功能描述

函　数　名　称	功　能　描　述
QSqlDatabase()	构造并初始化对象
close()	关闭数据库连接，释放获取的所有资源
commit()	将事务提交到数据库
connectOptions()、setConnectOptions()	获取或设置连接配置字符串
connectionName()	返回连接名称，该名称可能为空
databaseName()、setDatabaseName()	获取或设置连接的数据库名称
driver()、driverName()	返回用于访问数据库连接的数据库驱动
exec()	对数据库执行 SQL 语句并返回 QSqlQuery 对象
hostName()、setHostName()	获取或设置连接的主机名称
open()	打开数据库连接
password()、setPassword()	获取或设置数据库连接的密码
port()、setPort()	获取或设置数据库连接的端口
primaryIndex()	返回数据表的主索引，结果为 QSqlIndex 对象
record()	返回数据表字段名，结果为 QSqlRecord 对象
userName()、setUserName()	获取或设置数据库连接的用户名
tables()	返回参数类型指定的数据库表、系统表和视图的列表
addDatabase()	静态函数。将数据库添加到数据库连接列表中
cloneDatabase()	静态函数。复制数据库连接
connectionNames()	静态函数。返回包含所有连接名称的列表
contains()	静态函数。数据库连接列表中是否包含指定的连接
database()	静态函数。返回某个特定连接名称的数据库连接
drivers()	静态函数。返回所有可用数据库驱动列表
isDriverAvailable()	静态函数。判断某个驱动是否有效
registerSqlDriver()	静态函数。注册一个新的 SQL 驱动
removeDatabase()	静态函数。从数据库连接列表中删除某个数据库连接

Qt 中的数据库连接使用连接名定义，可以给相同数据库创建多个连接。一般使用 QSqlDatabase 类的 addDatabase() 静态成员函数创建数据库连接。函数原型如下。

```
QSqlDatabase addDatabase(const QString &type, const QString &connectionName =
QLatin1String(defaultConnection))
```

或

```
QSqlDatabase addDatabase(QSqlDriver * driver, const QString &connectionName =
```

```
QLatin1String(defaultConnection))
```

其中,参数 type 和 driver 表示数据库类型和驱动名称;connectionName 表示连接名,省略时表示默认连接。

1. 连接 MySQL 数据库

Qt 与 MySQL 数据库的连接,除了使用 QMYSQL 驱动之外,还需要使用 QSqlDatabase 的一些成员函数设置数据库服务器主机名称、端口号、用户名、密码等连接参数。

扫一扫

视频讲解

【例 7.5】 编写一个 Qt 的非 GUI 应用程序,实现与 MySQL 数据库的连接。

(1) 启动 Qt Creator 集成开发环境,创建一个名为 examp7_5 的非 GUI 的 Qt 应用程序。

(2) 打开项目文件 examp7_5.pro,在其中添加代码"QT += sql",引入 Qt SQL 模块。

(3) 打开项目 main.cpp 文件,在其中添加如下代码。

```
QSqlDatabase db = QSqlDatabase::addDatabase("QMYSQL");
db.setHostName("localhost");
db.setUserName("root");
db.setPassword("");
db.setPort(3306);
if(!db.open()){
    qDebug() << "数据库打开失败!";
    QSqlError error = db.lastError();
    qDebug() << error.text();
    return 0;
}
QSqlQuery query;
query.exec("show databases");
while (query.next()) {
    qDebug()<<query.value(0).toString();
}
db.close();
```

(4) 构建并运行程序。输出结果如图 7.14 所示。

图 7.14　例 7.5 程序输出结果(1)

从程序的输出结果可以看出,数据库没有成功打开,主要原因是程序不能与名为 localhost 的 MySQL 数据库服务器连接。

(5) 启动本机的 MySQL 数据库服务器,并查看该服务器上的数据库,如图 7.15 所示。

(6) 再次运行程序,输出结果如图 7.16 所示。

比较图 7.16 中程序的输出结果和图 7.15 中显示的数据库服务器信息,可以看出,示例程序成功连接到了本机的 MySQL 数据库,并获取到了该数据库服务器上的数据库名称。

2. 连接 SQLite 数据库

Qt 默认提供 SQLite 数据库驱动。SQLite 是一种不需要服务器、不需要任何配置的数据库,它的所有数据表、索引等数据库元素全都存储在一个文件中,所以又称为文件数据库。

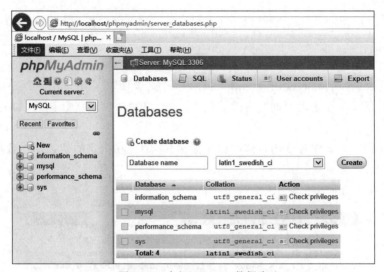

图 7.15　本机 MySQL 数据库

图 7.16　例 7.5 程序输出结果(2)

另外,SQLite 还是一款可以跨平台使用的数据库,其数据库文件可以在不同平台之间随意复制。

连接 SQLite 数据库非常简单,只需要使用 Qt 的 QSQLITE 驱动即可。这里需要注意的是,由于 SQLite 数据库是一种进程内的本地数据库,所以连接时不需要设置数据库名、用户名、密码、主机名和端口等连接参数。

【例 7.6】　编写一个 Qt 的非 GUI 应用程序,实现与 SQLite 数据库的连接。

(1) 启动 Qt Creator 集成开发环境,创建一个名为 examp7_6 的非 GUI 的 Qt 应用程序。

(2) 打开项目文件 examp7_6.pro,在其中添加代码"QT += sql",引入 Qt SQL 模块。

(3) 打开项目 main.cpp 文件,在其中添加如下代码。

```cpp
QSqlDatabase db = QSqlDatabase::addDatabase("QSQLITE");
//db.setDatabaseName(":memory:");                      //语句 1
db.setDatabaseName("../examp7_6/examp7_6db.db");       //语句 2
if(!db.open()){
    qDebug() << "数据库打开失败!";
    QSqlError error = db.lastError();
    qDebug() << error.text();
    return 0;
}
QSqlQuery query;
query.exec("create table student(id int primary key, name varchar(20))");
query.exec("create table course(id int primary key, name varchar(20))");
query.exec("create table score(id int primary key, student_id int, course_id int)");
```

```
QStringList tables = db.tables();
for(int i=0;i<tables.count();i++){
    qDebug()<<tables[i];
}
```

若在设置数据库名称时使用:memory:标识符,则说明这是建立在内存中的数据库,也就是说该数据库只在程序运行期间有效,等程序运行结束时就会将其销毁,如上述代码中的语句1所示。

若在设置数据库名称时使用具体的数据库名称,则会在指定的位置创建数据库文件,如上述代码中的语句2所示。

(4)构建并运行程序。输出结果如图7.17所示。

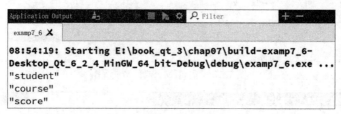

图 7.17　例 7.6 程序输出结果

3. 连接 MS Access 数据库

Qt 默认提供 QODBC 数据库驱动,可以使用该驱动连接 MS Access 数据库。

【例 7.7】 编写一个 Qt 的非 GUI 应用程序,实现与 MS Access 数据库的连接。

(1)准备测试用的 Access 数据库。这里使用教材源码中的数据库文件 chap07\examp7_7\studentDB.mdb。

(2)注册数据源。首先打开如图7.18所示的 Windows 系统 ODBC 数据源管理工具,单击"添加"按钮,选择 Microsoft Access Driver(* .mdb, * .accdb)数据源驱动程序,如图7.19所示。

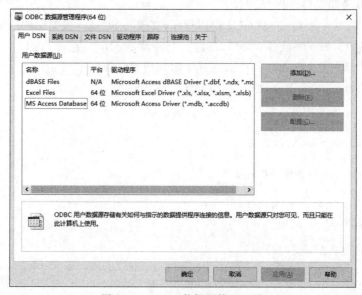

图 7.18　ODBC 数据源管理工具

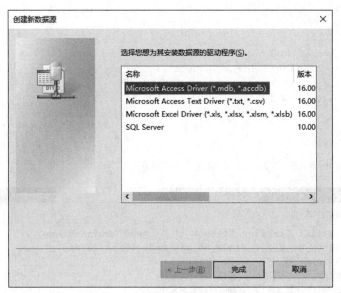

图 7.19 选择数据源驱动程序

单击"完成"按钮，进入数据源配置界面。在这里设置数据源名称为 student，数据库文件为 E:\book_qt_3\chap07\examp7_7\StudentDB.mdb（读者根据自己数据库文件的具体位置进行调整），如图 7.20 所示。

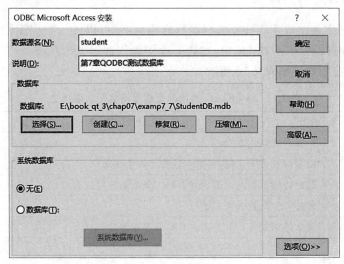

图 7.20 配置数据源

（3）启动 Qt Creator 集成开发环境，创建一个名为 examp7_7 的非 GUI 的 Qt 应用程序。

（4）打开项目文件 examp7_7.pro，在其中添加代码"QT += sql"，引入 Qt SQL 模块。

（5）打开项目 main.cpp 文件，在其中添加如下代码。

```
QSqlDatabase db = QSqlDatabase::addDatabase("QODBC");
    db.setDatabaseName("student");
    if(!db.open()){
```

```
        qDebug() << "数据库打开失败!";
        return 0;
    }
    QSqlQuery query;
    query.exec("select * from student");
    while(query.next()){
        qDebug()<<"学生姓名:"<<query.value(1).toString()<<
                    "/ 系别:"<<query.value(4).toString();
    }
    db.close();
```

（6）构建并运行程序。输出结果如图 7.21 所示。

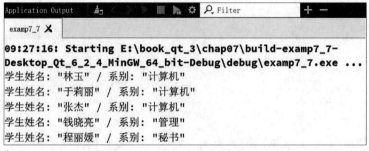

图 7.21 例 7.7 程序输出结果

7.5.2 数据库的操作

使用 Qt 数据库驱动成功连接到相应的数据库后,就可以进行数据库的创建、数据表的创建、记录的添加等操作了。在 Qt 中,对数据库的操作通过 QSqlQuery 类来实现,该类的部分成员函数及功能描述如表 7.13 所示。

表 7.13 QSqlQuery 类的部分成员函数及功能描述

函 数 名 称	功 能 描 述
QSqlQuery()	构造并初始化对象
addBindValue()	使用位置值绑定时,将某个值添加到值列表中
at()	返回查询的当前内部位置。第 1 条记录的位置为 0
bindValue()	通过占位符位置绑定数据
clear()	清除结果集并释放查询占有的所有资源
exec()	执行先前准备好的 SQL 查询
execBatch()	批量执行先前准备好的 SQL 查询
executedQuery()	返回上次成功执行的查询
finish()	查询执行结束,不再从该查询中提取数据
first()	检索结果中的第 1 条记录(如果可用),并将查询定位在检索到的记录上
isForwardOnly()	判断结果集是否只能向前滚动
isSelect()	判断当前查询是否为 SELECT 语句
last()	检索结果中最后一条记录(如果可用),并将查询定位在检索到的记录上
lastError()	返回有关此查询发生的上一个错误(如果有)的错误信息

续表

函 数 名 称	功 能 描 述
lastInsertId()	如果数据库支持,则返回最近插入的记录行的对象 ID
lastQuery()	返回正在使用的当前查询的文本,如果没有,则返回空字符串
next()	检索结果中的下一条记录(如果可用),并将查询定位在检索到的记录上
nextResult()	放弃当前结果集并导航到下一个结果集(如果可用)
numRowsAffected()	返回受 SQL 语句影响的行数。SELECT 语句该值是未定义的,改用 size()
prepare()	准备 SQL 查询以供执行。查询准备成功,则返回 True;否则返回 False
record()	返回包含当前查询的字段信息的 QSqlRecord 对象
result()	返回与查询关联的结果。该结果为 QSqlResult 对象
size()	返回结果的大小(返回的行数),如果无法确定大小或数据库不支持报告有关查询大小的信息,则返回 −1
value()	返回当前记录中某字段的值

下面以 MySQL 数据库为例,简单介绍几种常用的数据库操作。

1. 创建数据库

调用 QSqlQuery::exec()函数执行 SQL 命令 create database database_name,即可创建一个 MySQL 数据库。

【例 7.8】 修改例 7.5 中程序代码,使程序运行后新建一个名为 qt_examp7_8db 的 MySQL 数据库。程序运行结果如图 7.22 所示。

扫一扫

视频讲解

图 7.22 例 7.8 程序运行后 MySQL 数据库服务器状态

(1) 复制例 7.5 中的 examp7_5 项目,将其名称修改为 examp7_8。

(2) 打开项目 examp7_8 的 main.cpp 文件,将其中的部分代码修改如下。

```
QSqlQuery query;
QString sql = "CREATE DATABASE IF NOT EXISTS `qt_examp7_8db` DEFAULT CHARACTER SET
```

```
utf8 COLLATE utf8_general_ci;";
bool flg = query.exec(sql);
...
```

（3）启动 MySQL 数据库服务器。

（4）构建并运行程序。程序运行完成后，打开 phpMyAdmin 工具查看名为 qt_examp7_8db 的 MySQL 数据库是否创建成功，如图 7.22 所示。

2. 创建数据表

调用 QSqlQuery::exec()函数执行 SQL 命令 create table table_name，即可在打开的 MySQL 数据库中创建一张数据表。

【例 7.9】　编写一个非 GUI 的 Qt 应用程序，程序运行后，在例 7.8 创建的 qt_examp7_8db 数据库中新建一张名为 student 的数据表，表结构如图 7.23 所示。

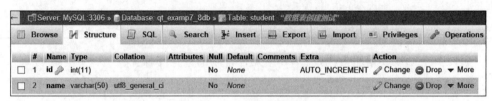

图 7.23　student 数据表结构

（1）复制例 7.8 中的 examp7_8 项目，将其名称修改为 examp7_9。

（2）打开 examp7_9 项目的 main.cpp 文件，将其中的部分代码修改如下。

```
...
QSqlQuery query;
QString sql = "use qt_examp7_8db";
bool flg = query.exec(sql);
if(!flg){
    qDebug() << "数据库 qt_examp7_8db 打开失败";
}
else{
    sql = " CREATE TABLE IF NOT EXISTS `student` (        \
          `id` int(11) NOT NULL AUTO_INCREMENT,           \
           `name` varchar(50) NOT NULL,                   \
          PRIMARY KEY (`id`)                              \
        ) ENGINE=MyISAM DEFAULT CHARSET=utf8 COMMENT='数据表创建测试' ";
    if(query.exec(sql)){
        qDebug() << "数据表 student 创建成功!";
    }
}
...
```

（3）启动 MySQL 数据库服务器。

（4）构建并运行程序。

程序运行完成后，打开 phpMyAdmin 工具查看 qt_examp7_8db 数据库中的 student 数据表是否创建成功。若数据表创建成功，则它的表结构应为如图 7.23 所示的内容。

3. 插入记录

插入记录有两种方法，一种是使用 QSqlQuery 执行 SQL 语句直接插入数据，例如：

```
insert into table_name (fields_list) values(expression_list)
```

另一种是执行 SQL 语句,通过占位符绑定插入数据。例如:

```
insert into table_name (fields_list) values(?, ?, ? , …)
```

或

```
insert into table_name (fields_list) values(:fields_list)
```

Qt 支持两种占位符绑定,即位置绑定和名称绑定。

【例 7.10】 编写一个非 GUI 的 Qt 应用程序,演示数据表中数据的插入操作。程序运行结果如图 7.24 所示。

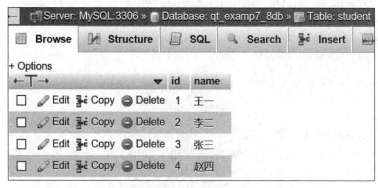

图 7.24 数据插入结果

(1) 复制例 7.9 中的 examp7_9 项目,将其名称修改为 examp7_10。

(2) 打开 examp7_10 项目的 main.cpp 文件,将其中的部分代码修改如下。

```
…
db.setDatabaseName("qt_examp7_8db");
…
QSqlQuery query;
QString sql = "INSERT INTO `student` (`id`, `name`) VALUES (NULL, '王一'), (NULL,
'李二');";               //数据插入方法一
bool flg = query.exec(sql);
if(flg){
    qDebug() << "数据插入成功!";
}
//数据插入方法二
sql = "INSERT INTO `student` (`name`) VALUES (?)";
query.prepare(sql);
query.bindValue(0,"张三");
query.exec();
//数据插入方法三
sql = "INSERT INTO `student` (`name`) VALUES (:name)";
query.prepare(sql);
query.bindValue(":name","赵四");
query.exec();
…
```

(3) 启动 MySQL 数据库服务器。

(4) 构建并运行程序。程序运行完成后,打开 phpMyAdmin 工具查看 qt_examp7_8db 数据库中的 student 数据表中的数据是否插入成功。若数据插入成功,则它的表数据应为如图 7.24 所示的内容。

4. 修改记录

要修改数据表中的记录，只需要使用 QSqlQuery 执行下面的 SQL 语句即可。

```
update table_name set field_1 = expression_1 [, field_2 = expression_2…] [from table1_name [, table2_name] ] [where …]
```

这里也可以使用占位符绑定。

【例 7.11】 编写一个非 GUI 的 Qt 应用程序，演示数据表中数据的更改操作。

（1）复制例 7.10 中的 examp7_10 项目，将其名称修改为 examp7_11。

（2）打开 examp7_11 项目的 main.cpp 文件，将其中的部分代码修改如下。

```
…
QString sql = "UPDATE `student` SET `name` = '王五' WHERE `student`.`id` = 1; ";
bool flg = query.exec(sql);
if(flg){
    qDebug() << "数据修改成功!";
}
…
```

（3）启动 MySQL 数据库服务器。

（4）构建并运行程序。程序运行结束后，可以看到 student 数据表中序号为 1 的学生姓名被修改为"王五"。

5. 删除记录

删除记录使用 QSqlQuery 执行 DELETE SQL 语句来实现。DELETE 语句的语法格式如下。

```
delete from table_name [where …]
```

例如，用下面的语句删除 student 数据表中姓名为"王一"的记录。

```
delete from student where name = "王一"
```

6. 查询记录

查询记录使用 QSqlQuery 执行 SELECT SQL 语句来实现。SELECT 语句的完整语法格式较为复杂，其主要的子句如下。

```
select fields_list
from table_name
[where …][group by group_by_expression][order by order_expression [ ASC | DESC] ]
```

其中，select 和 from 子句是不可或缺的。

【例 7.12】 编写一个非 GUI 的 Qt 应用程序，演示数据表中数据的查询操作。程序运行结果如图 7.25 所示。

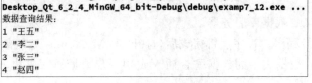

图 7.25　数据查询结果

（1）复制例 7.11 中的 examp7_11 项目，将其名称修改为 examp7_12。

（2）打开 examp7_12 项目的 main.cpp 文件，将其中的部分代码修改如下。

```
...
QString sql = "SELECT * from student";
bool flg = query.exec(sql);
if(flg){
    qDebug() << "数据查询结果: ";
    while(query.next()){
        qDebug() << query.value(0).toInt() << query.value(1).toString();
    }
}
...
```

（3）启动 MySQL 数据库服务器。

（4）构建并运行程序。程序运行结果如图 7.25 所示。

上面给出了一些简单的示例代码，旨在说明 Qt 中数据库操作的基本方法。在 Qt 项目的实际开发过程中，数据库的操作都是采用模型/视图结构实现的，相关详情可参见第 8 章。

习题 7

1. 填空题

（1）Qt 文件系统中的文件 I/O 设备类，都是从_____类派生而来的。

（2）在 Qt 中，使用_____和_____类的对象进行目录操作；使用_____类获取某个文件的信息。

（3）可以通过 QFileInfo 类的_____和_____函数判断该类的对象是否为目录或文件。

（4）在 Qt 中，通常使用_____、_____或_____类对文件进行读/写操作。

（5）若要以只读方式打开文件，需要在调用 QFile 类的_____函数时设置_____类型的文件打开模式。

（6）若要对文本文件进行读/写操作，可以使用_____类的 IODevice 读写功能直接进行文件的读/写，也可以将 QFile 类和_____类结合起来，用流的方法进行文件读/写。

（7）Qt 的_____模块提供了对数据库编程的支持，Qt 支持_____、_____和_____等多种常见的数据库。

（8）Qt 针对 MySQL 和 SQLite 数据库的驱动名称分别为_____和_____。

（9）在 Qt 中，数据库的连接操作通过_____类来实现；对数据库的查询操作通过_____类来实现。

（10）在 Qt 数据库编程中，通过调用 QSqlQuery 类的_____函数执行 SQL 命令。

2. 选择题

（1）Qt 的文件操作类都属于 Qt 的（　　）模块。

    A. GUI   B. Widgets   C. Core   D. SQL

（2）QFile 是（　　）类的直接子类。

    A. QObject   B. QIODeviceBase

        C. QIODevice　　　　　　　　　　　　D. QFileDevice

（3）下列 QDir 类的成员函数中，返回应用程序当前目录名称的是（　　　　）。

        A. currentPath()　　　　　　　　　　B. homePath()

        C. rootPath()　　　　　　　　　　　　D. tempPath()

（4）若要获取完整的文件名，需要使用 QFileInfo 类的（　　　）函数。

        A. absolutePath　　　B. baseName()　　　C. fileName　　　D. filePath

（5）使用 QFile 类的（　　　）函数可以一次性读取文本文件的全部内容。

        A. read()　　　　　　B. readAll()　　　　C. readLine()　　　D. readData()

（6）通过流方式读取文件中的数据，可以使用 QDataStream 类的（　　　）运算符重载函数。

        A. <<　　　　　　　　B. >>　　　　　　　C. readBytes()　　　D. readRawData()

（7）一般使用 QSqlDatabase 类的（　　　）静态成员函数创建数据库连接。

        A. addDatabase()　　　　　　　　　　B. connectionName()

        C. database()　　　　　　　　　　　　D. open()

（8）使用 QSqlQuery 类的（　　　）函数执行数据库的单个 SQL 命令。

        A. exec()　　　　　　B. execBatch()　　　C. bindValue()　　　D. prepare()

（9）通过 QSqlQuery 类的 result()函数可以获取查询结果集，该函数返回一个（　　　）类型的对象指针。

        A. QSqlQuery　　　　B. QSqlResult　　　C. QSqlRecord　　　D. QSqlField

（10）若根据条件删除了数据表中的一些记录，可以使用 QSqlQuery 类的（　　　）函数获取被删除的记录条数。

        A. size()　　　　　　　　　　　　　　B. numRowAffected()

        C. value()　　　　　　　　　　　　　　D. record()

3. 程序阅读题

启动 Qt Creator 集成开发环境，创建一个 Qt Widgets Application 类型的应用程序，该应用程序主窗体基于 QWidget 类。在应用程序主窗体中添加一个 QPushButton 类型的按钮，以及一个 QPlaintTextEdit 类型的文本编辑器，对象名称分别为 pBtn 和 pTextEdit。

（1）为 pBtn 按钮添加 clicked 信号的槽函数并编写代码，如下所示。

```
void Widget::on_pBtn_clicked()
{
    QDir dir;
    //dir.mkdir("f:\qt\pro");                          //语句1
    dir.mkpath("f:\qt\pro");                           //语句2
    QString dirPath = dir.absolutePath();
    QString currentPath = QDir::currentPath();
    ui->pTextEdit->appendPlainText(dirPath);           //语句3
    ui->pTextEdit->appendPlainText(currentPath);       //语句4
}
```

回答下面的问题：

① 语句2的功能是什么？若将语句2换成语句1，结果会怎么样？

② 语句3添加到文本编辑器中的文本是 f:\qt\pro 吗？

③ 语句 4 和语句 3 添加到文本编辑器中的文本是相同的吗？为什么？

（2）在上述代码的基础上，继续在 on_pBtn_clicked() 函数中添加代码，如下所示。

```
void Widget::on_pBtn_clicked()
{
    ...
    dir.setPath("f:/qt/pro");
    QDir::setCurrent(dir.path());
    dir.cdUp();
    ui->pTextEdit->appendPlainText(dir.absolutePath());    //语句 1
    ui->pTextEdit->appendPlainText(QDir::currentPath());   //语句 2
    dir.mkdir("project");                                  //语句 3
    QFile file("doc.txt");                                 //语句 4
    if(file.open(QIODeviceBase::ReadWrite)){
        file.write("ok");
        file.close();
    }
}
```

回答下面的问题：

① 语句 1 和语句 2 添加到文本编辑器中的字符串分别是什么？

② 语句 3 创建的 project 目录在哪个目录下？

③ 语句 4 创建的 doc.txt 文件在哪个目录下？

（3）若将 on_pBtn_clicked() 槽函数中的代码修改为如下内容，请说明函数的功能。

```
void Widget::on_pBtn_clicked()
{
    QFile file("data.txt");
    if(file.open(QIODeviceBase::WriteOnly | QIODeviceBase::Truncate)){
        QTextStream out(&file);
        out << qSetFieldWidth(10) << Qt::left << "王一" << 90 << qSetFieldWidth
(0) << Qt::endl;
        out << qSetFieldWidth(10) << Qt::left << "李二" << 80 << qSetFieldWidth
(0) << Qt::endl;
        out << qSetFieldWidth(10) << Qt::left << "张三" << 70 << qSetFieldWidth
(0) << Qt::endl;
    }
    file.close();
    this->thread()->sleep(3);
    if(file.open(QIODeviceBase::ReadOnly)){
        ui->pTextEdit->appendPlainText(file.readAll());
    }
    file.close();
}
```

（4）在 Widget 类的构造函数和 on_pBtn_clicked() 函数中编写如下代码。

```
Widget::Widget(QWidget * parent) : QWidget(parent) , ui(new Ui::Widget)
{
    ...
    db = QSqlDatabase::addDatabase("QSQLITE");
    db.setHostName("wwp-sqlite");
```

```
    db.setDatabaseName("sqliteDb.db");            //语句1
    db.setUserName("wwp");
    db.setPassword("123456");
}
void Widget::on_pBtn_clicked()
{
    if(!db.open()){
        ui->pTextEdit->appendPlainText("数据库打开失败。");
        return;
    }
    QSqlQuery query(db);
    QString sqlStr = "create table if not exists student   \
                    (                                       \
                        id int primary key,                 \
                        name varchar,                       \
                        score int                           \
                    )";
    QStringList tables = db.tables(QSql::Tables);
    if(!tables.contains("student")){
        if(!query.exec(sqlStr)){
            ui->pTextEdit->appendPlainText("数据表 student 创建失败。");
        }else{
            ui->pTextEdit->appendPlainText("数据表 student 创建成功。");
        }
    }
    this->thread()->sleep(1);
    sqlStr = "select * from student";
    query.exec(sqlStr);
    QSqlRecord rec = query.record();
    ui->pTextEdit->appendPlainText(tr("数据表 student 字段数: %1").arg(rec.
count()));
    db.close();
}
```

回答下面的问题:

① 说明在构造函数中新增代码的功能。

② 语句 1 中的数据库文件 sqliteDb.db 的存放位置在哪里?

③ 说明 on_pBtn_clicked()函数的功能。

(5) 在上述代码的基础上,在 on_pBtn_clicked()函数中添加如下代码。

```
void Widget::on_pBtn_clicked()
{
    ...
    this->thread()->sleep(1);
    sqlStr = "insert into `student`(`id`,`name`,`score`) values(1, '王一', 95),
(2, '李二', 85)";                                          //语句1
    if(!query.exec(sqlStr)){
        ui->pTextEdit->appendPlainText("数据插入失败。");
    }
    sqlStr = "select * from student";
```

```
    query.exec(sqlStr);
    ...
    while(query.next()){
        ui->pTextEdit->appendPlainText(query.value(1).toString()+" ---- "+
query.value(2).toString());
    }
    ...
}
```

回答下面的问题:

① 说明上述新增代码的功能。

② 程序运行后,若连续单击 pBtn 按钮,语句 1 中的数据会不会被连续插入? 为什么?

4. 程序设计题

(1) 编写一个 Qt 应用程序。程序运行后,通过 Qt 的标准输入对话框输入学生姓名和成绩,并用一个文本文件保存这些输入的数据。

(2) 编写一个 Qt 应用程序。程序运行后,通过自定义对话框输入学生姓名和成绩,并用一个二进制文件保存这些输入的数据。

(3) 编写一个 Qt 应用程序,实现对程序设计题(1)中创建的文本文件数据的编辑、删除和显示的功能。

(4) 编写一个 Qt 应用程序,使用数据库方式实现程序设计题(2)的程序功能。

(5) 编写一个 Qt 应用程序,使用数据库方式实现程序设计题(3)的程序功能。

第8章

模型/视图结构

应用程序需要存储大量的数据,并对它们进行处理与显示。对于 GUI 应用程序,其图形用户界面除了用于数据显示之外,还要能够让用户对数据进行编辑和修改,Qt 使用模型/视图结构管理和协调数据的存储、编辑和显示等操作。Qt 的模型/视图结构引入的功能分离思想,为 Qt 应用程序开发者定制项目的个性化显示特性提供了高度的灵活性;同时,它所提供的标准模型接口,为各种类型的数据源使用已经存在的项目视图也提供了强有力的支持。

本章介绍 Qt 的模型/视图结构的组成及其简单应用,主要包括基本概念、数据模型、代理组件,以及视图组件等内容。

8.1 概述

模型/视图结构是 Qt 中用界面组件显示与编辑数据的一种结构,它实现了数据和界面的分离,类似于 MVC(Model-View-Controller)程序设计模式。

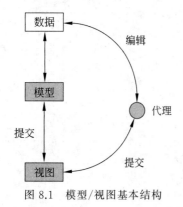

图 8.1 模型/视图基本结构

8.1.1 基本结构

Qt 的模型/视图结构由三部分组成,即模型(Model)、视图(View)和代理(Delegate),如图 8.1 所示。

其中,数据就是指实际的数据源,如计算机系统的磁盘文件结构、数据库的数据表或计算机系统内存中的字符串列表(QStringList)等;模型负责数据的提取与更新,并将数据提供给视图显示或编辑;视图(View)是应用程序的界面组件,它从模型获得数据项的模型索引(Model Index),然后通过模型索引获取到实际的数据;代理的功能是让用户定制数据的界面显示和编辑方式,当视图中的数据被编辑时,代理通过模型索引与数据模型通信,并为数据的编辑提供一个合适的编辑器。

在 Qt 模型/视图结构中,模型、视图和代理之间通过信号与槽机制进行通信。当数据源的数据发生变化时,模型发送信号通知视图;当用户在界面上操作数据时,视图发送信号来提供这些操作信息;当编辑数据时,代理发送信号告知模型和视图编辑器的状态。

8.1.2 数据表示

在 Qt 的模型/视图结构中,模型组件是核心,它为视图组件和代理组件提供存取数据的标准接口。不管数据源中的数据结构如何,Qt 数据模型中的数据均以表格的层次结构组织,视图组件通过这种逻辑结构存取模型中的数据。

在 Qt 中,常见的数据模型表现形式有 3 种,即列表模型(List Model)、表格模型(Table Model)和树模型(Tree Model)。它们的数据表示方式如图 8.2 所示。

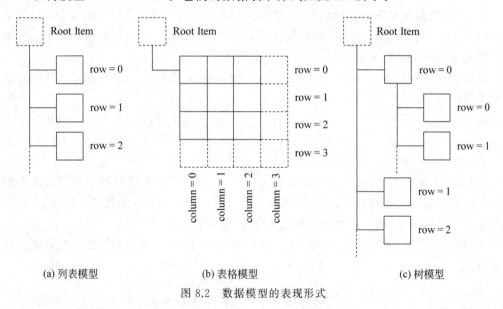

图 8.2 数据模型的表现形式

可以看出,虽然数据模型的表现形式不一样,但数据模型中存储数据的基本单元都是项(Item),每个项有一个行号、一个列号,还有一个父项(Parent Item)。在列表模型和表格模型中,所有项都有一个相同的顶层项(Root Item);在树模型中,尽管行号、列号、父项有点复杂,但是由这 3 个参数完全可以确定一个项的位置,从而存取项的数据。

1. 模型索引

为了确保数据的表示与数据的获取相分离,Qt 引入了模型索引的概念。通过数据模型存取的每个数据都使用一个模型索引来表示,视图和代理都通过这个模型索引获取实际的数据。

通常情况下,数据模型中的模型索引就是一个 Qt 的 QModelIndex 对象,它是对一块数据的临时引用,可以用来检索或修改模型中的数据。注意,QModelIndex 模型索引提供的存取数据的指针是临时的,因为数据模型随时都可能对内部数据的组织形式进行更改。如果需要使用持久性的模型索引,则要使用 QPersistentModelIndex 对象。

例如，下面的代码获取 model 数据模型中行号为 row、列号为 column 位置的数据项的模型索引。

```
QModelIndex modelIndex = model->index(row, column, parent);
```

其中，参数 parent 表示该数据项的父项的模型索引，它也是一个 QModelIndex 对象。

2. 行号和列号

上面已经介绍过，在 Qt 数据模型中，数据一般都是以表格的形式组织的，所以，可以通过行号（row）和列号（column）对需要访问的数据项进行定位。但要注意的是，这并不意味着数据源中的数据是以二维数组的方式存储的，使用行号和列号只是一种约定，以确保模型/视图结构中各组件间可以相互通信。

注意，数据模型中数据项的行号和列号都是从 0 开始的。

3. 父项

在 Qt 的数据模型中，列表模型或表格模型的所有数据项都以根项（Root Item）为父项（Parent Item），所以，它们都是顶层数据项（Top Level Item）。顶层数据项的父项模型索引统一用 QModelIndex() 来表示。

例如，对于图 8.3 所示的表格模型中的 3 个数据项 A、B 和 C，可以使用以下代码获取其模型索引。

```
QModelIndex indexA = model->index(0, 0, QModelIndex());
QModelIndex indexB = model->index(1, 1, QModelIndex());
QModelIndex indexC = model->index(2, 1, QModelIndex());
```

但是，对于树模型，情况就比较复杂了，因为并不是所有数据项都处于顶层。树模型中的每个数据项都可能拥有自己的父项，当然它也可能是其他数据项的父项。所以，在获取树模型数据项的模型索引时，必须明确指定其行号、列号和父项。

例如，对于图 8.4 所示的树模型中的 3 个数据项 A、B 和 C，可以使用以下代码获取其模型索引。

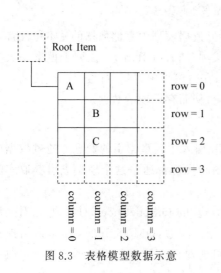

图 8.3　表格模型数据示意

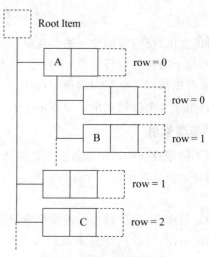

图 8.4　树模型数据示意

```
QModelIndex indexA = model->index(0, 0, QModelIndex());
QModelIndex indexB = model->index(1, 0, indexA);
QModelIndex indexC = model->index(2, 1, QModelIndex());
```

这里,数据项 A 和 C 是顶层项,其父项为 QModelIndex();而数据项 B 是数据项 A 的子项,其父项为数据项 A 的模型索引 indexA。

4. 项角色

Qt 数据模型中的数据项可以作为不同的项角色(Item Role)在其他组件中使用,也可以为不同的情况提供不同类型的数据。例如,Qt::DisplayRole 用于访问可以作为文本显示在视图中的字符串。通常情况下,数据模型中的数据项都包含了一些不同角色的数据,这些标准的角色由枚举变量 Qt::ItemDataRole 来定义,常用的角色类型如表 8.1 所示。

表 8.1 常用的角色类型

常 量	描 述
Qt::DisplayRole	数据被渲染为文本(数据为 QString 类型)
Qt::DecorationRole	数据被渲染为图标等装饰(数据为 QColor、QIcon 或 QPixmap 类型)
Qt::EditRole	数据可以在编辑器中进行编辑(数据为 QString 类型)
Qt::ToolTipRole	数据显示在数据项的工具提示中(数据为 QString 类型)
Qt::StatusTipRole	数据显示在状态栏中(数据为 QString 类型)
Qt::WhatsThisRole	数据显示在数据项的 What's This? 模式下(数据为 QString 类型)
Qt::SizeHintRole	数据项的大小提示,将会应用到视图(数据为 QSize 类型)

通过为每个角色提供适当的项目数据,模型可以为视图和代理提供提示,告诉它们数据应该怎样展示给用户。角色指出了从模型中引用哪种类型的数据,视图可以使用不同的方式显示不同角色,如图 8.5 所示。

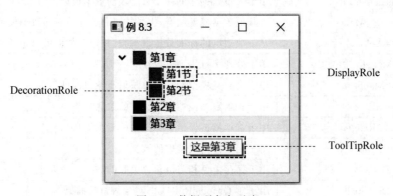

图 8.5 数据项角色示意

图 8.5 中数据项角色指定示例代码如下。

```
QStandardItem * item0_1 = new QStandardItem;
item0_1->setData(tr("第 1 节"),Qt::DisplayRole);
item0_1->setData(tr("这是第 1 章的第 1 节"),Qt::ToolTipRole);
item0_1->setData(QIcon(pixmap0),Qt::DecorationRole);
item0->appendRow(item0_1);
```

8.1.3 模型/视图结构相关 Qt 类

Qt 的模型/视图结构功能是通过众多的 Qt 类共同实现的,这些类按功能分为 3 组,分别为模型类、视图类和代理类。

1. 模型类

模型类也称为数据模型类或数据模型组件。在 Qt 中,所有基于项数据(Item Data)的数据模型都是基于 QAbstractItemModel 类的,这个类定义了视图和代理存取数据的接口。数据无须存储在数据模型里,数据可以是其他类、文件、数据库或任何数据源。表 8.2 列出了 Qt 模型/视图结构中与数据模型相关的部分类。

表 8.2 数据模型相关 Qt 类

类 名	描 述
QAbstractItemModel	抽象类。所有基于项数据的数据模型基类
QAbstractListModel	抽象类。所有列表数据模型的基类
QAbstractProxyModel	抽象类。所有代理项模型的基类,可以执行排序、筛选或其他数据处理任务
QAbstractTableModel	抽象类。所有表格数据模型的基类
QConcatenateTablesProxyModel	代理多个源数据模型,并将它们的行进行连接
QFileSystemModel	计算机中文件系统的数据模型类
QIdentityProxyModel	可用于精确转发源数据模型的结构,无须排序、过滤或其他转换
QItemSelectionModel	跟踪视图中或同一模型的多个视图中的选定项
QSqlQueryModel	用于数据库 SQL 查询结果的数据模型类
QSqlTableModel	用于数据库的一个数据表的数据模型类
QSqlRelationTableModel	用于关系数据库的一个数据表的数据模型类
QSortFilterProxyModel	与其他数据模型结合,提供排序和过滤功能的数据模型类
QStandardItemModel	基于项数据的标准数据模型类,每个项数据可以是任意数据类型
QStringListModel	用于处理字符串列表数据
QDataWidgetMapper	用于将数据模型的一部分映射至窗口部件
QItemSelection	用于管理数据模型中被选项的信息
QItemSelectionRange	用于管理数据模型中被选项的范围信息
QModelIndex	用于定位数据模型中的数据
QModelRoleData	用于保存角色和与该角色关联的数据
QModelRoleDataSpan	用于对 QModelRoleData 对象数组的抽象
QPersistentModelIndex	用于定位数据模型中的数据
QSortFilterProxyModel	支持对在另一个模型和视图之间传递的数据进行排序和筛选
QStandardItem	表示 QStandardItemModel 数据模型中的数据项

表 8.2 中各个类的详细使用方法,可参见 8.2 节以及 Qt 的帮助文档。

2. 视图类

在 Qt 的模型/视图结构中,与视图相关的几个主要类如表 8.3 所示。

表 8.3 视图相关 Qt 类

类 名	描 述
QAbstractItemView	抽象类。所有项视图类的基类
QColumnView	模型/视图结构中的列视图
QHeaderView	项视图的标题行或标题列
QListView	数据模型的列表或图标视图
QListWidget	基于数据项的列表窗体部件
QListWidgetItem	列表窗体部件中的数据项
QTableView	模型/视图结构中的默认表视图
QTableWidget	具有默认数据模型的基于数据项的表视图
QTableWidgetItem	表视图窗体部件中的数据项
QTreeView	模型/视图结构中的默认树视图
QTreeWidget	使用预定义树数据模型的树视图
QTreeWidgetItem	与 QTreeWidget 类一起使用的数据项
QTreeWidgetItemIterator	QTreeWidget 实例中数据项迭代器
QTableWidgetSelectionRange	在不使用模型索引和选择模型的情况下,提供与数据模型中的选择进行交互的方法

表 8.3 中 QListWidget、QTableWidget 和 QTreeWidget 类的使用方法,可参见 3.2.4 节,其他类参见 8.4 节以及 Qt 的帮助或相关技术文档。

3. 代理类

在 Qt 的模型/视图结构中,与代理相关的几个主要类如表 8.4 所示。

表 8.4 代理相关 Qt 类

类 名	描 述
QAbstractItemDelegate	抽象类。为模型/视图结构中的代理提供接口和通用功能
QItemDelegate	模型中数据项的显示和编辑工具
QStyledItemDelegate	模型中数据项的显示和编辑工具
QItemEditorCreator	可以创建项编辑器创建者库,而无须子类化 QItemEditorCreatorBase
QItemEditorCreatorBase	实现新项编辑器创建者时必须子类化的抽象基类
QItemEditorFactory	用于编辑视图和委托代理中的数据项的窗体部件
QStandardItemEditorCreator	无须子类化 QItemEditorCreatorBase 即可注册的窗体部件

表 8.4 中类的使用方法可参见 8.3 节以及 Qt 的帮助或相关技术文档。

8.2 数据模型

数据模型是 Qt 模型/视图结构的核心,它实现了数据与视图的分离。下面介绍几种常用的数据模型的使用方法。

8.2.1 QAbstractListModel 模型

QAbstractListModel 是所有一维列表数据模型的抽象基类,它继承自 QAbstractItemModel 类,又被 QStringListModel、QVirtualKeyboardSelectionListModel 和 QWebEngineHistoryModel 类直接继承。

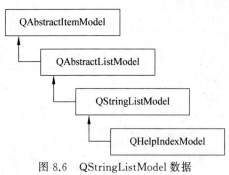

图 8.6　QStringListModel 数据
模型类的继承关系

QAbstractListModel 类是抽象类,不能直接实例化,程序中使用其子类创建数据模型。下面以其子类 QStringListModel 为例说明列表数据模型的使用方法。QStringListModel 数据模型类的继承关系如图 8.6 所示。

在 QStringListModel 类的成员函数中,除了 QStringListModel()、setStringList()和 stringList() 3 个函数之外,其余均继承或重新实现自它的基类 QAbstractItemModel。QAbstractItemModel 类是所有基于项数据的数据模型的基类,它是一个抽象类,其部分成员函数及功能描述如表 8.5 所示。注意,表中大部分函数为虚函数,这里为了简单没有特别说明。

表 8.5　QAbstractItemModel 类的部分成员函数及功能描述

成 员 函 数	功 能 描 述
QAbstractItemModel()	构造函数
clearItemData()	删除存储在给定索引的所有角色中的数据
columnCount()、rowCount()	返回给定父级的子级的列数或行数
data()、setData()	获取或设置指定索引项中存储的某类型角色的数据
hasChildren()、hasIndex()	判断某项是否存在子项;判断某项的索引是否有效
headerData()、itemData()	获取标题数据或项数据
index()、parent()、roleNames()	获取某项的索引或父项索引或角色名称
insertColumn()、insertRow()	在模型中插入列或行
moveColumn()、moveRow()	移动模型的列或行
setHeaderData()、setItemData()	设置标题数据或项数据
revert()	虚槽函数。通知模型丢弃缓存信息。通常用于行编辑
submit()	虚槽函数。通知模型将缓存信息提交到永久存储。通常用于行编辑
columnsAboutToBeInserted()或 columnsInserted()	信号函数。插入列之前(或之后)发射此信号。类似的信号(插入行时)还有 rowsAboutToBeInserted() 和 rowsInserted()
columnsAboutToBeMoved()或 columnsMoved()	信号函数。移动列之前(或之后)发射此信号。类似的信号(移动行时)还有 rowsAboutToBeMoved() 和 rowsMoved()

续表

成 员 函 数	功 能 描 述
columnsAboutToBeRemoved()或 columnsRemoved()	信号函数。删除列之前(或之后)发射此信号。类似的信号(删除行时)还有 rowsAboutToBeRemoved()和 rowsRemoved()
dataChanged()	信号函数。只要现有项中的数据发生变化,就会发射此信号
headerDataChanged()	信号函数。只要标题发生变化,就会发射此信号
layoutAboutToBeChanged()、layoutChanged()	信号函数。模型布局更改之前(或之后)发射此信号
modelAboutToBeReset()、modelReset()	信号函数。当调用 beginResetModel()时,在模型的内部状态失效之前(或之后),会发射此信号

QStringListModel 类是用于处理字符串列表的数据模型,它可以作为 QListView 的数据模型,在界面上显示和编辑字符串列表。

【例 8.1】　编写一个 Qt 应用程序,演示 QStringListModel 数据模型的使用方法。程序运行结果如图 8.7 所示。

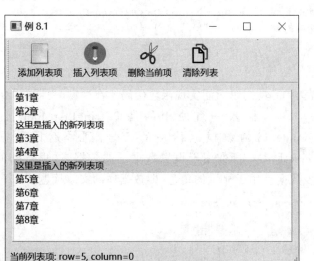

图 8.7　例 8.1 程序运行结果

(1)启动 Qt Creator 集成开发环境,创建一个名为 examp8_1 的 Qt 应用程序。该应用程序主窗体基于 QMainWindow 类。

(2)双击项目 mainwindow.ui 界面文件,打开 Qt Designer 界面设计工具。在 Qt Designer 中设置应用程序主窗体界面,设计工具栏上的功能按钮及相应的槽函数,添加列表项单击信号的槽函数。界面对象名称及属性可参见教材源码。

(3)在项目 MainWindow 主窗体类中添加 QStringListModel 数据模型指针 model,以及初始化数据模型和列表视图的私有成员函数 initModel()和 initView()。代码如下。

```
private:
    void initModel();
    void initView();
```

```
    QStringListModel *model;
```

（4）打开 mainwindow.cpp 文件，添加 initModel()和 initView()成员函数的实现代码。

```
void MainWindow::initModel(){
    QStringList list;                              //准备测试数据
    list<<"第 1 章"<<"第 2 章"<<"第 3 章"<<"第 4 章"<<"第 5 章"<<"第 6 章";
    model = new QStringListModel(this);            //创建数据模型
    model->setStringList(list);                    //设置数据模型的数据源
}
void MainWindow::initView(){
    ui->listView->setModel(model);                 //将数据模型与视图关联
    ui->listView->setEditTriggers(QAbstractItemView::DoubleClicked);
}
```

（5）在 MainWindow 类的构造函数中调用 initModel()和 initView()函数，完成数据模型和视图的初始化工作。

（6）在槽函数中添加代码，实现工具按钮的相应功能。代码如下。

```
void MainWindow::on_action_add_triggered()
{
    model->insertRow(model->rowCount());
    QModelIndex index = model->index(model->rowCount()-1,0);
    model->setData(index,tr("第%1 章").arg(model->rowCount()),Qt::
DisplayRole);
    ui->listView->setCurrentIndex(index);
}
```

这是"添加列表项"工具按钮功能实现函数代码。在模型/视图结构中，对数据的操作都是对数据模型的，所以，插入一行使用的是 QStringListModel::insertRow()函数；QStringListModel::index()函数根据传递的行号、列号返回数据项的模型索引；QStringListModel::setData()函数用于设置数据项的数据，这里数据的角色设置为 Qt::DisplayRole，说明该数据是用于显示的角色，即数据项的文字标题。

```
void MainWindow::on_action_insert_triggered()
{
    QModelIndex index = ui->listView->currentIndex();
    model->insertRow(index.row());
    model->setData(index,tr("这里是插入的新列表项"),Qt::DisplayRole);
    ui->listView->setCurrentIndex(index);
}
```

这是"插入列表项"工具按钮功能实现函数代码。插入列表项就是在列表中的某个位置插入数据项。这里首先使用 QAbstractItemView::currentIndex()函数获取当前位置的数据模型索引，然后设置该模型索引所表示的数据项。

```
void MainWindow::on_action_del_triggered()
{
    QModelIndex index = ui->listView->currentIndex();
    model->removeRow(index.row());
}
void MainWindow::on_action_clear_triggered()
{
    model->removeRows(0,model->rowCount());
}
```

删除列表模型中的当前数据项或清空列表模型中的所有数据的操作都非常简单,直接调用 QStringListModel 类的 removeRow()或 removeRows()成员函数即可。

(7) 实现状态栏信息提示功能。当用户单击列表项中的数据项时,在应用程序状态栏中显示该数据项的行号和列号信息。代码如下。

```
void MainWindow::on_listView_clicked(const QModelIndex &index)
{
    ui->statusbar->showMessage(QString::asprintf("当前列表项: row=%d,
column=%d",index.row(),index.column()));
}
```

这是 QListView 数据项 clicked()信号所关联的槽函数,可以看到 QListView 对象发送 clicked()信号时,会传递一个 QModelIndex 类型的参数,该参数就是当前数据项的模型索引。使用这个模型索引可以轻松获取到当前数据项的行号和列号信息。

(8) 构建并运行程序。程序运行后,单击工具栏上的各个按钮进行测试,如图 8.7 所示。

8.2.2 QFileSystemModel 模型

Qt 的 QFileSystemModel 数据模型用于访问本机文件系统数据,将该数据模型与视图组件 QTreeView 结合,可以实现本机文件系统资源的目录树显示,就像 Windows 操作系统的资源管理器一样。

QFileSystemModel 类继承自 QAbstractItemModel 类,它没有被其他类继承。该类提供了丰富的成员函数,可以使用这些成员函数创建目录、删除目录、重命名目录,以及获取文件名称、目录名称、文件大小和详细信息等。

QFileSystemModel 类的部分成员函数及功能描述如表 8.6 所示。

表 8.6　QFileSystemModel 类的部分成员函数及功能描述

成 员 函 数	功 能 描 述
QFileSystemModel()	构造模型对象
fileIcon()、fileName()、filePath()	返回存储在模型中给定索引下的数据项图标或文件名或路径
fileInfo()	返回存储在模型中给定索引下的数据项信息（QFileInfo 对象）
filter()、setFilter()	获取或设置为目录模型指定的过滤器
iconProvider()、setIconProvider()	获取或设置目录模型的文件图标提供者
index()	返回给定路径和列号的模型项索引
isDir()	如果模型项索引表示目录,则返回 True;否则返回 False
isReadOnly()、setReadOnly()	处理 readOnly 属性。该属性控制目录模型是否允许写入文件系统
lastModified()	返回上次修改索引的日期和时间
mkdir()、rmdir()	创建或删除模型项索引对应的文件系统目录
nameFilterDisables()或 setNameFilterDisables()	处理 nameFilterDisables 属性。该属性确定是否隐藏或禁用未通过名称过滤器的文件,默认为 True

续表

成 员 函 数	功 能 描 述
nameFilters()、setNameFilters()	获取或设置名称过滤器
options()、setOptions()	处理 options 属性。该属性包含影响模型的各种选项
remove()	从模型中删除某个模型项索引,并从文件系统中删除相应的文件
rootDirectory()	获取当前目录
rootPath()、setRootPath()	获取或设置当前根路径
size()	返回索引对应的文件字节大小。如果文件不存在,则返回 0
type()	返回索引对应的文件类型
directoryLoaded()	信号函数。当采集者线程完成加载指定的路径时,发射此信号
fileRenamed()	信号函数。当文件重命名成功时,发射此信号
rootPathChanged()	信号函数。当根路径发生变化时,发射此信号

　　QFileSystemModel 类的使用非常简单,只需要构建出模型对象,并将模型设置到相应的视图组件中即可。下面给出一个简单的应用实例。

视频讲解

　　【例 8.2】　使用 QFileSystemModel 数据模型,实现一个简单的文件资源浏览器。程序运行结果如图 8.8 所示。

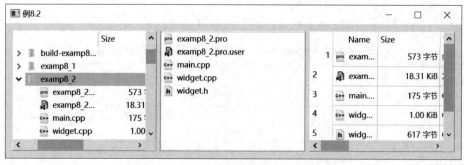

图 8.8　简单文件资源浏览器

　　(1) 启动 Qt Creator 集成开发环境,创建一个名称为 examp8_2 的 Qt 应用程序。选择主窗体基类 QWidget,不生成界面文件。

　　(2) 创建模型及视图对象。

　　打开 widget.h 项目文件,在其中添加如下代码,为主窗体类 Widget 创建私有访问权限的数据模型及视图组件对象。

```
...
# include <QFileSystemModel>
# include <QTreeView>
# include <QListView>
# include <QTableView>
class Widget : public QWidget
```

```
{
...
private:
    //模型对象
    QFileSystemModel * model;
    //视图对象
    QTreeView * tree;
    QListView * list;
    QTableView * table;
...
};
```

（3）初始化数据模型及视图对象。

打开 widget.cpp 项目文件，在主窗体类 Widget 的构造函数中添加代码，对主窗体、数据模型及视图进行初始化。代码如下。

```
#include "widget.h"
Widget::Widget(QWidget * parent) : QWidget(parent)
{
    createView();
    initModel();
    initView();
    createConnect();
}
void Widget::createView(){
    resize(800,200);
    setWindowTitle(tr("例8.2"));
    tree = new QTreeView;
    list = new QListView;
    table = new QTableView;
    layout = new QHBoxLayout(this);
    layout->addWidget(tree);
    layout->addWidget(list);
    layout->addWidget(table);
    setLayout(layout);
}
void Widget::initModel(){
    model = new QFileSystemModel(this);
    model->setRootPath(QDir::currentPath());
}
void Widget::initView(){
    tree->setModel(model);
    list->setModel(model);
    table->setModel(model);
}
void Widget::createConnect(){
    connect(tree,SIGNAL(clicked(QModelIndex)), list,SLOT(setRootIndex(QModelIndex)));
    connect(tree,SIGNAL(clicked(QModelIndex)), table,SLOT(setRootIndex(QModelIndex)));
}
```

(4) 构建并运行程序。程序运行后,可以像操作 Windows 资源管理器一样查看系统中文件的信息,测试结果如图 8.8 所示。

8.2.3　QStandardItemModel 模型

QStandardItemModel 是以项数据为基础的标准数据模型类,它继承自 QAbstractItemModel 类,没有直接子类。其部分成员函数及功能描述如表 8.7 所示。

表 8.7　QStandardItemModel 类的部分成员函数及功能描述

成 员 函 数	功 能 描 述
QStandardItemModel()	构造模型对象
appendColumn()、appendRow()	向数据模型中添加列项或行项
insertColumn()、insertRow()	向数据模型中插入列项或行项
takeColumn()、takeRow()	移除数据模型中的某列(或行)而不删除其中的列(或行)项
clear()	删除模型的所有项(包括标题项),并将行数和列数设置为零
findItems()	在某列中通过某种方式查找与给定文本匹配的数据项
horizontalHeaderItem()	处理水平标题项。相关函数还有 setHorizontalHeaderItem()、setHorizontalHeaderLabels()和 takeHorizontalHeaderItem()
indexFromItem()	返回与给定数据项关联的模型索引
invisibleRootItem()	返回模型的不可见根项
item()、setItem()、takeItem()	获取或设置或移除模型中的数据项
itemFromIndex()	返回与给定模型索引关联的数据项
itemPrototype()	返回模型使用的数据项原型
setColumnCount()、setRowCount()	设置模型的列数或行数
verticalHeaderItem()	处理垂直标题项。相关函数还有 setVerticalHeaderItem()、setVerticalHeaderLabels()和 takeVerticalHeaderItem()
sortRole()、setSortRole()	处理 sortRole 属性。该属性包含在排序项目时用于查询模型数据的项目角色
itemChanged()	信号函数。当模型的数据项发生变化时发射此信号

下面给出一个简单的 QStandardItemModel 数据模型应用实例。

扫一扫

视频讲解

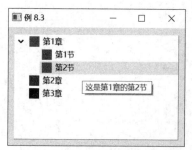

图 8.9　例 8.3 程序运行结果

【例 8.3】　编写一个 Qt 应用程序,演示 QStandardItemModel 数据模型的使用方法。程序运行结果如图 8.9 所示。

(1) 启动 Qt Creator 集成开发环境,创建一个名为 examp8_3 的 Qt 应用程序。该应用程序主窗体基于 QWidget 类。

(2) 打开 Widget.h 头文件,在 Widget 类中添加数据模型对象指针 model 及成员函数 createModel()和 initView()。代码如下。

```
private:
    void createModel();
    void initView();
private:
    ...
    QStandardItemModel * model;
```

(3) 打开 Widget.cpp 文件，编写 createModel() 和 initView() 函数的实现代码，并在 Widget 类的构造函数中调用它们。代码如下。

```
Widget::Widget(QWidget * parent) : QWidget(parent) , ui(new Ui::Widget)
{
    ui->setupUi(this);
    createModel();
    initView();
}
void Widget::createModel(){
    model = new QStandardItemModel(this);
    QStandardItem * parentItem = model->invisibleRootItem();
    QStandardItem * item0 = new QStandardItem;
    item0->setText(tr("第 1 章"));
    QPixmap pixmap0(50,50);
    pixmap0.fill(tr("red"));
    item0->setIcon(pixmap0);
    item0->setToolTip(tr("这是第 1 章"));
    QStandardItem * item0_1 = new QStandardItem;
    item0_1->setData(tr("第 1 节"),Qt::DisplayRole);
    item0_1->setData(tr("这是第 1 章的第 1 节"),Qt::ToolTipRole);
    item0_1->setData(QIcon(pixmap0),Qt::DecorationRole);
    item0->appendRow(item0_1);
    QStandardItem * item0_2 = new QStandardItem;
    item0_2->setData(tr("第 2 节"),Qt::DisplayRole);
    item0_2->setData(tr("这是第 1 章的第 2 节"),Qt::ToolTipRole);
    item0_2->setData(QIcon(pixmap0),Qt::DecorationRole);
    item0->appendRow(item0_2);
    QStandardItem * item1 = new QStandardItem;
    item1->setText(tr("第 2 章"));
    QPixmap pixmap1(50,50);
    pixmap1.fill(tr("green"));
    item1->setIcon(pixmap1);
    item1->setToolTip(tr("这是第 2 章"));
    QStandardItem * item2 = new QStandardItem;
    QPixmap pixmap2(50,50);
    pixmap2.fill(tr("blue"));
    item2->setData(tr("第 3 章"),Qt::EditRole);
    item2->setData(QIcon(pixmap2),Qt::DecorationRole);
    item2->setData(tr("这是第 3 章"),Qt::ToolTipRole);
    parentItem->appendRow(item0);
    parentItem->appendRow(item1);
    parentItem->appendRow(item2);
}
void Widget::initView(){
    ui->treeView->setModel(model);
    ui->treeView->setHeaderHidden(true);
}
```

（4）构建并运行程序。程序运行后，将鼠标指针移动到"第 2 节"数据项上，结果如图 8.9 所示。

8.2.4 QAbstractTableMode 模型

QAbstractTableMode 是所有表格数据模型的抽象基类，它继承自 QAbstractItemModel 类，其直接子类为 QSqlQueryModel 类，间接子类还有 QSqlTableModel 类和 QSqlRelationalTableModel 类。这些类之间的继承关系如图 8.10 所示。

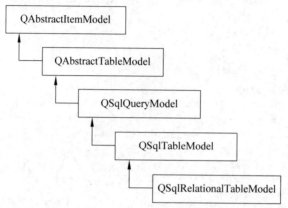

图 8.10 QAbstractTableMode 类及子类的继承关系

Qt 的表格数据模型一般用于处理数据库中的数据，它与 QTableView 视图协同构建起一个高效的模型/视图结构，在界面上显示或编辑数据库数据。

QAbstractTableMode 类定义了一些表模型的公共接口，它不能被直接实例化，实际编程时需要使用它的 3 个子类对象。

1. QSqlQueryModel

QSqlQueryModel 类是一个基于 SQL 查询的只读数据模型。它封装了执行 SELECT 语句从数据库查询数据的功能，只能作为只读数据源使用，不能对数据库中的数据进行编辑。其部分成员函数及功能描述如表 8.8 所示。

表 8.8　QSqlQueryModel 类的部分成员函数及功能描述

成 员 函 数	功 能 描 述
QSqlQueryModel()	构造模型对象
clear()	清除数据模型，释放所有数据
lastError()	返回有关数据库上发生的上次错误的信息
query()、setQuery()	获取或设置查询
record()	返回包含当前查询字段信息的记录
rowCount()	重新实现继承的 QAbstractItemModel::rowCount()函数
columnCount()	重新实现继承的 QAbstractItemModel::columnCount()函数
setHeaderData()	重新实现继承的 QAbstractItemModel::setHeaderData()函数

表 8.8 中重新实现的函数功能见表 8.5。

【例 8.4】 编写一个 Qt 应用程序，演示 QSqlQueryModel 类数据模型的使用方法。程序运行结果如图 8.11 所示。

（1）创建一个名为 qt_examp8_4db 的 MySQL 数据库，并在库中添加一张名为 students 的数据表。students 数据表的字段及测试数据如图 8.12 所示。

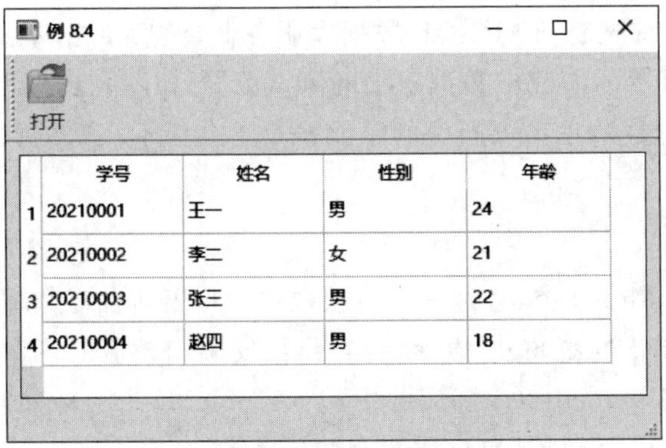

图 8.11 例 8.4 程序运行结果

图 8.12 students 数据表(1)

（2）启动 Qt Creator 集成开发环境，创建一个名为 examp8_4 的 Qt 应用程序。该应用程序主窗体基于 QMainWindow 类。

（3）双击 mainwindow.ui 界面文件，打开 Qt Designer 设计工具。删除默认的菜单栏；在主窗体中心区域添加一个名为 tableView 的 QTableView 视图组件；创建一个名为"打开"的 Action，并将其添加到工具栏上。

（4）打开 mainwindow.h 文件，为 MainWindow 类添加两个私有成员变量 db 和 model，分别表示数据库和数据模型。

```
private:
    Ui::MainWindow * ui;
    QSqlDatabase db;
    QSqlQueryModel * model;
```

（5）打开 mainwindow.cpp 文件，在"打开"Action 的槽函数中编写代码。

```
void MainWindow::on_action_open_triggered()
{
    db = QSqlDatabase::addDatabase("QMYSQL");
    db.setHostName("localhost");
    db.setUserName("root");
    db.setPassword("");
    db.setDatabaseName("qt_examp8_4db");
    if(!db.open()){
        QMessageBox::warning(this, "错误", "打开数据库失败", QMessageBox::Ok,
        QMessageBox::NoButton);
        return;
    }
    model = new QSqlQueryModel(this);
    model->setQuery("select * from students");
    model->setHeaderData(0,Qt::Horizontal,tr("序号"));
    model->setHeaderData(1,Qt::Horizontal,tr("学号"));
    model->setHeaderData(2,Qt::Horizontal,tr("姓名"));
```

```
    model->setHeaderData(3,Qt::Horizontal,tr("性别"));
    model->setHeaderData(4,Qt::Horizontal,tr("年龄"));
    ui->tableView->setModel(model);
    ui->tableView->hideColumn(0);
    ui->action_open->setEnabled(false);
}
```

(6) 构建并运行程序。程序运行后,首先启动 MySQL 数据库服务器,然后单击"打开"工具栏按钮,即可以表格形式在视图中显示 students 数据表中的测试数据,如图 8.11 所示。

注意,QSqlQueryModel 为只读数据模型,单击视图中的单元格是不会显示默认的代理编辑组件的。

2. QSqlTableModel

QSqlTableModel 继承自 QSqlQueryModel 类,它是一个直接根据数据表名称对数据表进行读/写的数据模型。使用该模型不需要熟悉 SQL 命令语法,只需要调用相应的函数即可。例如,下面的代码在指定数据表名称 student 后,直接调用 QSqlTableModel::select() 函数,就可以得到 SQL 语句 select * from student 执行后的查询结果集。

```
model = new QSqlTableModel(this);
model->setTable("student");
model->select();
```

QSqlTableModel 是 QSqlQueryModel 更高层次的数据模型,它默认是可读可写的。若将其设置为 QTableView 视图组件的数据模型,便可以非常方便地显示和编辑数据表中的数据。QSqlTableModel 类的部分成员函数及功能描述如表 8.9 所示。

表 8.9　QSqlTableModel 类的部分成员函数及功能描述

成 员 函 数	功 能 描 述
QSqlTableModel()	构造模型对象
database()	返回模型的数据库连接
editStrategy()、setEditStrategy()	处理 editStrategy 属性。该属性描述在编辑数据库中的值时要选择的策略
fieldIndex()	根据字段名称返回其在模型中的字段索引,如果模型中不存在相应字段,则返回 −1
filter()、setFilter()	获取或设置记录过滤条件
insertRecord()	在某行之前插入记录
isDirty()	如果某索引处的值是脏值,则返回 True,否则返回 False。脏值是在模型中修改但尚未写入数据库的值
primaryKey()	返回当前表的主键,结果为 QSqlIndex 对象
record()、setRecord()	返回一条空记录(只有字段名)或一条指定行号的记录(包含数据);更新一条记录的数据到数据模型,源和目标之间通过字段名匹配
revertRow()	取消指定行号记录的修改
setSort()	设置排序字段和排序规则。需要调用 select() 函数才能生效
tableName()、setTable()	返回或设置当前查询的数据表的名称
revert()	槽函数。取消当前行的修改(OnRowChange 或 OnFieldChange)

续表

成员函数	功能描述
revertAll()	槽函数。取消所有未提交的修改
select()	槽函数。查询数据表中的数据,并用结果填充数据模型
selectRow()	槽函数。刷新获取指定行号的记录
submit()	槽函数。提交当前行的修改到数据库
submitAll()	槽函数。提交所有未更新的修改到数据库
beforeDelete()	信号函数。在从当前活动的数据库表中删除行之前,deleteRowFromTable()函数会发射此信号
beforeInsert()	信号函数。在将新行插入当前活动的数据库表之前,insertRowIntoTable()函数会发射此信号
beforeUpdate()	信号函数。在用记录中的值更新当前活动数据库表中的行之前,updateRowInTable()函数会发射此信号
primeInsert()	信号函数。当在当前活动数据库表的给定行中启动插入时,insertRows()会发射此信号

下面给出一个简单的 QSqlTableModel 数据模型应用实例。

【例 8.5】 编写一个 Qt 应用程序,演示 QSqlTableModel 数据模型的使用方法。

扫一扫

视频讲解

(1)复制例 8.4 中的 examp8_4 项目,将项目名称修改为 examp8_5。

(2)启动 Qt Creator 集成开发环境,打开项目 examp8_5,将主窗体标题修改为"例 8.5"。

(3)打开 mainwindow.cpp 文件,修改 on_action_open_triggered()槽函数中的代码,如下所示。

将原代码中的

```
model = new QSqlQueryModel(this);
model->setQuery("select * from students");
```

修改为

```
model = new QSqlTableModel(this);
model->setTable("students");
model->select();
```

(4)构建并运行程序。程序运行结果如图 8.11 所示。注意单击"打开"工具按钮之前,一定要确保 MySQL 数据库服务器已经启动。

注意,QSqlTableModel 为读/写数据模型,单击视图中的单元格会显示代理编辑组件。

3. QSqlRelationalTableModel

如图 8.10 所示,QSqlRelationalTableModel 继承自 QSqlTableModel 类,并且对其进行了扩展,提供了对数据表中外键的支持。也就是说,QSqlRelationalTableModel 是可以处理关系数据表的数据模型。

QSqlRelationalTableModel 类的主要成员函数与 QSqlTableModel 类相同。不同的是,它新增了一个名为 setRelation()的成员函数,用于设置外键的关联数据表和关联字段。setRelation()函数的定义如下。

```
void QSqlRelationalTableModel:: setRelation (int column, const QSqlRelation
&relation)
```

其中,参数 column 表示主数据表中外键字段的序号;relation 表示主表外键与关联数据表的关系。

【例 8.6】 编写一个 Qt 应用程序,演示 QSqlRelationalTableModel 数据模型的使用方法。程序运行结果如图 8.13 所示。

图 8.13 例 8.6 程序运行结果

(1) 创建一个名为 qt_examp8_6db 的 MySQL 数据库,并在库中创建 students、departments 和 majors 共 3 张数据表。数据表字段名称及测试数据分别如图 8.14～图 8.16 所示。

id	studID	name	gender	departID	majorID
1	20220001	王一	男	10	101
2	20220002	李二	女	20	201
3	20220003	张三	男	30	302
4	20220004	赵四	男	40	401

图 8.14 students 数据表(2)

id	departID	department
1	10	计算机科学与技术学院
2	20	环境工程学院
3	30	智能制造学院
4	40	外国语学院

图 8.15 departments 数据表

id	majorID	major	departID
1	101	计算机应用	10
2	201	环境科学	20
3	301	机械工程	30
4	302	建筑设备	30
5	401	商务英语	40
6	402	日本语	40

图 8.16 majors 数据表

students 数据表存储学生信息,其中的 departID 字段表示学生所属学院;majorID 字段表示学生所学专业。

departments 数据表存储学院信息,其中的 departID 字段表示学院编号,与 students 数据表中的 departID 字段相对应。

majors 数据表存储专业信息,其中的 majorID 字段表示专业编号,与 students 数据表中的 majorID 字段相对应。

(2) 复制例 8.5 中的 examp8_5 项目,将项目名称修改为 examp8_6。

（3）启动 Qt Creator 集成开发环境，打开 examp8_5 项目，将主窗体标题修改为"例 8.6"。

（4）打开 mainwindow.cpp 文件，修改 MainWindow::on_action_open_triggered()槽函数中的代码。

```cpp
void MainWindow::on_action_open_triggered()
{
    db = QSqlDatabase::addDatabase("QMYSQL");
    db.setHostName("localhost");
    db.setUserName("root");
    db.setPassword("");
    db.setDatabaseName("qt_examp8_6db");
    if(!db.open()){
        QMessageBox::warning(this, "错误", "打开数据库失败",
        QMessageBox::Ok,QMessageBox::NoButton);
        return;
    }
    model = new QSqlRelationalTableModel(this);
    model->setTable("students");
    //model->setHeaderData(0,Qt::Horizontal,tr("序号"));
    model->setHeaderData(0,Qt::Horizontal,tr("学号"));
    model->setHeaderData(1,Qt::Horizontal,tr("姓名"));
    model->setHeaderData(2,Qt::Horizontal,tr("性别"));
    model->setHeaderData(3,Qt::Horizontal,tr("学院"));
    model->setHeaderData(4,Qt::Horizontal,tr("专业"));
    model->setRelation(4,QSqlRelation("departments","departID","department"));
    model->setRelation(5,QSqlRelation("majors","majorID","major"));
    model->select();
    model->removeColumns(0,1);
    ui->tableView->setModel(model);
    ui->action_open->setEnabled(false);
}
```

（5）构建并运行程序。程序运行后，首先启动 MySQL 数据库服务器，然后单击"打开"工具栏按钮打开数据库，结果如图 8.13 所示。注意视图中显示的"学院"和"专业"名称分别来自 departments 数据表和 majors 数据表。

8.3 代理组件

在 Qt 的数据模型/视图结构中，代理组件主要用于数据的编辑，分为默认代理和自定义代理两大类。

8.3.1 默认代理

一般情况下，模型/视图结构中的视图组件都会提供一个默认的代理组件，用于实现视图与数据模型之间数据的同步更新。例如，例 8.5 程序使用的 QTableView 视图组件，就为每个字符串数据的单元格提供了一个 QLineEdit 类型的代理编辑组件，为每个整型数据的单元格提供了一个 QSpinBox 类型的代理编辑组件。

下面给出一个使用默认代理编辑组件的简单实例。

【例 8.7】 一个简单的默认代理应用实例。程序编辑界面如图 8.17 所示。

扫一扫

视频讲解

图 8.17　例 8.7 程序编辑界面

（1）复制例 8.5 中的 examp8_5 项目，并将名称修改为 examp8_7。

（2）启动 Qt Creator 集成开发环境，打开 examp8_7 项目。为项目中添加两个新的工具栏按钮，其中"保存"按钮用于手动保存数据的更改；"撤销"按钮用于取消数据在保存之前的更改操作。为 tableView 视图组件添加一个双击信号的 on_tableView_doubleClicked() 槽函数。

（3）打开 mainwindow.cpp 文件，在 on_action_open_triggered() 槽函数中添加如下代码，设置数据模型的数据保存方式。

```
model->setEditStrategy(QSqlTableModel::OnManualSubmit);
```

其中，QSqlTableModel::OnManualSubmit 为手动数据保存方式。

（4）在 on_action_save_triggered()、on_action_undo_triggered() 和 on_tableView_doubleClicked() 槽函数中编写代码，实现数据保存及撤销功能。

```
void MainWindow::on_action_save_triggered()
{
    model->database().transaction();
    bool res = model->submitAll();
    if(!res){
        QMessageBox::warning(this,tr("温馨提示"),tr("数据保存失败!"),
        QMessageBox::Ok,QMessageBox::NoButton);
        model->database().rollback();
        return;
    }else{
        model->database().commit();
        ui->action_save->setEnabled(false);
        ui->action_undo->setEnabled(false);
    }
}
void MainWindow::on_action_undo_triggered()
{
    model->revertAll();
}
void MainWindow::on_tableView_doubleClicked(const QModelIndex &index)
{
    Q_UNUSED(index);
    ui->action_undo->setEnabled(true);
```

```
    ui->action_save->setEnabled(true);
}
```

（5）构建并运行程序。首先启动 MySQL 数据库服务器，然后单击"打开"工具栏按钮，显示 students 数据表中的测试数据；双击视图中的"年龄"数据单元格，修改学生年龄，单击"撤销"或"保存"工具栏按钮进行程序功能测试。

8.3.2 自定义代理

在一般情况下，Qt 模型/视图结构中的默认代理编辑器可以满足应用程序开发的需要，但有时仍然显得不够灵活。

例如，双击图 8.17 中的"性别"数据单元格，显示的是 QLineEdit 类型的默认代理编辑组件，对于枚举类型的数据使用文本框输入就不是很方便。此时，需要自定义一个合适的代理编辑组件，如 QComboBox 组合框组件，如图 8.18 所示。

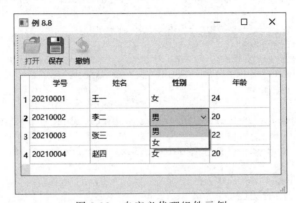

图 8.18 自定义代理组件示例

可以看出，若将数据表中的"性别"数据的代理编辑组件更换为 QComboBox 组合框，学生性别的输入将变得非常方便。

【例 8.8】 一个简单的自定义代理实例。本实例程序在例 8.7 项目的基础上实现，运行结果如图 8.18 所示。

（1）复制例 8.7 中的 examp8_7 项目，将项目名称修改为 examp8_8。

（2）启动 Qt Creator 集成开发环境，打开 examp8_8 项目。在项目中添加一个名为 ComboDelegate 的 C++类。

（3）在 ComboDelegate 类中添加 4 个公有成员函数，分别为 createEditor()、setEditorData()、setModelData()和 updateEditorGeometry()。函数声明代码如下。

```
#ifndef COMBODELEGATE_H
#define COMBODELEGATE_H
#include <QItemDelegate>
class ComboDelegate : public QItemDelegate
{
    Q_OBJECT
public:
    explicit ComboDelegate(QObject * parent = nullptr);
    QWidget * createEditor(QWidget * parent, const QStyleOptionViewItem &option,
const QModelIndex&index) const;
```

```
      void setEditorData(QWidget * editor, const QModelIndex &index) const;
      void setModelData (QWidget * editor, QAbstractItemModel * model, const
QModelIndex &index) const;
      void updateEditorGeometry (QWidget * editor, const QStyleOptionViewItem
&option, const  QModelIndex &index) const;
};
#endif //COMBODELEGATE_H
```

（4）在 ComboDelegate 类的实现文件中编写代码，实现自定义的 4 个成员函数的功能。代码如下。

```
#include "combodelegate.h"
#include <QComboBox>
ComboDelegate::ComboDelegate(QObject * parent) : QItemDelegate(parent)
{}
QWidget * ComboDelegate::createEditor(QWidget * parent,const
QStyleOptionViewItem &/* option */,const QModelIndex &/* index */) const
{
    QComboBox * editor = new QComboBox(parent);
    editor->addItem("男");
    editor->addItem("女");
    editor->installEventFilter(const_cast<ComboDelegate * >(this));
    return editor;
}
void ComboDelegate::setEditorData(QWidget * editor,const QModelIndex &index) const
{
    QString str =index.model()->data(index).toString();

    QComboBox * box = static_cast<QComboBox * >(editor);
    int i=box->findText(str);
    box->setCurrentIndex(i);
}
void ComboDelegate::setModelData(QWidget * editor, QAbstractItemModel * model,
const QModelIndex &index) const
{
    QComboBox * box = static_cast<QComboBox * >(editor);
    QString str = box->currentText();
    model->setData(index,str);
}
void ComboDelegate::updateEditorGeometry(QWidget * editor,const
QStyleOptionViewItem &option, const QModelIndex &/* index */) const
{
    editor->setGeometry(option.rect);
}
```

（5）打开 mainwindow.h 文件，在 MainWindow 类中添加一个私有的 ComboDelegate 对象。代码如下。

```
private:
    ComboDelegate comboDelegate;
```

接着，打开 mainwindow.cpp 文件，在 on_action_open_triggered()槽函数中添加代码，为视图组件添加自定义的代理组件。

```
ui->tableView->setItemDelegateForColumn(3,&comboDelegate);
```

（6）构建并运行程序。测试方法与例 8.7 相同。

从例 8.8 应用程序的实现过程可以看出，使用 Qt 现成的界面组件自定义代理非常简单，只需要从 Qt 的代理类派生出一个类，并实现 4 个特殊的成员函数即可。

自定义代理类中的 createEditor（）函数创建用于编辑模型数据的 Widget 组件；setEditorData（）函数负责从数据模型获取数据，供 Widget 组件进行编辑；setModelData（）函数将 Widget 上的数据更新到数据模型；updateEditorGeometry（）函数用于给 Widget 组件设置一个合适的大小。

8.4 视图组件

视图组件就是一些用于显示数据的界面部件，它们可以是 Qt 预定义的，当然也可以是自定义的。在前面的示例中，使用了几个 Qt 的预定义模型视图，如 QListView、QTableView 和 QTreeView，下面对这几个视图组件进行简单介绍。

8.4.1 QAbstractItemView 类

3.2.4 节介绍了常用 Qt 视图控件的名称、外观形式和它们所对应的 C++ 类的继承关系，并给出了几个常用的便捷视图应用实例。从图 3.1 可以看出，QAbstractItemView 类是使用 QAbstractionModel 的每个标准模型视图类的基类，它提供了一个标准接口，用于通过信号与槽机制与模型进行互操作，使子类能够随着模型的更改而保持最新。另外，该类为键盘和鼠标导航、视口滚动、项目编辑和选择提供了标准支持。

QAbstractItemView 是一个抽象类，本身无法实例化，其主要成员函数及功能描述如表 8.10 所示。

表 8.10　QAbstractItemView 类部分成员函数及功能描述

成 员 函 数	功 能 描 述
dataChanged（）	保护型虚槽函数。当模型中的模型索引对应的项发生变化时调用
horizontalOffset（）	纯虚函数。返回视图的水平偏移量
indexAt（）	纯虚函数。返回视口中坐标点处的项的模型索引
isIndexHidden（）	保护型纯虚函数。如果模型索引所对应的项是隐藏状态，则返回 True
mousePressEvent（）	重载的保护型虚函数。通常用于把鼠标点击的项的模型索引设置为当前模型索引
moveCursor（）	保护型纯虚函数。按照键盘方向键指示进行移动后返回新项的模型索引
paintEvent（）	重载的保护型虚函数。绘制视图的内容到视口
resizeEvent（）	重载的保护型虚函数。通常用于更新滚动条
rowsAboutToBeRemoved（）	保护型虚槽函数。某些行要被删除时调用该方法
rowsInserted（）	保护型虚槽函数。某些行被插入时调用该方法
scrollContentsBy（）	保护型虚函数。在水平和垂直方向上分别滚动视图的视口一定的像素
scrollTo（）	纯虚函数。滚动视图以确保函数参数中模型索引所对应的项是可见的
setModel（）	为视图设置数据模型

续表

成 员 函 数	功 能 描 述
setSelection()	保护型纯虚函数。选中某些项
updateGeometry()	通常用于更新视图的子窗口部件的位置和尺寸
verticalOffset()	保护型纯虚函数。返回视图的垂直偏移量
visualRect()	纯虚函数。返回给定模型索引对应的项所占据的矩形区域
visualRegionForSelection()	保护型纯虚函数。返回函数参数中包含的那些项的视口区域

可以看出,QAbstractItemView 类中存在大量的虚函数,其中一部分是纯虚函数,必须在子类中予以实现。下面给出一个简单的示例。

扫一扫

视频讲解

【例 8.9】 编写一个 Qt 应用程序,使用 QAbstractItemView 类派生出一个模型视图,通过这个模型视图渲染数据模型中的数据。程序运行结果如图 8.19 所示,主窗体左侧为标准模型视图 QListView,右侧为自定义的平铺模型视图。

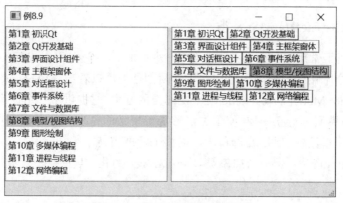

图 8.19 例 8.9 程序运行结果

(1) 启动 Qt Creator 集成开发环境,创建一个名称为 examp8_9 的 Qt 应用程序。选择主窗体基类 QMainWindow,不生成界面文件。

(2) 为应用程序添加新的视图类,该类从 QAbstractItemView 继承。头文件内容如下。

```
#ifndef TILEDLISTVIEW_H
#define TILEDLISTVIEW_H
#include <QAbstractItemView>
#include <QHash>
#include <QRectF>
class TiledListView : public QAbstractItemView
{
    Q_OBJECT
public:
    explicit TiledListView(QWidget * parent=0);
    void setModel(QAbstractItemModel * model);
    QRect visualRect(const QModelIndex &index) const;
    void scrollTo(const QModelIndex &index, QAbstractItemView::ScrollHint);
    QModelIndex indexAt(const QPoint &point_) const;
protected slots:
```

```
        void dataChanged(const QModelIndex &topLeft, const QModelIndex &bottomRight);
        void rowsInserted(const QModelIndex &parent, int start, int end);
        void rowsAboutToBeRemoved(const QModelIndex &parent, int start, int end);
        void updateGeometries();
    protected:
        QModelIndex moveCursor(QAbstractItemView::CursorAction cursorAction, Qt::
    KeyboardModifiers modifiers);
        bool isIndexHidden(const QModelIndex&) const { return false; }
        int horizontalOffset() const;
        int verticalOffset() const;
        void scrollContentsBy(int dx, int dy);
        void setSelection(const QRect &rect, QFlags<QItemSelectionModel::
    SelectionFlag> flags);
        QRegion visualRegionForSelection(const QItemSelection &selection) const;
        void paintEvent(QPaintEvent *);
        void resizeEvent(QResizeEvent *);
        void mousePressEvent(QMouseEvent * event);
    private:
        void calculateRectsIfNecessary() const;
        QRectF viewportRectForRow(int row) const;
        void paintOutline(QPainter * painter, const QRectF &rectangle);
        mutable int idealWidth;
        mutable int idealHeight;
        mutable QHash<int, QRectF> rectForRow;
        mutable bool hashIsDirty;
    };
    #endif //TILEDLISTVIEW_H
```

从上述代码可以看出，新类 TiledListView 从 QAbstractItemView 类派生而来，并实现了表 8.10 中的所有纯虚函数。

（3）编写 TiledListView 类的实现代码，实现类中各个函数的功能。

由于 TiledListView 类中需要实现的函数非常多，代码量比较大，受限于篇幅，这里不再展示代码详情。请大家参见教材源码。

（4）在应用程序主框架窗体类 MainWindow 的构造函数中添加代码，设置数据模型并初始化主窗体中的组件。代码详情参见教材源码。

（5）构建并运行程序。程序运行后，可以通过鼠标或键盘的方向键选择数据项。从图 8.19 可以看出，当窗体大小相同且使用相同字体时，自定义的平铺视图相较于标准的列表视图能显示更多的数据。

8.4.2　QListView 视图

QListView 表示标准的列表模型视图，其继承关系如第 3 章的图 3.1 和图 3.22 所示。它的部分成员函数及功能描述如表 8.11 所示。

在例 8.1、例 8.2 和例 8.9 的程序中，都使用了 QListView 视图组件，也用到了表 8.11 中的一些成员函数。下面再给出一个 QListView 视图的应用实例。

表 8.11　QListView 视图部分成员函数及功能描述

成 员 函 数	功 能 描 述
QListView()	构造对象
batchSize()、setBatchSize()	处理 batchSize 属性。该属性表示在 layoutMode 设置为 Batched 时每批中布局的数据项数量。默认值为 100
clearPropertyFlags()	清除 QListView 特定的属性标志
flow()、setFlow()	处理 flow 属性。该属性控制列表项排列方向，分为 LeftToRight 和 TopToBottom。默认为 TopToBottom
gridSize()、setGridSize()	处理 gridSize 属性。该属性表示布局网格的大小
isRowHidden()、setRowHidden()	处理某行的隐藏性
isSelectionRectVisible() 或 setSelectionRectVisible()	处理 selectionRectVisible 属性。该属性表示选择矩形的可见性，其默认值为 False
isWrapping()、setWrapping()	处理 isWrapping 属性。该属性控制数据项布局是否可换行，默认值为 False
itemAlignment()、setItemAlignment()	处理 itemAlignment 属性。该属性表示单元格中每个数据项的对齐方式
layoutMode()、setLayoutMode()	处理 layouMode 属性。该属性表示数据项布局模式（SinglePass 或 Batched），控制布局应该立即发生还是延迟。默认为 SinglePass
modelColumn()、setModelColumn()	处理 modelColumn 属性。该属性表示数据模型中可见的列。默认情况下包含 0，表示将显示模型中的第 1 列
movement()、setMovement()	处理 movement 属性。该属性用于确定项目是否可以自由移动（Free）、是否捕捉到网格（Snap）或是否完全不能移动（Static）。默认为 Static
resizeMode()、setResizeMode()	处理 resizeMode 属性。该属性控制在调整视图大小时是否重新布局数据项，分为 Adjust 和 Fixed。默认值为 Fixed
spacing()、setSpacing()	处理 spacing 属性。该属性表示布局中数据项周围填充的空白空间的大小。默认值为 0
uniformItemSizes()、setUniformItemSizes()	处理 uniformItemSizes 属性。该属性表示列表视图中的所有项目是否具有相同的大小。默认值为 False
viewMode()、setViewMode()	处理 viewMode 属性。该属性表示列表视图的视图模式
wordWrap()、setWordWrap()	处理 wordWrap 属性。该属性表示数据项文本的换行策略
indexesMoved()	信号函数。当在视图中移动指定的模型索引时，发射此信号

扫一扫

视频讲解

【例 8.10】　编写一个 Qt 应用程序，演示 QListView 视图组件的应用。

（1）复制例 8.1 中的项目 examp8_1，将项目名称修改为 examp8_10。启动 Qt Creator 集成开发环境，打开 examp8_10 项目。

（2）双击 mainwindow.ui 文件打开界面设计器，在主窗体中增加一个名为 toolBar2 的工具栏，并为该工具栏添加一些测试用的 Action。Action 名称如图 8.20 所示。

（3）打开 mainwindow.cpp 文件，为添加的 Action 编写代码。

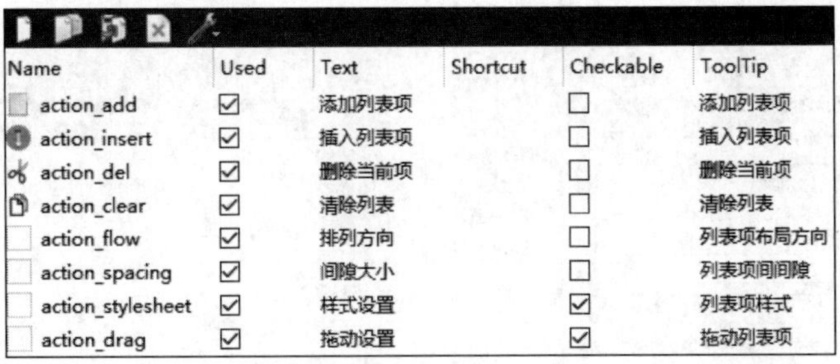

图 8.20　例 8.10 Action 设计

```cpp
void MainWindow::on_action_flow_triggered()
{
    if(ui->listView->flow() == QListView::TopToBottom)
        ui->listView->setFlow(QListView::LeftToRight);
    else
        ui->listView->setFlow(QListView::TopToBottom);
}
void MainWindow::on_action_spacing_triggered()
{
    int spacing = QInputDialog::getInt(this,tr("列表项间隙"),tr("间隙大小:"), 0,
1, 5, 1);
    ui->listView->setSpacing(spacing);
}
void MainWindow::on_action_stylesheet_triggered()
{
    if(ui->action_stylesheet->isChecked()){
        QString css = "QListView::item:hover{background:yellow;border-bottom:
1px solid #ff0000;}";
        css += "QListView{border: 2px solid rgb(170, 0, 255)}";
        ui->listView->setStyleSheet(css);
    }
    else{
        ui->listView->setStyleSheet("");
    }
}
void MainWindow::on_action_drag_triggered()
{
    if(ui->action_drag->isChecked()){
        ui->listView->setDragEnabled(true);
        ui->listView->setMovement(QListView::Free);
        ui->listView->setDefaultDropAction(Qt::MoveAction);
    }
    else{
        ui->listView->setDragEnabled(false);
    }
}
```

（4）构建并运行程序。程序运行后，单击新工具栏上的按钮进行测试，结果如图 8.21
所示。

图 8.21 中展示的是设置了列表项间隙、样式和拖动属性后的测试结果。读者可以在此
程序的基础上，测试 QListView 视图组件的其他使用方法。

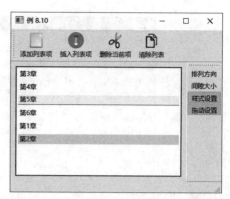

图 8.21　例 8.10 程序测试结果

8.4.3　QTableView 视图

QTableView 表示标准的表格模型视图,其继承关系如第 3 章的图 3.1 和图 3.22 所示。它的部分成员函数及功能描述如表 8.12 所示。

表 8.12　QTableView 视图部分成员函数及功能描述

成 员 函 数	功 能 描 述
QTableView()	构造对象
clearSpans() 或 setSpan()、rowSpan()、columnSpan()	处理表格单元格中数据项周围的空白
columnAt()、rowAt()	返回内容坐标中给定的 x(或 y)坐标所在的列(或行)
columnViewportPosition()或 rowViewportPosition()	返回给定列(或行)在内容坐标中的 x(或 y)坐标
columnWidth()、setColumnWidth()	获取或设置某列的宽度
gridStyle()、setGridStyle()	处理 gridStyle 属性。该属性表示用于绘制网格的笔样式,也就是网格线的样式,如 Qt::DashLine 表示虚线
showGrid()、setShowGrid()	处理 showGrid 属性。该属性确定是否显示网格线
horizontalHeader()、setHorizontalHeader()	处理表格的水平标题栏
verticalHeader()、setVerticalHeader()	处理表格的垂直标题栏
isColumnHidden()、setColumnHidden()	判断或设置某列的隐藏性
isCornerButtonEnabled()或 setCornerButtonEnabled()	处理 cornerButtonEnabled 属性。该属性确定表格左上角的按钮是否已启用。单击此按钮将选择表视图中的所有单元格,默认值为 True
isRowHidden()、setRowHidden()	判断或设置某行的隐藏性
isSortingEnabled()、setSortingEnabled()	处理 sortingEnabled 属性。该属性确定是否启用排序
rowHeight()、setRowHeight()	获取或设置某行高度
wordWrap()、setWordWrap()	处理 wordWrap 属性。该属性确定数据项文本换行策略

续表

成 员 函 数	功 能 描 述
hideColumn()、hideRow()	槽函数。隐藏某列或行
showRow()、showColumn()	槽函数。显示某行或某列
resizeColumnToContents()	槽函数。根据用于呈现列中每个项的委托的大小提示调整指定列的宽度。类似槽函数 resizeColumnsToContents()
resizeRowToContents()	槽函数。调整行高。类似槽函数 resizeRowsToContents()
selectColumn()、selectRow()	槽函数。如果当前 SelectionMode 和 SelectionBehavior 允许选择列(或行),则选择表视图中的给定列(或行)
sortByColumn()	槽函数。根据给定列中的值和指定的规则对模型排序

在例 8.2 和例 8.4 程序中,使用了 QTableView 视图组件,请大家参考代码中相关 QTableView 类的成员函数的使用方法。下面再给出一个 QTableView 的应用实例。

【例 8.11】 编写一个 Qt 应用程序,演示 QTableView 视图组件的应用。

扫一扫

视频讲解

(1)复制例 8.5 中的 examp8_5 项目,将项目名称修改为 examp8_11。启动 Qt Creator 集成开发环境,打开 examp8_11 项目。

(2)双击 mainwindow.ui 文件打开界面设计器,在主窗体中增加一个名为 toolBar2 的工具栏,并为该工具栏和原有工具栏添加一些测试用的 Action。Action 名称如图 8.22 所示。

Name	Used	Text	Shortcut	Checkable	ToolTip
action_open	☑	打开数据表		☐	打开数据库
action_gridstyle	☑	网格线样式		☐	网格线样式
action_headerview	☑	标题栏样式		☐	标题栏样式
action_hideheaderview	☑	垂直标题栏		☐	显示或隐藏标题栏
action_rowheight	☑	数据行高度		☐	数据行高度
action_add	☑	添加记录		☐	添加记录
action_insert	☑	插入记录		☐	插入记录
action_save	☑	保存数据		☐	保存数据
action_revert	☑	取消新增		☐	取消新增
action_delete	☑	删除行		☐	删除行

图 8.22 例 8.11 Action 设计

(3)打开 mainwindow.h 文件,在 MainWindow 类中添加成员变量和槽函数。

...

```
private slots:
    void on_action_open_triggered();
    void on_action_gridstyle_triggered();
    void on_action_headerview_triggered();
    void on_action_hideheaderview_triggered();
    void on_action_rowheight_triggered();
    void on_action_add_triggered();
    void on_action_save_triggered();
```

```
        void on_action_revert_triggered();
        void on_currentChanged(const QModelIndex &current, const
    QModelIndex &previous);
        void on_currentRowChanged(const QModelIndex &current, const
    QModelIndex &previous);
        void on_action_delete_triggered();
        void on_action_insert_triggered();
    private:
        Ui::MainWindow * ui;
        QSqlDatabase db;
        QSqlTableModel * model;
        QItemSelectionModel * iSelection;
    ...
```

（4）打开 mainwindow.cpp 文件，在 MainWindow 类的构造函数和槽函数中编写代码，实现记录的添加和删除，以及视图表格样式和行高的设置等操作。限于篇幅，这里只展示部分代码。

```
    ...
    void MainWindow::on_action_open_triggered()
    {
        ...
        //设置数据保存方式为 OnManualSubmit
        model->setEditStrategy(QSqlTableModel::OnManualSubmit);
        model->setSort(model->fieldIndex("sID"),Qt::AscendingOrder);
                                                          //按"学号"字段排序
        ui->tableView->setModel(model);                   //设置数据模型
        ui->tableView->hideColumn(0);                     //隐藏 id 字段
        iSelection = new QItemSelectionModel(model);      //声明选择模型
        connect(iSelection,SIGNAL(currentChanged(QModelIndex,QModelIndex)),
    this,SLOT(on_currentChanged(QModelIndex,QModelIndex)));  //关联信号与槽
        connect(iSelection,SIGNAL(currentRowChanged(QModelIndex,QModelIndex)),
    this,SLOT(on_currentRowChanged(QModelIndex,QModelIndex)));
        ui->tableView->setSelectionModel(iSelection);     //设置选择模型
        ui->action_open->setEnabled(false);               //让"打开"按钮不可用
    }
    void MainWindow::on_action_headerview_triggered()
    {
        //设置表格标题栏样式
        QString css = "QHeaderView{color:#ffffff;}";
        css += "QHeaderView::section{padding:4px;background:#ff00ff;font-weight:
    bold;}";
        ui->tableView->setStyleSheet(css);
    }
    void MainWindow::on_action_add_triggered()
    {
        //添加记录
        model->insertRow(model->rowCount(), QModelIndex());
        QModelIndex curIndex = model->index(model->rowCount()-1, 1);
        iSelection->clearSelection();
        iSelection->setCurrentIndex(curIndex, QItemSelectionModel::Select);
        int currow = curIndex.row();
        //设置测试数据
        model->setData(model->index(currow, 1), "20221118");
```

```
        model->setData(model->index(currow, 2), "王五");
        model->setData(model->index(currow, 3), "男");
        model->setData(model->index(currow, 4), 30);
}
void MainWindow::on_action_save_triggered()
{
        bool result = model->submitAll();              //保存数据到数据库
        if(!result){
            QMessageBox::information(this, tr("提示信息"), tr("数据保存错误!错误信息 \n
%1").arg(model->lastError().text()), QMessageBox::Ok, QMessageBox::NoButton);
        }
        else{
            ui->action_save->setEnabled(false);
            ui->action_revert->setEnabled(false);
        }
}
...
```

(5) 构建并运行程序。程序运行后,首先启动 MySQL 服务器,打开数据表;然后单击工具栏上的按钮进行测试,结果如图 8.23 所示。

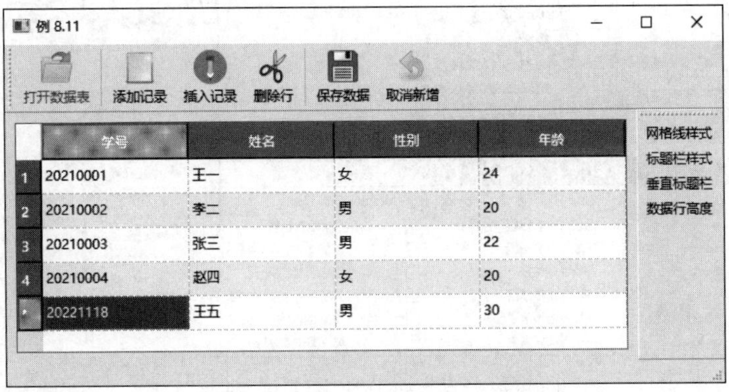

图 8.23　例 8.11 程序测试结果

图 8.23 中展示的是单击了工具栏上的"网格线样式""标题栏样式""添加记录"按钮后程序主窗体的状态。表格最后一行是准备添加到数据库的记录,在该行的左侧标题栏上显示的 * 号,表示数据还没有真正保存到数据库,需要用户手动单击"保存数据"按钮向数据库提交数据。与此类似,在进行删除记录操作时,也会在待删除的记录左侧标题栏上显示!号,提醒用户需要进行后续的相关操作后记录才真正从数据库中删除。

8.4.4　QTreeView 视图

QTreeView 表示标准的树模型视图,其继承关系如第 3 章的图 3.1 和图 3.22 所示。QTreeView 视图的使用方法与 QListView 和 QTableView 视图相类似,请大家参见 Qt 的帮助文档,这里不再列表展示。下面给出一个简单的应用实例。

【例 8.12】　编写一个 Qt 应用程序,演示 QTreeView 视图组件的应用。程序运行结果如图 8.24 所示。

(1) 启动 Qt Creator 集成开发环境,创建一个名为 examp8_12 的 Qt 应用程序。该应用程序主窗体基于 QMainWindow 类。

扫一扫

视频讲解

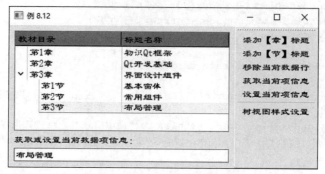

图 8.24　例 8.12 程序运行结果

（2）双击项目 mainwindow.ui 界面文件，打开 Qt Designer 界面设计工具。在 Qt Designer 中设置应用程序主窗体界面，设计工具栏上的功能按钮及相应的槽函数，如图 8.25 所示。

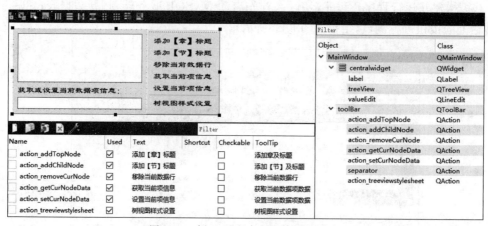

图 8.25　例 8.12 程序主窗体界面设计

（3）在 MainWindow 类中添加一个名为 model 的 QStandardModel 类型的数据模型对象指针。完成后 mainwindow.h 文件的部分代码如下。

```cpp
class MainWindow : public QMainWindow
{
    ...
private slots:
    void on_action_addTopNode_triggered();
    void on_action_addChildNode_triggered();
    void on_action_removeCurNode_triggered();
    void on_action_getCurNodeData_triggered();
    void on_action_setCurNodeData_triggered();
    void on_action_treeviewstylesheet_triggered();
private:
    Ui::MainWindow * ui;
    QStandardItemModel * model;    //数据模型
};
```

（4）打开 mainwindow.cpp 文件，在 MainWindow 类的构造函数及槽函数中编写代码，实现程序功能。限于篇幅，这里只展示部分函数体内容。

```
//添加"章"节点
void MainWindow::on_action_addTopNode_triggered()
{
    int index = model -> rowCount();              //获取行数
    QList<QStandardItem * > topList;              //准备数据项对象
    topList << new QStandardItem(QString("第%1章").arg(index+1))
            << new QStandardItem(QString("第%1章标题名称").arg(index+1));
    topList[0] ->setData(-1,Qt::UserRole+1);
    topList[1] ->setData(-1,Qt::UserRole+1);
    model->appendRow(topList);                    //添加"章"节点(顶级节点)
}
//添加"节"节点
void MainWindow::on_action_addChildNode_triggered()
{
    QModelIndex curIndex = ui->treeView->currentIndex();        //获取当前索引
    int row = curIndex.row();                      //获取当前行号
    int colum = curIndex.column();                 //获取当前列号
    int parentRow = curIndex.data(Qt::UserRole+1).toInt();
    //当前行列值包含-1或当前节点非顶级节点时返回
    if(-1 == row || -1 == colum || -1 != parentRow){return;}
    //获取指定行的第1个数据项
    QStandardItem * curTopItem = model->item(row);
    QList<QStandardItem * > childList;            //准备子节点数据
    childList << new QStandardItem(QString("第%1节").arg(curTopItem->rowCount
()+1))
            << new QStandardItem(QString("第%1节标题名称").arg(curTopItem->
rowCount()+1));
    childList[0] ->setData(row,Qt::UserRole+1);
    childList[1] ->setData(row,Qt::UserRole+1);
    curTopItem->appendRow(childList);            //添加"节"节点(子节点)
}
//移除当前数据行
void MainWindow::on_action_removeCurNode_triggered()
{
    QModelIndex curIndex = ui->treeView->currentIndex();
    int row = curIndex.row();
    int colum = curIndex.column();
    if(-1 == row || -1 == colum){ return; }
    int parentRow = curIndex.data(Qt::UserRole+1).toInt();
    if(-1 == parentRow){
        model->removeRow(row);                    //移除顶级节点
    }
    else{
        QStandardItem * parentItem = model->item(parentRow);
        parentItem->removeRow(row);               //移除子节点
    }
}
```

（5）构建并运行程序。测试结果如图 8.24 所示。程序运行后，可以单击"添加【章】标题"工具栏按钮，向树视图中添加"章"节点及其标题文本；选择树视图中的某章后，单击"添加【节】标题"工具栏按钮，向该"章"中添加"节"数据；选择树视图中的某章或节后，单击"移除当前数据行"工具栏按钮，可以将当前行从树视图中删除；当单击树视图中的某项后，单击"获取当前项信息"工具栏按钮可以获取到当前数据项信息，并在主窗体下面的编辑器中显示;单击"设置当前项信息"工具栏按钮,可以将文本编辑器中的内容设置到当前选择的数据项上。

习题 8

自测题

1. 填空题

(1) Qt 的模型/视图结构由 3 部分组成,即_____、_____和_____。

(2) 在 Qt 中,常见的数据模型表现形式有 3 种,即_____、_____和_____。

(3) 数据模型中的每个项(Item)都有一个_____、一个_____和一个_____。

(4) 在 Qt 中,所有基于项数据的数据模型都是基于_____类的,其直接子类_____是所有一维列表数据模型的抽象基类。

(5) _____是用于处理字符串列表的数据模型,它可以作为_____的数据模型,在界面上显示和编辑字符串列表。

(6) Qt 的_____数据模型用于访问本机文件系统数据,将该数据模型与视图组件_____结合,可以实现本机文件系统资源的目录树显示。

(7) Qt 的_____是以项数据为基础的标准数据模型类,其项数据用_____表示。

(8) _____是所有表格数据模型的抽象基类,其直接子类为_____,间接子类还有_____和_____。

(9) 在使用 QTableView 视图组件时,该组件为每个字符串数据的单元格提供一个_____类型的默认代理编辑组件,为每个整型数据的单元格提供了一个_____类型的默认代理编辑组件。

(10) 在 Qt 的模型/视图结构中,自定义编辑代理组件一般需要从_____类派生。

2. 选择题

(1) 通常情况下,数据模型中的模型索引就是一个 Qt 的( )对象。

    A. QModelIndex   B. QModelRoleData

    C. QModelRoleDataSpan   D. QObject

(2) 数据模型中的数据项都包含了一些不同角色的数据,其中( )表示可以作为文本显示在视图中的字符串。

    A. Qt::ToolTipRole   B. Qt::StatusTipRole

    C. Qt::DisplayRole   D. Qt::EditRole

(3) 若要将一个 QStringList 类型的数据源设置到 QStringListModel 数据模型中,需要调用 QStringListModel 类的( )成员函数。

    A. setData()   B. setHeaderData()

    C. setItemData()   D. setStringList()

(4) 要通过 QFileSystemModel 获取本机的文件系统,需要用( )函数为其设置一个根目录。

    A. setFilter()   B. setReadOnly()

    C. setRootPath()   D. setOptions()

(5) 若在 QStandardItemModel 模型中的指定行和列处设置数据项,需要调用其( )

成员函数。

  A. appendRow()   B. insertRow()   C. setItem()   D. takeItem()

  (6)（　　）是一个基于 SQL 查询的只读数据模型，它封装了执行 SELECT 语句从数据库查询数据的功能。

  A. QAbstractTableMode   B. QSqlQueryModel

  C. QSqlTableModel   D. QSqlRelationalTableModel

  (7) 在使用 QSqlTableModel 数据模型时，通过（　　）函数设置数据表，通过（　　）函数获取 SELECT 查询结果集。

  A. setTable()   B. select()   C. database()   D. tableName()

  (8) 模型/视图结构中的 QTableView 视图组件，会为每个字符串数据的单元格提供一个（　　）类型的默认代理编辑组件。

  A. QLabel   B. QPlainTextEdit

  C. QLineEdit   D. QTextEdit

  (9) 在模型/视图结构中，需要调用视图组件的（　　）函数关联数据模型。

  A. setModel()   B. setSelection()

  C. rowsInserted()   D. dataChanged()

  (10) 在使用 QTableView 视图组件时，可以调用它的（　　）函数获取表格的垂直标题栏对象。

  A. horizontalHeader()   B. verticalHeader()

  C. setHorizontalHeader()   D. setVerticalHeader()

3. 程序阅读题

  启动 Qt Creator 集成开发环境，创建一个 Qt Widgets Application 类型的应用程序，该应用程序主窗体基于 QWidget 类。在应用程序主窗体中添加一个 QPushButton 类型的按钮，对象名称为 pBtn。

  (1) 为 pBtn 按钮添加 clicked 信号的槽函数并编写代码，如下所示。

```
void Widget::on_pBtn_clicked()
{
    QStringList data;
    data << "第 1 章" << "第 2 章";
    QStringListModel * stringListModel = new QStringListModel(this);
    stringListModel->setStringList(data);
    QListView * listView = new QListView(this);
    listView->setModel(stringListModel);
    ui->verticalLayout->addWidget(listView);
    ui->pBtn->setEnabled(false);
}
```

回答下面的问题：

① 说明上述函数的功能。

② 在上述模型/视图结构中，数据、模型和视图分别是什么？

③ 执行上述函数后，主窗体列表视图中的数据项可以编辑吗？怎样开始编辑？

  (2) 在上述代码的基础上，继续在 on_pBtn_clicked() 函数中添加代码，如下所示。

```
void Widget::on_pBtn_clicked()
{
    ...
    listView->setEditTriggers(QAbstractItemView::SelectedClicked);
    //listView->setEditTriggers(QAbstractItemView::NoEditTriggers);
}
```

回答下面的问题:

① 新增代码的功能是什么? 解释各语句的作用?

② 若列表视图中的数据项是可编辑的,其默认编辑代理对象是什么类型?

(3) 在上述代码的基础上,继续在 on_pBtn_clicked()函数中添加代码,如下所示。

```
void Widget::on_pBtn_clicked()
{
    ...
    stringListModel->insertRow(stringListModel->rowCount());
    QModelIndex modelIndex = stringListModel->index(stringListModel->rowCount
()-1, 0);
    stringListModel->setData(modelIndex, "第 3 章", Qt::DisplayRole);
    listView->setCurrentIndex(modelIndex);
}
```

回答下面的问题:

① 新增代码的功能是什么?

② 解释各语句的作用。

(4) 在上述代码的基础上,继续在 on_pBtn_clicked()函数中添加代码,如下所示。

```
void Widget::on_pBtn_clicked()
{
    ...
    modelIndex = listView->currentIndex();                  //语句 1
    stringListModel->insertRow(modelIndex.row());           //语句 2
    stringListModel->setData(modelIndex, "第 4 章", Qt::DisplayRole);
    stringListModel->removeRow(1);                          //语句 3
    //stringListModel->removeRows(0,stringListModel->rowCount());
}
```

回答下面的问题:

① 语句 1 获取的行的文本是什么?

② 语句 2 插入的行是哪一行?

③ 语句 3 删除的行的文本是什么? 最后一行的功能是什么?

(5) 在上述代码的基础上,首先在 on_pBtn_clicked()函数中添加语句 1,然后为 Widget 类添加一个名为 rowsRemovedSlot()的槽函数。代码如下。

```
void Widget::on_pBtn_clicked()
{
    ...
    connect(stringListModel, &QStringListModel::rowsRemoved, this, &Widget::
rowsRemovedSlot);                                           //语句 1
    stringListModel->removeRow(1);                          //语句 2
    ...
}
```

```
void Widget::rowsRemovedSlot(const QModelIndex &parent, int first, int last)
{
    Q_UNUSED(parent)
    Q_UNUSED(last)
    QObjectList objs =  this->children();
    QStringListModel * model = nullptr;
    foreach (QObject * obj, objs) {
        if(qobject_cast<QStringListModel * >(obj)){
            model = qobject_cast<QStringListModel * >(obj);    //语句3
            break;
        }
    }
    if(model){
        model->insertRow(first);
        QModelIndex modelIndex = model->index(first, 0);
        model->setData(modelIndex, "该行已经被删除.", Qt::DisplayRole);
    }
}
```

回答下面的问题：

① 说明语句 1 的功能。若将语句 1 放在语句 2 之后，是否可行？

② 说明语句 3 的功能。程序运行后，单击主窗体中的 pBtn 按钮，此时列表框中的列表项是哪些？

4. 程序设计题

（1）完善例 8.1 中的 examp8_1 项目，让模型数据从文件中读取。

（2）用可视化编程方法完成例 8.2 中的 examp8_2 项目程序设计。

（3）完善例 8.3 中的 examp8_3 项目，实现数据项的添加、删除等功能。

（4）完善例 8.4 中的 examp8_4 项目，实现记录的排序、条件查找等功能。

（5）完善例 8.5 中的 examp8_5 项目，实现记录的添加、删除等功能。

图 形 绘 制

通过可视化的界面元素为用户提供便利的操作,是 GUI 应用程序的主要优势。Qt 应用程序作为典型的 GUI 程序,图形的绘制及处理功能当然是不可或缺的。Qt 提供了强大的二维及三维图形系统,可以通过相同的接口在屏幕和绘图设备上进行图形的绘制。同时,为了适应数据可视化的需要,Qt 还提供了常用的图表(如柱状图、饼图和散点图等)的绘制和管理支持。

本章介绍 Qt 的二维图形系统,主要包括 Qt 绘图基础、基本图形绘制、图像绘制、文本及路径绘制以及坐标变换等内容。

9.1 Qt 绘图基础

Qt 提供了强大的二维绘图系统,可以使用相同的函数在屏幕和绘图设备上进行绘制。它主要基于 3 个 Qt 类,即 QPainter、QPaintDevice 和 QPaintEngine。

在 Qt 的绘图系统中,具体的绘制操作由 QPainter 类来完成,QPainter 类提供了大量高度优化的函数,用于完成 GUI 编程中所需要的大部分图形绘制工作。在对 QPainter 类进行介绍之前,先来看一个使用 QPainter 对象绘制二维图形的简单示例。

9.1.1 简单示例

QPainter 通常在一个窗体的重绘事件(QPainterEvent)的 paintEvent()处理函数中进行图形的绘制,所以,在绘图之前需要重新实现窗体的 QWidget::paintEvent()事件处理函数,并准备好画笔(QPen)、画刷(QBrush)和字体(QFont)等绘图资源。

【例 9.1】 二维图形绘制简单示例。程序运行结果如图 9.1 所示。

(1) 启动 Qt Creator 集成开发环境,创建一个名称为 examp9_1、类型为 Qt Widgets Application 的 Qt 应用程序,选择 QWidget 主窗体基类,取消 Generate form 选项的勾选。

扫一扫

视频讲解

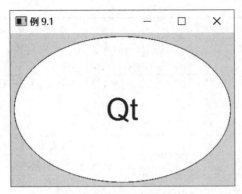

图 9.1 例 9.1 程序运行结果

（2）在主窗体类 Widget 的 widget.h 头文件中添加重绘事件处理函数的声明。代码如下。

```
class Widget : public QWidget
{
    ...
protected:
    void paintEvent(QPaintEvent * e);        //重绘事件处理函数声明
}
```

（3）在主窗体类 Widget 的实现文件 widget.cpp 中添加重绘事件处理函数的实现代码。

```
void Widget::paintEvent(QPaintEvent * e){
    QPainter painter(this);
    painter.setPen(Qt::red);
    painter.setBrush(Qt::white);
    painter.setFont(QFont("Arial",30));
    painter.drawEllipse(5,5,width()-10,height()-10);
    painter.drawText(rect(),Qt::AlignCenter,"Qt");
    QWidget::paintEvent(e);
}
```

（4）构建并运行程序。程序运行后，主窗体中出现一个边框为红色的白色填充椭圆形，以及一个红色的、位置居中的 Qt 文本，如图 9.1 所示。用鼠标拖动主窗体的边框，改变窗体大小，窗体中的图形大小会随之发生变化。

9.1.2 QPainter 类

从例 9.1 程序代码可以看出，QPainter 对象完成了所有图形绘制工作，包括绘图资源的准备以及具体图形的绘制。

QPainter 类可以在继承自 QPaintDevice 类的任何对象上进行绘制操作，它没有父类，只有一个直接子类 QStylePainter。QPainter 类的部分成员函数及功能描述如表 9.1 所示。

表 9.1 QPainter 类的部分成员函数及功能描述

成 员 函 数	功 能 描 述
QPainter()	构造绘画者对象
background()、setBackground()	获取或设置当前背景画刷

续表

成 员 函 数	功 能 描 述
backgroundMode()、setBackgroundMode()	获取或设置当前背景模式(Qt::TransparentMode 或 Qt::OpaqueMode)。默认为 Qt::TransparentMode
begin()、end()	开始或结束在指定的绘图设备上的绘图操作
brush()、setBrush()、brushOrigin()	处理用于绘制填充图形的颜色或图案
boundingRect()、clipBoundingRect()	返回绘制文本(或当前裁剪)的边界矩形
setClipping()、setClipRect()	是否启用裁剪;用指定的矩形设置裁剪区域
clipPath()、setClipPath()	获取或设置当前裁剪路径
clipRegion()、setClipRegion(	获取或设置当前裁剪区域
compositionMode()、setCompositionMode()	获取或设置当前合成模式
device()	返回绘画者当前正在使用的绘图设备
deviceTransform()	返回从逻辑坐标转换为平台相关绘图设备的设备坐标的矩阵
eraseRect()	擦除给定矩形内的区域
font()、setFont()、fontInfo()、fontMetrics()	处理绘制文本时的字体
hasClipping()	告诉绘画者是否裁剪
isActive()	判断绘画者是否处于活动状态
layoutDirection()、setLayoutDirection(	获取或设置绘制文本时的布局方向
opacity()、setOpacity()	获取或设置绘画者的不透明度。默认值为 1
paintEngine()	返回绘画者当前正在运行的绘图引擎
pen()、setPen()	获取或设置用于绘制线条或边界的颜色和线型
renderHints()、setRenderHints()	获取或设置绘画者的渲染信息标志
save()、restore()	保存或恢复绘画者状态
rotate()、scale()、shear()、translate()	实现坐标的旋转、缩放、扭曲和平移变换
strokePath()	使用指定的画笔绘制路径的轮廓
worldTransform()、setWorldTransform()	返回或设置世界坐标变换矩阵
transform()、setTransform()	worldTransform()和 setWorldTransform()函数的别名
worldMatrixEnabled()、setWorldMatrixEnabled()	处理是否可以进行世界坐标变换
resetTransform()	重置使用 translate()等进行的所有坐标变换
combinedTransform()	返回组合当前窗体/视口/世界坐标变换的变换矩阵
viewport()、setViewport()	返回或设置视口矩形
window()、setWindow()	返回或设置窗体矩形

QPainter 类的对象通过其构造方法来创建。QPainter 类的构造方法原型如下。

```
QPainter(QPaintDevice * device)
```

或

```
QPainter()
```

其中,参数 device 是 QPaintDevice 类的对象,即绘图设备,表示在该部件上进行绘制操作。使用这个构造函数创建的对象会立即开始在设备上绘制,自动调用 begin()函数,然后在 QPainter 的析构函数中调用 end()函数结束绘制。

如果在构建 QPainter 对象时不想指定绘制设备,那么可以使用不带参数的构造函数,然后使用 QPainter 的 begin() 成员函数在开始绘制时指定绘制设备,等绘制完成后再调用 end() 函数结束绘制操作。

QPainter::begin() 函数的原型如下。

```
void QPainter::begin(QPaintDevice * device)
```

其中,参数 device 表示绘图设备。

例如,可以将例 9.1 中步骤(3)中的代码修改为如下形式。

```
void Widget::paintEvent(QPaintEvent * e){
    //QPainter painter(this);
    QPainter painter;
    painter.begin(this);
    …
    painter.end();
    QWidget::paintEvent(e);
}
```

在例 9.1 的绘图代码中,使用了 QPainter 类的 drawEllipse() 和 drawText() 函数,实现了填充椭圆的绘制和文本的输出。

9.1.3　QPen 类

Qt 用 QPen 类表示画笔。画笔是用于绘制直线和图形轮廓的绘图工具,其属性包括线型、线宽和颜色等,这些属性可以在 QPen 的构造函数中指定,也可以使用其成员函数逐项设置。QPen 类的部分成员函数及功能描述如表 9.2 所示。

表 9.2　QPen 类的部分成员函数及功能描述

成 员 函 数	功 能 描 述
QPen()	构造画笔对象
brush()、setBrush()	获取或设置使用画笔绘制填充轮廓时的画刷
capStyle()、setCapStyle()	获取或设置画笔所绘线条的端点样式
color()、setColor()	获取或设置画笔颜色
dashOffset()、setDashOffset()	获取或设置画笔虚线样式的偏移量
dashPattern()、setDashPattern()	获取或设置画笔的虚线模式
isCosmetic()、setCosmetic()	判断或设置画笔的修饰
isSolid()	判断画笔是否为实线
joinStyle()、setJoinStyle()	获取或设置线条的连接样式
miterLimit()、setMiterLimit()	获取或设置画笔的斜接限制。斜接限制仅在连接样式设置为 Qt::MiterJoin 时才相关
style()、setStyle()	获取或设置画笔样式
swap()	将画笔换成另一支
width()、setWidth()	获取或设置画笔宽度。相关函数还有 widthF() 和 setWidthF()

QPen 类的使用非常简单,只需要调用其成员函数对线条样式、宽度和颜色等进行设置,然后调用 QPainter 对象的 setPen() 函数将其加载到绘图环境中即可。

1. 创建画笔

在 Qt 中，创建画笔有两种方法，一种是调用 QPainter 类的 setPen()函数，通过设置颜色或样式来创建，就像例 9.1 那样；另一种就是使用 QPen 类的构造函数。

QPen 类的构造方法有 6 种重载形式，它们的原型如下。

```
QPen(QPen &&)
QPen(const QPen &)
QPen(const QBrush &, qreal, Qt::PenStyle, Qt::PenCapStyle, Qt::PenJoinStyle)
QPen(const QColor &)
QPen(Qt::PenStyle)
QPen()
```

可以使用这些不同形式的构造函数，在构造画笔对象的同时设置它的属性。例如，下面的代码构造一个红色、实线、线宽为 1 像素的画笔对象。

```
QPen pen(QColor(255,0,0));
```

而下面的代码则构造一个黑色、虚线、线宽为 1 像素的画笔对象。这里的 Qt::DashLine 表示虚线，是一种画笔样式。

```
QPen pen(Qt::DashLine);
```

2. 样式设置

Qt 的画笔样式就是指它所绘制的线条的样式，用枚举类型 Qt::penStyle 来表示，其值如表 9.3 所示。

表 9.3　Qt::penStyle 常量及描述

常　量	描　述	常　量	描　述
Qt::NoPen	空画笔	Qt::DashDotLine	点画线画笔
Qt::SolidLine	实线画笔	Qt::DashDotDotLine	双点画线画笔
Qt::DashLine	虚线画笔	Qt::CustomDashLine	自定义虚线画笔
Qt::DotLine	点线画笔		

表 9.3 中的 Qt::NoPen 常量表示不绘制线条，常常用于填充图形的轮廓绘制。其他几种线条样式的绘图效果如图 9.2 所示。

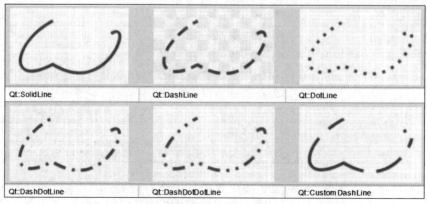

图 9.2　线条样式绘图效果

在 Qt 程序中,使用 QPen::setStyle()或 QPen::style()函数设置或获取画笔的线条样式。例如,下面的代码会将画笔的无线条更改为虚线样式。

```
QPen pen(Qt::NoPen);
if(pen.style() == Qt::NoPen){
    pen.setStyle(Qt::DashLine);
}
```

3. 线宽设置

使用 QPen::setWidth()或 QPen::width()函数设置或获取画笔的线条的宽度。例如,下面的代码会将画笔的线宽从 1 像素修改为 4 像素。

```
QPen pen;
if(pen.width()==1){
    pen.setWidth(4);
}
```

4. 端点风格设置

QPen 类的 setCapStyle()函数用于设置线条端点样式。在 Qt 中,线条的端点样式用枚举类型 Qt::PenCapStyle 来表示,其值有 3 种,分别为 Qt::FlatCap、Qt::SquareCap 和 Qt::RoundCap。它们的绘图效果如例 9.2 所示。

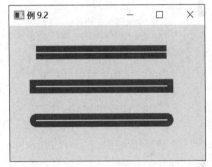

图 9.3 例 9.2 程序运行结果

【例 9.2】 编写一个 Qt 应用程序,在主窗体中绘制 3 条直线,演示 Qt 线条端点样式的区别。程序运行结果如图 9.3 所示。

(1) 复制例 9.1 中的应用程序,将项目名称修改为 examp9_2。

(2) 在 Qt Creator 集成开发环境中打开 examp9_2 项目,修改 Widget::paintEvent()函数中的代码。

```
void Widget::paintEvent(QPaintEvent * e){
    QPainter painter(this);
    Qt::PenCapStyle capStyle[3] = {Qt::FlatCap, Qt::SquareCap, Qt::RoundCap};
    QPen pen(Qt::red, 20);
    for(int i=0;i<3 ;i++ ) {
        pen.setCapStyle(capStyle[i]);
        painter.setPen(pen);
        painter.drawLine(QPoint(40,40+i * 50), QPoint(240,40+i * 50));
        painter.setPen(Qt::white);
        painter.drawLine(QPoint(40,40+i * 50), QPoint(240,40+i * 50));
    }
    QWidget::paintEvent(e);
}
```

(3) 构建并运行程序,结果如图 9.3 所示。

图 9.3 中 3 条直线从上至下依次设置为 Qt::FlatCap、Qt::SquareCap 和 Qt::RoundCap 端点样式。

从程序的运行结果可以看出,Qt::FlatCap 样式在直线的端点处是平齐的;Qt::

SquareCap 样式在直线的端点多出了一个正方形；Qt∶RoundCap 样式在直线的端点处是圆弧形的。

5. 线条的连接样式设置

QPen 类的 setJoinStyle()函数用于设置线条连接样式。在 Qt 中，线条的连接样式用枚举类型 Qt∶PenJoinStyle 来表示，其值有 4 种，分别为 Qt∶MiterJoin、Qt∶BevelJoin、Qt∶RoundJoin 和 Qt∶SvgMiterJoin。其中前 3 种类型的绘图效果如例 9.3 所示，第 4 种 Qt∶SvgMiterJoin 类型的绘图效果请仿照例 9.3 代码自行测试。

扫一扫

视频讲解

图 9.4　例 9.3 程序运行结果

【例 9.3】　编写一个 Qt 应用程序，在主窗口中绘制直线，演示 Qt 线条连接样式的区别。程序运行结果如图 9.4 所示。

（1）复制例 9.2 中的应用程序，将项目名称修改为 examp9_3。

（2）在 Qt Creator 集成开发环境中打开 examp9_3 项目，修改 Widget∶paintEvent()函数中的代码。

```cpp
void Widget::paintEvent(QPaintEvent * e){
    QPainter painter(this);
    Qt::PenJoinStyle joinStyle[3] = {Qt::MiterJoin, Qt::BevelJoin, Qt::RoundJoin};
    QPen pen(Qt::red, 20);
    QPoint points[3];
    for(int i=0;i<3 ;i++ ) {
        pen.setJoinStyle(joinStyle[i]);
        painter.setPen(pen);
        points[0] = QPoint(40+i * 90,40);
        points[1] = QPoint(40+i * 90,160);
        points[2] = QPoint(40+(i+1) * 90,40);
        painter.drawPolyline(points,3);
    }
    QWidget::paintEvent(e);
}
```

（3）构建并运行程序，结果如图 9.4 所示。

图 9.4 中 3 条折线从左至右依次设置为 Qt∶MiterJoin、Qt∶BevelJoin 和 Qt∶RoundJoin 连接样式。

从程序的运行结果可以看出，Qt∶MiterJoin 样式在直线连接处是尖形的；Qt∶BevelJoin 样式在直线连接处是平的；Qt∶RoundJoin 样式在直线连接处是圆弧形的。

6. 颜色设置

使用 QPen 类的 setColor()和 setBrush()函数设置画笔颜色。Qt 中的颜色使用 QColor 类的对象来表示，也可以使用 Qt∶GlobalColor 枚举类型中的预定义颜色对象来表示，如表 9.4 所示。

表 9.4 Qt∷GlobalColor 预定义 QColor 对象

常 量	描 述	常 量	描 述
Qt∷white	白色。RGB 值♯ffffff	Qt∷magenta	洋红色。RGB 值♯ff00ff
Qt∷black	黑色。RGB 值♯000000	Qt∷darkMagenta	深洋红。RGB 值♯800080
Qt∷red	红色。RGB 值♯ff0000	Qt∷yellow	黄色。RGB 值♯ffff00
Qt∷darkRed	深红色。RGB 值♯800000	Qt∷darkYellow	深黄色。RGB 值♯808000
Qt∷green	绿色。RGB 值♯00ff00	Qt∷gray	灰色。RGB 值♯a0a0a4
Qt∷darkGreen	深绿色。RGB 值♯008000	Qt∷darkGray	深灰色。RGB 值♯808080
Qt∷blue	蓝色。RGB 值♯0000ff	Qt∷lightGray	浅灰色。RGB 值♯c0c0c0
Qt∷darkBlue	深蓝色。RGB 值♯000080	Qt∷transparent	透明黑色值（QColor(0,0,0,0)）
Qt∷cyan	青色。RGB 值♯00ffff	Qt∷color0	像素值（位图）
Qt∷darkCyan	深青色。RGB 值♯008080	Qt∷color1	像素值（位图）

Qt 的 QColor 颜色类支持 RGB、HSV、CMYK 颜色模型，也支持 alpha 混合（透明度）的模式。RGB 是面向硬件的模型，颜色由红、绿、蓝 3 种基色混合而成。HSV 模型比较符合人对颜色的感觉，由色调（0～359）、饱和度（0～255）、亮度（0～255）组成。CMYK 由青、洋红、黄、黑 4 种基色组成，主要用于打印机等硬件复制设备。

QColor 类的构造函数原型如下。

```
QColor(QLatin1String name)
QColor(const char * name)
QColor(const QString &name)
QColor(QRgba64 rgba64)
QColor(QRgb color)
QColor(int r, int g, int b, int a = 255)
QColor(Qt::GlobalColor color)
QColor()
```

可以使用这些不同的构造函数创建颜色对象。例如：

```
QColor c1(255,0,0);                  //使用 R、G、B 颜色分量
QColor c2(255,0,0,127);              //使用 R、G、B 颜色分量和透明度 α
QColor c3(Qt::red);                  //使用 Qt 预定义颜色对象
```

了解了 Qt 的颜色表示方式后，设置 QPen 画笔对象的颜色属性就非常简单了。例如，下面的代码都可以将画笔设置为红色。

```
QPen pen;
pen.setColor(Qt::red);
pen.setColor(QColor(255,0,0));
```

9.1.4 QBrush 类

Qt 的 QBrush 类表示画刷对象。画刷用于填充图形，其属性包括填充颜色、填充样式以及材质填充时的材质图片等。QBrush 类的部分成员函数及功能描述如表 9.5 所示。

表 9.5　QBrush 类的部分成员函数及功能描述

成 员 函 数	功 能 描 述
QBrush()	构造画刷对象
color()、setColor()	获取或设置画刷颜色
gradient()	返回描述画刷的渐变
isOpaque()	判断画刷是否完全不透明
style()、setStyle()	获取或设置画刷样式
swap()	将画刷换成另一个
texture()、setTexture()	获取或设置自定义的画刷图案(QPixmap 对象)
textureImage()、setTextureImage()	获取或设置自定义的画刷图案(QImage 对象)
transform()、setTransform()	返回画刷的当前变换矩阵

与 QPen 相似,QBrush 的使用也非常简单,只需要调用其成员函数对填充样式或颜色等属性进行设置,然后调用 QPainter 对象的 setBrush()函数将其加载到绘图环境中即可。

1. 创建画刷

在 Qt 中,创建画刷有两种方法,一种是调用 QPainter 类的 setBrush()函数,通过设置颜色或样式来创建,就像例 9.1 那样;另一种就是使用 QBrush 类的构造函数。

QBrush 类的构造方法有 10 种重载形式,它们的原型如下。

```
QBrush(const QGradient &)
QBrush(const QBrush &)
QBrush(const QImage &)
QBrush(const QPixmap &)
QBrush(Qt::GlobalColor, const QPixmap &)
QBrush(const QColor &, const QPixmap &)
QBrush(Qt::GlobalColor, Qt::BrushStyle)
QBrush(const QColor &, Qt::BrushStyle)
QBrush(Qt::BrushStyle)
QBrush()
```

可以使用这些不同形式的构造函数,在构造画刷对象的同时设置它的属性。例如,下面的代码构造一个红色、实心的画刷对象。

```
QBrush brush(QColor(255,0,0));
```

而下面的代码则构造一个黑色、十字交叉的画刷对象。

```
QBrush brush(Qt::Cross Pattern);
```

这里的 Qt::Cross Pattern 表示十字交叉线填充模式,它是一种画刷样式。

2. 样式设置

Qt 的画刷样式就是指它所用的填充图形的样式,用枚举类型 Qt::BrushStyle 来表示,其值如表 9.6 所示。

表 9.6　Qt∷BrushStyle 常量及描述

常　　量	描　　述	常　　量	描　　述
Qt∷NoBrush	空画刷	Qt∷VerPattern	垂直线
Qt∷SolidPattern	纯色画刷	Qt∷CrossPattern	交叉水平线和垂直线
Qt∷Dense1Pattern	极其密集样式	Qt∷BDiagPattern	向后对角线
Qt∷Dense2Pattern	非常密集样式	Qt∷FDiagPattern	向前对角线
Qt∷Dense3Pattern	稍微密集样式	Qt∷DiagCrossPattern	交叉对角线
Qt∷Dense4Pattern	半密集样式	Qt∷LinearGradientPattern	线性渐变样式
Qt∷Dense5Pattern	稍微稀疏样式	Qt∷ConicalGradientPattern	锥形渐变样式
Qt∷Dense6Pattern	非常稀疏样式	Qt∷RadialGradientPattern	辐射渐变样式
Qt∷Dense7Pattern	极其稀疏样式	Qt∷TexturePattern	自定义样式
Qt∷HorPattern	水平线		

表 9.6 中的 Qt∷NoBrush 常量表示空画刷,其他几种画刷样式的绘图效果如图 9.5
所示。

在 Qt 应用程序中,使用 QBrush∷setStyle()函数设置画刷样式;使用 QBrush 类的
setTexture()和 setTextureImage()函数设置填充材质。

【例 9.4】　编写一个 Qt 应用程序,在主窗体中绘制矩形,演示 Qt 的画刷填充样式的绘
图效果。程序运行结果如图 9.6 所示。

扫一扫

视频讲解

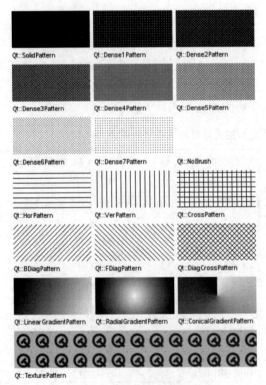

图 9.5　画刷样式绘图效果示意

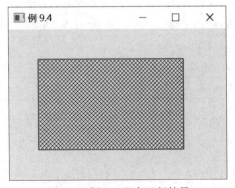

图 9.6　例 9.4 程序运行结果

（1）复制例 9.1 中的应用程序，将项目名称修改为 examp9_4。

（2）在 Qt Creator 集成开发环境中打开 examp9_4 项目，修改 Widget∷paintEvent()函数中的代码。

```
void Widget::paintEvent(QPaintEvent * e){
    QPainter painter(this);
    QBrush brush;
    //brush.setStyle(Qt::CrossPattern);
    brush.setStyle(Qt::DiagCrossPattern);
    painter.setBrush(brush);
    painter.setPen(Qt::red);
    painter.drawRect(40,40,200,120);
    QWidget::paintEvent(e);
}
```

（3）构建并运行程序。结果如图 9.6 所示。

3. 颜色设置

画刷的颜色设置非常简单，直接调用 QBrush∷setColor()函数即可。例如，将例 9.4 中定义的画刷设置为黄色，可以使用以下语句。

```
brush.setColor(Qt::yellow);
```

当然，也可以在构造画刷对象时就设置其颜色。

9.2 基本图形绘制

在学习了 Qt 的绘图基础知识以后，就可以在程序中编写代码进行复杂图形的绘制了。QPainter 类提供了很多基本图元的绘制功能，包括点、直线、椭圆、矩形、曲线等，由这些基本的图元可以构成复杂的图形。

QPainter 类中常用的基本图元绘制函数及功能描述如表 9.7 所示。

表 9.7　QPainter 类中常用的基本图元绘制函数及功能描述

函 数 名 称	功 能 描 述	函 数 名 称	功 能 描 述
drawArc()	绘制圆弧	drawPixmap()	绘制 QPixmap 图片
drawChord()	绘制弦	drawPixmapFragments()	在多个位置绘制图片
drawConvexPolygon()	绘制凸多边形	drawPolygon()	绘制多边形
drawEllipse()	绘制椭圆	drawPolyline()	绘制多折线
drawGlyphRun()	绘制字形	drawRect(),drawRects()	绘制矩形
drawImage()	绘制图像	drawRoundedRect()	绘制圆角矩形
drawLine(),drawLines()	绘制直线	drawStaticText()	绘制静态文本
drawPath()	绘制路径	drawText()	绘制文本
drawPicture()	绘制图片	drawTiledPixmap()	绘制平铺图片
drawPie()	绘制扇形图	fillPath()	填充路径。不显示轮廓
drawPoint(),drawPoints()	绘制点	fillRect()	填充矩形。无边框线

基本图元的绘制非常简单，只需要设置好绘图工具，准备好图元上的关键点坐标或区域参数，然后调用 QPainter 的绘图函数即可。

9.2.1 点和线的绘制

点和线的绘制通过调用 QPainter 类的 drawPoint()、drawPoints()和 drawLine()、drawLines()、drawArc()、drawPolyline()等函数来完成。

1. 点的绘制

Qt 用 QPoint 或 QPointF 类代表一个坐标点。它包含一个横坐标和一个纵坐标，QPoint 数值为 int 型，QPointF 数值为 float 型。可以使用 QPainter 类的 drawPoint()和 drawPoints()函数绘制单点和多点，函数原型如下。

```
drawPoint(const QPointF &)
drawPoint(const QPoint &)
drawPoint(int, int)
drawPoints(const QPointF *, int)
drawPoints(const QPolygonF &)
drawPoints(const QPoint *, int)
drawPoints(const QPolygon &)
```

上述代码中的 QPolygon 和 QPolygonF 代表多边形，可以通过 drawPoints()函数一次绘制全部或部分多边形的顶点。

下面给出一段简单的示例代码，运行结果如图 9.7 所示。

```
//教材源码 chap09\code_9_2_1_1\widget.cpp
QPainter painter(this);
QPen pen(QColor(255,0,0));
pen.setWidth(10);
QPoint points[4] = {QPoint(10,10),QPoint(30,10),QPoint(30,30),QPoint(10,30)};
QPolygon polygon;
polygon << QPoint(50,50) << QPoint(100,50) << QPoint(100,100) << QPoint(50,100);
painter.setPen(pen);
painter.drawPoint(200,75);              //绘制单点
painter.drawPoints(points,4);           //绘制多点
painter.drawPoints(polygon);            //绘制多点
QWidget::paintEvent(event);
```

2. 直线的绘制

Qt 用 QLine 或 QLineF 代表一条线段，前者数值为 int 型，后者数值为 float 型。QPainter 类的直线绘制函数 drawLine()和 drawLines()均具有多种重载形式，以适应不同类型的参数。函数原型如下。

```
drawLine(const QLineF &)
drawLine(const QLine &)
drawLine(int, int, int, int)
drawLine(const QPoint &, const QPoint &)
drawLine(const QPointF &, const QPointF &)
drawLines(const QLineF *, int)
drawLines(const QList<QLineF> &)
drawLines(const QPointF *, int)
drawLines(const QList<QPointF> &)
```

```
drawLines(const QLine *, int)
drawLines(const QList<QLine> &)
drawLines(const QPoint *, int)
drawLines(const QList<QPoint> &)
```

下面给出一段简单的示例代码,运行结果如图 9.8 所示。

```
//教材源码 chap09\code_9_2_1_2\widget.cpp
QLine line;
line.setP1(QPoint(100,100));
line.setP2(QPoint(200,75));
QPoint points[4] = {QPoint(10,10),QPoint(30,10),QPoint(30,30),QPoint(10,30)};
QList<QPoint> list;
list << QPoint(50,50) << QPoint(100,50) << QPoint(100,100) << QPoint(50,100);
painter.setPen(pen);
painter.drawLine(30,10,200,75);
painter.drawLine(line);              //绘制直线
painter.drawLines(points,2);         //绘制多条线段
painter.drawLines(list);             //绘制多条线段
```

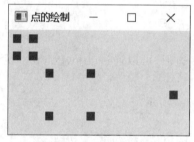

图 9.7　点绘制示例

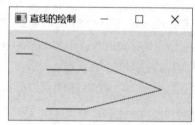

图 9.8　直线绘制示例

3. 折线的绘制

折线的绘制可以通过指定 QPoint 数组或 QPolygon 对象来实现,如下所示。

```
drawPolyline(const QPointF *, int)
drawPolyline(const QPolygonF &)
drawPolyline(const QPoint *, int)
drawPolyline(const QPolygon &)
```

下面给出一段简单的示例代码,运行结果如图 9.9 所示。

```
//教材源码 chap09\code_9_2_1_3\widget.cpp
QPoint points[4] = {QPoint(10,10),QPoint(30,10),QPoint(30,30),QPoint(10,30)};
QPolygon polygon;
polygon << QPoint(50,50) << QPoint(100,50) << QPoint(100,100) << QPoint(50,100);
painter.drawPolyline(points,4);
painter.drawPolyline(polygon);
```

4. 圆弧的绘制

使用 QPainter::drawArc()函数绘制圆弧时,需要指定一个长方形区域以及圆弧的起始角度和展开角度。这里角度的单位为(1/16)°,方向为逆时针方向。

drawArc()函数的重载形式如下。

```
drawArc(const QRectF &, int, int)
drawArc(const QRect &, int, int)
```

```
drawArc(int, int, int, int, int, int)
```

下面给出一段简单的示例代码,运行结果如图 9.10 所示。

```
//教材源码 chap09\code_9_2_1_4\widget.cpp
QRectF rectangle(10.0, 20.0, 80.0, 60.0);
int startAngle = 30 * 16;
int spanAngle = 120 * 16;
painter.drawArc(rectangle, startAngle, spanAngle);
painter.drawArc(80.0, 60.0, 150, 100, 0, 120 * 16);
```

图 9.9 折线绘制示例

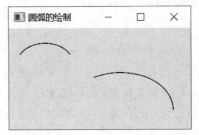

图 9.10 圆弧绘制示例

9.2.2 矩形和椭圆的绘制

矩形和椭圆的绘制通过调用 QPainter 类的 drawRect( )、drawRects( )、drawRoundedRect( ) 和 drawEllipse( )函数来完成。

1. 矩形的绘制

矩形绘制函数的重载形式如下。

```
drawRect(const QRectF &)
drawRect(int, int, int, int)
drawRect(const QRect &)
drawRects(const QRectF *, int)
drawRects(const QList<QRectF> &)
drawRects(const QRect *, int)
drawRects(const QList<QRect> &)
drawRoundedRect(const QRectF &, qreal, qreal, Qt::SizeMode)
drawRoundedRect(int, int, int, int, qreal, qreal, Qt::SizeMode)
drawRoundedRect(const QRect &, qreal, qreal, Qt::SizeMode)
```

参数中的 Qt::SizeMode 表示尺寸设置模式,其值为 Qt::AbsoluteSize 或 Qt:: RelativeSize 两种,前者表示绝对尺寸,后者表示相对尺寸。

绘制圆角矩形时,需要指定矩形角的椭圆半径 xRadius 和 yRadius 参数。当尺寸模式 设置为 Qt::RelativeSize 时,xRadius 和 yRadius 分别以矩形宽度和高度的一半的百分比指 定,并且应在 0.0~100.0 内。

下面给出一段简单的示例代码,运行结果如图 9.11 所示。

```
//教材源码 chap09\code_9_2_2_1\widget.cpp
QRectF rectangle(10.0, 20.0, 80.0, 60.0);
QRectF rectangle2(100.0, 90.0, 150.0, 100.0);
QRectF rectangle3(120.0, 110.0, 110.0, 60.0);
painter.drawRect(rectangle1);
```

Qt 6.2/C++程序设计与桌面应用开发(微课视频版)

```
painter.drawRoundedRect(rectangle2, 20.0, 15.0);
painter.drawRoundedRect(rectangle3, 100.0, 100.0, Qt::RelativeSize);
```

注意,矩形的 4 个参数分别为矩形左上角的 x、y 坐标,以及宽和高。图 9.11 中 rectangle3 的显示效果为椭圆,是因为设置了矩形角的椭圆半径 xRadius 和 yRadius 均为 100%。

2. 椭圆的绘制

使用 QPainter::drawEllipse()函数绘制椭圆,其重载形式如下。

```
drawEllipse(const QRectF &)
drawEllipse(const QRect &)
drawEllipse(int, int, int, int)
drawEllipse(const QPointF &, qreal, qreal)
drawEllipse(const QPoint &, int, int)
```

可以看出,绘制椭圆时只需要指定其外切矩形即可。椭圆的外切矩形可以通过 QRect 或 QRectF 对象来指定,也可以通过设置矩形的中心坐标、半宽、半高参数来指定。

下面给出一段简单的示例代码,运行结果如图 9.12 所示。

```
//教材源码 chap09\code_9_2_2_2\widget.cpp
QRectF rectangle(10.0, 20.0, 80.0, 60.0);
painter.setRenderHint(QPainter::Antialiasing);            //抗锯齿设置
painter.drawEllipse(rectangle);
painter.drawEllipse(100.0, 90.0, 150.0, 100.0);
painter.drawEllipse(QPointF(175.0, 140.0),55.0, 30.0);
```

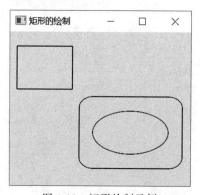

图 9.11　矩形绘制示例

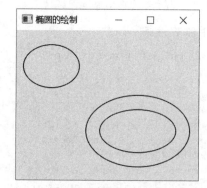

图 9.12　椭圆绘制示例

将图 9.12 中线条与图 9.10 和图 9.11 中的线条进行比较,可以明显感觉到它们更加光滑。这是因为在上述代码中增加了抗锯齿设置。

9.2.3　多边形和扇形的绘制

多边形和扇形的绘制通过调用 QPainter 类的 drawPolygon()和 drawPie()函数来完成。

1. 多边形的绘制

QPainter::drawPolygon()函数的重载形式如下。

```
drawPolygon(const QPointF *, int, Qt::FillRule)
drawPolygon(const QPolygonF &, Qt::FillRule)
drawPolygon(const QPoint *, int, Qt::FillRule)
```

```
drawPolygon(const QPolygon &, Qt::FillRule)
```

这里的 Qt::FillRule 表示填充规则，可以取 Qt::OddEvenFill 或 Qt::WindingFill 两种类型的值。

下面给出一段简单的示例代码，运行结果如图 9.13 所示。

```
//教材源码 chap09\code_9_2_3_1\widget.cpp
QRectF rectangle(10.0, 20.0, 80.0, 60.0);
QPolygon polygon;
polygon << QPoint(90,90)
        << QPoint(170,60)
        << QPoint(150,100)
        << QPoint(180,120)
        << QPoint(100,180);
painter.drawPolygon(rectangle);
painter.drawPolygon(polygon);
```

2. 扇形的绘制

QPainter::drawPie()函数的重载形式如下。

```
drawPie(const QRectF &, int, int)
drawPie(int, int, int, int, int, int)
drawPie(const QRect &, int, int)
```

该函数前面的参数与 drawEllipse()参数相同，后两个参数定义扇形的起始角度和扇形展开的角度。角度单位及方向与圆弧相同。

下面给出一段简单的示例代码，运行结果如图 9.14 所示。

```
//教材源码 chap09\code_9_2_3_2\widget.cpp
QRectF rectangle(10.0, 20.0, 80.0, 60.0);
painter.setRenderHint(QPainter::Antialiasing);
painter.drawPie(rectangle, 30 * 16, 240 * 16);
painter.drawPie(100.0, 90.0, 150.0, 100.0, 0,-90 * 16);
painter.drawPie(QRect(100, 90, 150, 100), 90 * 16, 90 * 16);
```

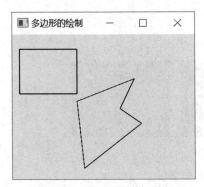

图 9.13 多边形绘制示例

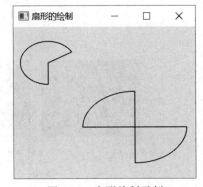

图 9.14 扇形绘制示例

9.2.4 渐变填充图形的绘制

渐变是绘图中很常见的一种功能，它把几种颜色混合在一起，让它们能够自然过渡，而不是一下子变成另一种颜色。在 Qt 中，使用 QGradient 类（或其子类）和 QBrush 类共同实现图形的渐变填充功能。

Qt 支持 3 种类型的渐变,分别是线性渐变、辐射渐变和锥形渐变。线性渐变在开始点和结束点之间插入颜色,由 QLinearGradient 类实现;辐射渐变是在环绕它的圆环间插入颜色,由 QRadialGradient 类实现;锥形渐变是在圆心周围插入颜色,由 QConicalGradient 类实现。

QLinearGradient、QRadialGradient 和 QConicalGradient 均为 QGradient 的直接子类,它们属于 Qt 的 GUI 模块,其使用方法请参见 Qt 的帮助文档。

1. 线性渐变

线性渐变的范围由两个控制点定义,第 1 个控制点用 0 表示,第 2 个控制点用 1 表示,0 点和 1 点连线上的位置对应 0~1 的某个值,这个值由线性插值得到。可以在 0 点和 1 点的连线上设置一系列的颜色分割点,并在分割点上设定颜色。

线性渐变类 QLinearGradient 的构造函数有 3 个,具体如下。

```
QLinearGradient(qreal, qreal, qreal, qreal)
QLinearGradient(const QPointF &, const QPointF &)
QLinearGradient()
```

其中的参数就是表示的线性渐变中的两个控制点。例如,下面的代码创建一个以点(40,120)和点(80,120)为控制点的线性渐变对象。

```
QLinearGradient linearGradient(QPoint(40,120),QPoint(80,120));
QLinearGradient linearGradient(40,120,80,120);
```

线性渐变对象创建成功后,就可以使用 QGradient::setColorAt() 函数设置颜色分段点了。函数原型如下。

```
void QGradient::setColorAt(qreal position, const QColor &color)
```

其中,参数 position 表示颜色分段点位置;参数 color 表示分段点的颜色值。

【例 9.5】 编写一个 Qt 应用程序,在主窗体中绘制矩形,演示 Qt 的线性渐变填充图形的绘图效果。程序运行结果如图 9.15 所示。

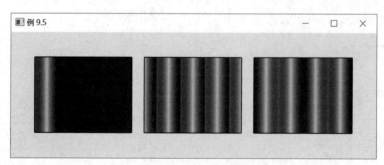

图 9.15　例 9.5 程序运行结果

(1) 复制例 9.1 应用程序,将项目名称修改为 examp9_5。

(2) 在 Qt Creator 集成开发环境中打开 examp9_5 项目,修改 Widget::paintEvent() 函数中的代码。

```
void Widget::paintEvent(QPaintEvent * e){
    QPainter painter(this);
```

```
QLinearGradient linearGradient(QPoint(40,120),QPoint(80,120));
//QLinearGradient linearGradient(40,120,80,120);
linearGradient.setColorAt(0,Qt::red);
linearGradient.setColorAt(0.5,Qt::green);
linearGradient.setColorAt(1,Qt::blue);
linearGradient.setSpread(QGradient::PadSpread);
QBrush brush(linearGradient);
painter.setBrush(brush);
//绘制左边矩形
painter.drawRect(40,40,160,120);
linearGradient.setSpread(QGradient::RepeatSpread);
painter.setBrush(linearGradient);
//绘制中间矩形
painter.drawRect(220,40,160,120);
linearGradient.setSpread(QGradient::ReflectSpread);
painter.setBrush(linearGradient);
//绘制右边矩形
painter.drawRect(400,40,160,120);
QWidget::paintEvent(e);
}
```

（3）构建并运行程序，结果如图 9.15 所示。

从运行结果可以看出，同一个线性渐变对象呈现出 3 种不同的填充效果。在 Qt 中，渐变填充有 3 种扩散方式。所谓扩散方式，就是指明在指定区域以外的区域内如何进行填充。渐变的扩散方式由 QGradient∷Spread 枚举变量定义，它有 3 个值，分别是 QGradient∷PadSpread、QGradient∷RepeatSpread 和 QGradient∷ReflectSpread。

QGradient∷PadSpread 表示使用最接近的颜色填充，它是 Qt 的默认值，填充效果如图 9.15 左边矩形所示；QGradient∷RepeatSpread 表示在渐变区域以外的区域内重复渐变，填充效果如图 9.15 中间矩形所示；QGradient∷ReflectSpread 表示在渐变区域以外将反射渐变，填充效果如图 9.15 右边矩形所示。

2. 辐射渐变

辐射渐变由一个中心点、半径、一个焦点以及颜色分割点控制。中心点和半径定义一个圆。颜色从焦点向外呈辐射状扩散，焦点可以是中心点或圆内的其他点。

辐射渐变类 QRadialGradient 的构造函数有 7 个，具体如下。

```
QRadialGradient(qreal cx, qreal cy, qreal centerRadius, qreal fx, qreal fy, qreal focalRadius)
QRadialGradient ( const QPointF &center, qreal centerRadius, const QPointF &focalPoint, qreal focalRadius)
QRadialGradient(qreal cx, qreal cy, qreal radius)
QRadialGradient(const QPointF &center, qreal radius)
QRadialGradient(qreal cx, qreal cy, qreal radius, qreal fx, qreal fy)
QRadialGradient(const QPointF &center, qreal radius, const QPointF &focalPoint)
QRadialGradient()
```

其中，cx、cy、center 表示中心点参数；centerRadius、radius 表示半径；fx、fy、focalRadius、focalPoint 为焦点参数。

类似于线性渐变，辐射渐变也可以设定颜色分割点，这些分割点为 0～1，实际上是焦点和半径为 radius 的圆环之间的一些圆圈。同样，可以使用 QGradient∷setSpread() 函数设置渐变区域以外的区域的填充扩散方式。

【例 9.6】 编写一个 Qt 应用程序,在主窗体中绘制椭圆,演示 Qt 的辐射渐变填充图形的绘图效果。程序运行结果如图 9.16 所示。

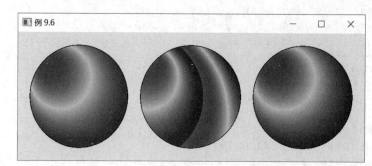

图 9.16　例 9.6 程序运行结果

(1)复制例 9.1 中的应用程序,将项目名称修改为 examp9_6。

(2)在 Qt Creator 集成开发环境中打开 examp9_6 项目,修改 Widget::paintEvent()函数中的代码。

```cpp
void Widget::paintEvent(QPaintEvent * e){
    QPainter painter(this);
    QRadialGradient radialGradient(QPoint(100,100),100,QPoint(40,40));
    radialGradient.setColorAt(0,Qt::red);
    radialGradient.setColorAt(0.5,Qt::green);
    radialGradient.setColorAt(1,Qt::blue);
    radialGradient.setSpread(QGradient::PadSpread);
    QBrush brush(radialGradient);
    painter.setBrush(brush);
    painter.drawEllipse(20,20,160,160);
    radialGradient.setCenter(200,100);
    radialGradient.setFocalPoint(220,40);
    radialGradient.setSpread(QGradient::RepeatSpread);
    painter.setBrush(radialGradient);
    painter.drawEllipse(200,20,160,160);
    radialGradient.setCenter(460,100);
    radialGradient.setFocalPoint(400,40);
    radialGradient.setSpread(QGradient::ReflectSpread);
    painter.setBrush(radialGradient);
    painter.drawEllipse(380,20,160,160);
    QWidget::paintEvent(e);
}
```

(3)构建并运行程序,结果如图 9.16 所示。

3. 锥形渐变

锥形渐变由一个中心点和一个角度定义,颜色从 x 轴正向逆时针偏转一个角度开始,按给定颜色分割点扭转扩散。锥形渐变类 QConicalGradient 的构造函数有 3 个,具体如下。

```cpp
QConicalGradient(qreal cx, qreal cy, qreal angle)
QConicalGradient(const QPointF &center, qreal angle)
QConicalGradient()
```

其中,cx、cy、center 为中心点参数;angle 表示角度。

【例 9.7】　编写一个 Qt 应用程序，在主窗体中绘制椭圆，演示 Qt 的锥形渐变填充图形的绘图效果。程序运行结果如图 9.17 所示。

（1）复制例 9.1 中的应用程序，将项目名称修改为 examp9_7。

（2）在 Qt Creator 集成开发环境中打开 examp9_7 项目，修改 Widget::paintEvent() 函数中的代码。

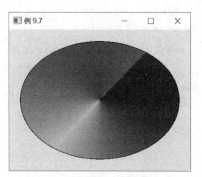

```cpp
void Widget::paintEvent(QPaintEvent * e){
    QPainter painter(this);
    QConicalGradient conicalGradient(160,120,45);
    conicalGradient.setColorAt(0, Qt::red);
    conicalGradient.setColorAt(0.5,Qt::green);
    conicalGradient.setColorAt(1,Qt::blue);
    painter.setBrush(conicalGradient);
    painter.drawEllipse(20,20,280,200);
    QWidget::paintEvent(e);
}
```

图 9.17　例 9.7 程序运行结果

扫一扫

视频讲解

（3）构建并运行程序，结果如图 9.17 所示。

9.3　图像绘制

Qt 提供了 4 个用于处理图像数据的类，即 QImage、QPixmap、QPicture 和 QBitmap，它们都是 QPainterDevice 的子类，属于 Qt 的绘图设备。

QImage 类主要用于程序的 I/O 处理，也可以用于对像素的直接访问与操作；QPixmap 类主要用于在屏幕上显示图像，它对图像在屏幕上的显示进行了优化；QBitmap 类是继承自 QPixmap 的方便类，用于处理颜色深度为 1 的图像，即黑白图像；QPicture 类用于记录和重放 QPaint 命令。

在 Qt 中，可以使用上述 4 个图像处理类绘制并输出图像。由于这些类的使用都比较类似，下面仅以 QImage 类为例简单介绍图像的绘制方法。

QImage 类的构造函数如下。

```cpp
QImage(QImage &&other)
QImage(const QImage &image)
QImage(const QString &fileName, const char * format = nullptr)
QImage(const char * const [] xpm)
QImage (const uchar * data, int width, int height, qsizetype bytesPerLine,
QImage:: Format format, QImageCleanupFunction cleanupFunction = nullptr, void
* cleanupInfo = nullptr)
QImage(uchar * data, int width, int height, qsizetype bytesPerLine, QImage::Format
format, QImageCleanupFunction cleanupFunction = nullptr, void * cleanupInfo =
nullptr)
QImage (const uchar * data, int width, int height, QImage:: Format format,
QImageCleanupFunction cleanupFunction = nullptr, void * cleanupInfo = nullptr)
QImage ( uchar * data, int width, int height, QImage:: Format format,
QImageCleanupFunction cleanupFunction = nullptr, void * cleanupInfo = nullptr)
QImage(int width, int height, QImage::Format format)
```

```
QImage(const QSize &size, QImage::Format format)
QImage()
```

可以看到,QImage 类有多个被重载的构造函数,所以可以使用不同的方式创建 QImage 对象。在上述构造函数的参数中,width、height、size 表示图像的大小;format 表示图像的格式,它是一个 QImage::Format 类型的数据。

例如,下面的代码创建一个大小为 100 像素×100 像素,格式为 QImage::Format_RGB32 的图像。

```
QImage img(100,100,QImage::Format_RGB32);
```

下面的代码以资源中的 w320.jpg 图片为基础,创建新图像。

```
QImage img(":/w320.jpg");
```

QImage 是 QPainterDevice 的子类,它是一种绘图设备,QPainter 绘图工具可以在上面绘制新的图形。新图形创建完成后,可以使用 QImage 的成员函数进行获取图像信息、将其保存为文件等操作。表 9.8 列出了 QImage 类的部分成员函数及功能描述。

表 9.8　QImage 类的部分成员函数及功能描述

函 数 名 称	功 能 描 述
QImage()	构造图像对象
allGray()、isGrayscale()	图像是否为灰度图
applyColorTransform()	将颜色变换应用于图像中的所有像素
bitPlaneCount()	返回图像中的位平面数
color()、setColor()	获取或设置颜色表中某索引处的颜色
colorCount()、setColorCount()	获取或设置图像颜色表的大小
colorSpace()、setColorSpace(	获取或设置图像的颜色空间
colorTable()、setColorTable()	获取或设置图像颜色表中包含的颜色列表
convertTo()、convertToColorSpace()	图像转换。类似函数还有 convertToFormat()
copy()、fill()、save()	实现图像的复制、填充、保存操作
depth()、height()、width()、rect()、format()	获取图像的颜色深度、高度、宽度等信息
hasAlphaChannel()、setAlphaChannel()	处理图像格式中的 alpha 通道
load()、loadFromData()	加载图像
mirror()、mirrored()	镜像图像或获取镜像的图像
offset()、setOffset()	返回或设置相对于其他图像定位时需要偏移的像素数
pixel()、setPixel()	获取或设置图像给定位置像素的颜色(QRgb 对象)
pixelColor()、setPixelColor()	获取或设置图像给定位置像素的颜色(QColor 对象)
invertPixels()	反转图像中的所有像素值
pixelFormat()	将 QImage::Format 图像格式返回为 QPixelFormat 对象
pixelIndex()	返回给定位置的像素索引
reinterpretAsFormat()	将图像更改为给定的格式,而不改变数据
rgbSwap()、rgbSwaped()	交换所有像素红色和蓝色分量值或返回交换后的图像
scaled()、scaledToHeight()、scaledToWidth()	对图像进行缩放处理

续表

函 数 名 称	功 能 描 述
size()、sizeInBytes()	以 QSize 对象(宽和高)或字节方式返回图像大小
text()、setText()	获取或设置与给定键关联的图像文本
swap()	交换图像
fromData()、fromHbitmap()、fromHicon()	静态函数。加载图片
toImageFormat()、toPixelFormat()	静态函数。格式转换
trueMatrix()	静态函数。获取转换矩阵

下面给出一个简单的 QImage 应用实例。

【例 9.8】 编写一个 Qt 应用程序,演示使用 QImage 类绘制图像的操作方法。程序运行结果如图 9.18 所示。

(1) 复制例 9.1 应用程序,将项目名称修改为 examp9_8。

(2) 在 Qt Creator 集成开发环境中打开 examp9_8 项目,修改 Widget::paintEvent()函数中的代码。

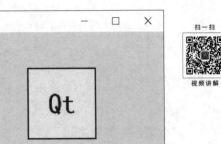

扫一扫

视频讲解

```
void Widget::paintEvent(QPaintEvent * e){
    QPainter painter;
    QImage img(100,100,QImage::Format_RGB32);
    painter.begin(&img);
    painter.setPen(QPen(Qt::red,4));
    painter.setBrush(Qt::yellow);
    painter.setFont(QFont("黑体",30));
    painter.drawRect(img.rect());
    painter.drawText(img.rect(),Qt::AlignCenter,tr("Qt"));
    painter.end();
    painter.begin(this);
    painter.drawImage(100,50,img);
    painter.end();
    img.save("./1.jpg");
    QWidget::paintEvent(e);
}
```

图 9.18 例 9.8 程序运行结果

(3) 构建并运行程序,结果如图 9.18 所示。

程序首先创建一个大小为 100 像素×100 像素的 QImage 对象,然后 QPainter 工具在图像区域内绘制填充矩形和文本,使用的是 4 像素线宽的红色画笔、黄色画刷和黑体字体。图像绘制完成后,将其显示在主窗体中,并保存为 1.jpg 文件。

9.4 其他绘制

在表 9.1 所示的 QPainter 成员函数中,除了基本图形的绘制函数之外,还有一个名为 drawText()的函数和一个名为 drawPath()的函数,使用它们可以绘制文字和路径。

9.4.1　绘制文字

Qt 使用 QPainter::drawText()函数绘制文字,如例 9.1 所示。QPainter 类的 drawText()函数有多种重载形式,原型如下。

```
void drawText(const QRectF &rectangle, int flags, const QString &text, QRectF *
boundingRect = nullptr)
void drawText(const QPointF &position, const QString &text)
void drawText(const QPoint &position, const QString &text)
void drawText(int x, int y, const QString &text)
void drawText(const QRect &rectangle, int flags, const QString &text, QRect *
boundingRect = nullptr)
void drawText(int x, int y, int width, int height, int flags, const QString &text,
QRect * boundingRect = nullptr)
void drawText(const QRectF &rectangle, const QString &text, const QTextOption
&option = QTextOption())
```

其中,参数 text 表示要绘制的文字;参数 x、y、position 表示文字的起始位置;参数 rectangle 表示文字所在的矩形区域。例如,下面的代码会在窗体的(30,80)坐标位置,输出字符串"清华大学出版社"。

```
QPainter painter(this);
painter.drawText(30,80,tr("清华大学出版社"));
```

使用 QPainter::drawText()函数绘制文字时,如果没有为绘图工具设置字体,Qt 会使用系统默认的字体输出字符串。在通常情况下,一般都会使用 QPainter::setFont()函数为所绘制的文字设置字体。在 Qt 中,用 QFont 类表示字体。

QFont 类的构造函数如下。

```
QFont(const QFont &font)
QFont(const QFont &font, const QPaintDevice * pd)
QFont(const QStringList &families, int pointSize = - 1, int weight = - 1, bool
italic = false)
QFont(const QString &family, int pointSize = - 1, int weight = - 1, bool italic =
false)
QFont()
```

其中,参数 family 表示字体名称;参数 pointSize 表示字体的点大小;参数 weight 表示字体的粗细;参数 italic 表示文体是否为斜体。

例如,下面的代码创建一个"隶书"字体,大小为 20,加粗且为斜体。

```
QFont font("隶书", 20, QFont::Bold, true);
```

当然,也可以先构建一个空的字体对象,然后使用 QFont 类的成员函数对其属性进行设置。例如,下面的代码创建一个与上述示例相同的字体对象。

```
QFont font;
font.setFamily(tr("隶书"));
font.setPointSize(20);
font.setWeight(QFont::Bold);
font.setItalic(true);
```

扫一扫

视频讲解

【例 9.9】　编写一个 Qt 应用程序,在主窗体中绘制文本,演示文本的绘制方法。程序运行结果如图 9.19 所示。

图 9.19　例 9.9 程序运行结果

（1）复制例 9.1 应用程序，将项目名称修改为 examp9_9。

（2）在 Qt Creator 集成开发环境中打开 examp9_9 项目，修改 Widget::paintEvent()函数中的代码。

```
void Widget::paintEvent(QPaintEvent * e){
    QPainter painter(this);
    QFont font;
    font.setFamily(tr("隶书"));
    font.setPointSize(20);
    font.setWeight(QFont::Bold);
    font.setUnderline(true);
    font.setItalic(true);
    font.setOverline(true);
    font.setLetterSpacing(QFont::AbsoluteSpacing,5);
    painter.setFont(font);
    painter.setPen(Qt::red);
    painter.drawText(30,80,tr("清华大学出版社"));
    QWidget::paintEvent(e);
}
```

（3）构建并运行程序，结果如图 9.19 所示。

这里，使用指定起始位置的方法绘制文本，如果使用指定文本区域的方式，则需要设置文本的对齐方式，如例 9.1 所示。文本的对齐方式用 Qt::AlignmentFlag 枚举变量进行定义。相关内容请参考 Qt 帮助文档。

9.4.2　绘制路径

一个绘图路径就是由多个矩形、椭圆、线条或曲线等组成的对象。一个路径可以是封闭的，如矩形和椭圆；也可以是非封闭的，如线条和曲线。如果要多次绘制一个复杂的图形，那么可以使用 QPainterPath 类建立一个绘图路径，然后使用 QPainter::drawPath()函数进行绘制。

创建了 QPainterPath 对象后，可以使用其 lineTo()、cubicTo()、quadTo()等成员函数将直线和曲线添加到路径中来，也可以使用 addEllipse()、addRect()、addRegion()、addText()等函数将 Qt 的一些基本图元加入绘图路径。

【例 9.10】　编写一个 Qt 应用程序，演示路径的绘制方法。运行结果如图 9.20 所示。

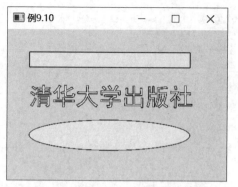

图 9.20　例 9.10 程序运行结果

（1）复制例 9.1 应用程序，将项目名称修改为 examp9_10。

（2）在 Qt Creator 集成开发环境中打开 examp9_10 项目，修改 Widget::paintEvent() 函数中的代码。

```
void Widget::paintEvent(QPaintEvent * e){
    QPainter painter(this);
    QPainterPath path;
    path.addRect(30,30,220,20);
    path.addText(30,100,QFont("黑体",24),tr("清华大学出版社"));
    path.addEllipse(30,120,220,40);
    painter.setPen(Qt::red);
    painter.setBrush(Qt::yellow);
    painter.drawPath(path);
    QWidget::paintEvent(e);
}
```

（3）构建并运行程序，结果如图 9.20 所示。

在上述代码中，使用 QPainterPath 类的 addRect()、addText()和 addEllipse()函数向路径对象中添加了一个矩形、一串文本和一个椭圆，组成了一个相对复杂的路径，最后使用 QPainter 类的 drawPaht()函数将其一次绘制完成。关于 QPainterPath 类成员函数的功能及使用方法，请大家参考 Qt 的帮助文档。

9.5　坐标变换

Qt 的窗体默认采用屏幕坐标系统。该系统以窗体左上角为坐标原点；水平向右方向为 x 轴正方向；垂直向下方向为 y 轴正方向；且坐标的增减以像素为单位。本节简单介绍 Qt 中的坐标变换，主要包括平移、缩放、扭曲和旋转 4 种类型。

9.5.1　平移变换

在 Qt 中，坐标系统的平移变换可以采用两种方式，一种是使用 QPainter::translate() 函数，另一种是使用 QTransform 类。

QPainter::translate()函数的重载形式如下。

```
translate(const QPointF &)
```

```
translate(const QPoint &)
translate(qreal, qreal)
```

其中,参数 QPoint 或 QPointF 对象表示新的坐标原点;qreal 表示沿 x 轴和 y 轴移动的距离。

【例 9.11】 编写一个 Qt 应用程序,演示坐标的平移变换。运行结果如图 9.21 所示。

(1)复制例 9.1 应用程序,将项目名称修改为 examp9_11。

(2)在 Qt Creator 集成开发环境中打开 examp9_11 项目,修改 Widget::paintEvent()函数中的代码。

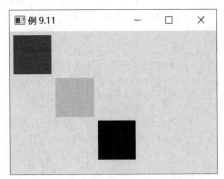

图 9.21 例 9.11 程序运行结果

扫一扫

视频讲解

```
void Widget::paintEvent(QPaintEvent * e){
QPainter painter(this);
    QBrush brush(Qt::red);
    painter.setBrush(brush);
    painter.setPen(Qt::NoPen);
    painter.drawRect(5,5,55,55);         //绘图语句 1
    painter.translate(60,60);
    brush.setColor(Qt::green);
    painter.setBrush(brush);
    painter.drawRect(5,5,55,55);         //绘图语句 2
    //painter.translate(60,60);
    painter.translate(QPoint(60,60));
    brush.setColor(Qt::blue);
    painter.setBrush(brush);
    painter.drawRect(5,5,55,55);         //绘图语句 3
    QWidget::paintEvent(e);
}
```

(3)构建并运行程序,结果如图 9.21 所示。

注意到代码中的 3 条绘图语句设置的参数是相同的,如果不进行坐标平移变换,绘制的 3 个图形将会重叠在一起。图 9.21 中的 3 个填充矩形实际上是位于 3 个不同的坐标系中的。最上面的矩形是在默认的坐标系统中绘制的;中间的矩形所处的坐标系的原点位于默认坐标系的(60,60)处;最下面的矩形的坐标系则相对于绿色矩形坐标系在 x 和 y 方向均平移了 60 像素。

若使用 QTransform 对象实现例 9.11 所示的坐标平移效果,只需要将上述代码中的语句

```
painter.translate(60,60);
```

修改为

```
QTransform transform;
transform.translate(60, 60);
painter.setTransform(transform);
```

9.5.2 缩放变换

与坐标系的平移变换相似,对坐标系的缩放使用 QPainter::scale()函数或

QTransform::scale()函数实现。

下面给出一段坐标系的缩放变换示例代码。

```
//教材源码 chap09\code_9_5_2\widget.cpp
void Widget::paintEvent(QPaintEvent * e){
    QPainter painter(this);
    QBrush brush(Qt::red);
    painter.setBrush(brush);
    painter.setPen(Qt::NoPen);
    painter.drawRect(5,5,55,55);
    brush.setColor(Qt::green);
    painter.setBrush(brush);
    painter.scale(2,2);                    //缩放变换
    painter.drawRect(30,30,55,55);
    QWidget::paintEvent(e);
}
```

运行结果如图 9.22 所示。

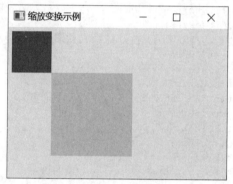

图 9.22 坐标系缩放变换示例

可以看到,当使用 QPainter::scale()函数将坐标系的横、纵坐标都放大为 2 倍以后,逻辑上的点(30,30)变成了窗体中的点(60,60);同时逻辑上边长为 55 的正方形,绘制到窗体中的长度也变为 110,即下方正方形边长是上方正方形边长的 2 倍。

9.5.3 扭曲变换

在 Qt 中绘图时,对坐标系的扭曲变换使用 QPainter::shear()或 QTransform::shear()函数实现。下面给出一段坐标系的扭曲变换示例代码。

```
//教材源码 chap09\code_9_5_3\widget.cpp
void Widget::paintEvent(QPaintEvent * e){
    QPainter painter(this);
    QBrush brush(Qt::red);
    painter.setBrush(brush);
    painter.setPen(Qt::NoPen);
    painter.drawRect(5,5,55,55);
    brush.setColor(Qt::green);
    painter.setBrush(brush);
    painter.shear(0,1);                    //扭曲变换
    painter.drawRect(60,0,55,55);
    QWidget::paintEvent(e);
}
```

运行结果如图 9.23 所示。

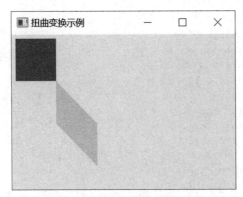

图 9.23 坐标系扭曲变换示例

QPainter::shear()函数有两个形参,第 1 个形参是对横向进行扭曲,第 2 个形参是对纵向进行扭曲,而取值就是扭曲的程度。

9.5.4 旋转变换

在 Qt 中绘图时,对坐标系的旋转变换使用 QPainter∷rotate()或 QTransform∷rotate()函数实现。函数原型如下。

```
void QPainter::rotate(qreal angle)
```

或

```
QTransform &QTransform::rotate(qreal angle, Qt::Axis axis = Qt::ZAxis)
```

其中,参数 angle 表示旋转角度,正数表示顺时针方向,负数表示逆时针方向;参数 axis 表示旋转轴,用枚举变量 Qt∷Axis 表示。Qt∷Axis 有 3 种取值,即 Qt∷XAxis、Qt∷YAxis 和 Qt∷ZAxis,分别表示坐标系的 x、y 和 z 轴。

【例 9.12】 编写一个 Qt 应用程序,演示坐标的旋转变换。运行结果如图 9.24 所示。

扫一扫

视频讲解

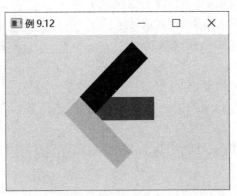

图 9.24 例 9.12 程序运行结果

(1) 复制例 9.1 应用程序,将项目名称修改为 examp9_12。

(2) 在 Qt Creator 集成开发环境中打开 examp9_12 项目,修改 Widget::paintEvent()函数中的代码。

```
void Widget::paintEvent(QPaintEvent * e){
    QPainter painter(this);
    QBrush brush(Qt::red);
    painter.setBrush(brush);
    painter.setPen(Qt::NoPen);
    painter.translate(100,80);
    painter.drawRect(0,0,100,30);
    painter.rotate(45);                    //顺时针旋转 45°
    brush.setColor(Qt::green);
    painter.setBrush(brush);
    painter.drawRect(0,0,100,30);
    painter.rotate(-90);                   //逆时针旋转 90°
    brush.setColor(Qt::blue);
    painter.setBrush(brush);
    painter.drawRect(0,0,100,30);
    QWidget::paintEvent(e);
}
```

（3）构建并运行程序，结果如图 9.24 所示。

可以看出，改变了坐标系统以后，如果不进行逆操作，坐标系统是无法自动复原的。此时，可以先使用 QPainter::save()函数保存坐标系，然后进行变换操作，等操作完成之后，再使用 QPainter::restore()函数将保存的坐标系恢复。关于坐标系的保存与恢复操作，请参考 Qt 的帮助文档。

扫一扫
自测题

习题 9

1. 填空题

（1）在 Qt 的绘图系统中，图形绘制在以_____为基类的绘制设备上，具体的绘制操作由_____类完成。

（2）在 Qt 应用程序中，图形的绘制通常在一个窗体的_____事件处理函数中实现。

（3）Qt 用_____类表示画笔，其属性包括_____、_____和_____等。

（4）Qt 用_____类表示画刷，其属性包括_____、_____和_____等。

（5）QPainter 类的直线绘制函数为_____和_____；文本绘制函数为_____和_____。

（6）Qt 支持 3 种类型的渐变，分别是_____渐变、_____渐变和_____渐变。

（7）使用 QPainter::drawPath()函数绘制路径，该函数的参数是一个_____类的对象。

（8）Qt 提供了 4 个用于处理图像数据的类，即_____、_____、_____和_____。

（9）Qt 的坐标变换主要包括_____、_____、_____和_____ 4 种类型。

（10）坐标系统的平移变换可以采用两种方式，一种是使用 QPainter 的_____函数，另一种是使用_____类。

2. 选择题

（1）QPainter 可以在继承自（　　）类的任何对象上进行绘制操作。

A. QObject　　　　B. QPaintDevice　　C. QWidget　　　　D. QEvent

（2）通过调用 QPainter 类的（　　）函数可以获取绘图时使用的绘图设备。

A. pen()　　　　　B. brush()　　　　C. font()　　　　D. device()

（3）通过调用 QPen 类的（　　）函数可以设置画笔线条宽度。

A. setColor()　　B. setStyle()　　　C. setWidth()　　　D. setJoinStyle()

（4）通过调用 QBrush 类的（　　）函数可以将画刷的填充图案设置为自定义的 QPixmap 图片。

A. setColor()　　　　　　　　　　B. setStyle()

C. setTexture()　　　　　　　　　D. setTextureImage()

（5）使用 QPainter 类的（　　）函数绘制非填充矩形。

A. drawEllipse()　　B. drawRect()　　C. fillRect()　　　D. eraseRect()

（6）Qt 中的渐变填充图形由（　　）类来表示。

A. QGradient　　　　　　　　　　B. QLinearGradient

C. QRadialGradient　　　　　　　D. QConicalGradient

（7）（　　）对象不是 Qt 的绘图设备。

A. QImage　　　　B. QPixmap　　　C. QPicture　　　D. QFile

（8）使用 QPainter::setFont()函数可以对绘制的文字进行设置,该函数的形参是一个（　　）对象。

A. QFontInfo　　B. QFont　　　　C. QFontDialog　　D. QFontMetrics

（9）使用 QPainterPath 类的（　　）函数,可以将文字加入路径。

A. lineTo()　　　B. addRect()　　　C. addText()　　　D. addRegion()

（10）在 Qt 中绘图时,对坐标系的旋转变换使用（　　）或（　　）函数。

A. QPainter::rotate()　　　　　　B. QTransform::rotate()

C. QPainter::shear()　　　　　　D. QTransform::shear()

3. 程序阅读题

启动 Qt Creator 集成开发环境,创建一个 Qt Widgets Application 类型的应用程序,该应用程序主窗体基于 QWidget 类。在应用程序主窗体中添加一个 QPushButton 类型的按钮,对象名称为 pBtn。

（1）为 pBtn 按钮添加 clicked 信号的槽函数并编写代码。

```
void Widget::on_pBtn_clicked()
{
    QPainter painter(this);                               //语句 1
    painter.drawLine(QPoint(20,20),QPoint(100,100));      //语句 2
}
```

回答下面的问题:

① 说明上述代码的功能。语句 1 中的 this 表示什么? 它指向哪个对象?

② 上述代码的功能能实现吗? 为什么?

（2）重载 Widget 类的 paintEvent()重绘事件处理函数,并添加代码。

```
class Widget : public QWidget
{
```

```
    ...
    void paintEvent();
}
void Widget::paintEvent()
{
    QPainter painter(this);
    painter.drawLine(QPoint(20,20),QPoint(100,100));
}
```

回答下面的问题：

① 上述代码的功能能实现吗？为什么？

② 怎样修改才能实现新增代码的功能？

(3) 在 Widget 类中添加一个静态的整型变量 flag，并将其初始化为 0；重新编写 paintEvent()函数和 on_pBtn_clicked()函数代码。

```
class Widget : public QWidget
{
    ...
private:
    ...
    static int flag;
protected:
    void paintEvent(QPaintEvent * event) override;
}
int Widget::flag = 0;
void Widget::on_pBtn_clicked()
{
flag++;
update();                                          //语句 1
if(flag > 8) flag = 0;
}
void Widget::paintEvent(QPaintEvent * event)
{
    QPainter painter(this);                        //语句 2
    QPainterPath path;
    QPoint point(20,50),point1(20,120),point2(300,50);
    QSize size(280, 160);
    QRect rect(point,size);
    QLinearGradient linearGradient(point, point2);
    linearGradient.setColorAt(0,Qt::red);
    linearGradient.setColorAt(0.5,Qt::green);
    linearGradient.setColorAt(1,Qt::blue);
    switch (flag) {
    case 1:
        painter.setPen(Qt::red);                   //语句 3
        painter.drawRect(rect);
        break;
    case 2:
        painter.setBrush(QBrush(Qt::yellow));      //语句 4
        painter.drawRect(rect);                    //语句 5
        break;
    case 3:
        painter.setBrush(QBrush(Qt::CrossPattern));
```

```
            painter.drawEllipse(rect);
            break;
        case 4:
            painter.setBrush(Qt::darkRed);
            painter.fillRect(rect,painter.brush());
            break;
        case 5:
            painter.drawText(point1,tr("清华大学出版社"));  break;
        case 6:
            painter.setPen(Qt::red);
            painter.setBrush(QBrush(Qt::yellow));
            path.addText(point1,QFont("黑体",24),tr("清华大学出版社"));
            painter.drawPath(path);
            break;
        }
        QWidget::paintEvent(event);
}
```

回答下面的问题：

① 程序运行后，主窗体中有绘制的图形吗？如果没有，请解释原因。

② 语句1的作用是什么？如果注释掉该语句，会怎么样？

③ 程序运行后，连续单击 pBtn 按钮，主窗体中分别绘制什么图形？

④ 若将语句2中的(this)去掉，会怎么样？语句3和语句4分别设置了红色画笔和黄色画刷，语句5绘制的矩形边框是红色的吗？为什么？

(4) 在上述代码的基础上，继续在 paintEvent()函数中添加以下代码。

```
void Widget::paintEvent(QPaintEvent * event)
{
    …
    case 7:
        painter.setBrush(linearGradient);          //语句6
        painter.drawRect(rect);
        break;
    }
    QWidget::paintEvent(event);
}
```

回答下面的问题：

① 说明语句6的作用。该语句中的 linearGradient 对象表示什么？

② 结合上述代码，说明 linearGradient 的颜色及排列方式。

(5) 在上述代码的基础上，继续在 paintEvent()函数中添加以下代码。

```
void Widget::paintEvent(QPaintEvent * event)
{
    …
    case 8:
        if(painter.isActive())
            painter.end();                          //语句7
        QPixmap pixmap(size);
        painter.begin(&pixmap);                      //语句8
        painter.setPen(Qt::red);
        painter.setBrush(Qt::yellow);
```

```
painter.drawRect(0,0,pixmap.width()-1,pixmap.height()-1);
painter.drawText(point1,tr("清华大学出版社"));
painter.end();
pixmap.save("./new.jpg");              //语句 9
painter.begin(this);
painter.drawPixmap(point,pixmap);      //语句 10
painter.end();
break;
    }
    QWidget::paintEvent(event);
}
```

回答下面的问题：

① 说明语句 7 和语句 8 的功能。若将语句 7 注释掉，会怎么样？

② 说明语句 9 和语句 10 的功能。语句 9 中的图片文件被保存在哪个目录里？

4. 程序设计题

(1) 编写一个 Qt 应用程序，在主窗体中添加一个 QPushButton 类型的按钮。运行程序后，单击按钮在主窗体中绘制与例 9.1 相同的图形。

(2) 编写一个 Qt 应用程序，在主窗体中添加一个 QPushButton 类型的按钮和一个 QFrame 类型的区域。运行程序后，单击按钮在 QFrame 区域中绘制与例 9.1 相同的图形。

(3) 编写一个 Qt 应用程序，运行程序后，在主窗体中单击，则出现一个以鼠标指针位置为圆心、半径为 50、边框颜色为红色的填充圆形，图形使用线性渐变填充。

(4) 完善例 9.10 中的 examp9_10 项目应用程序，使其能够将绘制的图形以图片文件的形式保存下来。

(5) 编写一个 Qt 应用程序，程序运行后，可以分别通过键盘上的 T、S、H、R 键实现图形的平移、缩放、扭曲、旋转变换。

第10章

多媒体编程

应用程序的主要功能就是对数据进行处理,这些数据也常常被称为信息或媒体。在计算机系统中,存在各种类型的数据,也就是存在多种形式的媒体,如文本、图像、动画、声音和视频等。将两种或两种以上的媒体组合在一起,就形成了多媒体(Multimedia),它是一种人机交互式信息交流和传播的媒体数据。

本章介绍 Qt 应用程序多媒体功能的实现方法,主要包括音频处理、视频播放与操作等内容。

10.1 Qt 多媒体简介

Qt 中的多媒体支持是由 Qt 的多媒体模块(Qt Multimedia)提供的。通过 Qt 多媒体模块所提供的众多功能不同的类,应用程序就可以轻松利用操作系统所提供的多媒体功能,如媒体播放和摄像设备的使用等,实现应用程序自身的多媒体功能。

10.1.1 Qt 多媒体功能

Qt 应用程序的多媒体功能,通过 Qt Multimedia 和 Qt Multimedia Widgets 两个模块提供的类来实现。在 Qt 6.2 中,可以实现的多媒体功能主要如下。

(1) 访问原始音频设备进行输入或输出。

(2) 低延迟播放音效文件,如 * .wav 等。

(3) 播放存放在播放列表中的被压缩的音频和视频文件,如 * .mp3、* .mp4 等。

(4) 录制声音并压制文件。

(5) 使用摄像设备进行预览、拍摄和视频录制。

(6) 将音频文件解码到内存进行处理。

要在 Qt 应用程序中实现上述多媒体功能,需要在项目文件中添加以下语句。

```
Qt += multimedia
```

如果在项目中使用视频处理功能，还需要同时加入以下语句，以便使用 QVideoWidget 或 QGraphicsVideoItem 类进行视频的播放。

```
Qt += multimediawidgets
```

10.1.2　Qt 多媒体模块

Qt 的多媒体模块是以附加模块的形式提供的，分为 Qt Multimedia 和 Qt Multimedia Widgets 两个子模块。

Qt Multimedia 子模块提供了一些底层的多媒体功能，如音频的采集和回放、频谱分析、视频的处理等。与 Qt 5 相比较，Qt 6.2 的 Multimedia 模块发生了较大的变化，其架构及功能都得到了很好的优化。Qt 6.2 的 Qt Multimedia 模块类及功能如表 10.1 所示。

表 10.1　Qt Multimedia 模块类及功能

类　名	功　能
QAudioBuffer	表示具有特定格式和采样率的音频样本集合
QAudioDecoder	实现音频解码
QAudioDevice	有关音频设备及其功能的信息
QAudioFormat	存储音频流参数信息
QAudioInput	表示音频的输入通道
QAudioOutput	表示音频的输出通道
QAudioSink	用于向音频输出设备发送音频数据的接口
QAudioSource	用于从音频输入设备接收音频数据的接口
QCamera	系统摄像机设备接口
QCameraDevice	有关摄像头设备的一般信息
QCameraFormat	描述摄像机设备支持的视频格式
QImageCapture	用于录制媒体内容
QMediaCaptureSession	允许捕获音频和视频内容
QMediaDevices	有关可用多媒体输入和输出设备的信息
QMediaFormat	描述多媒体文件或流的编码格式
QMediaMetaData	为媒体文件提供元数据
QMediaPlayer	允许播放媒体文件
QMediaRecorder	用于编码和录制捕获会话
QMediaTimeRange	表示一组零个或多个不相交的时间间隔
QMediaTimeRange∷Interval	表示具有整数精度的时间间隔
QPlatformAudioDecoder	访问音频解码功能
QPlatformAudioSink	音频后端的基类
QPlatformAudioSource	QAudioSource 访问插件提供的音频设备
QSoundEffect	播放低延迟音效的方法

续表

类　名	功　能
QVideoFrame	表示视频数据的帧
QVideoFrameFormat	指定视频演示帧的流格式
QVideoSink	表示视频数据的通用接收器

除了表 10.1 中的类之外,Qt Multimedia 模块中还定义了一个名为 QAudio 的命名空间(Namespace),它包含了在 Qt 的音频处理类中所使用的一些枚举类型变量。这些枚举变量用来表示错误类型、设备状态以及音频音量的表示方法等信息,其名称及可能的取值如下。

```
enum Error { NoError, OpenError, IOError, UnderrunError, FatalError }
enum State { ActiveState, SuspendedState, StoppedState, IdleState }
enum VolumeScale { LinearVolumeScale, CubicVolumeScale, LogarithmicVolumeScale,
DecibelVolumeScale }
```

Qt Multimedia Widgets 子模块提供了两个额外的多媒体窗体部件与控件类,即 QGraphicsVideoItem 和 QVideoWidget,它们扩展了 Qt Multimedia 模块和 Qt Widgets 模块的功能。在 Qt 应用程序中播放视频时,必须将视频帧在某个界面组件上显示出来,QGraphicsVideoItem 和 QVideoWidget 其实就是 Qt 的两种视频显示组件。

10.2　音频处理

Qt 对音频的处理主要包括音频的输入与输出。音频的输出就是将音频输出到音频播放设备,播放音频文件;音频的输入就是音频数据的采集,也就是声音的录制操作。

10.2.1　音频处理相关 Qt 类

Qt 的多媒体模块提供了一系列的音频类,这些类提供了大量的低级和高级方法,用于实现音频的输入、输出和处理等多媒体应用功能。这些类主要有 QAudioDevice、QMediaDevices、QAudioInput、QAudioOutput、QAudioFormat、QMediaFormat、QAudioSink、QAudioSource、QMediaPlayer、QMediaRecorder 和 QSoundEffect 等。

1. QAudioDevice 类

QAudioDevice 类用于描述音频设备,其部分成员函数及功能描述如表 10.2 所示。

表 10.2　QAudioDevice 类的部分成员函数及功能描述

成　员　函　数	功　能　描　述
description()	返回音频设备的可读名称
id()	返回音频设备的标识符
isDefault()	如果这是默认音频设备,则返回 True
isFormatSupported()	如果此 QAudioDevice 描述的音频设备支持提供的设置,则返回 True
maximumChannelCount()	返回支持的最大通道数。对于单声道,通常为 1;对于立体声,通常为 2

续表

成 员 函 数	功 能 描 述
maximumSampleRate()	返回支持的最大采样频率
minimumChannelCount()	返回支持的最小通道数
minimumSampleRate()	返回支持的最小采样频率
mode()	返回此设备是输入设备还是输出设备
preferredFormat()	返回此设备的默认音频格式设置
supportedSampleFormats()	返回支持的采样类型列表

下面给出一段简单的示例代码。

```cpp
//教材源码 code_10_2_1_1\main.cpp
const auto deviceInfos = QMediaDevices::audioOutputs();
for(const QAudioDevice &deviceInfo : deviceInfos){
    qDebug() << "Device description: " << deviceInfo.description();
    qDebug() << "Device id: " << deviceInfo.id();
    qDebug() << "Device MaxSampleRate: " << deviceInfo.maximumSampleRate();
}
```

上述示例代码在作者计算机上的运行结果如图 10.1 所示。

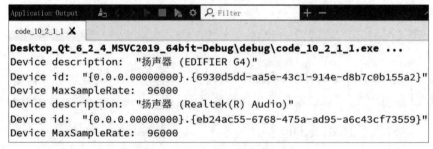

图 10.1　QAudioDevice 类使用示例

注意,上述代码运行时使用 MSVC 2019 构建器构建。本章后续代码构建时也采用该方式,特此说明。

2. QAudioOutput 类

QAudioOutput 类用于描述可以与 QMediaPlayer 或 QMediaCaptureSession 一起使用的音频输出通道。可以使用它选择要使用的物理输出设备、使通道静音或更改通道的音量等。其部分成员函数及功能描述如表 10.3 所示。

表 10.3　QAudioOutput 类的部分成员函数及功能描述

成 员 函 数	功 能 描 述
device()	获取连接到某输出通道上的音频设备
isMuted()	判断当前音频设备是否处于静音状态
volume()	获取音频设备音量值(0~1)
setDevice()	设置音频设备
setMuted()	设置静音

成 员 函 数	功 能 描 述
setVolume()	设置音量
deviceChanged()	信号函数。设备发生改变时发射此信号
mutedChanged()	信号函数。设备静音状态发生改变时发射此信号
volumeChanged()	信号函数。设备音量发生变化时发射此信号

下面给出一段简单的示例代码。

```
//教材源码 code_10_2_1_2\main.cpp
QAudioOutput audioOutput;
audioOutput.setMuted(false);
audioOutput.setVolume(0.3f);
QMediaPlayer mediaPlayer;
mediaPlayer.setAudioOutput(&audioOutput);
mediaPlayer.setSource(QUrl::fromLocalFile("audio.mp3"));
mediaPlayer.play();
```

运行上述示例代码,程序会播放 audio.mp3 音频文件。注意,需要将 audio.mp3 音频文件放置在项目的构建目录中。

3. QAudioInput 类

QAudioInput 类用于描述可以与 QMediaCaptureSession 一起使用的输入通道。它允许选择要使用的物理输入设备、静音通道和更改通道的音量。QAudioInput 类的成员函数及信号函数与 QAudioOutput 类基本类似,参见表 10.3。

下面给出一段简单的示例代码。

```
//教材源码 code_10_2_1_3\main.cpp
QAudioInput * audioInput = new QAudioInput;
audioInput->setMuted(false);
audioInput->setVolume(0.8f);
QMediaRecorder * mediaRecorder = new QMediaRecorder;
mediaRecorder->setQuality(QMediaRecorder::HighQuality);
mediaRecorder->setOutputLocation(QUrl::fromLocalFile("test"));
QMediaCaptureSession * mediaCaptureSession = new QMediaCaptureSession;
mediaCaptureSession->setAudioInput(audioInput);
mediaCaptureSession->setRecorder(mediaRecorder);
mediaRecorder->record();          //开始录音
//设置录音时长 5s
QTimer::singleShot(5000,mediaRecorder,&QMediaRecorder::stop);
```

运行上述示例代码,程序会在计算机的"音乐"目录下生成一个名为 test.m4a 的音频文件,用播放软件播放该文件进行测试。

4. QAudioSource 类

QAudioSource 类用于自定义 QAudioDevice 设备,其部分成员函数及功能描述如表 10.4 所示。

表 10.4　QAudioSource 类的部分成员函数及功能描述

成 员 函 数	功 能 描 述
QAudioSource()	构造并初始化对象
bufferSize()、setBufferSize()	获取或设置音频缓冲区字节大小
bytesAvailable()	返回可读取的音频数据量(字节)
elapsedUSecs()	返回自调用 start()函数以来的微秒数,包括处于空闲和挂起状态的时间
error()	返回错误状态
format()	返回音频格式
processedUSecs()	返回自调用 start()函数以来处理的音频数据量(微秒)
reset()	清除缓冲区中的音频数据,将缓冲区重置为零
start()、stop()	播放或停止音频
suspend()	挂起音频。停止处理音频数据,保留缓冲的音频数据
resume()	挂起后恢复处理音频数据
state()	返回音频处理的状态
volume()、setVolume()	获取或设置音量
stateChanged()	信号函数。当设备状态发生变化时发射此信号

下面给出一段简单的示例代码。

```cpp
//教材源码 code_10_2_1_4\main.cpp
QFile destinationFile;
QAudioSource * audio;
destinationFile.setFileName("f:\\temp\\test.raw");
destinationFile.open( QIODevice::WriteOnly | QIODevice::Truncate );
QAudioFormat format;
format.setSampleRate(8000);
format.setChannelCount(1);
format.setSampleFormat(QAudioFormat::UInt8);
QAudioDevice info = QMediaDevices::defaultAudioInput();
if(!info.isFormatSupported(format)) {
    qWarning() << "Default format not supported, trying to use the nearest.";
}
audio = new QAudioSource(format);
QTimer::singleShot(5000, audio, &QAudioSource::stop);
audio->start(&destinationFile);
```

运行上述示例代码后,会在 f:\temp 子目录中创建一个名为 test.raw 的音频文件。

5. QAudioFormat 类

在上述示例代码 code_10_2_1_4\main.cpp 中,使用了 QAudioFormat 类对象,用于设置音频格式。该类有 3 个公有属性,即 AudioChannelPosition、ChannelConfig 和 SampleFormat,分别用于表示通道位置、通道配置和采样格式,其取值如下。

```cpp
enum AudioChannelPosition { UnknownPosition, FrontLeft, FrontRight, FrontCenter,
LFE, …, BottomFrontRight }
```

```
enum ChannelConfig {ChannelConfigUnknown, ChannelConfigMono, ChannelConfigStereo,
ChannelConfig2Dot1, ChannelConfigSurround5Dot0, …, ChannelConfigSurround7Dot1}
enum SampleFormat {Unknown, UInt8, Int16, Int32, Float}
```

QAudioFormat 类的部分成员函数及功能描述如表 10.5 所示。

表 10.5　QAudioFormat 类的部分成员函数及功能描述

成 员 函 数	功 能 描 述
QAudioFormat()	构造并初始化对象
bytesForDuration()	返回此音频格式中给定微秒数所需的字节数
bytesForFrames()	返回此音频格式中给定帧数所需的字节数
bytesPerFrame()	返回以此格式表示的每帧所需的字节数
bytesPerSample()	返回以此格式表示的每个采样所需的字节数
channelConfig()、setChannelConfig()	获取或设置当前的通道配置
channelCount()、setChannelCount()	获取或设置当前的通道数
channelOffset()	返回给定格式的音频帧中特定音频通道的位置
durationForBytes()	返回此格式中给定字节所表示的微秒数
durationForFrames()	返回此格式中给定帧数所表示的微秒数
framesForBytes()	返回此格式中给定字节所表示的帧数
framesForDuration()	返回此格式中给定微秒数所表示的帧数
normalizedSampleValue()	将采样值规整为 −1~1 的数字
sampleFormat()、setSampleFormat()	获取或设置采样格式
sampleRate()、setSampleRate()	获取或设置采样频率

表 10.5 中的成员函数的使用非常简单,只需要注意调用时实参与形参的匹配,以及函数的返回值类型即可。例如,示例项目 code_10_2_1_4 中的如下代码通过 QAudioFormat 对象设置了录制音频时的采样频率、音轨数和采样格式。

```
QAudioFormat format;
format.setSampleRate(8000);
format.setChannelCount(1);
format.setSampleFormat(QAudioFormat::UInt8);
```

10.2.2　音频播放

在 Qt 中,音频的播放可以使用多种方式,下面介绍 3 种方法。

1. 使用 QSoundEffect 类

QSoundEffect 类以低延迟方式播放未压缩的音频文件(通常为 *.wav 文件),特别适用于响应用户操作的"反馈"类型声音,如虚拟键盘声音、弹出对话框的正反馈/负反馈或游戏声音等。

QSoundEffect 类的部分成员函数及功能描述如表 10.6 所示。

表 10.6　QSoundEffect 类的部分成员函数及功能描述

成 员 函 数	功 能 描 述
QSoundEffect()	构造并初始化对象
isLoaded()、isPlaying()、status()	是否完成加载;是否正在播放;处理音效状态
isMuted()、setMuted()	处理静音属性
loopCount()、setLoopCount()	获取或设置循环次数
loopsRemaining()	获取剩余的循环次数
source()、setSource()	获取或设置要播放的当前音频源的 URL
volume()、setVolume()	获取或设置音量
supportedMimeTypes()	静态函数。返回此平台支持的 MIME 类型的列表
play()、stop()	槽函数。播放或停止
loadedChanged()	信号函数。当加载状态改变时,发射此信号
loopCountChanged()	信号函数。当初始循环次数发生变化时,发射此信号
loopsRemainingChanged()	信号函数。当剩余循环次数发生变化时,发射此信号
mutedChanged()	信号函数。当静音状态发生变化时,发射此信号
playingChanged()	信号函数。当播放属性发生变化时,发射此信号
sourceChanged()	信号函数。当源属性发生变化时,发射此信号
statusChanged()	信号函数。当状态属性发生变化时,发射此信号
volumeChanged()	信号函数。当音量发生变化时,发射此信号

下面给出一个使用 QSoundEffect 类的对象播放音频的简单示例。

扫一扫

视频讲解

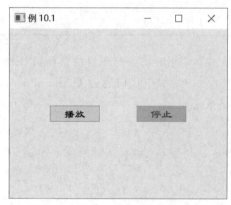

图 10.2　例 10.1 程序运行初始界面

【例 10.1】　使用 QSoundEffect 类播放音频。程序运行初始界面如图 10.2 所示。

(1) 启动 Qt Creator 集成开发环境,创建一个名为 examp10_1 的 Qt 应用程序。程序主窗体基类设置为 QWidget。

(2) 双击项目中的 widget.ui 界面文件,打开 Qt Designer 界面设计工具,设计如图 10.2 所示的程序主窗体界面。其中,"播放"和"停止"按钮的对象名称分别为 playBtn 和 stopBtn。

(3) 为程序主窗体中的两个按钮添加 clicked() 信号槽函数,分别为

```
void on_playBtn_clicked();
void on_stopBtn_clicked();
```

(4) 打开 examp10_1.pro 项目文件,添加如下代码,将 Qt 的多媒体模块引入项目中。

```
QT += multimedia
```

(5) 打开 widget.h 头文件,添加一个名为 effect 的 QSoundEffect 对象指针,并添加 QSoundEffect 类的前导声明。代码如以下阴影部分所示。

```
class QSoundEffect;
class Widget : public QWidget
{
    ...
private slots:
    void on_playBtn_clicked();          //播放按钮槽函数
    void on_stopBtn_clicked();          //停止按钮槽函数
private:
    Ui::Widget * ui;
    QSoundEffect * effect;
};
```

（6）打开 widget.cpp 文件，在 Widget 类的构造函数中添加如下代码。

```
...
# include <QSoundEffect>
Widget::Widget(QWidget * parent) : QWidget(parent) , ui(new Ui::Widget)
{
    ...
    ui->stopBtn->setEnabled(false);
    effect = new QSoundEffect(this);
    effect->setSource(QUrl::fromLocalFile("C:\\Windows\\Media\\ring01.wav"));
    effect->setLoopCount(QSoundEffect::Infinite);
    effect->setVolume(0.5f);
    connect(ui->playBtn, &QPushButton::clicked, effect, &QSoundEffect::play);
    connect(ui->stopBtn, &QPushButton::clicked, effect, &QSoundEffect::stop);
}
```

（7）在按钮的槽函数中添加代码。

```
void Widget::on_playBtn_clicked()
{
    ui->playBtn->setEnabled(false);
    ui->stopBtn->setEnabled(true);
}
void Widget::on_stopBtn_clicked()
{
    ui->playBtn->setEnabled(true);
    ui->stopBtn->setEnabled(false);
}
```

（8）构建并运行程序。程序运行后，单击"播放"按钮，开始循环播放 C:\Windows\
Media\ring01.wav 音频；单击"停止"按钮，停止音频的播放。

2. 使用 QAudioSink 类

QAudioSink 类提供了一个接口，用于将音频数据发送到音频输出设备。其部分成员
函数及功能描述如表 10.7 所示。

表 10.7　QAudioSink 类的部分成员函数及功能描述

成　员　函　数	功　能　描　述
QAudioSink()	构造并初始化对象
bufferSize()、setBufferSize()	获取或设置音频缓冲区字节大小

续表

成 员 函 数	功 能 描 述
bytesFree()	返回音频缓冲区中可用的字节数
elapsedUSecs()	返回自调用 start()函数以来的微秒数,包括处于空闲和挂起状态的时间
error()	返回错误状态
format()	返回音频格式,结果为 QAudioFormat 对象
processedUSecs()	返回自调用 start()函数以来处理的音频数据量(以微秒为单位)
reset()	重置音频缓冲区
start()、stop()	开始或停止音频处理
suspend()、resume()	挂起或恢复音频处理
state()	返回音频处理状态
volume()、setVolume()	获取或设置音量
stateChanged()	信号函数。当设备状态发生变化时,发射此信号

下面给出一个使用 QAudioSink 类的对象播放音频的简单示例。

【例 10.2】 使用 QAudioSink 类播放音频。程序运行界面如图 10.3 所示。

扫一扫

视频讲解

图 10.3 例 10.2 程序运行界面

（1）启动 Qt Creator 集成开发环境,创建一个名为 examp10_2 的 Qt 应用程序。程序主窗体基类设置为 QWidget。

（2）双击项目中的 widget.ui 界面文件,打开 Qt Designer 界面设计工具,设计如图 10.3 所示的程序主窗体界面。

（3）打开 examp10_2.pro 项目文件,添加如下代码,将 Qt 的多媒体模块引入项目中。

```
QT += multimedia
```

（4）在 widget.h 头文件中添加代码,声明 Widget 类的成员变量及成员函数。最终文件内容

请参见教材源码,下面是部分代码。

```
...
class Widget : public QWidget
{
    ...
private slots:
    void on_playBtn_clicked();
    void on_stopBtn_clicked();
    void handleStateChanged(QAudio::State newState);
    void on_suspendBtn_clicked();
    void on_resumeBtn_clicked();
private:
    Ui::Widget * ui;
    QAudioSink * audioSink;
    QFile * sourceFile;
    bool loop;
```

```
};
...
```

（5）在 widget.cpp 文件中添加代码，实现程序功能。最终文件内容请参见教材源码，下面是部分代码。

```
...
Widget::Widget(QWidget * parent) : QWidget(parent) , ui(new Ui::Widget)
{
    ...
    QAudioFormat audioFormat;
    audioFormat.setSampleRate(44100);
    audioFormat.setChannelCount(1);
    audioFormat.setSampleFormat(QAudioFormat::Int32);
    audioSink = new QAudioSink(audioFormat,this);
    connect(audioSink, SIGNAL(stateChanged(QAudio::State)), this,
SLOT(handleStateChanged(QAudio::State)));
    audioSink -> setVolume(0.2f);
}
void Widget::on_playBtn_clicked()
{
    ...
    sourceFile = new QFile("C:\\Windows\\Media\\ring01.wav");
    sourceFile->open(QIODevice::ReadOnly);
    audioSink -> start(sourceFile);
    ...
}
void Widget::on_stopBtn_clicked()
{
    audioSink -> stop();
    sourceFile->close();
    delete sourceFile;
    ...
}
void Widget::handleStateChanged(QAudio::State newState)
{
    QString message;
    switch (newState) {
        case QAudio::IdleState:
            //音频数据已播放完毕
            if(loop){
                audioSink -> stop();
                sourceFile -> close();
                delete sourceFile;
                on_playBtn_clicked();
                message = "音频正在循环播放...";
            }
            else{
                on_stopBtn_clicked();
                message = "音频已播放完毕";
            }
            break;
        case QAudio::StoppedState:
                //音频设备已关闭,检查 error 是否异常关闭
                if(audioSink->error() != QAudio::NoError) {
```

```
                        message = "出现错误,音频设备关闭!";
                    }
                    message = "音频播放被停止";
                    break;
            case QAudio::SuspendedState:
                //音频被暂停
                message = "音频播放被暂停!";
                break;
            case QAudio::ActiveState:
                //启动音频播放,正在解析中
                message = "正在播放...";
                break;
        }
        ui->label->setText(message);
}
void Widget::on_suspendBtn_clicked()
{
    audioSink -> suspend();
    ui->resumeBtn->setEnabled(true);
}
void Widget::on_resumeBtn_clicked()
{
    audioSink -> resume();
    ui->resumeBtn->setEnabled(false);
}
```

(6) 构建并运行程序。程序运行后,单击主窗体中的各个功能按钮进行测试。选择循环播放,单击"播放"按钮后的程序运行界面如图 10.3 所示。

3. 使用 QMediaPlayer 类

QMediaPlayer 类用于播放媒体文件,包括音频和视频。该类是一个高级媒体播放类,可以使用它播放视频媒体文件中的音频。

QMediaPlayer 类的部分成员函数及功能描述如表 10.8 所示。

表 10.8　QMediaPlayer 类的部分成员函数及功能描述

成 员 函 数	功 能 描 述
QMediaPlayer()	构造并初始化对象
activeAudioTrack()、setActiveAudioTrack()	获取或设置当前活动的音轨
activeSubtitleTrack()、setActiveSubtitleTrack()	获取或设置当前活动的字幕轨道
activeVideoTrack()、setActiveVideoTrack()	获取或设置当前活动的视频轨道
audioOutput()、setAudioOutput()	获取或设置媒体播放器使用的音频输出设备
audioTracks()、subtitleTracks()	获取可用的音轨集或字幕轨道集列表
bufferProgress()	缓冲数据时,返回 0～1 的数字;0 表示没有可用的缓冲数据,会暂停播放
bufferedTimeRange()	返回描述当前缓冲数据的 QMediaTimeRange 对象
duration()	返回当前媒体的持续时间(毫秒)
error()、errorString()	返回当前出现的错误
hasAudio()、hasVideo()	媒体是否包含音频或视频

续表

成 员 函 数	功 能 描 述
isAvailable()、isSeekable()	平台是否支持媒体播放器;媒体是否是可查找的
loops()、setLoops()	获取或设置循环播放次数
mediaStatus()、metaData()	获取当前媒体流的状态或元数据
playbackRate()、setPlaybackRate()	获取或设置当前播放速度
position()、setPosition()	获取或设置正在播放的媒体中的当前位置(毫秒)
source()、setSource()	获取或设置媒体播放器对象正使用的活动媒体源
sourceDevice()、setSourceDevice()	获取或设置媒体数据的流源
videoOutput()、setVideoOutput()	获取或设置媒体播放器使用的视频输出设备
videoTracks()	列出媒体中可用的视频轨道集
play()、pause()、stop()	槽函数。播放、暂停、停止操作
activeTracksChanged()、tracksChanged()	信号函数。当轨道发生变化时发射此信号
audioOutputChanged()、videoOutputChanged()	信号函数。当输出设备发生变化时发射此信号
bufferProgressChanged()	信号函数。当缓冲处理发生变化时发射此信号
durationChanged()、seekableChanged()	信号函数。当 duration 或 seekable 属性变化时发射此信号
errorOccurred()、errorChanged()	信号函数。当出现错误或错误改变时发射此信号
hasAudioChanged()、hasVideoChanged()	信号函数。hasAudio 或 hasVideo 属性变化时发射此信号
loopsChanged()、positionChanged()	信号函数。当循环次数或播放位置变化时发射此信号
mediaStatusChanged()、metaDataChanged()	信号函数。当媒体状态或数据变化时发射此信号
playbackRateChanged()、playbackStateChanged()	信号函数。当播放速度或播放状态变化时发射此信号
sourceChanged()	信号函数。当媒体源发生变化时发射此信号

下面给出一个使用 QMediaPlayer 类的对象播放音频的简单示例。

【例 10.3】 使用 QMediaPlayer 类播放音频。程序运行结果如图 10.4 所示。

扫一扫

视频讲解

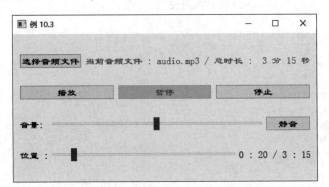

图 10.4 例 10.3 程序运行结果

(1) 启动 Qt Creator 集成开发环境,创建一个名为 examp10_3 的 Qt 应用程序。程序主窗体基类设置为 QWidget。

(2) 双击项目中的 widget.ui 界面文件,打开 Qt Designer 界面设计工具,设计如图 10.5 所示的程序主窗体界面。

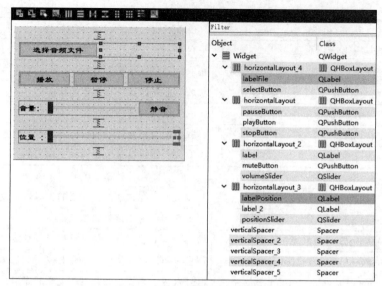

图 10.5　主窗体界面设计

（3）打开 examp10_3.pro 项目文件，添加如下代码，将 Qt 的多媒体模块引入项目中。

```
QT += multimedia
```

（4）在 widget.h 头文件中添加代码，声明 Widget 类的成员变量及成员函数。最终文件内容请参见教材源码，下面是部分代码。

```
...
class Widget : public QWidget
{
    ...
private slots:
    void on_volumeSlider_valueChanged(int value);
    void onStateChanged(QMediaPlayer::PlaybackState state);
    void onDurationChanged(qint64 duration);
    void onPositionChanged(qint64 position);
    void on_muteButton_clicked();
    void on_positionSlider_valueChanged(int value);
    void on_selectButton_clicked();
private:
    Ui::Widget * ui;
    QString durationTime;          //总长度
    QString positionTime;          //当前播放到位置
    QMediaPlayer * player;
    QAudioOutput * audioOutput;
};
...
```

（5）在 widget.cpp 文件中添加代码，实现程序功能。最终文件内容请参见教材源码，下面是部分代码。

```
...
Widget::Widget(QWidget * parent):QWidget(parent), ui(new Ui::Widget)
{
    ...
```

```
    positionTime = "0：00";
    player = new QMediaPlayer(this);
    audioOutput = new QAudioOutput(this);
    player->setAudioOutput(audioOutput);
    connect(ui->playButton, &QPushButton::clicked, player, &QMediaPlayer::
play);
    connect(ui->stopButton, &QPushButton::clicked, player, &QMediaPlayer::
stop);
    connect(ui->pauseButton, &QPushButton::clicked, player, &QMediaPlayer::
pause);
    connect(player, &QMediaPlayer::playbackStateChanged, this, &Widget::
onStateChanged);
    connect(player, &QMediaPlayer::durationChanged, this, &Widget::
onDurationChanged);
    connect(player, &QMediaPlayer::positionChanged, this, &Widget::
onPositionChanged);
}
void Widget::on_volumeSlider_valueChanged(int value)
{
    qreal linearVolume = QAudio::convertVolume(value / qreal(100.0), QAudio::
LogarithmicVolumeScale, QAudio::LinearVolumeScale);
    audioOutput->setVolume(linearVolume);
}
void Widget::onDurationChanged(qint64 duration)
{
    ui->positionSlider->setMaximum(duration);
    ui->volumeSlider->setSliderPosition((ui->volumeSlider->minimum()+ui->
volumeSlider->maximum())/2);
    int secs=duration/1000;                    //秒
    int mins=secs/60;                          //分钟
    secs=secs %60;                             //余数秒
    durationTime=QString::asprintf(" %d 分 %d 秒",mins,secs);
    QUrl url = player->source();
    ui->labelFile->setText("当前音频文件："+url.fileName()+" / 总时长："
+durationTime);
    ...
}
void Widget::on_muteButton_clicked()
{
    bool mute = audioOutput->isMuted();
    audioOutput->setMuted(!mute);
}
void Widget::on_positionSlider_valueChanged(int value)
{
    player->setPosition(value);
}
void Widget::on_selectButton_clicked()
{
    QString curPath=QDir::homePath();          //获取系统当前目录
    QString dlgTitle="选择音频文件";            //对话框标题
    QString filter="音频文件（*.mp3 *.wav *.wma）;;mp3 文件（*.mp3）;;wav 文件（*.
wav）;;wma 文件（*.wma）;;所有文件（*.*）";          //文件过滤器
    QString fileName = QFileDialog::getOpenFileName(this,dlgTitle,curPath,
filter);
```

```
        player->setSource(QUrl::fromLocalFile(fileName));
        ui->playButton->setEnabled(true);
}
```

（6）构建并运行程序。程序运行后，首先单击主窗体中"选择音频文件"按钮，加载音频文件；单击"播放"按钮，开始播放音频；可以拖动音量调节滑块对音量进行调节，可以设置静音模式；可以拖动位置调节滑块对播放位置进行调节。图 10.3 所示的是单击"暂停"按钮后的程序运行效果。

10.2.3　音频输入

在 Qt 中，音频输入一般使用 QMediaRecorder 类来实现。QMediaRecorder 类是高层次的实现，输入的音频数据直接保存为文件。

QMediaRecorder 类是用于编码和记录 QMediaCaptureSession 中生成的媒体数据的类，可以使用它实现音频的录制。其部分成员函数及功能描述如表 10.9 所示。

表 10.9　QMediaRecorder 类的部分成员函数及功能描述

成员函数	功能描述
QMediaRecorder()	构造并初始化对象
actualLocation()	返回最后一个媒体内容的实际位置（QUrl 对象）
audioBitRate()、setAudioBitRate()	获取或设置音频比特率，单位为 b/s
audioChannelCount()、setAudioChannelCount()	获取或设置音频通道数
audioSampleRate()、setAudioSampleRate()	获取或设置返回采样频率（Hz）
duration()	获取录制的媒体持续时间（毫秒）
encodingMode()、setEncodingMode()	获取或设置编码模式
error()、errorString()	获取错误信息
mediaFormat()、setMediaFormat()	获取或设置媒体格式
metaData()、setMetaData()	获取或设置与录制关联的元数据
outputLocation()、setOutputLocation()	获取或设置媒体内容的目标位置（QUrl）
quality()、setQuality()	获取或设置录制质量（QMediaRecorder::Quality）
recorderState()	返回当前媒体录制器状态
videoBitRate()、setVideoBitRate()	获取或设置视频比特率
videoFrameRate()、setVideoFrameRate()	获取或设置视频帧速率
videoResolution()、setVideoResolution()	获取或设置视频分辨率
pause()、record()、stop()	槽函数。执行暂停、录制、停止操作
actualLocationChanged()	信号函数。当媒体实际位置发生变化时发射此信号
durationChanged()、recorderStateChanged()	信号函数。当录制时长或状态发生变化时发射此信号
errorChanged()、errorOccurred()	信号函数。当出现错误或错误类型变化时发射此信号
mediaFormatChanged()、metaDataChanged()	信号函数。当媒体格式或元数据变化时发射此信号

下面给出一个使用 QMediaRecorder 类的对象录制音频的简单示例。

【例 10.4】　QMediaRecorder 类的简单使用。程序运行结果如图 10.6 所示。

（1）启动 Qt Creator 集成开发环境，创建一个名为 examp10_4 的 Qt 应用程序。程序主窗体基类设置为 QWidget。

（2）双击项目中的 widget.ui 界面文件，打开 Qt Designer 界面设计工具，设计如图 10.6 所示的程序主窗体界面。其中"录音"和"暂停"按钮为 QPushButton 对象，对象名分别为 recordButton 和 pauseButton。

（3）打开 examp10_4.pro 项目文件，添加如下代码，将 Qt 的多媒体模块引入项目中。

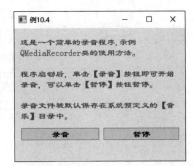

图 10.6　例 10.4 程序运行结果

```
QT += multimedia
```

（4）在 widget.h 头文件中添加代码，声明 Widget 类的成员变量及成员函数。最终文件内容请参见教材源码，部分代码如下。

```cpp
...
class Widget : public QWidget
{
    ...
private slots:
    void on_recordButton_clicked();
    void on_pauseButton_clicked();
    void onStateChanged(QMediaRecorder::RecorderState);
private:
    Ui::Widget * ui;
    QMediaCaptureSession session;
    QMediaRecorder * recorder = nullptr;
}
...
```

（5）在 widget.cpp 文件中添加代码，实现程序功能。最终文件内容请参见教材源码，部分代码如下。

```cpp
#include "widget.h"
#include "ui_widget.h"
#include <QAudioInput>
Widget::Widget(QWidget * parent) : QWidget(parent), ui(new Ui::Widget)
{
    ...
    recorder = new QMediaRecorder(this);
    session.setRecorder(recorder);
    session.setAudioInput(new QAudioInput(this));
    session.setRecorder(recorder);
    recorder->setQuality(QMediaRecorder::HighQuality);
    recorder->setOutputLocation(QUrl::fromLocalFile("examp10_4"));
    connect(recorder, &QMediaRecorder::recorderStateChanged, this, &Widget::onStateChanged);
}
void Widget::on_recordButton_clicked()
{
    if(recorder->recorderState() == QMediaRecorder::StoppedState) {
        recorder->record();
```

```
        }else{
            recorder->stop();
        }
    }
    void Widget::on_pauseButton_clicked()
    {
        if(recorder->recorderState() != QMediaRecorder::PausedState)
            recorder->pause();
        else
            recorder->record();
    }
```

（6）构建并运行程序。单击"录音"按钮，使用默认的麦克风进行音频录入；单击"暂停"按钮可以暂停录音操作。录音时，"录音"按钮会切换为"停止"按钮；暂停时，"暂停"按钮会切换为"恢复"按钮。操作完成后，录音文件被保存在系统预定义的"音乐"目录中，如图 10.7 所示。可以用计算机中的音频播放器播放录制的音频。

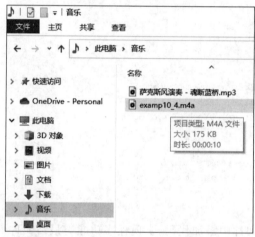

图 10.7　例 10.4 程序录制文件

10.3　视频播放

在 Qt 中播放视频一般使用 QMediaPlayer 类来完成，该类可以进行视频文件的解码。视频播放时，必须将视频帧在某个界面组件上显示出来，Qt 提供了 QVideoWidget 和 QGraphicsVideoItem 两种视频显示组件。当然，也可以从这两个类继承，自定义个性化的视频显示组件。

10.3.1　视频播放相关 Qt 类

Qt Multimedia 模块提供了用于播放和操作视频数据的高级和低级 C++ 类，如 QMediaCaptureSession、QMediaPlayer、QMediaRecorder、QVideoFrame、QVideoFrameFormat、QVideoSink 和 QVideoWidget 等。

视频播放涉及媒体播放器 QMediaPlayer 类，以及显示组件类 QVideoWidget 和 QGraphicsVideoItem。QMediaPlayer 类已经在 10.2.2 节中进行了介绍，下面简单介绍 Qt

中常用的两个视频显示组件。

1. QVideoWidget 类

QVideoWidget 类是一个用于显示媒体对象生成视频或图像的界面组件,若将其附加到 QMediaPlayer 或 QCamera 对象上,可以显示这些媒体对象生成的视频或图像。

QVideoWidget 类包含在 Qt Multimedia Widgets 模块内,使用时需要在项目的配置文件中添加如下语句将其加载到项目中。

```
QT += multimediawidgets
```

QVideoWidget 类继承自 QWidget,拥有众多的属性及函数。与其父类 QWidget 相比较,该类增加了两个属性,它们是

```
Qt::AspectRatioMode aspectRatioMode;
```

和

```
bool fullScreen;
```

其中,aspectRatioMode 表示屏幕的纵横比;fullScreen 表示全屏属性。

与上述两个新增属性相对应,添加了两个公有成员函数,如下所示。

```
Qt::AspectRatioMode aspectRatioMode() const
bool isFullScreen() const
```

这两个函数分别用于获取屏幕纵横比和判断是否全屏。

与上述两个新增属性相对应,又添加了两个信号函数,如下所示。

```
void aspectRatioModeChanged(Qt::AspectRatioMode mode)
void fullScreenChanged(bool fullScreen)
```

前者当屏幕纵横比发生变化时发射,后者当全屏状态发生改变时发射。

针对上述新增的两个属性,添加了两个公有槽函数,如下所示。

```
void setAspectRatioMode(Qt::AspectRatioMode mode)
void setFullScreen(bool fullScreen)
```

用于对新增属性进行设置。

QVideoWidget 类的使用非常简单,只需要将其对象与媒体播放器关联,并显示组件即可。示例代码如下。

```
player = new QMediaPlayer;
player->setSource(QUrl("http://example.com/myclip1.mp4"));
videoWidget = new QVideoWidget;              //构造对象
player->setVideoOutput(videoWidget);         //将组件与播放器关联
videoWidget->show();                         //显示组件
player->play();                              //播放视频
```

2. QGraphicsVideoItem 类

QGraphicsVideoItem 类提供一个图形项,用于显示 QMediaPlayer 或 QCamera 生成的视频。该类继承自 QGraphicsObject 类,是适用于 Graphics/View(图形/视图)模式的图形显示组件。因此,在使用 QGraphicsVideoItem 类显示视频时,可以在显示场景中和其他图形组件同时显示,也可以使用该类的放大、缩小、拖动和旋转等功能。

QGraphicsVideoItem 类的继承关系如图 10.8 所示。

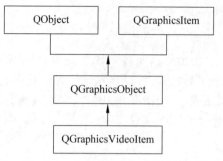

图 10.8　QGraphicsVideoItem 类的继承关系

10.3.2　视频播放编程方法

在 Qt 应用程序中播放视频非常容易,只需要将媒体播放器对象与视频显示组件进行关联即可。下面介绍两个简单实例,演示在 QVideoWidget 和 QGraphicsVideoItem 上播放视频的编程方法。

1. 使用 QVideoWidget 显示组件

下面的实例使用 QMediaPlayer 和 QVideoWidget 实现视频的播放,为了简单起见,该实例只能播放单个文件,也没有实现调节音量、停止播放等功能。

【例 10.5】　编写一个 Qt 应用程序,演示使用 QVideoWidget 播放视频,如图 10.9 所示。

图 10.9　例 10.5 程序运行结果

(1) 启动 Qt Creator 集成开发环境,创建一个名为 examp10_5 的 Qt 应用程序。程序主窗体基类设置为 QWidget。

(2) 双击项目中的 widget.ui 界面文件,打开 Qt Designer 界面设计工具,设计如图 10.9 所示的程序主窗体界面。

在程序主窗体中设置 5 个 Qt 控件,最上面的是一个 QVideoWidget 类型的视频显示控件,对象名称为 videoWidget;中间的"打开"和▶(播放)按钮均为 QPushButton 类型,对象名称为 openButton 和 playButton,用于加载媒体文件以及播放或暂停播放操作;中间的滑动条控件用于显示播放的进度,类型为 QSlider,对象名称为 horizontalSlider;窗体底部是一个 QLabel 类型的标签控件,用于显示错误或提示信息,对象名称为 label。

（3）打开 examp10_5.pro 项目文件,添加如下代码,将 Qt 的多媒体模块引入项目中。

```
QT += multimedia
QT += multimediawidgets
```

（4）在 widget.h 头文件中添加代码,声明 Widget 类的成员变量及成员函数。最终文件内容请参见教材源码,部分代码如下。

```
...
class Widget : public QWidget
{
    ...
public:
    ...
    void setUrl(const QUrl &url);
private slots:
    void on_openButton_clicked();
    void on_playButton_clicked();
    void mediaStateChanged(QMediaPlayer::PlaybackState state);
    void durationChanged(qint64 duration);
    void setPosition(int position);
    void positionChanged(qint64 position);
    void handleError();
private:
    Ui::Widget * ui;
    QMediaPlayer * mediaPlayer;
    QVideoWidget * videoWidget;
};
...
```

（5）在 widget.cpp 文件中添加代码,实现程序功能。最终文件内容请参见教材源码,部分代码如下。

```
...
Widget::Widget(QWidget * parent) : QWidget(parent) , ui(new Ui::Widget)
{
    ...
    mediaPlayer = new QMediaPlayer(this);
    videoWidget = new QVideoWidget(this);
    ui->verticalLayout->insertWidget(0,videoWidget);
    mediaPlayer->setVideoOutput(videoWidget);
    mediaPlayer->setAudioOutput(new QAudioOutput);
    connect(mediaPlayer, &QMediaPlayer::playbackStateChanged, this,
&Widget::mediaStateChanged);
    connect(mediaPlayer, &QMediaPlayer::positionChanged, this,
&Widget::positionChanged);
    connect(mediaPlayer, &QMediaPlayer::durationChanged, this,
&Widget::durationChanged);
    connect(mediaPlayer, &QMediaPlayer::errorChanged, this,
&Widget::handleError);
}
void Widget::on_playButton_clicked()
{
    switch (mediaPlayer->playbackState()) {
    case QMediaPlayer::PlayingState:
        mediaPlayer->pause();
```

```
            break;
        default:
            mediaPlayer->play();
            break;
        }
    }
    void Widget::setUrl(const QUrl &url)
    {
        ui->label->setText(QString());
        setWindowFilePath(url.isLocalFile() ? url.toLocalFile() : QString());
        mediaPlayer->setSource(url);
        ui->playButton->setEnabled(true);
    }
    void Widget::setPosition(int position)
    {
        mediaPlayer->setPosition(position);
    }
    void Widget::handleError()
    {
        if(mediaPlayer->error() == QMediaPlayer::NoError)
            return;
        ui->playButton->setEnabled(false);
        const QString errorString = mediaPlayer->errorString();
        QString message = "错误: ";
        if(errorString.isEmpty())
            message += " #" + QString::number(int(mediaPlayer->error()));
        else
            message += errorString;
        ui->label->setText(message);
    }
```

(6) 构建并运行程序。程序运行后,首先单击"打开"按钮选择要播放的视频文件,然后单击"播放"按钮播放视频文件。

2. 使用 QGraphicsVideoItem 显示组件

下面的实例使用 QMediaPlayer 和 QGraphicsVideoItem 实现视频的播放。

【**例 10.6**】 编写一个 Qt 应用程序,演示使用 QGraphicsVideoItem 播放视频,程序运行结果如图 10.10 所示。

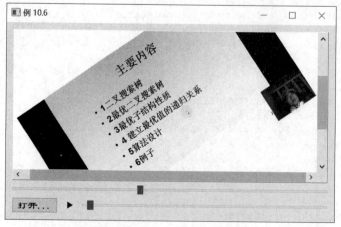

图 10.10　例 10.6 程序运行结果

（1）启动 Qt Creator 集成开发环境，创建一个名为 examp10_6 的 Qt 应用程序。程序主窗体基类设置为 QWidget。

（2）双击项目中的 widget.ui 界面文件，打开 Qt Designer 界面设计工具，设计如图 10.10 所示的程序主窗体界面。

（3）打开 examp10_6.pro 项目文件，添加如下代码，将 Qt 的多媒体模块引入项目中。

```
QT += multimedia
QT += multimediawidgets
```

（4）在 widget.h 头文件中添加代码，声明 Widget 类的成员变量及成员函数。最终文件内容请参见教材源码，部分代码如下。

```
...
class Widget : public QWidget
{
    ...
public:
    ...
    void load(const QUrl &url);
private slots:
    void on_openButton_clicked();
    void on_playButton_clicked();
    void durationChanged(qint64 duration);
    void mediaStateChanged(QMediaPlayer::PlaybackState state);
    void positionChanged(qint64 position);
    void on_positionSlider_valueChanged(int value);
    void on_rotateSlider_sliderMoved(int position);
private:
    Ui::Widget * ui;
    QMediaPlayer * mediaPlayer = nullptr;
    QGraphicsVideoItem * videoItem = nullptr;
};
...
```

（5）在 widget.cpp 文件中添加代码，实现程序功能。最终文件内容请参见教材源码，部分代码如下。

```
...
Widget::Widget(QWidget * parent) : QWidget(parent), ui(new Ui::Widget)
{
    ...
    mediaPlayer = new QMediaPlayer(this);
    const QSize screenGeometry = screen()->availableSize();
    videoItem = new QGraphicsVideoItem;
    videoItem->setSize(QSizeF(screenGeometry.width() / 3,
 screenGeometry.height() / 2));
    videoItem->setFlags(QGraphicsItem::ItemIsMovable);
    QGraphicsScene * scene = new QGraphicsScene(this);
    QGraphicsView * graphicsView = new QGraphicsView(scene);
    scene->addItem(videoItem);
    ui->verticalLayout->insertWidget(0, graphicsView);
    mediaPlayer->setVideoOutput(videoItem);
    mediaPlayer->setAudioOutput(new QAudioOutput);
    connect(mediaPlayer, &QMediaPlayer::durationChanged, this,
```

```
&Widget::durationChanged);
    connect(mediaPlayer, &QMediaPlayer::playbackStateChanged, this,
&Widget::mediaStateChanged);
    connect(mediaPlayer, &QMediaPlayer::positionChanged, this,
&Widget::positionChanged);
}
void Widget::on_playButton_clicked()
{
    switch (mediaPlayer->playbackState()) {
    case QMediaPlayer::PlayingState:
        mediaPlayer->pause();
        break;
    default:
        mediaPlayer->play();
        break;
    }
}
void Widget::load(const QUrl &url)
{
    mediaPlayer->setSource(url);
    ui->playButton->setEnabled(true);
}
void Widget::on_positionSlider_valueChanged(int value)
{
    mediaPlayer->setPosition(value);
}
void Widget::on_rotateSlider_sliderMoved(int position)
{
    qreal x = videoItem->boundingRect().width() / 2.0;
    qreal y = videoItem->boundingRect().height() / 2.0;
    videoItem->setTransform(QTransform().translate(x, y).rotate(position).
translate(-x, -y));
}
```

(6) 构建并运行程序。程序运行后,首先单击"打开"按钮选择要播放的视频文件,然后单击"播放"按钮播放视频文件。视频播放过程中,可以移动滑动条的滑块调整视频界面的旋转角度。

10.4　视频操作

Qt Multimedia 模块提供了几个用于控制照相设备的类,通过它们可以进行照相设备信息的获取、静态图像的拍摄以及视频的录制等操作。

10.4.1　视频操作相关 Qt 类

在 Qt 中对照相设备操作涉及很多的类,其中主要的有 QCamera、QCameraDevice、QCameraFormat、QImageCapture、QMediaCaptureSession 和 QMediaRecorder 类等。下面对前 4 个类进行简单的介绍。

1. QCamera 类

QCamera 类为系统的照相(或摄像)设备提供接口,可以在 QMediaCaptureSession 中用于视频的录制和图像的拍摄。其部分成员函数及功能描述如表 10.10 所示。

表 10.10　QCamera 类的部分成员函数及功能描述

成 员 函 数	功 能 描 述
QCamera()	构造并初始化对象
cameraDevice()、setCameraDevice()	处理与相机关联的 QCameraDevice 对象
cameraFormat()、setCameraFormat()	处理当前使用的相机格式
captureSession()	返回相机连接的 QMediaCaptureSession
colorTemperature()、setColorTemperature()	获取或设置当前色温
customFocusPoint()、setCustomFocusPoint()、focusPoint()	处理相机焦点
error()、errorString()	获取错误信息
exposureCompensation()、setExposureCompensation()	处理相机的曝光补偿
exposureMode()、setExposureMode()或 isExposureModeSupported()	处理相机的曝光模式
exposureTime()、setAutoExposureTime()	处理相机的曝光时间
flashMode()、setFlashMode()、isFlashModeSupported()	处理相机的闪光模式
focusDistance()、setFocusDistance()	获取或设置相机焦距
focusMode()、setFocusMode()、isFocusModeSupported()	处理相机的聚焦模式
isActive()、setActive()、isAvailable()、isFlashReady()	处理相机活动性、有效性或闪光准备情况
isTorchModeSupported()、torchMode()、setTorchMode()	处理相机的手电筒模式
isWhiteBalanceModeSupported()、whiteBalanceMode()、setWhiteBalanceMode()	处理相机的白平衡模式
isoSensitivity()、setAutoIsoSensitivity()	处理相机的 ISO 灵敏度
manualExposureTime()、setManualExposureTime()	获取或设置手动曝光时间
manualIsoSensitivity()、setManualIsoSensitivity()	获取或设置 ISO 灵敏度
maximumExposureTime()、minimumExposureTime()	获取最大或最小曝光时间
maximumIsoSensitivity()、minimumIsoSensitivity()	获取最大或最小 ISO 值
maximumZoomFactor()、minimumZoomFactor()	获取最大或最小缩放因子
supportedFeatures()	返回相机支持的功能
zoomFactor()、setZoomFactor()	获取或设置相机的缩放因子
start()、stop()、zoomTo()	槽函数。执行相机的启动、停止、缩放操作

　　QCamera 类的部分非继承信号函数及功能描述如表 10.11 所示。

表 10.11　QCamera 类的部分非继承信号函数及功能描述

信 号 函 数	功 能 描 述
activeChanged()	当相机活动时发射此信号
cameraDeviceChanged()、cameraFormatChanged()	当相机设备或格式发生变化时发射此信号
colorTemperatureChanged()、customFocusPointChanged()	当相机色温或自定义焦点变化时发射此信号
errorChanged()、errorOccurred()	当出现错误或错误类型改变时发射此信号
exposureCompensationChanged()	当相机的曝光补偿值发生变化时发射此信号

信 号 函 数	功 能 描 述
exposureModeChanged()、exposureTimeChanged()、manualExposureTimeChanged()	当曝光模式或曝光时间发生变化时发射此信号
flashModeChanged()、flashReady()	当闪光模式或准备状态发生变化时发射此信号
focusDistanceChanged()、focusPointChanged()	当相机焦距或焦点发生变化时发射此信号
isoSensitivityChanged()、manualIsoSensitivityChanged()	当相机的 ISO 值发生变化时发射此信号
zoomFactorChanged()、maximumZoomFactorChanged()、minimumZoomFactorChanged()	当相机的缩放因子发生变化时发射此信号
supportedFeaturesChanged()	当相机支持的功能发生变化时发射此信号
torchModeChanged()	当相机的手电筒模式发生变化时发射此信号
whiteBalanceModeChanged()	当相机的白平衡模式发生变化时发射此信号

下面给出一段 QCamera 类应用的简单示例代码。

```
const QList<QCameraDevice> cameras = QMediaDevices::videoInputs();
camera = new QCamera(cameras[0]);
mediaCaptureSession = new QMediaCaptureSession;
mediaCaptureSession->setVideoOutput(ui->videoWidget);
mediaCaptureSession->setCamera(camera);
if(camera->isFocusModeSupported(QCamera::FocusModeManual)){
    camera->setFocusMode(QCamera::FocusModeManual);
    camera->setCustomFocusPoint(QPointF(0.25f, 0.75f));
}
else{
    qDebug()<<"不支持 QCamera::FocusModeManual";
}
if(camera->isWhiteBalanceModeSupported(QCamera::WhiteBalanceFluorescent)){
    camera->setWhiteBalanceMode(QCamera::WhiteBalanceFluorescent);
}
else{
    qDebug()<<"不支持 QCamera::WhiteBalanceFluorescent";
}
if(camera->minimumZoomFactor()!=camera->maximumZoomFactor()){
    camera->setZoomFactor(camera->maximumZoomFactor());
}
else{
    qDebug()<<"不支持 Zoom";
}
if(!camera->supportedFeatures()){
    qDebug()<<"支持的 Features 为空";
}
camera->start();
```

2. QCameraDevice 类

上面介绍的 QCamera 是用来控制照相设备的类,而照相设备的相关信息则是用 QCameraDevice 类表示的。也就是说,QCameraDevice 类表示物理相机设备及其属性。

在上述 QCamera 的示例代码中有以下语句:

```
const QList<QCameraDevice> cameras = QMediaDevices::videoInputs();
```

这里就用到了 QCameraDevice 类,用它表示系统中的所有物理相机设备。

QCameraDevice 类的部分成员函数及功能描述如表 10.12 所示。

表 10.12　QCameraDevice 类的部分成员函数及功能描述

成 员 函 数	功 能 描 述
QCameraDevice()	构造并初始化对象
description()	返回相机的可读描述
id()	返回相机设备的 ID
isDefault()	判断是否为默认相机设备
isNull()	判断相机设备是否为空或无效
photoResolutions()	返回相机捕获静止图像时的分辨率列表
position()	返回相机在硬件系统上的物理位置
videoFormats()	返回相机支持的视频格式

下面给出几个使用 QCameraDevice 类的示例代码片段。

```
//以下示例打印所有可用相机的名称
const QList<QCameraDevice> cameras = QMediaDevices::videoInputs();
for(const QCameraDevice &cameraDevice : cameras)
    qDebug() << cameraDevice.description();
//以下示例实例化一个相机设备
const QList<QCameraDevice> cameras = QMediaDevices::videoInputs();
for(const QCameraDevice &cameraDevice : cameras) {
    if(cameraDevice.description() == "mycamera")
        camera = new QCamera(cameraDevice);
}
//以下示例获取有关相机设备的一般信息
QCamera myCamera;
QCameraDevice cameraDevice = camera->cameraDevice();
if(cameraDevice.position() == QCameraDevice::FrontFace)
    qDebug() << "The camera is on the front face of the hardware system.";
else if(cameraDevice.position() == QCameraDevice::BackFace)
    qDebug() << "The camera is on the back face of the hardware system.";
qDebug() << "The camera sensor orientation is " << cameraDevice.orientation() <<
"degrees.";
```

3. QCameraFormat 类

QCameraFormat 类用于描述相机设备所支持的视频格式,包括像素格式、分辨率和帧速率范围。可以从 QCameraDevice 查询 QCameraFormat 对象,从而获取支持的视频格式集。QCameraFormat 类的部分成员函数及功能描述如表 10.13 所示。

表 10.13　QCameraFormat 类的部分成员函数及功能描述

成 员 函 数	功 能 描 述
QCameraFormat()	构造并初始化对象
isNull()	如果是默认构造的 QCameraFormat 对象,则返回 True
maxFrameRate()	返回格式对象定义的最高帧速率

成 员 函 数	功 能 描 述
minFrameRate()	返回格式对象定义的最低帧速率
pixelFormat()	返回格式对象定义的像素格式
resolution()	返回格式对象定义的分辨率

4. QImageCapture 类

QImageCapture 类用于录制媒体内容。该类是一个高级图像录制类,一般不单独使用,而是用于访问其他媒体对象(如 QCamera)的媒体录制功能。QImageCapture 类的部分成员函数及功能描述如表 10.14 所示。

表 10.14　QImageCapture 类的部分成员函数及功能描述

成 员 函 数	功 能 描 述
QImageCapture()	构造并初始化对象
addMetaData()	向嵌入捕获图像中的任何现有元数据添加附加元数据
captureSession()	返回相机连接到的 QMediaCaptureSession 对象
error()、errorString()	获取错误信息
fileFormat()、setFileFormat()	获取或设置图像格式
isAvailable()	如果图像捕获服务准备就绪、则返回 True
isReadyForCapture()	如果相机已准备好立即捕获图像,则返回 True
quality()、setQuality()	获取或设置图像编码质量(QImageCapture::Quality 值)
resolution()、setResolution()	返回或设置编码图像的分辨率大小(QSize 对象)
setMetaData()	用一组元数据替换要嵌入到捕获图像中的任何现有元数据
capture()	槽函数。捕获图像并将其作为 QImage 对象提供
captureToFile()	槽函数。捕获图像并将其保存到文件

QImageCapture 类的部分信号函数及功能描述如表 10.15 所示。

表 10.15　QImageCapture 类的部分信号函数及功能描述

信 号 函 数	功 能 描 述
errorChanged()、errorOccurred()	当出现错误或错误类型发生变化时发射此信号
fileFormatChanged()	当图像格式发生变化时发射此信号
imageAvailable()	如捕获的图像帧是有效的,则发射此信号
imageCaptured()	当捕获完成时发射此信号
imageExposed()	当暴露给定的 ID 帧时发射此信号
imageSaved()	当捕获的图像被保存到文件时发射此信号
metaDataChanged()	当嵌入图像中的元数据发生变化时发射此信号
qualityChanged()	当图像质量设置发生变化时发射此信号
readyForCaptureChanged()	当相机的准备拍摄状态发生变化时发射此信号

10.4.2　设备查询

前面已经介绍过,系统中的照相(或摄像)设备是用 QCameraDevice 类的对象表示的。因此,若要查询照相设备的相关信息,只需要使用 QCameraDevice 类的对象调用其相应的成员函数即可。

下面给出一段查询照相设备信息的示例代码。

```cpp
//教材源码 code_10_4_2\main.cpp
const QList<QCameraDevice> cameras = QMediaDevices::videoInputs();
for(const QCameraDevice &cameraDevice : cameras){
    qDebug() << "description: " << cameraDevice.description();
    qDebug() << "id: " << cameraDevice.id();
    //qDebug() << "isDefault: " << cameraDevice.isDefault();
    qDebug() << "photoResolutions: " << cameraDevice.photoResolutions();
    qDebug() << "videoFormats-count: " << cameraDevice.videoFormats().count();
    if(cameraDevice.position() == QCameraDevice::FrontFace)
        qDebug() << "相机位于硬件系统的正面";
    else if(cameraDevice.position() == QCameraDevice::BackFace)
        qDebug() << "相机位于硬件系统的背面";
}
```

上述代码的运行结果如图 10.11 所示。

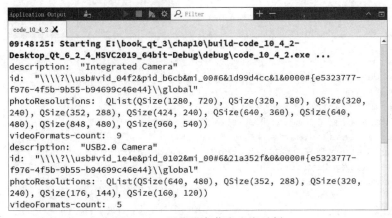

图 10.11　照相设备信息查询示例

程序运行结果显示,此时作者笔记本电脑上有两个照相设备。一个名为 Intergrated Camera,是计算机自带的相机;另一个名为 USB2.0 Camera,是通过 USB 连接的外接相机。

10.4.3　图像捕获

前面已经介绍过,Qt 通过 QImageCapture 类录制媒体内容。所以,可以使用该类与 QCamera、QMediaCaptureSession 等类实现图像的捕获。

【例 10.7】　编写一个 Qt 应用程序,演示通过相机获取静态图像。程序运行结果如图 10.12 所示。

扫一扫

视频讲解

图 10.12　例 10.7 程序运行结果

（1）启动 Qt Creator 集成开发环境，创建一个名为 examp10_7 的 Qt 应用程序。程序主窗体基类设置为 QMainWindow。

（2）双击项目中的 mainwindow.ui 界面文件，打开 Qt Designer 界面设计工具，设计如图 10.12 所示的程序主窗体界面以及菜单和工具栏上的 Action。详情请参见教材源码。

（3）打开 mainwindow.h 头文件，为 MainWindow 类添加几个成员变量及成员函数。

```
...
private slots:
    void updateCameras();
    void updateCameraDevice(QAction * action);
    void on_action_start_triggered();
    void on_action_close_triggered();
    void on_action_capture_triggered();
private:
    Ui::MainWindow * ui;
    QActionGroup * videoDevicesGroup  = nullptr;
    QCamera * m_camera;
    QMediaCaptureSession m_captureSession;
    QImageCapture * m_imageCapture;
...
```

（4）打开 mainwondow.cpp 实现文件，编写新增加的 MainWindow 类成员函数代码。

```
...
MainWindow::MainWindow(QWidget * parent)  : QMainWindow(parent)
    , ui(new Ui::MainWindow)
{
    ui->setupUi(this);
    videoDevicesGroup = new QActionGroup(this);
    videoDevicesGroup->setExclusive(true);
    updateCameras();
    m_camera = new QCamera(QMediaDevices::defaultVideoInput());
    m_captureSession.setCamera(m_camera);
    m_captureSession.setVideoOutput(ui->videoWidget);
    connect(videoDevicesGroup, &QActionGroup::triggered, this,
&MainWindow::updateCameraDevice);
}
void MainWindow::updateCameras()
{
    ui->menuDevices->clear();
    const QList<QCameraDevice> availableCameras = QMediaDevices::videoInputs();
    for(const QCameraDevice &cameraDevice : availableCameras) {
        QAction * videoDeviceAction = new
QAction(cameraDevice.description(), videoDevicesGroup);
        videoDeviceAction->setCheckable(true);
        videoDeviceAction->setData(QVariant::fromValue(cameraDevice));
        if(cameraDevice == QMediaDevices::defaultVideoInput())
            videoDeviceAction->setChecked(true);
        ui->menuDevices->addAction(videoDeviceAction);
    }
}
void MainWindow::updateCameraDevice(QAction * action)
{
    m_camera = new QCamera(qvariant_cast<QCameraDevice>(action->data()));
```

```
    m_captureSession.setCamera(m_camera);
    m_camera->start();
}
void MainWindow::on_action_start_triggered()
{
    m_camera->start();
}
void MainWindow::on_action_close_triggered()
{
    m_camera->stop();
}
void MainWindow::on_action_capture_triggered()
{
    m_imageCapture = new QImageCapture;
    m_captureSession.setImageCapture(m_imageCapture);
    m_imageCapture->captureToFile();
}
...
```

（5）构建并运行程序。程序运行后，在"设备"主菜单下显示有效的照相设备名称，如图 10.13 所示。首先，执行"文件"→"开启相机"菜单命令，打开选定的照相设备；然后，单击工具栏按钮，获取此时相机取景框中的图像。

注意，本例程序捕获到的静态图像以文件的形式存储于系统的"图片"目录中，文件名为 image_0001.jpg。可以使用其他的图像软件进行查看。

图 10.13　相机设备查询结果

10.4.4　视频录制

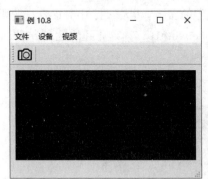

图 10.14　例 10.8 程序运行结果

在 Qt 中，视频的录制使用 QCamera、QMediaRecord 和 QMediaCaptureSession 等类实现，方法与 10.2.3 节介绍的音频输入、10.4.3 节介绍的图像捕获类似。下面给出一个简单的应用实例。

视频讲解

【例 10.8】　编写一个 Qt 应用程序，演示 Qt 中视频的录制方法。程序运行结果如图 10.14 所示。

（1）复制例 10.7 中的 examp10_7 项目，将项目名称修改为 examp10_8。

（2）双击项目中的 mainwindow.ui 界面文件，打开 Qt Designer 界面设计工具，将主窗体标题修改为"例 10.8"，并添加一个名为"视频"的主菜单。为"视频"主菜单添加两个 Action，名称分别为"开始录制"和"停止录制"。

（3）打开 mainwindow.h 头文件，为 MainWindow 类添加新的成员变量及成员函数。

```
...
private slots:
    ...
```

```
        void on_action_record_triggered();
        void on_action_stop_triggered();
    private:
        ...
        QMediaRecorder * m_mediaRecorder;
        ...
```

(4) 打开 mainwondow.cpp 实现文件,编写新增加的 MainWindow 类成员函数代码。

```
MainWindow::MainWindow(QWidget * parent):QMainWindow(parent), ui(new Ui::
MainWindow)
{
    ...
    m_camera = new QCamera(QMediaDevices::defaultVideoInput());
    m_mediaRecorder = new QMediaRecorder;
    m_captureSession.setCamera(m_camera);
    m_captureSession.setRecorder(m_mediaRecorder);
    m_captureSession.setVideoOutput(ui->videoWidget);
    ...
}
void MainWindow::on_action_record_triggered()
{
    m_mediaRecorder->record();
}
void MainWindow::on_action_stop_triggered()
{
    m_mediaRecorder->stop();
}
```

(5) 构建并运行程序。程序运行后,首先执行"文件"→"开启相机"菜单命令,打开选定的照相设备;然后,执行"视频"→"开始录制"菜单命令,移动笔记本电脑改变摄像头位置,开始录制视频;最后,执行"视频"→"停止录制"菜单命令结束视频录制操作。录制的视频文件存储在系统的"视频"目录中,可以使用其他的视频播放软件进行查看。

由于篇幅限制,例 10.7 和例 10.8 中的程序功能较为简单,有很多重要的知识点都没有涉及。为了弥补这些不足,作者准备了一个功能相对完整的实例,请大家打开本章教材源码中的 code_examp10_7_8 项目进一步进行学习。code_examp10_7_8 项目的运行结果如图 10.15 所示。

图 10.15　综合实例主窗体

该综合实例参照 Qt 帮助文档中的 camera 实例编写,作者计算机上的项目文件夹位置为 D:\Qt6.2\Examples\Qt-6.2.4\multimediawidgets,大家也可以通过分析该实例的代码进行学习。

习题 10

1. 填空题

(1) Qt 应用程序的多媒体功能,通过_____和_____两个模块提供的类实现。

(2) Qt Multimedia 模块中的 QAudio 不是一个类,它是一个_____。

(3) Qt 中的音频设备用_____类表示,音频格式用_____类表示。

(4) 通常用_____类以低延迟方式播放未压缩的音频文件(如 *.wav 文件)。

(5) 使用 QAudioSink 类播放音频时,音频文件以_____对象参数形式传入 start()函数中。

(6) 通常使用高级媒体播放类_____播放媒体文件,包括音频和视频。

(7) 在 Qt 中,音频输入一般使用_____类实现。

(8) 使用 QMediaPlayer 播放视频时,需要使用_____或_____显示组件。

(9) 在 QCamera 和 QCameraDevice 两个类中,_____是用来控制照相设备的类,而照相设备的相关信息则是用_____表示的。

(10) 在 Qt 中,视频的录制使用 QCamera、_____和_____等类实现。

2. 选择题

(1) 使用(　　)类或(　　)类时需要将 Qt Multimedia Widgets 模块加载到项目中。

    A. QMediaPlayer   B. QCamera

    C. QGraphicsVideoItem   D. QVideoWidget

(2) 调用 QMediaDevices 类的(　　)静态函数,可以获取到所有音频输出设备。

    A. audioInputs()   B. audioOutputs()

    C. videoInputs()   D. defaultAudioOutput()

(3) 通过 QSoundEffect 类的(　　)函数,可以设置需要播放的音频文件。

    A. setMuted()   B. setLoopCount()

    C. setSource()   D. setVolume()

(4) 通过 QSoundEffect 类的(　　)函数,可以设置需要播放的音频文件。

    A. start()   B. state()

    C. setBufferSize()   D. setVolume()

(5) 通过 QMediaPlayer 类的(　　)函数,可以设置需要播放的音频文件。

    A. setAudioOutput()   B. setPlaybackRate()

    C. setSource()   D. setSourceDevice()

(6) 在 Qt 中,音频输入一般使用(　　)类实现,该类是用于编码和记录(　　)中生成的媒体数据的类。

    A. QMediaRecorder   B. QMediaCaptureSession

    C. QAudioInput   D. QMediaPlayer

（7）在 Qt 中，播放视频一般使用（　　）类实现，视频画面的显示一般使用（　　）或（　　）类。

    A. QCamera   B. QMediaPlayer

    C. QVideoWidget   D. QGraphicsVideoItem

（8）静态函数 QMediaDevices::videoInputs()返回的是一个（　　）对象列表，该对象表示系统中的视频输入设备。

    A. QCamera   B. QCameraDevice

    C. QCameraFormat   D. QImageCapture

（9）Qt 通过（　　）类录制图像媒体内容，可以使用该类与（　　）、（　　）等类实现图像的捕获。

    A. QImageCapture   B. QCamera

    C. QMediaCaptureSession   D. QCameraDevice

（10）在 Qt 中，视频的录制使用 QCamera、（　　）和 QMediaCaptureSession 等类实现。

    A. QMediaPlayer   B. QMediaRecord

    C. QImageCapture   D. QVideoFrame

3. 程序阅读题

启动 Qt Creator 集成开发环境，创建一个 Qt Widgets Application 类型的应用程序，该应用程序主窗体基于 QWidget 类。在应用程序主窗体中添加一个 QPushButton 类型的按钮和一个 QPlainTextEdit 类型的文本编辑框，对象名称分别为 pBtn 和 pTextEdit。

（1）为 pBtn 按钮添加 clicked 信号的槽函数并编写代码，如下所示。

```
void Widget::on_pBtn_clicked()
{
    QAudioDevice dAudioInput = QMediaDevices::defaultAudioInput();
    ui->plainTextEdit->appendPlainText(dAudioInput.description());
    QAudioDevice dAudioOutput = QMediaDevices::defaultAudioOutput();
    ui->plainTextEdit->appendPlainText(dAudioOutput.description());
    QCameraDevice dVideoInput = QMediaDevices::defaultVideoInput();
    ui->plainTextEdit->appendPlainText(dVideoInput.description());
}
```

回答下面的问题：

① 若程序能够正常运行，除了编写上述代码和包含相应的类声明之外，还需要在项目的哪个文件中添加内容，应该添加什么内容？

② 说明上述代码的功能。

（2）继续在 on_pBtn_clicked()函数中添加代码，如下所示。

```
void Widget::on_pBtn_clicked()
{
    ...
    QFile file("C:\\Windows\\Media\\ring10.wav");
    file.open(QIODevice::ReadOnly);                            //语句 1
    QAudioFormat audioFormat = dAudioOutput.preferredFormat(); //语句 2
    QAudioSink audioSink(dAudioOutput, audioFormat);           //语句 3
    audioSink.setVolume(0.5f);                                 //语句 4
    audioSink.start(&file);                                    //语句 5
```

```
QMessageBox::information(this,tr("提示"),tr("让程序暂停一会儿。"));
}
```

回答下面的问题：

① 说明上述新增代码的功能。

② 说明语句 1 和语句 5 的作用。若注释掉语句 1，程序还能够播放音频文件吗？

③ 说明语句 2、语句 3 和语句 4 的作用。若将语句 3 中的 audioFormat 参数去掉，会出现错误吗？程序还能够播放音频文件吗？

（3）在上述问题（1）代码的基础上，继续在 on_pBtn_clicked() 函数中添加代码，如下所示。

```
void Widget::on_pBtn_clicked()
{
    ...
    QFile file("C:\\Windows\\Media\\ring10.wav");
    file.open(QIODevice::ReadOnly);                     //语句 1
    QAudioOutput audioOutput;
    audioOutput.setDevice(dAudioOutput);                //语句 2
    audioOutput.setVolume(0.5f);
    QMediaPlayer mediaPlayer;
    mediaPlayer.setAudioOutput(&audioOutput);           //语句 3
    mediaPlayer.setSourceDevice(&file);                 //语句 4
    mediaPlayer.setLoops(2);
    mediaPlayer.play();
    QMessageBox::information(this,tr("提示"),tr("让程序暂停一会儿。"));
}
```

回答下面的问题：

① 说明新增代码的功能。

② 若注释掉语句 1，程序还能够播放音频文件吗？为什么？

③ 若注释掉语句 2，程序还能够播放音频文件吗？为什么？

④ 若注释掉语句 3，程序还能够播放音频文件吗？为什么？

⑤ 若将语句 4 修改为 mediaPlayer.setSource(…) 形式，这里的参数应该是怎样的？

（4）重新编写 on_pBtn_clicked() 函数中的代码，如下所示。说明此时函数的功能。

```
void Widget::on_pBtn_clicked()
{
    QMediaCaptureSession session;
    QAudioInput audioInput;
    session.setAudioInput(&audioInput);
    QMediaRecorder recorder;
    session.setRecorder(&recorder);
    recorder.setQuality(QMediaRecorder::HighQuality);
    recorder.setOutputLocation(QUrl::fromLocalFile("test.mp3"));
    recorder.record();
    QMessageBox::information(this,tr("提示"),tr("让程序暂停一会儿。"));
}
```

（5）重新编写 on_pBtn_clicked() 函数中的代码，如下所示。说明此时函数的功能。

```
void Widget::on_pBtn_clicked()
{
```

```
QMediaCaptureSession captureSession;
QCamera * camera = new QCamera;
captureSession.setCamera(camera);
QVideoWidget * preview = new QVideoWidget();
ui->pTextEdit->hide();
ui->verticalLayout->addWidget(preview);
captureSession.setVideoOutput(preview);
QImageCapture * imageCapture = new QImageCapture();
captureSession.setImageCapture(imageCapture);
camera->start();
QMessageBox::information(this,tr("提示"),tr("开始拍照吗?"));
imageCapture->captureToFile("f:\\temp\\new.jpg");
QMessageBox::information(this,tr("提示"),tr("照片存储在 f:\\temp 目录\n 文件名
为 new.jpg"));
}
```

4. 程序设计题

(1) 完善例 10.1 中的 examp10_1 应用程序。在主窗体中添加一个播放列表,通过选择该列表中的音频文件实现播放文件的切换。

(2) 完善例 10.3 中的 examp10_3 应用程序。在主窗体中添加一个播放列表,通过选择该列表中的音频文件实现播放文件的切换,要求播放文件名称及地址来自数据库。

(3) 完善例 10.5 中的 examp10_5 应用程序。在主窗体中添加一个播放列表,通过选择该列表中的视频文件实现播放文件的切换,要求播放文件名称及地址来自文件。

(4) 完善例 10.4 中的 examp10_4 应用程序。在主窗体中添加一个"回放录音"按钮,使录音结束后能够回放刚才录制的音频文件。

(5) 构建并运行本章教材源码中的 code_examp10_7_8 项目,并模仿该项目编写一个功能相对完善的 Qt 多媒体应用程序。

第11章

网 络 编 程

在应用程序开发中，网络编程是非常重要的。虽然目前主流的操作系统（Windows、Linux 等）都提供了统一的套接字（Socket）抽象编程接口，用于编写不同层次的网络应用程序，但是这种方法非常烦琐，有时甚至需要引用底层操作系统的相关数据结构，开发难度大。Qt 提供了众多的网络模块，模块中的一些类对操作系统的套接字抽象编程接口进行了封装，使用它们，网络应用程序的开发变得极其简单容易。

本章介绍 Qt 应用程序的网络通信功能的实现方法，包括 Qt 网络模块、网络信息查询，以及基于 HTTP、TCP、UDP 的网络应用程序的编程等内容。

11.1 Qt 网络模块

Qt 提供了多个与网络相关的模块，使用这些模块不仅可以开发出基于各种网络协议的应用程序，还可以轻松地将 Web 内容嵌入 Qt 应用程序中，开发出具有 Internet 功能的混合桌面应用程序。

11.1.1 Qt Network 模块

Qt 的 Network 模块提供了用于编写传输控制协议/网际协议（Transmission Control Protocol/Internet Protocol，TCP/IP）客户端和服务器端程序的各种类，通过这些类可以实现特定的应用层协议。Qt Network 模块中的部分类及功能如表 11.1 所示。

表 11.1　Qt Network 模块中的部分类及功能描述

类　　名	功 能 描 述
QAbstractSocket	声明所有套接字类型的基本通用功能
QAuthenticator	身份验证对象
QDnsDomainNameRecord	存储有关域名记录的信息

续表

类　名	功能描述
QHostAddress、QHostInfo	用于获取主机 IP 地址或名称等信息
QLocalServer 、QLocalSocket	本地服务器;本地套接字
QNetworkAccessManager	允许应用程序发送网络请求和接收回复
QNetworkAddressEntry	存储 IP 地址及其关联的网络掩码和广播地址
QNetworkCookie	保存一个网络 Cookie
QNetworkInterface	主机的 IP 地址和网络接口列表
QNetworkProxy	网络层代理
QNetworkRequest、QNetworkReply	网络请求或响应数据
QOcspResponse	表示 OCSP(在线证书状态协议)响应
QSctpServer、QSctpSocket	基于 SCTP(流控制传输协议)的服务器;SCTP 套接字
QSslCertificate、QSslSocket	X509 证书的便捷 API ;SSL 套接字
QTcpServer、QTcpSocket	基于 TCP 的服务器;TCP 套接字
QUdpSocket	UDP 套接字

本书主要讲解使用 Qt Network 模块中的类进行网络应用程序开发的基本方法,表 11.1 中的一些类,如 QHostInfo、QNetworkRequest、QNetworkReply、QTcpServer 、QTcpSocket 和 QUdpSocket 等,将在后续详细介绍。其他类的使用方法请大家参见 Qt 的相关技术文档。

11.1.2　Qt WebSockets 模块

WebSocket 是一种在单个 TCP 连接上进行全双工通信的协议。WebSocket 通信协议于 2011 年被互联网工作任务组(Internet Engineering Task Force,IETF)定为 RFC 6455 标准,并由 RFC 7936 补充规范。WebSocket 使客户端和服务器之间的数据交换变得更加简单,允许服务端主动向客户端推送数据。在 WebSocket API 中,浏览器和服务器只需要完成一次握手,两者之间就直接创建持久性的连接,并进行双向数据传输。

Qt 的 WebSockets 模块提供了 WebSocket 协议的实现,使用该模块中的类能够非常轻松地开发出基于 WebSocket 协议的网络应用程序,包括客户端和服务器。

Qt WebSockets 模块包含 4 个C++类,它们是 QMaskGenerator、QWebSocket、QWebSocketServer 和 QWebSocketCorsAuthenticator。其中,QMaskGenerator 类是一个自定义 32 位掩码生成器的抽象库;QWebSocket 类表示实现与 WebSocket 协议对话的 TCP 套接字;QWebSocketServer 类表示基于 WebSocket 协议的服务器实现;QWebSocketCorsAuthenticator 类表示跨源请求(Cross Origin Requests ,CORS)的身份验证器对象。

关于 Qt WebSockets 模块的详细使用方法,请参见 Qt 的相关技术文档,这里不再展开详述。下面给出一个 QWebSocket 和 QWebSocketServer 类的简单使用示例。

```
//教材源码 code_11_1_2\chatserver.cpp
ChatServer::ChatServer(quint16 port, QObject * parent) :
    QObject(parent),
    m_pWebSocketServer(new QWebSocketServer(QStringLiteral("WebSocket
Server"),QWebSocketServer::NonSecureMode,this))          //创建服务器对象
    {
```

```
    if (m_pWebSocketServer->listen(QHostAddress::Any, port))      //监听端口
    {
        ...
        connect(m_pWebSocketServer, &QWebSocketServer::newConnection,
                this, &ChatServer::onNewConnection);   //处理新客户端连接
    }
}
void ChatServer::onNewConnection()
{
    auto pSocket = m_pWebSocketServer->nextPendingConnection();
    ...
    pSocket->setParent(this);
    connect(pSocket, &QWebSocket::textMessageReceived,
            this, &ChatServer::processMessage);          //处理客户端消息
    connect(pSocket, &QWebSocket::disconnected,
            this, &ChatServer::socketDisconnected);     //处理客户端断开连接
    m_clients << pSocket;
}
void ChatServer::processMessage(const QString &message)
{
    //下面是 QWebSocket 对象的使用示例
    QWebSocket * pSender = qobject_cast<QWebSocket * >(sender());
    for(QWebSocket * pClient : qAsConst(m_clients)) {
        //将消息发送给除发送者之外的其他客户端
        if(pClient != pSender)
            pClient->sendTextMessage(message);
    }
}
```

上述示例代码的测试方法：在 Qt Creator 中打开教材源码中的 code_11_1_2 项目，构建并运行项目程序；用浏览器打开 code_11_1_2 项目文件夹中的 chatclient.html 网页，接着单击页面中的"连接服务器"按钮，连接服务器；在页面的表单中输入消息进行测试，结果如图 11.1 所示。

图 11.1　Qt WebSocket 模块使用示例

11.1.3　Qt WebChannel 模块

Qt 的 WebChannel 模块用于支持服务器(QML/C++应用程序)和客户端(HTML/JavaScript 或 QML 应用程序)之间的对等通信。

WebChannel 模块提供了两个 C++类,即 QWebChannel 和 QWebChannelAbstractTransport 类,以及一个名为 qwebchannel.js 的 JavaScript 库。其中,QWebChannel 类用于将服务器应用程序的 QObjects 对象暴露给远程的超文本标记语言(Hyper Text Markup Language,HTML)客户端;QWebChannelAbstractTransport 类用于表示一个 C++ QWebChannel 服务器和一个 HTML/JavaScript 客户端之间的通信频道;qwebchannel.js 库用于将 C++ 和 QML 应用程序与 HTML/JavaScript 和 QML 客户端无缝集成。

关于该模块的详细使用方法请参见 Qt 的帮助文档。下面给出一个简单的示例程序。

```
//教材源码 code_11_1_3\main.cpp
...
QWebSocketServer server(QStringLiteral("WebSocket Server"),
                                QWebSocketServer::NonSecureMode);
//服务器监听本机 8888 端口
if(!server.listen(QHostAddress::LocalHost, 8888)) {
    qFatal("Failed to open web socket server.");
    return 1;
}
//在 QWebChannelAbstractTransport 对象中封装 WebSocket 客户端
WebSocketClientWrapper clientWrapper(&server);
//设置信道
QWebChannel channel;
QObject::connect(&clientWrapper,
                &WebSocketClientWrapper::clientConnected,
                &channel, &QWebChannel::connectTo);
//设置对话框并将其注册到 QWebChannel 对象上
ChatServer* chatserver = new ChatServer(&a);
channel.registerObject(QStringLiteral("chatserver"), chatserver);
...
```

上述示例代码的测试方法：在 Qt Creator 中打开教材源码中的 code_11_1_3 项目,构建并运行项目程序;用浏览器打开 code_11_1_3 项目文件夹中的 chatclient.html 网页,输入用户名进行登录,然后在页面的表单中输入消息进行测试即可,结果如图 11.2 所示。

11.1.4　Qt WebEngine 模块

Qt 的 WebEngine 模块提供了一个 Web 浏览器引擎,可以轻松地将互联网中的内容嵌入没有本地 Web 引擎的平台的 Qt 应用程序中。WebEngine 模块为 Qt 提供了对广泛的标准 Web 技术的支持,这些技术可以将用层叠样式表(Cascading Style Sheets,CSS)样式化并用 JavaScript 脚本化的 HTML 内容嵌入 Qt 应用程序中。Qt WebEngine 模块促进了 HTML 网页与传统的基于 QWidget 的桌面应用程序的集成。

Qt WebEngine 提供了 Qt 应用程序中动态 Web 内容区域的呈现功能,它由 3 个子模块组成,分别为 Qt WebEngine Widgets、Qt WebEngine 和 Qt WebEngine Core。这些子模块的作用及相关 C++类的使用方法,请参见 Qt 的帮助文档。下面给出一个 Qt WebEngine

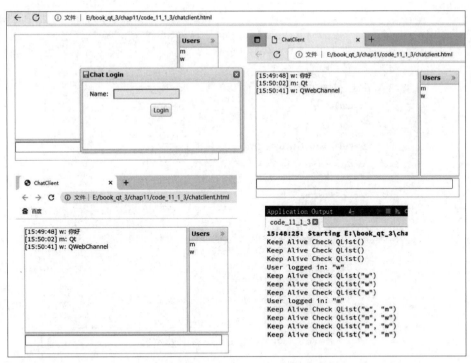

图 11.2　Qt WebChannel 模块使用示例

模块的简单使用示例。

```
//教材源码 code_11_1_4\mainwindow.h
...
QWebEngineView * view;
...
//教材源码 code_11_1_4\mainwindow.cpp
MainWindow::MainWindow(QWidget * parent) : QMainWindow(parent)
    , ui(new Ui::MainWindow)
{
    ...
    view = new QWebEngineView(this);
    view->setUrl(QUrl(QStringLiteral("http://localhost")));
    view->resize(1024,768);
    setCentralWidget(view);
}
```

运行结果如图 11.3 所示。

上述示例代码中的 QWebEngineView 类是 Qt WebEngine 的子模块 Qt WebEngine Widgets 中的类，它为显示或编辑 Web 内容提供一个可视化窗口。图 11.3 中显示的是作者本机 WampServer 服务器的主页，大家测试时可以将 URL 修改为互联网上的其他网页。

11.1.5　Qt WebView 模块

Qt 的 WebView 模块用于在 QML 应用程序中显示 Web 内容，常用于基于 Android、iOS 操作系统的移动平台中。由于本书没有介绍 QML 编程，请大家自行运行书中给出的 code_11_1_5 项目示例代码，该项目来自 Qt 实例 minibrowser，如图 11.4 所示。

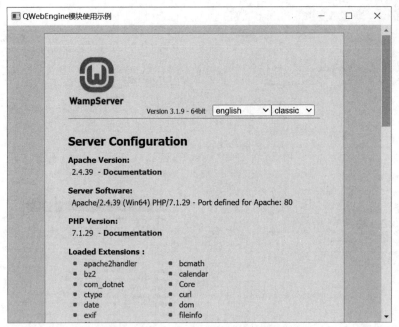

图 11.3　Qt WebEngine 模块使用示例

图 11.4　Qt WebView 模块使用示例

11.2　网络信息查询

有关网络的信息有很多，其中主要的是网络接口信息，也就是网络中主机的相关信息。在 Qt Network 模块中，QHostInfo 和 QNetworkInterface 类用于获取网络接口信息。

11.2.1　使用 QHostInfo 类

QHostInfo 类用于查找与主机名关联的 IP 地址,或与 IP 地址关联的主机名。其部分成员函数名称及功能描述如表 11.2 所示。

表 11.2　QHostInfo 类的部分成员函数及功能描述

成 员 函 数	功 能 描 述
QHostInfo()	构造并初始化对象
addresses()、setAddresses()	获取或设置主机 IP 地址
error()、setError() errorString()、setErrorString()	获取或设置错误信息
hostName()、setHostName()	获取或设置主机名称
lookupId()、setLookupId()	获取或设置搜索 ID
swap()	交换主机信息
abortHostLookup()	静态函数。中止查找给定 ID 的主机
fromName()	静态函数。通过名称查找主机 IP 地址
localDomainName()	静态函数。返回本地 DNS 域名
localHostName()	静态函数。返回本地主机名
lookupHost()	静态函数。查找与主机名关联的 IP 地址,并返回用于查找的 ID

该类提供 lookupHost() 和 fromName() 两个静态函数用于查询主机信息。其中,lookupHost() 函数采用异步工作方式,在找到主机后发出信号;而 fromName() 函数则采用阻塞工作方式,返回一个 QHostInfo 类的对象。

【例 11.1】 编写一个 Qt 应用程序,使用 QHostInfo 类查询主机信息。程序运行结果如图 11.5 所示。

(1) 启动 Qt Creator 集成开发环境,创建一个名为 examp11_1 的 Qt 应用程序,设置应用程序主窗体基类为 QMainWindow。

(2) 双击 mainwindow.ui 界面文件,打开 Qt Designer 界面设计工具。在应用程序主窗体中放置一个 QPlainTextEdit 文本编辑器部件和一个 QPushButton 按钮部件,对象名称分别为 plainTextEdit 和 pushButton。布局效果如图 11.5 所示。

图 11.5　例 11.1 程序运行结果

(3) 选择主窗体中的 pushButton 按钮,为其添加一个与 clicked() 信号关联的槽函数,函数名称为 on_pushButton_clicked();另外,再添加一个测试用槽函数 lookedUp()。两个槽函数的声明代码如下。

```
private slots:
    void on_pushButton_clicked();
    void lookedUp(const QHostInfo &host);
```

(4) 在 on_pushButton_clicked() 槽函数中添加代码,获取本地主机信息。代码如下。

336

```cpp
void MainWindow::on_pushButton_clicked()
{
    QString localHostName = QHostInfo::localHostName();
    QHostInfo localHostInfo = QHostInfo::fromName(localHostName);
    ui->plainTextEdit->appendPlainText(tr("---------本地主机--------"));
    ui->plainTextEdit->appendPlainText(tr("主机名称: %1").arg(localHostName));
    foreach (const QHostAddress &address, localHostInfo.addresses()) {
        if(address.protocol()==QAbstractSocket::IPv4Protocol){
            ui->plainTextEdit->appendPlainText(tr("IPv4 地址: %1").
            arg(address.toString()));
        }else if(address.protocol()==QAbstractSocket::IPv6Protocol){
            ui->plainTextEdit->appendPlainText(tr("IPv6 地址: %1").
            arg(address.toString()));
        }
    }
    QHostInfo::lookupHost("www.baidu.com",this,SLOT(lookedUp(QHostInfo)));
}
```

(5) 在 lookedUp()槽函数中添加代码,获取远程主机信息。代码如下。

```cpp
void MainWindow::lookedUp(const QHostInfo &host)
{
    ui->plainTextEdit->appendPlainText(tr("---------远程主机--------"));
    if(host.error() != QHostInfo::NoError){
        ui->plainTextEdit->appendPlainText(tr("出现查询错误: %1").arg(host.
        errorString()));
        return;
    }
    ui->plainTextEdit->appendPlainText(tr("主机名称: %1").arg(host.hostName()));
    foreach (const QHostAddress &address, host.addresses()) {
        ui->plainTextEdit->appendPlainText(tr("IP 地址: %1").arg(address.
        toString()));
    }
}
```

(6) 连接网络,构建并运行程序,结果如图 11.5 所示。

11.2.2　使用 QNetworkInterface 类

QNetworkInterface 类提供一个主机 IP 地址和网络接口列表,可以通过该列表获取相关网络信息。其部分成员函数及功能描述如表 11.3 所示。

表 11.3　QNetworkInterface 类的部分成员函数及功能描述

成　员　函　数	功　能　描　述
QNetworkInterface()	构造并初始化对象
addressEntries()	返回此接口拥有的 IP 地址列表及其关联的网络掩码和广播地址
flags()	返回与此网络接口关联的标志(QNetworkInterface::InterfaceFlags 值)
hardwareAddress()	返回此接口的低级硬件地址。在以太网接口上是字符串 MAC 地址
humanReadableName()	如果可以确定名称,则返回 Windows 上此网络接口的可读名称;如果不能,此函数将返回与 name()相同的值
index()	返回接口的系统索引

续表

成 员 函 数	功 能 描 述
isValid()	判断 QNetworkInterface 对象包含的网络接口信息是否有效
maximumTransmissionUnit()	返回此接口上的最大传输单位
name()、type()	返回网络接口名称或类型
swap()	交换网络接口实例
allAddresses()	静态函数。返回主机上找到的所有 IP 地址
allInterfaces()	静态函数。返回主机上找到的所有网络接口
interfaceFromIndex()	静态函数。返回给定系统索引的网络接口
interfaceFromName()	静态函数。返回给定名称的网络接口
interfaceIndexFromName()	静态函数。返回给定名称的网络接口的系统索引
interfaceNameFromIndex()	静态函数。返回给定系统索引的网络接口名称

　　QNetworkInterface 表示连接到运行程序的主机的一个网络接口。每个网络接口可以包含 0 个或多个 IP 地址,每个 IP 地址都可以与网络掩码和/或广播地址相关联。可以使用该类的 addressEntries()函数获取此类三元组的列表;或者,当不需要网络掩码、广播地址或其他信息时,使用其 allAddresses()静态函数仅获取活动接口的 IP 地址。另外,还可以使用 QNetworkInterface 类的 hardwareAddress()函数获取网络接口的硬件地址。

图 11.6　例 11.2 程序运行结果

　　【例 11.2】　编写一个 Qt 应用程序,使用 QNetworkInterface 类查询主机信息。程序运行结果如图 11.6 所示。

　　(1) 复制例 11.1 中的 examp11_1 应用程序,将项目名称修改为 examp11_2。删除程序中的 lookedUp()槽函数,以及 on_pushButton_clicked()函数中的代码。

　　(2) 修改应用程序主窗体标题以及主窗体中按钮的标题,如图 11.6 所示。

　　(3) 在 on_pushButton_clicked()函数中添加如下代码。

```
void MainWindow::on_pushButton_clicked()
{
    QList<QNetworkInterface> allInterface = QNetworkInterface::allInterfaces();
    for(int i = 0; i < allInterface.count(); ++i) {
        QNetworkInterface interface = allInterface.at(i);
        if(!interface.isValid()){
            continue;
        }
        ui->plainTextEdit->appendPlainText(tr("******************** 接口 %1 ******
**************").arg(i+1));
        ui -> plainTextEdit -> appendPlainText (tr ( "设备名称:") + interface.
humanReadableName());
        ui -> plainTextEdit -> appendPlainText (tr ( "硬件地址: ") + interface.
hardwareAddress());
```

```
        QList<QNetworkAddressEntry> allAddressEntry = interface.addressEntries
();
        for(int j = 0; j < allAddressEntry.count(); ++j) {
            ui->plainTextEdit->appendPlainText(tr("------------------- IP
%1 -------------------").arg(j+1));
            QNetworkAddressEntry addressEntry = allAddressEntry.at(j);
            ui->plainTextEdit->appendPlainText(tr(" IP 地址: ")+addressEntry.ip
().toString());
            ui->plainTextEdit->appendPlainText(tr("子网掩码: ")+addressEntry.
netmask().toString());
            ui->plainTextEdit->appendPlainText(tr("广播地址: ")+addressEntry.
broadcast().toString());
        }
    }
}
```

（4）构建并运行程序，结果如图 11.6 所示。

11.3　HTTP 编程

　　网络应用程序的开发分为低级和高级两个层次。低层次开发基于网络的传输层协议，如 TCP 和用户数据报协议（User Datagram Protocol，UDP），实现的是低层的网络进程通信（Socket 通信）的功能；高层次开发基于应用层的网络协议，如超文本传输协议（Hyper Text Transfer Protocol，HTTP）、文件传输协议（File Transfer Protocol，FTP）和简单邮件传输协议（Simple Mail Transfer Protocol，SMTP）等，它们运行在 TCP/UDP 传输协议之上，在低层 Socket 通信的基础上进一步实现应用型的协议功能。

11.3.1　HTTP 相关 Qt 类

　　基于 HTTP 的网络应用程序的开发，需要使用 Qt Network 模块提供的一些实现高层网络操作的类，如 QNetworkRequest、QNetworkAccessManager 和 QNetworkRely 等。

1. QNetworkRequest 类

　　在 Qt 中，使用 QNetworkRequest 类表示一个网络访问请求，同时保存该网络请求的相关信息。作为与请求有关的信息的统一容器，在创建请求对象时指定的统一资源定位符（Uniform Resource Locator，URL）决定了请求使用的协议，目前支持 HTTP、超文本传输安全协议（Hyper Text Transfer Protocol Secure，HTTPS）、FTP 和本地文件 URL 的下载或上传。

　　QNetworkRequest 类的部分成员函数及功能描述如表 11.4 所示。

表 11.4　QNetworkRequest 类的部分成员函数及功能描述

成 员 函 数	功 能 描 述
QNetworkRequest()	构造并初始化对象
attribute()、setAttribute()	获取或设置请求对象中给定属性的值
decompressedSafetyCheckThreshold()或 setDecompressedSafetyCheckThreshold()	获取或设置压缩包炸弹检查的阈值。压缩包炸弹是指让解压软件处理时会崩溃或无法正常处理的压缩包

续表

成 员 函 数	功 能 描 述
hasRawHeader()	若网络请求中存在给定的原始请求头,则返回 True
header()、setHeader()	获取或设置网络请求头
http2Configuration()、setHttp2Configuration()	获取或设置 QNetworkAccessManager 对象用于此网络请求及其低层 HTTP/2 连接的当前参数
maximumRedirectsAllowed()、setMaximumRedirectsAllowed()	获取或设置此请求允许遵循的最大重定向数
originatingObject()、setOriginatingObject()	获取或设置发起网络请求的对象的引用
peerVerifyName()、setPeerVerifyName()	获取或设置用于证书验证的主机名称
priority()、setPriority()	获取或设置网络请求的优先级
rawHeader()、setRawHeader()、rawHeaderList()	获取或设置网络请求头的原始形式
sslConfiguration()、setSslConfiguration()	获取或设置网络请求的 SSL 配置
swap()	交换网络请求
transferTimeout()、setTransferTimeout()	获取或设置网络传输的超时时间(毫秒)
url()、setUrl()	获取或设置网络请求的 URL 地址

2. QNetworkAccessManager 类

QNetworkAccessManager 类用于协调网络操作。在 QNetworkRequest 类发起一个网络访问请求后,QNetworkAccessManager 类负责发送该请求、创建网络响应,并发送信号报告网络通信的进度。QNetworkAccessManager 类的部分成员函数及功能描述如表 11.5 所示。

表 11.5　QNetworkAccessManager 类的部分成员函数及功能描述

成 员 函 数	功 能 描 述
QNetworkAccessManager()	构造并初始化对象
addStrictTransportSecurityHosts()	将 HTTP 严格传输安全策略添加到 HSTS 缓存中
enableStrictTransportSecurityStore()	使 HSTS 缓存能使用持久存储读取和写入 HSTS 策略
isStrictTransportSecurityStoreEnabled()	判断是否使用永久存储来加载和存储 HSTS 策略
isStrictTransportSecurityEnabled()	判断是否启用了 HTTP 严格传输安全策略(HSTS)
setStrictTransportSecurityEnabled()	确定是否启用 HTTP 严格传输安全策略
strictTransportSecurityHosts()	返回 HTTP 严格传输安全策略的列表
autoDeleteReplies()、setAutoDeleteReplies()	处理当前配置是否为自动删除 QNetworkReplies 对象
cache()、setCache()	获取或设置用于存储从网络获取的数据的缓存
clearAccessCache()	刷新身份验证数据和网络连接的内部缓存
clearConnectionCache()	刷新网络连接的内部缓存,但身份验证数据被保留
connectToHost()、connectToHostEncrypted()	启动与给定主机的连接
cookieJar()、setCookieJar()	获取或设置 Cookie
deleteResource()	发送请求,删除给定的 URL 请求的资源

续表

成 员 函 数	功 能 描 述
get()、post()、put()、head()、sendCustomRequest()	发布一个请求以获取目标资源的内容
proxy()、setProxy()	获取或设置网络代理对象(QNetworkProxy)
proxyFactory()、setProxyFactory()	获取或设置用于确定请求代理的代理工厂对象
redirectPolicy()、setRedirectPolicy()	获取或设置创建新请求时使用的重定向策略
transferTimeout()、setTransferTimeout()	获取或设置用于网络传输的超时时间(毫秒)
authenticationRequired()	信号函数。当请求身份验证时,发射此信号
encrypted()	信号函数。当SSL/TLS会话成功完成初始握手时发射此信号
finished()	信号函数。当网络响应完成时,发射此信号
preSharedKeyAuthenticationRequired()	信号函数。当SSL/TLS握手协商PSK密码套件时发射此信号
proxyAuthenticationRequired()	信号函数。当代理请求身份验证时,发射此信号
sslErrors()	信号函数。当出现SSL/TLS会话错误时,发射此信号

3. QNetworkReply 类

Qt 用 QNetworkReply 类表示网络请求的响应,它由 QNetworkAccessManager 类在完成请求调度后创建。QNetworkReply 类提供了 finished()、readyRead()和 downloadProgress()等信号,使用这些信号,可以实现对网络响应执行情况的监测,并执行相应的操作。

QNetworkReply 类的部分成员函数及功能描述如表 11.6 所示。

表 11.6　QNetworkReply 类的部分成员函数及功能描述

成 员 函 数	功 能 描 述
attribute()	返回具有给定属性码(QNetworkRequest::Attribute)的属性值
error()	返回处理请求期间发现的错误
hasRawHeader()	判断远程服务器是否发送了给定名称的原始响应头
header()	返回给定的已知响应头的值
ignoreSslErrors()	忽略给定的 SSL 错误
isFinished()、isRunning()	判断响应是否完成或请求是否正在被处理
manager()	返回创建响应的 QNetworkAccessManager 对象
operation()	返回为此响应发送的操作
rawHeader()、rawHeaderList()	返回远程服务器发送的响应头原始内容
readBufferSize()、setReadBufferSize()	获取或设置缓冲区的大小(字节)
request()	返回为此响应发布的请求
sslConfiguration()、setSslConfiguration()	获取或设置与此响应关联的 SSL 配置和状态
url()	返回下载或上传的内容的 URL
downloadProgress()	信号函数。当存在与此请求相关联的下载时,发射此信号
encrypted()	信号函数。当 SSL/TLS 会话成功完成初始握手时发射此信号
errorOccurred()	信号函数。当出现错误时发射此信号

续表

成 员 函 数	功 能 描 述
finished()	信号函数。当网络响应完成时,发射此信号
metaDataChanged()	信号函数。当响应中的元数据发生更改时,发射此信号
preSharedKeyAuthenticationRequired()	信号函数。当 SSL/TLS 握手协商 PSK 密码套件时发射此信号
redirectAllowed()	信号函数。当重定向被允许时,发射此信号
redirected()	信号函数。当重定向时,发射此信号
sslErrors()	信号函数。当出现 SSL 错误时,发射此信号
uploadProgress()	信号函数。当存在与此请求相关联的上传时,发射此信号

11.3.2 HTTP 访问

HTTP 是一个客户端和服务器端请求和应答的标准。可以使用 QNetworkRequest、QNetworkAccessManager 和 QNetworkReply 类实现 Qt 应用程序的 HTTP 访问功能。

【例 11.3】 编写一个 Qt 应用程序,实现简单的 Web 浏览器功能。运行结果如图 11.7 所示。

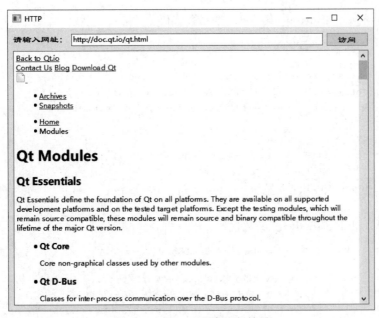

图 11.7 例 11.3 程序运行结果

(1) 启动 Qt Creator 集成开发环境,创建一个名为 examp11_3 的 Qt 应用程序,设置应用程序主窗体基类为 QMainWindow。

(2) 双击 mainwindow.ui 界面文件,打开 Qt Designer 界面设计工具,删除应用程序主窗体中的菜单栏与状态栏。在应用程序主窗体中放置一个 QLabel 标签、一个 QLineEdit 单行文本输入框、一个名为"访问"的 QPushButton 按钮和一个 QPlainTextEdit 文本编辑器部件,对象名称分别为 label、lineEdit、pushButton 和 plainTextEdit。布局效果如图 11.7 所示。

（3）为主窗体中的"访问"按钮添加 clicked()信号槽函数，函数名为 on_pushButton_clicked()；另外，再添加一个名为 replyFinished()的槽函数。这两个槽函数的声明代码如下。

```
private slots:
    void on_pushButton_clicked();
    void replyFinished(QNetworkReply * reply);
```

（4）为 MainWindow 类添加两个私有成员变量。

```
private:
    ...
    QNetworkAccessManager * manager;
    QNetworkRequest request;
```

（5）在 MainWindow 类的构造函数中添加如下代码。

```
manager = new QNetworkAccessManager(this);
connect(manager, SIGNAL(finished(QNetworkReply * )), this, SLOT(replyFinished
(QNetworkReply * )));
```

这里，finished(QNetworkReply *)是 QNetworkAccessManager 的信号，该信号在响应完成后自动发送。

（6）编写 on_pushButton_clicked()槽函数代码。

```
void MainWindow::on_pushButton_clicked()
{
    if(ui->lineEdit->text().isEmpty()){
        request.setUrl(QUrl("http://doc.qt.io/qt.html"));
        ui->lineEdit->setText("http://doc.qt.io/qt.html");
    }
    else{
        request.setUrl(QUrl(ui->lineEdit->text()));
    }
    manager->get(request);
}
```

（7）编写 replyFinished()槽函数代码。

```
void MainWindow::replyFinished(QNetworkReply * reply)
{
    if(reply->error()==QNetworkReply::NetworkError::NoError){
        //ui->textBrowser->setText(reply->readAll());
        ui->textBrowser->setHtml(reply->readAll());
    }
    else{
        ui->textBrowser->setText(tr("访问出现错误: ")+reply->errorString());
    }
    reply->deleteLater();
}
```

（8）构建并运行程序。连接网络，单击"访问"按钮访问默认的 http://doc.qt.io/qt.html 页面，如图 11.7 所示。在浏览器中访问该网页，实际页面效果如图 11.8 所示。

可以看到，例 11.3 中的应用程序正确地访问到了 http://doc.qt.io/qt.html 网页内容，只是网页中的图片没有正确显示，CSS 样式也没有被套用。

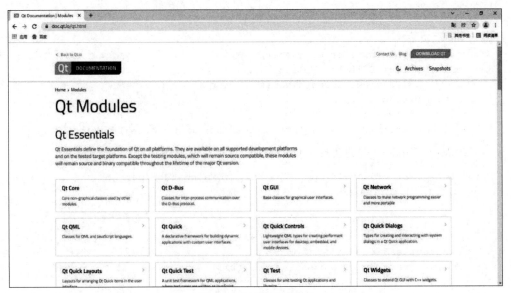

图 11.8　实际页面效果

11.3.3　HTTP 下载

基于 HTTP 的网络文件下载与上述 HTTP 访问相似，只要将请求后获取到的响应内容存储在指定的文件中即可。

【例 11.4】　编写一个 Qt 应用程序，实现简单的 Web 文件下载功能。应用程序主窗体如图 11.9 所示。

视频讲解

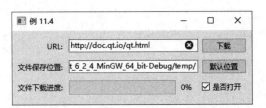

图 11.9　例 11.4 应用程序主窗体

（1）启动 Qt Creator 集成开发环境，创建一个名为 examp11_4 的 Qt 应用程序，设置应用程序主窗体基类为 QMainWindow。

（2）双击 mainwindow.ui 界面文件，打开 Qt Designer 界面设计工具，删除应用程序主窗体中的菜单栏与状态栏。在应用程序主窗体中放置 3 个 QLabel 标签、两个 QLineEdit 单行文本编辑框、两个 QPushButton 按钮、一个 QCheckBox 按钮和一个 QPrecess 进度条部件。布局效果如图 11.9 所示。

（3）在 MainWindow 类中添加成员变量及槽函数。

```
//成员变量
private:
    ...
    QNetworkAccessManager * manager;
    QNetworkReply * reply;
```

```
    QFile * file;
//槽函数
private slots:
    void on_downloadButton_clicked();
    void on_defaultDirButton_clicked();
    void on_urlEdit_textChanged(const QString &arg1);
    void on_finished();
    void on_readyRead();
    void on_downloadProgress(qint64 bytesRead, qint64 totalBytes);
```

（4）在 MainWindow 类的实现文件中添加代码，实现程序功能。

```
MainWindow::MainWindow(QWidget * parent) : QMainWindow(parent)
    , ui(new Ui::MainWindow)
{
    ...
    ui->urlEdit->setClearButtonEnabled(true);
    ui->progressBar->setValue(0);
    manager = new QNetworkAccessManager(this);
}
void MainWindow::on_downloadButton_clicked()
{
    QString urlSpec = ui->urlEdit->text().trimmed();
    if(urlSpec.isEmpty())
    {
        QMessageBox::information(this, "错误","请指定需要下载的 URL");
        return;
    }
    QUrl newUrl = QUrl::fromUserInput(urlSpec);           //URL 地址
    if(!newUrl.isValid())
    {
        QMessageBox::information(this, "错误",
          QString("无效 URL: %1 \n 错误信息: %2").arg(urlSpec, newUrl.errorString()));
        return;
    }
    QString tempDir =ui->dirEdit->text().trimmed();        //临时目录
    if(tempDir.isEmpty())
    {
    QMessageBox::information(this, tr("错误"), "请指定保存下载文件的目录");
        return;
    }
    QString fullFileName =tempDir+newUrl.fileName();       //文件名
    if(QFile::exists(fullFileName))
      QFile::remove(fullFileName);
    file =new QFile(fullFileName);                         //创建临时文件
    if(!file->open(QIODevice::WriteOnly))
    {
        QMessageBox::information(this, tr("错误"),"临时文件打开错误");
        return;
    }
    ui->downloadButton->setEnabled(false);
    reply = manager->get(QNetworkRequest(newUrl));
    connect(reply, SIGNAL(finished()), this, SLOT(on_finished()));
    connect(reply, SIGNAL(readyRead()), this, SLOT(on_readyRead()));
    connect(reply, SIGNAL(downloadProgress(qint64, qint64)), this, SLOT(on_
```

```
downloadProgress(qint64,qint64)));
}
void MainWindow::on_defaultDirButton_clicked()
{
    QString  curPath=QDir::currentPath();
    QDir     dir(curPath);
    QString  sub="temp";
    if(!dir.exists(curPath+"/"+sub)){
        dir.mkdir(sub);
    }
    ui->dirEdit->setText(curPath+"/"+sub+"/");
}
void MainWindow::on_urlEdit_textChanged(const QString &arg1)
{
    Q_UNUSED(arg1);
    ui->progressBar->setMaximum(100);
    ui->progressBar->setValue(0);
}
void MainWindow::on_finished()
{
    QFileInfo fileInfo;
    fileInfo.setFile(file->fileName());
    file->close();
    delete file;
    file = Q_NULLPTR;
    reply->deleteLater();
    reply = Q_NULLPTR;
    if(ui->checkBox->isChecked())          //打开下载的文件
QDesktopServices::openUrl(QUrl::fromLocalFile(fileInfo.absoluteFilePath()));
    ui->downloadButton->setEnabled(true);
}
void MainWindow::on_readyRead()
{
    file->write(reply->readAll());
}

void MainWindow::on_downloadProgress(qint64 bytesRead, qint64 totalBytes)
{
    ui->progressBar->setMaximum(totalBytes);
    ui->progressBar->setValue(bytesRead);
}
```

（5）构建并运行程序。程序运行后，首先输入要下载的文件 URL，然后单击"默认位置"按钮设置下载文件的存储位置，最后单击"下载"按钮即可。

11.4 TCP 编程

TCP 是一个用于数据传输的低层网络协议，多个互联网协议（如 HTTP、FTP 等）都是基于该协议的。TCP 是一个面向数据流和连接的可靠传输协议，特别适用于连续数据的传输。TCP 编程一般分为客户端和服务器端，即使用 C/S（Client/Server）模型。

11.4.1 TCP 相关 Qt 类

在表 11.1 所示的 Qt Network 模块类中,有两个与 TCP 直接相关的类: QTcpSocket 和 QTcpServer。QTcpSocket 类用于建立 TCP 连接后使用套接字(Socket)进行通信; QTcpServer 类用于服务器端建立网络监听,创建网络 Socket 连接。

1. QTcpSocket 类

QTcpSocket 类为 TCP 提供一个接口,用于建立 TCP 连接并传输数据流。其继承关系 如图 11.10 所示。

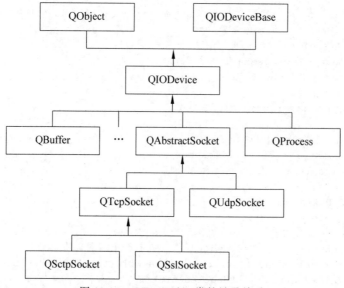

图 11.10　QTcpSocket 类的继承关系

可以看出,QTcpSocket 类继承自 QIODevice 类,所以可以使用 QTextStream 和 QDataStream 等流数据读写功能。QTcpSocket 其实代表了两个独立的数据流:一个用来 读取,另一个用来写入。也就是说,一个 QTcpSocket 实例既可以接收数据,也可以发送 数据。

QTcpSocket 类除了构造函数和析构函数,其他成员函数都是从 QAbstractSocket 继承 或重定义的。QAbstractSocket 类的部分成员函数及功能描述如表 11.7 所示。

表 11.7　QAbstractSocket 类的部分成员函数及功能描述

成 员 函 数	功 能 描 述
QAbstractSocket()	构造并初始化对象
abort()、bind()	中止当前连接并重置套接字;绑定端口地址
connectToHost()、disconnectFromHost()	连接主机;断开连接(尝试关闭套接字)
error()、isValid()	返回上次发生的错误类型;判断套接字是否有效
flush()	向缓冲区写入数据
localAddress()、localPort()	返回本地套接字的主机地址或端口号
pauseMode()、setPauseMode()、resume()	返回或设置套接字暂停模式;继续套接字数据传输

续表

成　员　函　数	功　能　描　述
peerAddress()、peerName()、peerPort()	返回对等连接的对等端的地址、名称或端口号
protocolTag()、setProtocolTag()	获取或设置套接字的协议标记
proxy()、setProxy()	获取或设置套接字的网络代理
readBufferSize()、setReadBufferSize()	获取或设置缓冲区的大小(字节)
socketDescriptor()、setSocketDescriptor()	获取或设置本机套接字描述符
socketOption()、setSocketOption()	处理给定的配置值(QAbstractSocket::SocketOption)
socketType()、state()	返回套接字类型(TCP、UDP 等)或状态
waitForConnected()、waitForDisconnected()	等待直到套接字连接或断开,并指定等待最长毫秒数
connected()、disconnected()	信号函数。当连接成功或断开连接时发射此信号
errorOccurred()	信号函数。当出现错误时发射此信号
hostFound()	信号函数。在调用 connectToHost()函数并且主机查找成功后发射此信号
proxyAuthenticationRequired()	信号函数。当 SSL/TLS 握手协商 PSK 密码套件时发射此信号
stateChanged()	信号函数。当套接字状态发生变化时发射此信号

2. QTcpServer 类

QTcpServer 类提供基于 TCP 的服务器。该类继承自 QObject 类,并被 QScptServer 类继承。其部分成员函数及功能描述如表 11.8 所示。

表 11.8　QTcpServer 类的部分成员函数及功能描述

成　员　函　数	功　能　描　述
QTcpServer()	构造并初始化对象
close()	关闭服务器
errorString()	返回上次发生的错误信息
hasPendingConnections()	判断服务器是否有被挂起的连接
listen()	让服务器监听给定的地址和端口
isListening()	判断服务器是否正在监听
maxPendingConnections()、setMaxPendingConnections()	获取或设置挂起连接的最大数量,默认值为 30
nextPendingConnection()	将下一个挂起的连接作为连接的 QTcpSocket 对象返回
pauseAccepting()、resumeAccepting()	暂停或恢复接收新连接
proxy()、setProxy()	获取或设置套接字的网络代理
serverAddress()、serverPort()、serverError()	返回服务器的地址、端口号或上一次出现的错误代码
socketDescriptor()、setSocketDescriptor()	处理服务器用于侦听传入指令的本机套接字描述符
waitForNewConnection()	设置最长等待时间(毫秒)或直到传入连接可用
acceptError()	信号函数。当接受新连接导致错误时发射此信号
newConnection()	信号函数。每当新连接可用时,都会发射此信号

11.4.2　服务器端编程

服务器端程序首先需要用 QTcpServer::listen()开始服务器端监听,可以指定监听的 IP 地址和端口,一般一个服务程序只监听某个端口的网络连接。

当有新的客户端接入时,QTcpServer 内部的 incomingConnection()函数会创建一个与客户端连接的 QTcpSocket 对象,然后发射 newConnection()信号。在 newConnection()信号的槽函数中,可以用 nextPendingConnection()函数接受客户端的连接,然后使用 QTcpSocket 与客户端进行通信。

图 11.11　例 11.5 程序运行结果

扫一扫

视频讲解

【例 11.5】　编写一个 Qt 应用程序,演示基于 TCP 的服务器端程序设计方法。程序运行结果如图 11.11 所示。

(1) 启动 Qt Creator 集成开发环境,创建一个名为 examp11_5 的 Qt 应用程序,设置应用程序主窗体基类为 QWidget。

(2) 双击 widget.ui 界面文件,打开 Qt Designer 界面设计工具,在应用程序主窗体中放置一个 QListWidget 列表框、一个 QLabel 标签、一个 QLineEdit 单行文本编辑框和一个 QPushButton 按钮部件,其对象名称分别为 listWidget、label、lineEdit 和 pushButton。布局效果如图 11.11 所示。

(3) 在项目中添加一个名为 Server 的 C++类,其头文件 server.h 和实现文件 server.cpp 如下。

```cpp
//server.h 文件
#ifndef SERVER_H
#define SERVER_H
#include <QTcpServer>
#include <QObject>
#include "client.h"
class Server : public QTcpServer
{
    Q_OBJECT
public:
    explicit Server(QObject * parent = nullptr);
    QList<Client * > clientList;
signals:
    void updateServer(QString,int);
public slots:
    void updateClients(QString,int);
    void slotDisconnected(int);
protected:
    void incomingConnection(qintptr socketDescriptor);

};
#endif            //SERVER_H
//server.cpp 文件
#include "server.h"
Server::Server(QObject * parent) : QTcpServer(parent)
```

```
{
    listen(QHostAddress::Any, 8888);
}
void Server::updateClients(QString msg,int length)
{
    emit updateServer(msg,length);
    for(int i=0;i<clientList.count();i++)
    {
        QTcpSocket * item = clientList.at(i);
        QByteArray str = msg.toUtf8();
        item->write(str,length);
    }
}
void Server::slotDisconnected(int descriptor)
{
    for(int i=0;i<clientList.count();i++)
    {
        QTcpSocket * item = clientList.at(i);
        if(item->socketDescriptor()==descriptor)
        {
            clientList.removeAt(i);
            return;
        }
    }
    return;
}
void Server::incomingConnection(qintptr socketDescriptor)
{
    Client * tcpClientSocket=new Client(this);
    connect(tcpClientSocket,SIGNAL(updateClients(QString,int)),this,
SLOT(updateClients(QString,int)));
    connect(tcpClientSocket,SIGNAL(disconnected(int)),this,
SLOT(slotDisconnected(int)));
    tcpClientSocket->setSocketDescriptor(socketDescriptor);
    clientList.append(tcpClientSocket);
}
```

(4) 在项目中添加一个名为 Client 的 C++ 类,其头文件 client.h 和实现文件 client.cpp
如下。

```
//client.h 文件
#ifndef CLIENT_H
#define CLIENT_H
#include <QTcpSocket>
#include <QObject>
class Client : public QTcpSocket
{
    Q_OBJECT
public:
    explicit Client(QObject * parent = nullptr);
signals:
    void updateClients(QString,int);
    void disconnected(int);
protected slots:
    void dataReceived();
```

```cpp
    void slotDisconnected();
};
#endif       //CLIENT_H
//client.cpp 文件
#include "client.h"
Client::Client(QObject * parent) : QTcpSocket(parent)
{
    Q_UNUSED(parent)
    connect(this,SIGNAL(readyRead()),this,SLOT(dataReceived()));
    connect(this,SIGNAL(disconnected()),this,SLOT(slotDisconnected()));
}
void Client::dataReceived()
{
    while(bytesAvailable()>0)
    {
        int length = bytesAvailable();
        char buf[1024];
        read(buf,length);
        QString msg=buf;
        emit updateClients(msg,length);
    }
}
void Client::slotDisconnected()
{
    emit disconnected(this->socketDescriptor());
}
```

(5) 在 Widget 类中添加私有成员变量 server,以及 on_pushButton_clicked()和 updateServer()私有槽函数。声明代码如下。

```cpp
private slots:
    void on_pushButton_clicked();
    void updateServer(QString,int);
private:
    ...
    Server * server;
```

(6) 在 Widget 类的构造函数中添加代码,并实现步骤(5)中的两个槽函数功能。

```cpp
Widget::Widget(QWidget * parent) : QWidget(parent) , ui(new Ui::Widget)
{
    ui->setupUi(this);
    ui->lineEdit->setText(QString::number(8888));
}
void Widget::on_pushButton_clicked()
{
    server = new Server(this);
    connect(server,SIGNAL(updateServer(QString,int)),this,
    SLOT(updateServer(QString,int)));
    ui->pushButton->setEnabled(false);
}
void Widget::updateServer(QString msg, int length)
{
    QByteArray str = msg.toUtf8();
    ui->listWidget->addItem(str.left(length));
}
```

（7）构建并运行程序，单击"启动服务器"按钮启动服务器。

（8）为了对服务器端程序进行测试，需要运行客户端应用程序。运行教材源码中的 examp11_6 应用程序（例 11.6 中的客户端应用程序），如图 11.12 所示。

在客户端输入用户名、服务器 IP 地址（本机 IP：127.0.0.1）并单击"连接服务器"按钮，然后输入并发送消息进行测试。

图 11.12　测试用客户端应用程序

11.4.3　客户端编程

客户端应用程序的编程非常简单，只需要使用一个 QTcpSocket 对象，即可和服务器端程序进行通信。

【例 11.6】　编写一个 Qt 应用程序，演示基于 TCP 的客户端程序设计方法。程序运行结果如图 11.13 和图 11.14 所示。这里启动了两个客户端应用程序。

图 11.13　TCP 客户端 1 运行结果

图 11.14　TCP 客户端 2 运行结果

（1）启动 Qt Creator 集成开发环境，创建一个名为 examp11_6 的 Qt 应用程序，设置应用程序主窗体基类为 QWidget。

（2）双击 widget.ui 界面文件，打开 Qt Designer 界面设计工具，在应用程序主窗体中放置部件并使用布局管理器进行布局。主窗体中部件类型及对象名称如图 11.15 所示。

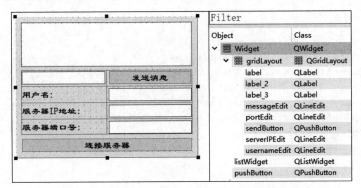

图 11.15　例 11.6 主窗体中部件类型及对象名称

（3）在 Widget 类中添加私有成员变量和槽函数，声明代码如下。

```
private slots:
    void on_pushButton_clicked();
    void on_sendButton_clicked();
    void slotConnected();
    void slotDisconnected();
    void dataReceived();
private:
    ...
    bool status;
    int port;
    QHostAddress * serverIP;
    QString userName;
    QTcpSocket * tcpSocket;
```

（4）在 Widget 类的构造函数中添加代码，并实现步骤（3）中的 5 个槽函数功能。

```
Widget::Widget(QWidget * parent) : QWidget(parent) , ui(new Ui::Widget)
{
    ui->setupUi(this);
    status = false;
    port = 8888;
    serverIP = new QHostAddress();
    ui->sendButton->setEnabled(false);
    ui->portEdit->setText(QString::number(port));
}
void Widget::on_pushButton_clicked()
{
    if(!status)
    {
        QString ip = ui->serverIPEdit->text();
        if(!serverIP->setAddress(ip))
        {
            QMessageBox::information(this,tr("error"),tr("server ip address
            error!"));
            return;
        }
        if(ui->usernameEdit->text()=="")
        {
            QMessageBox::information(this,tr("error"),tr("User name error!"));
            return;
        }
        userName=ui->usernameEdit->text();
        tcpSocket = new QTcpSocket(this);
        connect(tcpSocket,SIGNAL(connected()),this,SLOT(slotConnected()));
        connect(tcpSocket,SIGNAL(disconnected()),this,SLOT(slotDisconnected()));
        connect(tcpSocket,SIGNAL(readyRead()),this,SLOT(dataReceived()));
        tcpSocket->connectToHost( * serverIP,port);
        status=true;
    }
    else
    {
        QString msg = userName+tr("同学再见");
        QByteArray str = msg.toUtf8();
```

```
        tcpSocket->write(str,str.length());
        tcpSocket->disconnectFromHost();
        status=false;
    }
}
void Widget::on_sendButton_clicked()
{
    if(ui->messageEdit->text()=="") { return ; }
    QString msg=userName+":"+ui->messageEdit->text();
    QByteArray str = msg.toUtf8();
    tcpSocket->write(str,str.length());
    ui->messageEdit->clear();
}
void Widget::slotConnected()
{
    ui->sendButton->setEnabled(true);
    ui->pushButton->setText(tr("断开与服务器的连接"));
    QString msg = tr("欢迎")+userName+tr("同学");
    QByteArray str = msg.toUtf8();
    tcpSocket->write(str,str.length());
}
void Widget::slotDisconnected()
{
    ui->sendButton->setEnabled(false);
    ui->pushButton->setText(tr("连接服务器"));
}
void Widget::dataReceived()
{
    while(tcpSocket->bytesAvailable()>0)
    {
        QByteArray datagram;
        datagram.resize(tcpSocket->bytesAvailable());
        tcpSocket->read(datagram.data(),datagram.size());
        QString msg=datagram.data();
        ui->listWidget->addItem(msg.left(datagram.size()));
    }
}
```

（5）构建并运行程序。首先运行例 11.5 中的服务器端程序，并启动服务器；然后将客户端与服务器连接，在客户端中输入信息进行测试。

11.5　UDP 编程

UDP 是轻量的、不可靠的、面向数据报（Datagram）、无连接的协议，它可以用于对可靠性要求不高的场合。与 TCP 通信不同，两个程序之间进行 UDP 通信无须预先建立持久的 Socket 连接，UDP 每次发送数据报都需要指定目标地址和端口。Qt 中的 UDP 通信通过 QUdpSocket 类实现。

11.5.1　QUdpSocket 类

与 QTcpSocket 类一样，QUdpSocket 类也是从 QAbstractSocket 类派生出来的，其继

承关系如图 11.10 所示。除了继承下来的函数之外,QUdpSocket 类还定义了一些特有的成员函数,如表 11.9 所示。

表 11.9　QUdpSocket 类的部分成员函数及功能描述

成　员　函　数	功　能　描　述
QUdpSocket()	构造并初始化对象
hasPendingDatagrams()	如果至少有一个数据报等待读取,则返回 True;否则返回 False
joinMulticastGroup()	加入给定的、由操作系统选择的默认接口上的多播组
leaveMulticastGroup()	离开给定的多播组
multicastInterface()、setMulticastInterface()	获取或设置多播数据报的传出接口的 QNetworkInterface 接口对象
pendingDatagramSize()	返回第 1 个挂起的 UDP 数据报大小。如果没有,则返回－1
readDatagram()	接收数据报并存储
receiveDatagram()	接收数据报并返回 QNetworkDatagram 对象
writeDatagram()	发送数据报到给定的主机端口

实现 UDP 数据的接收,需要使用 QUdpSocket::bind()函数先绑定一个端口,用于接收传入的数据报。当有数据报传入时会发射 readyRead()信号(QIODevice 类的信号),使用 QUdpSocket::readDatagram()函数读取接收到的数据报。

11.5.2　UDP 单播

UDP 消息传输有单播、广播、组播 3 种模式,如图 11.16 所示。

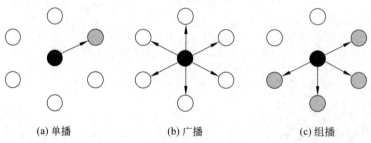

(a) 单播　　　　　(b) 广播　　　　　(c) 组播

图 11.16　UDP 消息传输模式示意

(1) 单播(Unicast)模式:一个 UDP 客户端发出的数据报只发送到另一个指定地址和端口的 UDP 客户端,是一对一的数据传输。

(2) 广播(Broadcast)模式:一个 UDP 客户端发出的数据报,在同一网络范围内其他所有 UDP 客户端都可以收到。QUdpSocket 支持 IPv4 广播。广播经常用于实现网络发现的协议。要获取广播数据,只需要在数据报中指定接收端地址为 QHostAddress::Broadcast,一般的广播地址为 255.255.255.255。

(3) 组播(Multicast)模式:也称为多播。UDP 客户端加入另一个组播 IP 地址指定的多播组,成员向组播地址发送的数据报组内成员都可以接收到,类似于 QQ 群的功能。QUdpSocket::joinMulticastGroup()函数可以实现加入多播组的功能。

下面给出一个简单的 UDP 单播程序示例。

【例 11.7】　编写一个 Qt 应用程序，演示基于 UDP 的网络通信功能的实现方法。程序运行结果如图 11.17 和图 11.18 所示。

扫一扫
视频讲解

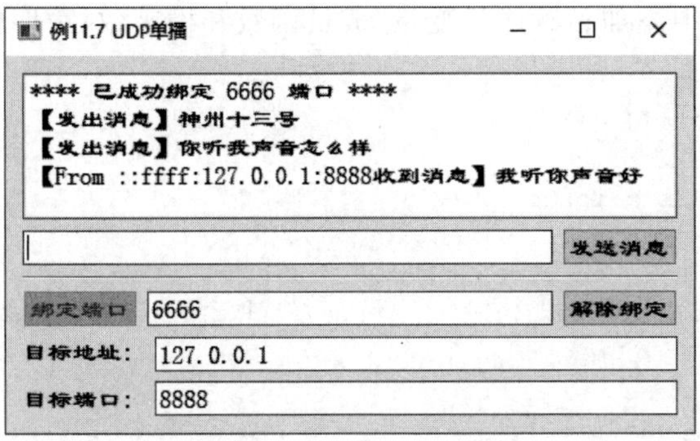

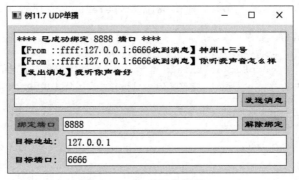

图 11.17　UDP 网络通信(1)

图 11.18　UDP 网络通信(2)

(1) 启动 Qt Creator 集成开发环境，创建一个名为 exampl1_7 的 Qt 应用程序，设置应用程序主窗体基类 QWidget。

(2) 双击 widget.ui 界面文件，打开 Qt Designer 界面设计工具，在应用程序主窗体中放置部件并使用布局管理器进行布局。主窗体中部件对象类型及名称如图 11.19 所示。

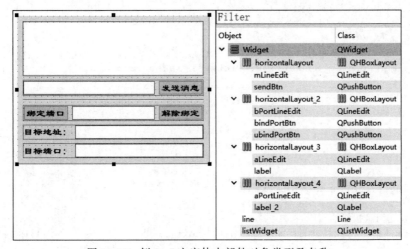

图 11.19　例 11.7 主窗体中部件对象类型及名称

（3）打开 examp11_7.pro 项目文件，添加 Qt Network 模块支持。

```
QT += network
```

（4）在 Widget 类中添加私有成员变量、成员函数和槽函数，声明代码如下。

```
private:
    QString getLocalIP();                    //获取本机 IP 地址
private slots:
    void on_sendBtn_clicked();
    void on_bindPortBtn_clicked();
    void on_ubindPortBtn_clicked();
    void onSocketReadyRead();                //读取 Socket 传入的数据
private:
    ...
    QUdpSocket    * udpSocket;
```

（5）在 Widget 类的构造函数中添加代码，并实现步骤（4）中的 5 个函数功能。

```
Widget::Widget(QWidget * parent) : QWidget(parent) , ui(new Ui::Widget)
{
    ui->setupUi(this);
    ui->aLineEdit->setText(getLocalIP());
    udpSocket=new QUdpSocket(this);       //用于与连接的客户端通信的 QTcpSocket
    connect(udpSocket,SIGNAL(readyRead()),this,SLOT(onSocketReadyRead()));
}
Widget::~ Widget()
{
    udpSocket->abort();
    delete udpSocket;
    delete ui;
}
QString Widget::getLocalIP()
{
    QString hostName=QHostInfo::localHostName();      //本地主机名
    QHostInfo    hostInfo=QHostInfo::fromName(hostName);
    QString    localIP="";
    QList<QHostAddress> addList=hostInfo.addresses();//
    if(!addList.isEmpty())
    for(int i=0;i<addList.count();i++)
    {
        QHostAddress aHost=addList.at(i);
        if(QAbstractSocket::IPv4Protocol==aHost.protocol())
        {
            localIP=aHost.toString();
            break;
        }
    }
    return localIP;
}
void Widget::on_sendBtn_clicked()
{
    //发送消息按钮
    QString targetIP = ui->aLineEdit->text();                //目标 IP
    QHostAddress targetAddr(targetIP);
    quint16 targetPort = ui->aPortLineEdit->text().toInt();  //目标端口
```

```
    QString msg = ui->mLineEdit->text();                    //发送的消息内容
    QByteArray str=msg.toUtf8();
    udpSocket->writeDatagram(str,targetAddr,targetPort);    //发出数据报
    ui->listWidget->addItem("【发出消息】"+msg);
    ui->mLineEdit->clear();
    ui->mLineEdit->setFocus();
}
void Widget::on_bindPortBtn_clicked()
{
    //绑定端口
    quint16 port = ui->bPortLineEdit->text().toInt();       //本机 UDP 端口
    if(udpSocket->bind(port))                                //绑定端口成功
    {
        ui->listWidget->addItem("**** 已成功绑定 " +
QString::number(udpSocket->localPort()) + " 端口 ****");
        ui->bindPortBtn->setEnabled(false);
        ui->ubindPortBtn->setEnabled(true);
    }
    else
        ui->listWidget->addItem("**** 绑定失败 ****");
}
void Widget::on_ubindPortBtn_clicked()
{
    //解除绑定
    udpSocket->abort(); //不能解除绑定
    ui->bindPortBtn->setEnabled(true);
    ui->ubindPortBtn->setEnabled(false);
    ui->listWidget->addItem("**** 已解除端口绑定 ****");
}
void Widget::onSocketReadyRead()
{
    //读取收到的数据报
    while(udpSocket->hasPendingDatagrams())
    {
        QByteArray datagram;
        datagram.resize(udpSocket->pendingDatagramSize());
        QHostAddress peerAddr;
        quint16 peerPort;
udpSocket->readDatagram(datagram.data(),datagram.size(),&peerAddr,&peerPort);
        QString str=datagram.data();
        QString peer="【From "+peerAddr.toString()+":"+QString::number
(peerPort)+"收到消息】";
        ui->listWidget->addItem(peer+str);
    }
}
```

（6）构建并运行程序，测试结果如图 11.17 和图 11.18 所示。

11.5.3　UDP 组播

图 11.16 简单示意了 UDP 组播的原理，它是主机之间"一对一组"的通信模式。组播报文的目的地址使用 D 类 IP 地址，D 类地址不能出现在 IP 报文的源 IP 地址字段。用同一个 IP 多播地址接收多播数据报的所有主机构成了一个组，称为多播组或组播组。所有信息接

收者都加入一个组内,并且一旦加入之后,流向组地址的数据报立即开始向接收者传输,组中的所有成员都能接收到数据报。组中的成员是动态的,主机可以在任何时候加入和离开组播组。

UDP 组播使用的 D 类 IP 地址具有特定的地址段,其中有一部分由官方分配,称为永久多播组。永久多播组保持不变的是它的 IP 地址,组中的成员构成可以发生变化。永久多播组中成员的数量可以是任意的,甚至可以是零。那些没有保留下来的供永久多播组使用的 IP 组播地址,可以被临时多播组利用。关于组播 IP 地址,有以下约定。

(1) 224.0.0.0~224.0.0.255 为预留的组播地址(永久多播组地址),地址 224.0.0.0 保留不做分配,其他地址供路由协议使用。

(2) 224.0.1.0~224.0.1.255 是公用组播地址,可以用于 Internet。

(3) 224.0.2.0~238.255.255.255 为用户可用的组播地址(临时组地址),全网范围内有效。

(4) 239.0.0.0~239.255.255.255 为本地管理组播地址,仅在特定的本地范围内有效。例如,若是在家里或办公室局域网内测试 UDP 组播功能,可以使用该范围内的地址。

QUdpSocket 类支持 UDP 组播,调用 QUdpSocket::joinMultiGroup() 函数使主机加入一个组播组,调用 QUdpSocket::leaveMultiGroup() 函数使主机离开一个组播组,UDP 组播的特点是使用组播地址,其他的端口绑定、数据报收发等功能的实现与单播 UDP 完全相同。

下面给出一个简单的 UDP 组播示例。

【例 11.8】 编写一个 Qt 应用程序,演示基于 UDP 的网络组播通信功能的实现方法。程序运行结果如图 11.20 和图 11.21 所示。

扫一扫
视频讲解

图 11.20　主机 192.168.31.209 程序运行

(1) 启动 Qt Creator 集成开发环境,创建一个名为 examp11_8 的 Qt 应用程序,设置应用程序主窗体基类 QWidget。

(2) 双击 widget.ui 界面文件,打开 Qt Designer 界面设计工具,在应用程序主窗体中放置部件并使用布局管理器进行布局。主窗体中部件对象类型及名称如图 11.22 所示。

(3) 打开 examp11_8.pro 项目文件,添加 Qt Network 模块支持。

```
QT += network
```

(4) 在 Widget 类中添加私有成员变量、成员函数和槽函数,声明代码如下。

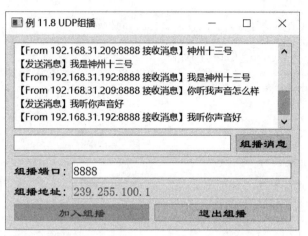

图 11.21　主机 192.168.31.192 程序运行

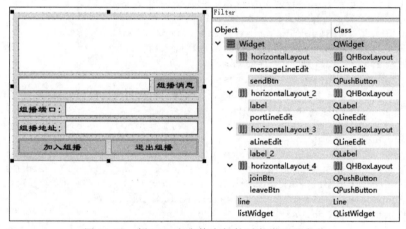

图 11.22　例 11.8 主窗体中部件对象类型及名称

```
private:
    QString getLocalIP();              //获取本机 IP 地址
private slots:
    void on_sendBtn_clicked();
    void on_joinBtn_clicked();
    void on_leaveBtn_clicked();
    void onSocketReadyRead();
private:
    ...
    QUdpSocket * udpSocket;            //用于与连接的客户端通信的 QTcpSocket
    QHostAddress groupAddress;         //组播地址
```

（5）在 Widget 类的构造函数中添加代码，并实现步骤（4）中的函数功能。

```
Widget::Widget(QWidget * parent) : QWidget(parent) , ui(new Ui::Widget)
{
    ui->setupUi(this);
    QString localIP=getLocalIP();
    ui->listWidget->addItem(tr("---- 本机 IP: ")+localIP+tr(" ----"));
    ui->portLineEdit->setText("8888");
```

```cpp
    ui->portLineEdit->setReadOnly(true);
    ui->aLineEdit->setText(tr("239.255.100.1"));
    ui->aLineEdit->setReadOnly(true);
    udpSocket=new QUdpSocket(this);
    udpSocket->setSocketOption(QAbstractSocket::MulticastTtlOption,1);
    connect(udpSocket,SIGNAL(readyRead()),this,SLOT(onSocketReadyRead()));
}
Widget::~ Widget()
{
    udpSocket->abort();
    delete udpSocket;
    delete ui;
}
void Widget::on_sendBtn_clicked()
{
    //发送组播消息
    quint16 groupPort = ui->portLineEdit->text().toInt();
    QString msg = ui->messageLineEdit->text();
    QByteArray datagram = msg.toUtf8();
    udpSocket->writeDatagram(datagram,groupAddress,groupPort);
    ui->listWidget->addItem("【发送消息】"+msg);
    ui->messageLineEdit->clear();
    ui->messageLineEdit->setFocus();
}
void Widget::on_joinBtn_clicked()
{
    //加入组播
    QString IP = ui->aLineEdit->text();
    groupAddress=QHostAddress(IP);                          //组播组地址
    quint16 groupPort = ui->portLineEdit->text().toInt();   //端口
    if(udpSocket->bind(QHostAddress::AnyIPv4, groupPort,
QUdpSocket::ShareAddress))                                  //先绑定端口
    {
        udpSocket->joinMulticastGroup(groupAddress);        //加入组播组
        ui->listWidget->addItem("** 加入组播成功 **");
        ui->listWidget->addItem("** 组播地址 IP: "+IP+" **");
        ui->listWidget->addItem("** 绑定端口: "+QString::number(groupPort)+" **");
        ui->joinBtn->setEnabled(false);
        ui->leaveBtn->setEnabled(true);
        ui->aLineEdit->setEnabled(false);
    }
    else{
        ui->listWidget->addItem("** 绑定端口失败 **");
    }
    ui->listWidget->addItem(tr("----------------------"));
}
void Widget::on_leaveBtn_clicked()
{
    //退出组播
    udpSocket->leaveMulticastGroup(groupAddress);//退出组播
    udpSocket->abort(); //解除绑定
    ui->joinBtn->setEnabled(true);
    ui->leaveBtn->setEnabled(false);
    ui->aLineEdit->setEnabled(true);
```

```
    ui->listWidget->addItem("** 已退出组播,解除端口绑定 **");
    ui->listWidget->addItem(tr("--------------------"));
}
void Widget::onSocketReadyRead()
{
    //读取数据报
    while(udpSocket->hasPendingDatagrams())
    {
        QByteArray datagram;
        datagram.resize(udpSocket->pendingDatagramSize());
        QHostAddress peerAddr;
        quint16 peerPort;
        udpSocket->readDatagram(datagram.data(),datagram.size(),&peerAddr,
&peerPort);
        QString str=datagram.data();
        QString peer ="【From " + peerAddr.toString() +":" + QString::number
(peerPort)+" 接收消息】";
        ui->listWidget->addItem(peer+str);
    }
}
```

(6) 构建并运行程序。在局域网上启动多个程序实例,将这些实例加入一个组播组中,并进行测试。结果如图 11.20 和图 11.21 所示,图中显示的是作者家里 Wi-Fi 局域网中两台计算机中的程序界面。

习题 11

扫一扫

自测题

1. 填空题

(1) Qt 的_____模块提供了用于编写 TCP/IP 客户端和服务器端程序的各种类,通过这些类可以实现特定的应用层协议。

(2) Qt 的_____模块提供了一个 Web 浏览器引擎,可以轻松地将万维网中的内容嵌入没有本地 Web 引擎的平台上的 Qt 应用程序中。

(3) _____类用于查找与主机名关联的 IP 地址,或与 IP 地址关联的主机名。

(4) _____类提供一个主机 IP 地址和网络接口列表,可以通过该列表获取相关网络信息。

(5) 在 Qt 中,使用_____类表示一个网络访问请求,同时保存该网络请求的相关信息。

(6) Qt 用_____类表示网络请求的响应,它由_____类在完成请求调度后创建。

(7) 在 Qt Network 模块类中,有两个与 TCP 直接相关的类:_____和_____。

(8) QTcpSocket 继承自_____类,可以使用 QTextStream 和 QDataStream 等流数据读写功能。

(9) Qt 中的 UDP 通信通过_____类实现。

(10) UDP 消息传输有_____、_____和_____3 种模式。

2. 选择题

(1) QHostInfo 类属于 Qt 的(   )模块。

          A. Network   B. WebChannel

          C. WebEngine   D. WebSockets

(2) 调用 QHostInfo 类的(   )函数可以获取到主机 IP 地址。

          A. hostName()   B. addresses()

          C. lookupId()   D. setAddresses()

(3) 在 HTTP 编程中,一般通过(   )类的对象发送网络请求。

          A. QHostInfo   B. QNetworkRequest

          C. QNetworkReply   D. QNetworkAccessManager

(4) 在 HTTP 编程中,一般通过 QNetworkRequest 类的(   )函数获取网络请求的 URL 地址。

          A. header()   B. originatingObject()

          C. transferTimeout()   D. url()

(5) 以下选项中不是 QTcpSocket 的基类的是(   )。

          A. QObject   B. QWidget

          C. QIODevice   D. QAbstractSocket

(6) 在 TCP 编程中,通过 QTcpSocket 类的(   )函数连接主机。

          A. bind()   B. connectToHost()

          C. setSocketOption()   D. stateChanged()

(7) 在 TCP 编程中,通过 QTcpServer 类的(   )函数监听给定的地址和端口。

          A. close()   B. listen()

          C. pauseAccepting()   D. resumeAccepting

(8) 当 QTcpServer 服务器监听到有新的客户端接入时,会先创建一个与客户端连接的 QTcpSocket 对象,然后发射(   )信号。

          A. acceptError()   B. newConnection()

          C. destroyed()   D. objectNameChanged()

(9) 在 UDP 编程中,通过 QUdpSocket 类的(   )函数发送数据报。

          A. readDatagram()   B. receiveDatagram()

          C. writeDatagram   D. joinMulticastGroup()

(10) 实现 UDP 数据的接收,需要使用 QUdpSocket 的(   )函数先绑定一个端口,用于接收传入的数据报。

          A. bind()   B. connect()   C. open()   D. setLocalPort()

3. 程序阅读题

启动 Qt Creator 集成开发环境,创建一个 Qt Widgets Application 类型的应用程序,该应用程序主窗体基于 QWidget 类。在应用程序主窗体中添加一个 QPushButton 类型的按钮,对象名称为 pBtn。

(1) 为 pBtn 按钮添加 clicked 信号的槽函数并编写代码。

```
void Widget::on_pBtn_clicked()
{
    QWebEngineView * view = new QWebEngineView(this);
```

```
        view->setUrl(QUrl("https://www.baidu.com"));
        ui->verticalLayout->addWidget(view);
        connect(view, &QWebEngineView::loadFinished,this,&QWidget::setVisible);
        ui->pBtn->setEnabled(!ui->pBtn->isEnabled());
    }
```

回答下面的问题:

① 代码中的 QWebEngineView 类属于 Qt 的哪个模块? 其作用是什么?

② 说明新增代码的功能。

(2) 重新编写 on_pBtn_clicked() 函数代码。

```
void Widget::on_pBtn_clicked()
{
    QPlainTextEdit * pte = new QPlainTextEdit(this);
    ui->verticalLayout->addWidget(pte);
    QString localHostName = QHostInfo::localHostName();              //语句1
    QHostInfo hostInfo = QHostInfo::fromName(localHostName);         //语句2
    QList<QHostAddress> listAddress = hostInfo.addresses();          //语句3
    foreach (QHostAddress ha, listAddress)
    {
        pte->appendPlainText(ha.toString());                        //语句4
    }
}
```

回答下面的问题:

① 说明上述代码中语句1、语句2和语句3的功能。

② 执行上述代码时,若计算机不连接外网,语句4中的IP地址可能是什么?

③ 执行上述代码时,若计算机连接外网,语句4中的IP地址会与不连接外网时的相同吗? 为什么?

(3) 重新编写 on_pBtn_clicked() 函数代码。

```
void Widget::on_pBtn_clicked()
{
    QNetworkAccessManager * manager = new QNetworkAccessManager(this);
    QNetworkRequest request;
    request.setUrl(QUrl("http://doc.qt.io/qt.html"));
    manager->get(request);                                          //语句1
    connect(manager, &QNetworkAccessManager::finished,this,
    [&](QNetworkReply * reply){ qDebug() << reply->readAll();});     //语句2
}
```

回答下面的问题:

① 说明新增代码的功能。

② 说明语句1和语句2的作用。

(4) 重新编写 on_pBtn_clicked() 函数代码。

```
void Widget::on_pBtn_clicked()
{
    QTcpServer * server = new QTcpServer;
    server->listen(QHostAddress::Any,8888);
```

```
        connect(server, &QTcpServer::newConnection, this, [&]() {qDebug() << "new
connection."; });
    QTcpSocket * socket1 = new QTcpSocket;
    socket1->connectToHost("127.0.0.1", 8888);
    QTcpSocket * socket2 = new QTcpSocket;
    socket2->connectToHost("localhost", 8888);
}
```

回答下面的问题：

① 说明新增代码的功能。

② 写出函数执行后的输出结果。

4. 程序设计题

编写一个 Qt 网络应用程序，模拟类似 QQ 即时通信软件的部分功能。

第12章

进程与线程

目前使用的计算机操作系统基本上都是多任务的。所谓多任务,就是当操作系统运行时,可以同时运行多个应用程序。计算机操作系统的多任务处理能力是通过进程和线程实现的,Qt 提供了对进程和线程的支持。

本章介绍 Qt 中的进程和线程,主要包括进程的启动与进程间通信、线程的运行与线程间通信,以及线程控制等内容。

12.1 进程与线程相关 Qt 类

Qt 对进程和线程的支持是通过一系列的类协同实现的,其中主要的有 QProcess 类和 QThread 类。QProcess 类用来启动一个进程并与其进行通信;QThread 类提供了不依赖于平台的管理线程的常用方法。

12.1.1 QProcess 类

QProcess 类存放在 Qt 的 Core 模块中,它是 QIODevice 类的直接子类,属于 Qt 的顺序访问 I/O 设备;同时,QProcess 类也是 QObject 的子类,因而具有 Qt 的信号/槽功能。其继承关系如图 12.1 所示。

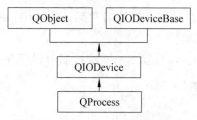

图 12.1 QProcess 类的继承关系

QProcess 类提供了大量的函数实现进程的启动、控制、查询、设置及通信等功能。其部分成员函数及功能描述如表 12.1 所示。

表 12.1 QProcess 类的部分成员函数及功能描述

函 数 名 称	功 能 描 述
QProcess()	构造并初始化对象
arguments()、setArguments()	获取或设置进程上次启动时使用的命令行参数
closeReadChannel()、closeWriteChannel()	关闭数据读取或写入通道
createProcessArgumentsModifier()、setCreateProcessArgumentsModifier()	获取或设置返回进程参数修改器函数。只适用于 Windows 平台
exitCode()、exitStatus()	返回最后完成的进程退出码或退出状态
inputChannelMode()、setInputChannelMode()	获取或设置 QProcess 标准输入通道的通道模式
nativeArguments()、setNativeArguments()	获取或设置本机命令行参数(Windows 平台)
processChannelMode()、setProcessChannelMode()	获取或设置 QProcess 标准输出及错误通道模式
processEnvironment()、setProcessEnvironment()	获取或设置 QProcess 将传递给其子进程的环境
processId()、error()	返回进程的本机进程标识符;返回错误类型
program()、setProgram()	获取或设置进程上次启动时使用的程序
readChannel()、setReadChannel()	获取或设置 QProcess 的当前读通道
readAllStandardOutput()、readAllStandardError()	获取进程标准输出中的所有可用数据或错误
read()、readAll()、readData()、readLine()	读取数据
setStandardInputFile()、setStandardOutputFile()、setStandardErrorFile()	将进程的标准输入或输出或错误重定向到给定的文件
setStandardOutputProcess()	将进程的标准输出流通过管道传输到目标进程的标准输入
start()、state()	在新的进程中启动程序;返回当前进程状态
waitForFinished()、waitForStarted()	阻塞直到进程完成或启动
workingDirectory()、setWorkingDirectory()	获取或设置进程工作目录
kill()、terminate()	槽函数。终止进程
finished()、started()	信号函数。当进程完成或启动时发射此信号
readyReadStandardError()、readyReadStandardOutput()	信号函数。当通过标准通道输出数据时发射此信号
stateChanged()、errorOccurred()	信号函数。当进程状态变化或出现错误时发射此信号

QProcess 类的使用非常简单。在创建对象后,调用相应的成员函数、关联必需的信号和槽,从而实现程序的业务逻辑。

下面给出一段使用 QProcess 启动 cmd.exe 控制台程序并执行 dir 命令的示例代码。

```cpp
//教材源码 code_12_1_1\main.cpp
#include <QCoreApplication>
#include <QProcess>
#include <windows.h>
int main(int argc, char * argv[])
```

```
{
QCoreApplication a(argc, argv);
//创建 QProcess 对象
    QProcess process;
    process.setCreateProcessArgumentsModifier([] (QProcess::CreateProcessArguments *
args)
    {
        args->flags |= CREATE_NEW_CONSOLE;
        args->startupInfo->dwFlags &= ~STARTF_USESTDHANDLES;
        args->startupInfo->dwFlags |= STARTF_USEFILLATTRIBUTE;
        //设置控制台背景色为蓝色
        args->startupInfo->dwFillAttribute = BACKGROUND_BLUE ;
        //设置控制台前景色为白色
         args->startupInfo->dwFillAttribute |= FOREGROUND_RED   | FOREGROUND_
GREEN | FOREGROUND_BLUE | FOREGROUND_INTENSITY;
    });
    //运行控制台程序,并执行 dir 命令
    process.start("cmd.exe", QStringList() << "/c" << "dir&pause" );
    return a.exec();
}
```

上述示例代码运行结果如图 12.2 所示。

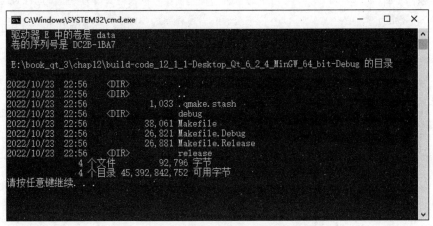

图 12.2　QProcess 类使用示例运行结果

注意,上述示例代码只在 Windows 操作系统中有效。由于代码中使用了在 Windows 操作系统中定义的结构体及常量,所以需要将 windows.h 头文件包含进来。

12.1.2　QThread 类

QThread 类直接继承自 QObject 类,每个 QThread 对象代表了一个在应用程序中可以独立控制的线程,这个线程与进程中的其他线程分享数据。表 12.2 列出了 QThread 类的部分成员函数及功能描述。

除了父类 QObject 的信号之外,QThread 类自身定义了两个信号,即 finished()和 started()。started()信号在线程开始执行之前发射,finished()信号在线程即将结束时发射。

表 12.2　QThread 类的部分成员函数及功能描述

函 数 名 称	功 能 描 述
QThread()	构造并初始化对象
eventDispatcher()、setEventDispatcher()	获取或设置线程的事件分派器对象指针
isFinished()、isRunning()	判断线程是否已完成或正在运行
loopLevel()	返回线程的当前事件循环级别，只能在线程本身内调用
priority()、setPriority()	返回或设置正在运行的线程的优先级
requestInterruption()	请求中断线程
stackSize()、setStackSize()	获取或设置线程的最大堆栈大小
wait()	线程等待
exit()、quit()	槽函数。退出线程的事件循环
start()、terminate()	槽函数。通过调用 run() 函数开始执行线程；终止线程执行
create()	静态函数。创建新的线程对象
currentThread()、currentThreadId()	静态函数。返回当前线程
idealThreadCount()	静态函数。返回可以在系统上运行的理想线程数
msleep()、sleep()、usleep()	静态函数。强制当前线程休眠一段时间
yieldCurrentThread()	静态函数。将当前线程的执行交给另一个可运行的线程
finished()、started()	信号函数。当线程完成或启动时发射此信号

　　QThread 类是 Qt 实现多线程操作的核心类。在 Qt 多线程编程中，一般都是从该类继承定义自己的线程类，实现对线程的处理。下面给出一段使用 QThread 类实现多线程的简单示例代码。

```
//教材源码 code_12_1_2\workthread.h
…
class WorkThread : public QThread
{
    Q_OBJECT
public:
    explicit WorkThread(QObject * parent = nullptr);
    //QThread 接口
protected:
    void run();
};
//教材源码 code_12_1_2\workthread.cpp
…
void WorkThread::run()
{
    while(true){
        for(int i=0; i < 10 ; i++)
            qDebug() << i << i << i << i << rand();
    }
}
//教材源码 code_12_1_2\widget.cpp
…
Widget::Widget(QWidget * parent):QWidget(parent), ui(new Ui::Widget)
```

```
{
    ...
    workThread = new WorkThread(this);
}
void Widget::on_startBtn_clicked()
{
    workThread->start();
    workThread->setPriority(QThread::LowPriority);
    ...
}
void Widget::on_stopBtn_clicked()
{
    workThread->terminate();
    workThread->wait();
    ...
}
```

上述示例代码运行结果如图 12.3 所示,图中显示的是 workThread 线程运行后被停止的状态。

图 12.3　QThread 类使用示例运行结果

注意,示例代码中调用 QThread::terminate()函数终止 workThread 线程实例,但是该函数并不会立即终止这个线程,线程何时终止取决于操作系统的调度策略。也就是说,当用户单击"停止"按钮后,控制台中的输出并不会立即停止。

除了上面介绍的 QThread 类之外,Qt 还提供了一个名为 Qt Concurrent 的模块,即并发模块,用于实现对线程的处理。Qt 并发模块提供了一些高级的 API,使得在编写多线程程序时无须使用互斥锁、读写锁、等待条件或信号量等基础操作。使用 Qt Concurrent 模块开发的 Qt 多线程应用程序能够根据可用的处理器内核个数自动调整线程数。关于使用 Qt Concurrent 模块实现线程处理的相关知识,请大家参考 Qt 帮助或其他相关的技术文档,本书只介绍使用 QThread 类实现线程操作的基本方法。

12.2　进程

进程(Process)是计算机中的程序关于数据集合上的一次运行活动,是正在运行的程序的实例。从理论角度来看,进程是对正在运行的程序过程的抽象;从实现角度来看,进程就是一种数据结构。进程清晰地刻画了动态系统的内在规律,并有效地管理和调度进入计算机系统主存储器运行的程序。

12.2.1 进程的启动

进程是一个"执行中的程序",所以,启动进程就是开始运行一个程序。可以使用 QProcess 类的 start()、startDetached() 和 execute() 函数启动一个进程。

下面给出一个在 Qt 应用程序中打开/关闭 Windows 系统计算器的简单实例。

【例 12.1】 编写一个 Qt 应用程序,在程序中运行 Windows 计算器,如图 12.4 所示。

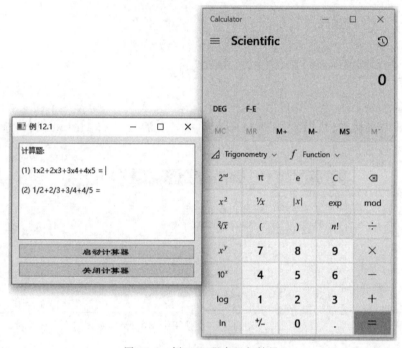

图 12.4 例 12.1 程序运行结果

（1）打开 Qt Creator 集成开发环境,创建一个基于 QWidget 类的 Qt 应用程序。项目名称为 examp12_1。

（2）双击项目视图中的 widget.ui 界面文件,打开 Qt Designer 设计工具,对程序主窗体界面进行设计。在主窗体中添加一个 QPlainTextEdit 类型的多文本编辑器和两个 QPushButton 类型的按钮,3 个对象的名称分别为 plainTextEdit、startButton 和 closeButton。

（3）为两个 QPushButton 按钮添加 clicked() 信号的槽函数,函数名称分别为 on_startButton_clicked() 和 on_closeButton_clicked()。

（4）打开 widget.h 头文件,为 Widget 类添加一个名为 isActive() 的私有成员函数,用于判断计算器是否已经启动;添加一个名为 showError() 的槽函数,用于显示启动进程时可能会出现的错误信息;添加 3 个名称为 myProcess、program 和 arguments 的私有成员变量,分别表示进程、外部程序以及命令行参数。代码如下。

```
private:
    bool isActive();
private slots:
    …
    void showError();
```

```
private:
    ...
    QProcess * myProcess;
    QString program;
    QStringList arguments;
```

（5）打开 widget.cpp 文件，编写构造函数、自定义函数，以及槽函数代码，以实现程序功能。

```
Widget::Widget(QWidget * parent):QWidget(parent), ui(new Ui::Widget)
{
    ui->setupUi(this);
    ui->plainTextEdit->appendPlainText(tr("计算题:\n"));
    ui->plainTextEdit->appendPlainText(tr("(1) 1x2+2x3+3x4+4x5 = \n"));
    ui->plainTextEdit->appendPlainText(tr("(2) 1/2+2/3+3/4+4/5 = \n"));
    myProcess = new QProcess(this);
    connect(myProcess, SIGNAL(errorOccurred(QProcess::ProcessError)), this,
SLOT(showError()));
}
Widget::~Widget()
{
    delete ui;
    delete myProcess;
}
bool Widget::isActive()
{
    program = "tasklist";
    myProcess->start(program);
    myProcess->waitForFinished();
    QByteArray res = myProcess->readAllStandardOutput();
    QString str = res;
    return str.contains("calculator.exe",Qt::CaseInsensitive);
}
void Widget::on_startButton_clicked()
{
  if(isActive()){
      QMessageBox::information(this,tr("温馨提示"),tr("计算器已经打开"));
  }
    else{
      program = "calc";
      myProcess->start(program);
      myProcess->waitForFinished();
    }
}
void Widget::showError()
{
    QMessageBox::information(this,tr("错误信息"),tr("错误信息:").
arg(myProcess->errorString()));
}
void Widget::on_closeButton_clicked()
{
    if(isActive()){
        program = "cmd.exe";
        arguments.clear();              //必须要清空参数列表
        arguments<<"/C TASKKILL /F /IM Calculator.exe /T";
        myProcess->start(program, arguments);
```

```
        myProcess->waitForFinished();
    }
    else{
        QMessageBox::information(this,tr("温馨提示"),tr("计算器已经关闭"));
    }
}
```

(6) 构建并运行程序。程序运行后,单击主窗体中的"启动计算器"按钮,即可打开 Windows 系统的计算器;如果计算器已经打开,则会通过消息框给出提示信息。单击程序主窗口中的"关闭计算器"按钮,可以关闭计算器,当然也可以直接通过计算器上的"关闭"按钮关闭它。

本程序使用 QProcess 类的 start()函数启动进程,也就是外部程序。在 isActive()函数中,启动了 Windows 系统的 tasklist 应用程序,通过该程序获取到 Windows 系统的服务列表,查询计算器(Calculator.exe)是否启动。在 on_startButton_clicked()函数中,根据 isActive()函数的返回结果,启动 Windows 系统的 calc 应用程序,也就是 Windows 系统自带的计算器。在 on_closeButton_clicked()函数中,启动 Windows 系统的 cmd.exe 控制台程序,通过在控制台中执行 taskkill 命令实现计算器的关闭功能。当然,也可以使用 QProcess 类的 terminate()或 kill()等函数结束进程的运行,注意这些函数有时会失去效果。

12.2.2　进程间通信

Qt 提供了多种方法在 Qt 应用程序中实现进程间通信(Inter-Process Communication, IPC)。打开 Qt Assistant 工具,通过"索引"查询 Inter-Process Communication in Qt 关键词,可以看到 Qt 所提供的 6 种 IPC 方法。

1. TCP/IP 方法

跨平台的 Qt Network 模块提供了众多的类实现网络编程。它不仅提供了使用特定应用程序级协议进行通信的高级类(如 QNetworkAccessManager),也提供了用于实现相关协议的低级类(如 QTcpSocket、QTcpServer、QSslSocket)。

本书第 11 章"网络编程"中详细介绍了这种方法。

2. Local Server/Socket 方法

跨平台的 Qt Network 模块提供了使本地网络编程可移植且容易的类。它提供了 QLocalServer 和 QLocalSocket 类,允许在本地设置中进行类似网络的通信。

【例 12.2】　编写一个 Qt 应用程序,通过 Local Server/Socket 方法实现进程之间的通信。程序初始界面如图 12.5 所示。

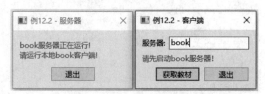

图 12.5　例 12.2 程序初始界面

（1）打开 Qt Creator 集成开发环境，创建两个基于 QDialog 类的 Qt 应用程序。项目名称分别为 examp12_1_server 和 examp12_1_client。前者表示服务器端程序，后者表示客户端程序。

（2）编写服务器端程序代码。下面只给出部分关键代码，其他请参见教材源码。

```
//server.h 文件
…
class Server : public QDialog
{
    …
private slots:
    void sendBook();
private:
    QLocalServer * server;
    QStringList books;
};
//server.cpp 文件
…
Server::Server(QWidget * parent) : QDialog(parent)
{
    …
    server = new QLocalServer(this);        //构建服务器对象
    if(!server->listen("book")) {
        QMessageBox::critical(this, tr("本地 book 服务器"),
                            tr("启动 book 服务器失败：%1!")
                            .arg(server->errorString()));
        close();
        return;
    }
    …
    books << tr("Qt6.2/C++程序设计与桌面应用开发") //测试数据
        << tr("PHP 程序设计与项目案例开发")
        << tr("PHP 程序设计从入门到实践")
        << tr("清华大学出版社教材")
        << tr("面向对象程序设计(C++语言描述)")
        << tr("Visual C++ 2019 程序设计")
    …
    connect(quitButton, &QPushButton::clicked, this, &Server::close);
    connect(server, &QLocalServer::newConnection, this, &Server::sendBook);
    …
}
void Server::sendBook()         //将服务器的数据传输到客户端
{
    QByteArray block;
    QDataStream out(&block, QIODevice::WriteOnly);
    out.setVersion(QDataStream::Qt_6_2);
    const int bookIndex = QRandomGenerator::global()->bounded(0, books.size());
    const QString &message = books.at(bookIndex);
    out << quint32(message.size());
    out << message;
    QLocalSocket * clientConnection = server->nextPendingConnection();
    connect(clientConnection, &QLocalSocket::disconnected,
            clientConnection, &QLocalSocket::deleteLater);
```

```
        clientConnection->write(block);
        clientConnection->flush();
        clientConnection->disconnectFromServer();
    }
```

(3) 编写客户端程序代码。下面只给出部分关键代码,其他请参见教材源码。

```
//client.h 文件
...
class Client : public QDialog
{
    ...
private slots:
    void requestNewBook();
    void readBook();
    void displayError(QLocalSocket::LocalSocketError socketError);
    void enableGetBookButton();

private:
    ...
    QLocalSocket * socket;              //声明 Socket 对象
    QDataStream in;
    quint32 blockSize;
};
//client.h 文件
...
Client::Client(QWidget * parent)  : QDialog(parent),
        hostLineEdit(new QLineEdit("book")),
        getBookButton(new QPushButton(tr("获取教材"))),
        statusLabel(new QLabel(tr("请先启动 book 服务器!"))),
        socket(new QLocalSocket(this))
{
  ...
    in.setDevice(socket);
    in.setVersion(QDataStream::Qt_6_2);
    connect(hostLineEdit, &QLineEdit::textChanged, this,
&Client::enableGetBookButton);
    connect(getBookButton, &QPushButton::clicked, this, &Client::requestNewBook);
    connect(quitButton, &QPushButton::clicked, this, &Client::close);
    connect(socket, &QLocalSocket::readyRead, this, &Client::readBook);
    connect(socket, &QLocalSocket::errorOccurred, this, &Client::displayError);
}
void Client::requestNewBook()
{
    getBookButton->setEnabled(false);
    blockSize = 0;
    socket->abort();
    socket->connectToServer(hostLineEdit->text());
}
void Client::readBook()
{
    if(blockSize == 0) {
        if(socket->bytesAvailable() < (int)sizeof(quint32))
            return;
        in >> blockSize;
```

```
    }
    if(socket->bytesAvailable() < blockSize || in.atEnd())
        return;
    QString nextBook;
    in >> nextBook;
    currentBook = nextBook;
    statusLabel->setText(currentBook);
    getBookButton->setEnabled(true);
}
```

（4）构建并运行程序。首先运行 examp12_2_server 项目，启动 book 服务器；然后运行 examp12_2_server 项目，运行客户端程序。单击客户端中的"获取教材"按钮，即可查看到 book 服务器上的教材名称，如图 12.6 所示。

可以连续单击"获取教材"按钮，获取 book 服务器上其他教材的名称。

3. Shared Memory 方法

Qt Network 模块中的跨平台的 QSharedMemory 共享内存类，提供对操作系统的共享内存的实现，它允许多个线程和进程安全访问共享内存段。此外，QSystemSemaphore 可以用来控制访问由系统共享的资源以及进程之间的通信。

【例 12.3】 编写一个 Qt 应用程序，使用共享内存实现进程之间的通信。程序初始界面如图 12.7 所示。

扫一扫

视频讲解

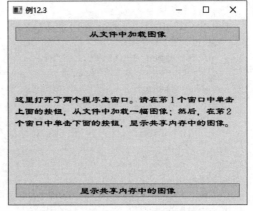

图 12.6　例 12.2 客户端程序运行结果　　　　图 12.7　例 12.3 程序初始界面

（1）打开 Qt Creator 集成开发环境，创建一个基于 QWidget 类的 Qt 应用程序。项目名称为 examp12_3。

（2）双击项目视图中的 widget.ui 界面文件，打开 Qt Designer 设计工具，对程序主窗体界面进行设计。在主窗体中添加一个 QLabel 标签控件和两个 QPushButton 类型的按钮，3 个对象的名称分别为 label、loadFromFileButton 和 loadFromSharedMemoryButton。

（3）为两个 QPushButton 按钮添加 clicked()信号的槽函数，函数名称分别为 on_loadFromFileButton_clicked()和 on_loadFromSharedMemoryButton_clicked()。

（4）打开 widget.h 头文件，为 Widget 类添加一个名为 detach()的私有成员函数，用于将进程与共享内存段分离；添加一个名为 sharedMemory 的 QSharedMemory 私有成员对象，用于表示共享内存段。代码如下。

```
private:
    void detach();
private:
    ...
    QSharedMemory sharedMemory;
```

(5) 打开 widget.cpp 文件,编写构造函数、自定义函数,以及槽函数代码,以实现程序功能。

```
Widget::Widget(QWidget * parent) : QWidget(parent) , ui(new Ui::Widget)
{
    ui->setupUi(this);
    sharedMemory.setKey(tr("sharedMemory"));
}
void Widget::on_loadFromFileButton_clicked()
{
    if(sharedMemory.isAttached())
        detach();
        ui->label->setText(tr("请选择一个图像文件!"));
        QString fileName = QFileDialog::getOpenFileName(0, QString(), QString(),
tr("Images ( * .png * .jpg)"));
        QImage image;
        if(!image.load(fileName)) {
            ui->label->setText(tr("选择的文件不是图像文件,请重新选择!"));
            return;
        }
        ui->label->setPixmap(QPixmap::fromImage(image));
        QBuffer buffer;
        buffer.open(QBuffer::ReadWrite);
        QDataStream out(&buffer);
        out << image;
        int size = buffer.size();
        if(!sharedMemory.create(size)) {
            ui->label->setText(tr("创建共享内存失败!"));
            return;
        }
        sharedMemory.lock();
        char * to = (char * )sharedMemory.data();
        const char * from = buffer.data().data();
        memcpy(to, from, qMin(sharedMemory.size(), size));
        sharedMemory.unlock();
}
void Widget::on_loadFromSharedMemoryButton_clicked()
{
    if(!sharedMemory.attach()) {
            ui->label->setText(tr("不能将进程与共享内存段分离! \n\n 请先加载
图像!"));
            return;
        }
        QBuffer buffer;
        QDataStream in(&buffer);
        QImage image;
        sharedMemory.lock();
        buffer.setData((char * )sharedMemory.constData(), sharedMemory.size());
```

```
        buffer.open(QBuffer::ReadOnly);
        in >> image;
        sharedMemory.unlock();
        sharedMemory.detach();
        ui->label->setPixmap(QPixmap::fromImage(image));
}
void Widget::detach()
{
        if(!sharedMemory.detach())
            ui->label->setText(tr("不能将进程与共享内存段分离!"));
}
```

为了测试方便,在 main.cpp 文件的主函数 main()中设置两个 Widget 主窗体对象,代码如下。

```
int main(int argc, char * argv[])
{
        QApplication a(argc, argv);
        Widget w1, w2;
        w1.show();
        w2.show();
        return a.exec();
}
```

(6)构建并运行程序。程序运行后会弹出两个主窗体,首先单击第 1 个主窗体上面的按钮,从文件中加载一幅图像到共享内存中,如图 12.8 所示;然后单击第 2 个主窗体下面的按钮,即可显示共享内存中的图像。

4. D-Bus 协议方法

Qt 的 D-Bus 模块是一种可用于使用 D-Bus协议实现 IPC 的唯一 UNIX 库。它将 Qt 的信号与槽机制延伸到 IPC 级别,允许由一个进程发出的信号被连接到另一个进程的槽。

图 12.8　加载图像到共享内存

该方法的实现,请参见 Qt 的示例程序 D-Bus Chat Example 和 D-Bus Remote Controlled Car Example。

5. QProcess 方法

跨平台类 QProcess 能够用于启动外部程序作为子进程,并与它们进行通信。它提供了用于监测和控制该子进程状态的 API。另外,QProcess 为从 QIODevice 继承的子进程提供了输入/输出通道。

该方法的实现,请参见 12.1.1 节的 code_12_1_1 示例项目。

6. Session Management 方法

在 Linux/X11 平台上,Qt 提供了会话管理的支持。会话容许事件传播到进程。例如,当检测到关机时,进程和应用程序能够执行任何必需的操作,如保存打开的文档等。

12.3 线程

Qt 对线程的支持是通过 3 方面实现的：一是提供了一组与平台无关的线程类；二是提供了一个线程安全的事件发送方式；三是提供了跨线程的信号与槽的关联。Qt 对多线程操作的全面支持，使开发可移植的 Qt 多线程应用程序变得非常容易，同时还可以充分发挥多处理器中各个内核的效用。

12.3.1 线程的运行

在 Qt 的多线程应用程序中，通常使用 QThread 类提供的方法对线程进行管理。一个 QThread 类的对象管理一个线程，默认情况下，线程是在 QThread::run()函数中开始运行的，run()函数通过调用 exec()函数启动并运行 Qt 的事件循环。

1. 线程的创建

在多线程编程中，将应用程序的线程称为主线程，额外创建的线程称为工作线程。工作线程可以通过两种方法来创建，一种方法是自定义 QThread 类的子类，并重载 run()函数；另一种方法是先创建工作对象，然后使用 QObject::moveToThread()函数将工作对象嵌入线程中。

1) 使用 QThread 子类对象

通过子类化 QThread 创建工作线程，是 Qt 多线程编程中的常用方法。下面给出一段示例代码。

```
//创建 QThread 子类
class WorkerThread : public QThread
{
    Q_OBJECT
    void run() override {
        QString result;
        /* ... here is the expensive or blocking operation ... */
        emit resultReady(result);
    }
signals:
    void resultReady(const QString &s);
};
//使用 QThread 子类对象
void MyObject::startWorkInAThread()
{
    WorkerThread * workerThread = new WorkerThread(this);
    connect(workerThread, &WorkerThread::resultReady, this, &MyObject::handleResults);
    connect(workerThread, &WorkerThread::finished, workerThread, &QObject::deleteLater);
    workerThread->start();
}
```

12.1.2 节的 code_12_1_2 示例项目采用的就是此方法。

2）使用 QObject::moveToThread()函数

通过这种方法创建工作线程,首先需要创建一个工作者对象,将线程任务集中到这个对象中,然后使用 QObject::moveToThread()函数完成工作线程的创建。示例如下。

```cpp
class Worker : public QObject
{
    Q_OBJECT
public slots:
    void doWork(const QString &parameter) {
        QString result;
        /* ... here is the expensive or blocking operation ... */
        emit resultReady(result);
    }
signals:
    void resultReady(const QString &result);
};
class Controller : public QObject
{
    Q_OBJECT
    QThread workerThread;
public:
    Controller() {
        Worker * worker = new Worker;
        worker->moveToThread(&workerThread);
        connect(&workerThread, &QThread::finished, worker, &QObject::deleteLater);
        connect(this, &Controller::operate, worker, &Worker::doWork);
        connect(worker, &Worker::resultReady, this, &Controller::handleResults);
        workerThread.start();
    }
    ~Controller() {
        workerThread.quit();
        workerThread.wait();
    }
public slots:
    void handleResults(const QString &);
signals:
    void operate(const QString &);
};
```

这样,Worker 的 doWork()槽中的代码就可以在单独的线程中执行,使用这种方法可以很容易地将一些费时的操作放到单独的工作线程中完成;可以将任意线程中任意对象的任意一个信号关联到 Worker 的槽上,不同线程间的信号和槽进行关联是安全的。

2. 线程的启动

工作线程创建完成后,可以在外部创建该线程的实例,然后调用 start()函数开始执行该线程,start()函数默认会调用 run()函数。下面来看一个简单的实例。

【**例 12.4**】 编写一个 Qt 应用程序,统计 n 个自然数中质数的个数。要求统计计算在单独的线程中完成,主线程接收用户输入并显示统计结果。程序主窗体界面如图 12.9 所示。

（1）打开 Qt Creator 集成开发环境,创建一个基于 QWidget 类的 Qt 应用程序。项目名称为 examp12_4。

扫一扫

视频讲解

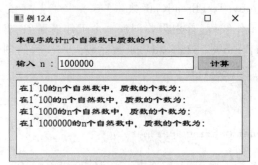

图 12.9　例 12.4 程序主窗体界面

（2）双击项目视图中的 widget.ui 界面文件，打开 Qt Designer 设计工具，对程序主窗体界面进行设计。在主窗体中添加两个 QLabel 标签、一个 QPushButton 按钮、一个 QLineEdit 单行文本输入框和一个 QPlainTextEdit 多行文本编辑器。其中，单行文本输入框、按钮和多行文本编辑器控件对象的名称分别为 lineEdit、pushButton 和 plainTextEdit。

（3）右击主窗体中的 lineEdit 控件，在弹出的快捷菜单中选择 Go to slots 菜单命令，为单行文本控件添加 editingFinished 信号关联 on_lineEdit_editingFinished()槽函数；使用同样的方法，为"计算"按钮控件添加 clicked 信号关联 on_pushButton_clicked()槽函数。

（4）在项目中添加一个 QThread 类的派生类 MyThread，并重载 run()虚函数。为类 MyThread 添加私有成员变量 endNum，用于存储需要统计的自然数的个数；为 endNum 成员变量添加公有的设置函数 setEndNum()。代码如下。

```cpp
//mythread.h 文件
#ifndef MYTHREAD_H
#define MYTHREAD_H
#include <QThread>
class MyThread : public QThread
{
    Q_OBJECT
public:
    explicit MyThread(QObject * parent = nullptr);
    void setEndNum(long n);
    //QThread interface
protected:
    void run();
private:
    long endNum;
};
#endif //MYTHREAD_H
```

接着，编写 mythread.cpp 文件中的代码，完成成员变量的初始化、成员变量的设置和线程任务等工作。代码如下。

```cpp
//mythread.cpp 文件
#include "mythread.h"
#include <QDebug>
MyThread::MyThread(QObject * parent) : QThread(parent)
{
    endNum = 0;
```

```
}
void MyThread::setEndNum(long n)
{
    endNum = n;
}
void MyThread::run()
{
    long n=0,m,k,i;
    for(m=1;m<=endNum;m=m+2){
        k = (long)sqrt(m);
        for(i=2;i<=k;i++){
            if(m%i==0)
                break;
        }
        if(i>=k+1)
            n = n+1;
    }
    qDebug()<<"在 1 ~"<<endNum<<"的 n 个自然数中,质数的个数为:"<<n;
}
```

上述 run()函数中的代码完成 endNum 个自然数中质数个数的统计任务。当 endNum
相当大时,耗费的计算时间会比较长,为了不阻塞应用程序的主线程,将其放置在一个单独
的子线程中。这里直接在控制台输出计算结果。

(5) 打开 widget.h 文件,在 Widget 类中添加一个 MyThread 类型的对象 myThread,
并为步骤(3)中创建的两个槽函数添加代码,实现相应的功能。

```
void Widget::on_lineEdit_editingFinished()
{
    QString str;
    str = tr("在 1~") + ui->lineEdit->text() + tr("的 n 个自然数中,质数的个数为: ");
    ui->plainTextEdit->appendPlainText(str);
}
void Widget::on_pushButton_clicked()
{
    myThread.setEndNum(ui->lineEdit->text().toInt());
    myThread.start();                //启动线程
}
```

(6) 构建并运行程序。程序运行后,输入不同的 n 值,并单击"计算"按钮进行测试,结
果如图 12.10 所示。

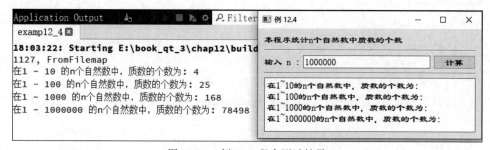

图 12.10　例 12.3 程序测试结果

该程序子线程中的计算结果是直接在控制台输出的,如果要将计算结果传递到主线程

中,就需要了解线程间通信的基本方法。下面简单介绍线程间通信的相关知识。

12.3.2 线程间通信

线程间的通信一般通过两种方法来实现,即成员变量方法和自定义信号方法。成员变量方法就是通过线程对象的成员变量来返回线程数据;自定义信号方法则是通过在线程类中定义信号,利用信号参数传递线程数据。

1. 成员变量方法

由于线程任务是在 run()函数中完成的,而 run()函数又属于线程类的成员函数,所以可以通过线程类的成员变量存储 run()函数中的相关数据。

【例 12.5】 编写一个 Qt 应用程序,使用成员变量实现线程之间的通信。程序运行结果如图 12.11 所示。

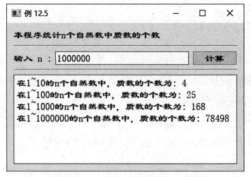

图 12.11 例 12.5 程序运行结果

(1) 复制例 12.4 中的 examp12_4 项目,并将项目名称修改为 examp12_5。

(2) 打开项目中的 mythread.h 文件,在 MyThread 线程类中添加一个类型为 long 的私有成员变量 result,并为其添加公有的 getResult()函数。getResult()函数实现代码如下。

```
long MyThread::getResult()
{
    return result;
}
```

(3) 修改 run()函数中的代码,将计算结果赋值给成员变量 result。

```
void MyThread::run()
{
    ...
    //qDebug()<<"在 1 ~"<<endNum<<"的 n 个自然数中,质数的个数为:"<<n;
    result = n;
}
```

(4) 打开项目中的 widget.h 文件,在 Widget 类中添加 returnResult()槽函数。代码如下。

```
void Widget::returnResult()
{
    long r = myThread.getResult();
    QString str;
```

```
    str.setNum(r);
    ui->plainTextEdit->insertPlainText(str);
}
```

（5）在 Widget 类的构造函数中编写代码，将 returnResult( )槽函数与 QThread：：finished 信号关联。代码如下。

```
connect(&myThread,&QThread::finished,this,&Widget::returnResult);
```

子线程运行结束后，即刻调用主窗体中的 returnResult( )槽函数，将计算结果显示在多行文本编辑器光标所在的位置。

（6）构建并运行程序。程序运行后，在文本输入框中输入 n 并按 Enter 键，然后单击"计算"按钮开始计算。程序计算时，可以在主窗体中进行其他操作，主线程没有被阻塞，如图 12.12 所示。

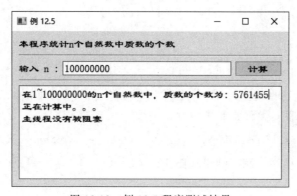

图 12.12　例 12.5 程序测试结果

2. 自定义信号方法

在 Qt 的信号与槽通信机制中，对象在发射信号时是可以附带传送一些参数的。所以，可以通过在线程类中定义信号，利用信号参数传递线程数据。

【例 12.6】　编写一个 Qt 应用程序，使用自定义信号方法实现线程之间的通信。程序运行结果如图 12.13 所示。

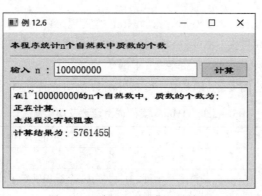

图 12.13　例 12.6 程序运行结果

（1）复制例 12.4 中的 examp12_4 项目，并将项目名称修改为 examp12_6。

（2）打开项目中的 mythread.h 头文件，为 MyThread 线程类添加一个信号函数。代码如下。

```
signals:
    void returnResult(long result);
```

（3）打开项目中的 mythread.cpp 文件，修改 MyThread 线程类的 run()函数中的代码。

```
void MyThread::run()
{
    ...
    //qDebug()<<"在 1 ~"<<endNum<<"的 n 个自然数中,质数的个数为:"<<n;
    emit returnResult(n);
}
```

（4）打开项目文件 widget.h，在 Widget 类中添加 getResult()槽函数，并编写实现代码。

```
void Widget::getResult(long result)
{
    long r = result;
    QString str;
    str.setNum(r);
    ui->plainTextEdit->insertPlainText(str);
}
```

（5）在 Widget 类的构造函数中编写代码，将 getResult()槽函数与 MyThread::returnResult 信号关联。代码如下。

```
connect(&myThread,&MyThread::returnResult,this,&Widget::getResult);
```

（6）构建并运行程序。测试结果如图 12.13 所示。

12.4 线程控制

线程之间存在着互相制约的关系，具体可以分为互斥和同步这两种关系。在 Qt 中，线程的互斥与同步控制，可以使用 QMutex、QMutexLocker、QReadWriteLock、QReadLocker、QWriteLocker、QSemaphore 和 QWaitCondition 等类实现。

12.4.1 基于互斥量

互斥量可以通过 QMutex 或 QMutexLocker 类实现。QMutex 和 QMutexLocker 又称为互斥锁，用于保护共享资源（如对象、数据结构和代码段等），它们能够保证多线程程序中在同一时刻只有一个线程访问共享资源。

QMutex 类位于 Qt 的 Core 模块内，其成员函数及功能描述如表 12.3 所示。

表 12.3　QMutex 类的成员函数及功能描述

函 数 名 称	功 能 描 述
QMutex()	构造并初始化对象
lock()	锁定互斥量，如果另外一个线程锁定了此互斥量，它将阻塞执行直到其他线程解锁该互斥量
tryLock()	试图锁定一个互斥量，如果成功则返回 True；如果其他线程已经锁定了此互斥量，则返回 False，但不阻塞程序执行
try_lock()	试图锁定互斥锁。如果获得了锁，则返回 True；否则返回 False

续表

函　数　名　称	功　能　描　述
try_lock_for() 或 try_lock_until()	试图锁定互斥锁。如果另一个线程锁定了互斥锁,则该函数将至少等待一段时间或到某个时间点,直到互斥锁变为可用
unlock()	解锁一个互斥量,需要与 lock() 函数配对使用

QMutexLocker 是一个简化了互斥处理的类。QMutexLocker 类的构造函数接受一个互斥量作为参数并将其锁定,它的析构函数则将此互斥量解锁,所以在 QMutexLocker 实例变量的生存期内的代码段得到保护,自动进行互斥量的锁定和解锁。

除了构造函数和析构函数之外,QMutexLocker 类还定义了 mutex()、relock() 和 unlock()这 3 个成员函数,用于获取 QMutexLocker 操作过程中的互斥量、实现重新锁定和解锁操作。

下面给出一个简单的实例,演示 QMutex 和 QMutexLocker 类的使用方法。

【例 12.7】 编写一个 Qt 应用程序,演示使用互斥量保护共享资源。

扫一扫

视频讲解

(1) 打开 Qt Creator 集成开发环境,创建一个基于 QWidget 类的 Qt 应用程序,项目名称为 examp12_7。

(2) 在项目中添加一个名为 TestData 的 C++类,并在该类中定义两个静态成员 sharedNumber 和 sharedNumMutex,前者表示共享整型数据,后者表示互斥锁。代码如下。

```
//testdata.h 文件
…
class TestData
{
public:
    TestData();
    static int sharedNumber;
    static QMutex sharedNumMutex;
};
…
//testdata.cpp 文件
…
int TestData::sharedNumber = 0;          //静态成员初始化
QMutex TestData::sharedNumMutex;
…
```

(3) 在项目中添加两个 QThread 的子线程类,类名分别为 WorkThread1 和 WorkThread2。在这两个类中实现 QThread::run()虚函数,代码如下。

```
//workthread1.cpp 文件
void WorkThread1::run()
{
    QMutexLocker mutexLocker(&TestData::sharedNumMutex);    //语句 1
    TestData::sharedNumber += 20;                           //语句 2
    TestData::sharedNumber -= 5;                            //语句 3
    qDebug() << "线程 1 ID: " << QThread::currentThread() << "结果: " <<
TestData::sharedNumber;                                     //语句 4
}
//workthread2.cpp 文件
void WorkThread2::run()
```

```
{
    TestData::sharedNumMutex.lock();                              //语句 5
    TestData::sharedNumber += 2;                                  //语句 6
    QThread::msleep(10);
    TestData::sharedNumber *= 10;                                 //语句 7
    qDebug() << "线程 2 ID: " << QThread::currentThread() << "结果: " <<
TestData::sharedNumber;                                           //语句 8
    TestData::sharedNumMutex.unlock();                            //语句 9
}
```

(4)在项目主窗体中添加一个 QPushButton 类型的按钮,并在其 clicked()信号对应的槽函数中编写代码。

```
void Widget::on_pushButton_clicked()
{
    m_workThread2.start();        //先启动线程 2
    m_workThread1.start();
}
```

(5)构建并运行程序。为了对比运行结果,程序运行测试分两次进行。先注释掉步骤(3)代码中的语句 1、语句 5 和语句 9,测试不使用互斥锁的情形,结果如图 12.14 所示。

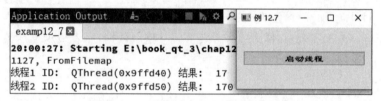

图 12.14　不使用互斥锁程序运行结果

从上述输出结果可以看出,在线程 1 中输出的结果为 17(即 0+2+20−5),这个结果是执行了语句 2 和语句 3 后得到的。也就是说,在线程 2 还没有对共享数据 TestData::sharedNumber 修改(语句 7 还没有执行)完成时,线程 1 便对该共享数据进行了修改。很显然,这个计算结果是不符合程序设计者的初衷的。

接着,测试使用互斥锁后程序的运行情况。取消语句 1、语句 5 和语句 9 的注释,重新构建并运行程序,结果如图 12.15 所示。

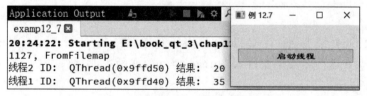

图 12.15　使用互斥锁程序运行结果

从结果可以看到,使用互斥锁以后,线程 1 就不能在线程 2 访问共享数据时对其进行操作了。这样有效保护了程序中的共享资源。

12.4.2　基于信号量

信号量 QSemaphore 可以理解为对互斥量 QMutex 功能的扩展,互斥量只能锁定一次,而信号量可以获取多次,它可以用来保护一定数量的同种资源。

QSemaphore 类的成员函数及功能描述如表 12.4 所示。

表 12.4　QSemaphore 类的成员函数及功能描述

函 数 名 称	功 能 描 述
QSemaphore()	构造并初始化对象
acquire()	尝试获取 n 个资源。如果没有这么多资源,线程将阻塞直到有 n 个资源可用
available()	返回当前信号量可用的资源个数,这个数永远不可能为负数,如果为 0,就说明当前没有资源可用
release()	释放 n 个资源,如果信号量的资源已全部可用之后再释放,就可以创建更多的资源,增加可用资源的个数
tryAcquire()	尝试获取 n 个资源,不成功时不阻塞线程

信号量的典型用例是控制生产者/消费者之间共享的环形缓冲区。生产者/消费者实例中对线程同步的需求有两处,一是如果生产者过快地生产数据,将会覆盖消费者还没有读取的数据;二是如果消费者过快地读取数据,将越过生产者并且读取到一些过期数据。针对以上要求,使生产者和消费者线程同时分别操作缓冲区的不同部分,是一种比较高效的问题解决方法。关于生产者/消费者问题的示例程序请参见 Qt 的 semaphores Example。

下面给出一个简单的停车场车位资源分配实例。

【例 12.8】　编写一个 Qt 应用程序,演示信号量 QSemaphore 的使用方法。

扫一扫

视频讲解

(1) 打开 Qt Creator 集成开发环境,创建一个基于 QWidget 类的 Qt 应用程序,项目名称为 examp12_8。

(2) 在项目中添加一个名为 TestData 的 C++ 类,并在该类中定义两个静态成员 gData 和 gSemaphore,前者表示共享资源,后者表示信号量。代码如下。

```
//testdata.h 文件
…
class TestData
{
public:
    TestData();
    static bool gData[5];                    //假设车位有 5 个
    static QSemaphore gSemaphore;
};
…
//testdata.cpp 文件
…
bool TestData::gData[5] = {false, false, false, false, false};    //车位为可用状态
QSemaphore TestData::gSemaphore(5);              //假设可用资源(车位)为 5 个
…
```

(3) 在项目中添加一个 QThread 的子线程类,类名为 MyThread。实现 MyThread 类的 QThread::run() 虚函数,并编写代码。

```
//mythread.cpp 文件
void MyThread::run()
{
    TestData::gSemaphore.acquire();          //申请一个公共资源
    int nIndex = -1;
```

```
for(int i=0; i < 5; ++i){
    if(!TestData::gData[i]){
        TestData::gData[i] = true;        //车位被占用状态
        nIndex = i;
        break;
    }
}
if(nIndex > -1){
    qDebug() << mId << "号车" << "占用" << nIndex << "号车位";
    sleep(3);                            //资源被占用 3s
    TestData::gData[nIndex] = false;
    TestData::gSemaphore.release();      //释放占用的公共资源
}
}
```

（4）在项目主窗体中添加一个 QPushButton 类型的按钮，并在其 clicked()信号对应的槽函数中编写代码。

```
void Widget::on_pushButton_clicked()
{
    //假设 10 辆车申请停车位
    for(int i=0; i < 10; ++i) {
        pThread[i] = new MyThread(i,this);
        pThread[i]->start();
    }

}
```

（5）构建并运行程序。结果如图 12.16 所示。

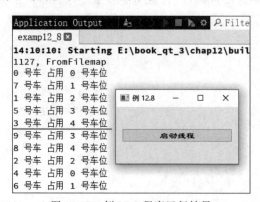

图 12.16　例 12.8 程序运行结果

本实例中的 gData[5]表示车位及状态，如 gData[0]＝false 表示 0 号车位为可用，gData[0]＝true表示 0 号车位已被占用；pThread[10]表示车辆，pThread[i]->start()表示 i 号车辆开始请求分配停车位。

从程序输出结果可以看出，10 辆车同时开始请求停车位，只有编号为 0、7、1、5 和 3 的车辆首先分配到了车位；编号为 9、8、2、4 和 6 的车辆进行等待状态，直到前面 5 辆车释放了 5 个车位后，这些车辆才被分配到相应的停车位。

12.4.3 基于 QReadWriteLock

在基于互斥量 QMutex 的线程控制中,每次只能有一个线程获得互斥量的权限。如果在一个程序中有多个线程读取某个变量,使用互斥量时也必须排队。实际上,若只是读取一个变量,是可以让多个线程同时访问的。在这种只读取的情况下,若仍然使用互斥量,就会降低程序的性能。

针对上述问题,Qt 提供了一个读写锁 QReadWriteLock。该读写锁是基于读或写的模式进行代码段锁定的,在多个线程读写一个共享资源时,可以解决使用互斥量影响程序性能这个问题。与互斥量 QMutex 相比较,QReadWriteLock 的特点是:读共享,写独占;且默认写锁优先级高于读锁。

QReadWriteLock 类的成员函数及功能描述如表 12.5 所示。

表 12.5 QReadWriteLock 类的成员函数及功能描述

函 数 名 称	功 能 描 述
QReadWriteLock()	构造读写锁对象
lockForRead()	以只读方式锁定资源,如果有其他线程以写入方式锁定,该函数会阻塞
lockForWrite()	以写入方式锁定资源,如果本线程或其他线程对读或写模式锁定资源,该函数就阻塞
tryLockForRead()	lockForRead()的非阻塞版本。尝试请求读锁,可以设置超时时间
tryLockForWrite()	lockForWrite()的非阻塞版本。尝试请求写锁,可以设置超时时间
unlock()	解读锁或解写锁

下面给出一个简单的 QReadWriteLock 使用实例。

【例 12.9】 编写一个 Qt 应用程序,演示 QReadWriteLock 的使用。

(1) 复制例 12.7 中的 examp12_7 项目,将项目名称修改为 examp12_9。

(2) 将 TestData 类中的 QMutex 互斥锁更改为 QReadWriteLock 读写锁。

修改后的 textdata.h 文件内容如下。

```
…
#include <QReadWriteLock>
class TestData
{
public:
    TestData();
    static int sharedNumber;
    static QReadWriteLock sharedNumRwLock;
};
…
```

修改后的 textdata.cpp 文件内容如下。

```
…
int TestData::sharedNumber = 10;
QReadWriteLock TestData::sharedNumRwLock;
…
```

(3) 在线程 WorkThread1 中使用读锁。

修改后的 WorkThread1::run()函数代码如下。

```
void WorkThread1::run()
{
    TestData::sharedNumRwLock.lockForRead();   //请求读锁
    qDebug() << "read 1 ---- 线程 1 ID: " << QThread::currentThreadId() <<
"结果: " << TestData::sharedNumber;
    msleep(10);
    qDebug() << "read 2 ---- 线程 1 ID: " << QThread::currentThreadId() <<
"结果: " << TestData::sharedNumber;
    msleep(20);
    qDebug() << "read 3 ---- 线程 1 ID: " << QThread::currentThreadId() <<
"结果: " << TestData::sharedNumber;
    TestData::sharedNumRwLock.unlock();                //解读锁
}
```

（4）在 WorkThread2 线程中使用写锁。

修改后的 WorkThread2::run()函数代码如下。

```
void WorkThread2::run()
{
    TestData::sharedNumRwLock.lockForWrite();   //请求写锁
    TestData::sharedNumber += 5;
    TestData::sharedNumber *= 10;
    qDebug() << "write 1 ---- 线程 2 ID: " << QThread::currentThread() <<
"结果: " << TestData::sharedNumber;
    qDebug() << "write 2 ---- 线程 2 ID: " << QThread::currentThread() <<
"结果: " << TestData::sharedNumber;
    qDebug() << "write 3 ---- 线程 2 ID: " << QThread::currentThread() <<
"结果: " << TestData::sharedNumber;
    TestData::sharedNumRwLock.unlock();                //解写锁
}
```

（5）在项目主窗体类中添加 3 个私有线程对象，并在槽函数中启动线程。代码如下。

```
//widget.h 文件
...
private:
    Ui::Widget * ui;
    WorkThread1 m_workThread1_1, m_workThread1_2;
    WorkThread2 m_workThread2;
...
//widget.cpp 文件
void Widget::on_pushButton_clicked()
{
    m_workThread1_1.start();
    m_workThread1_2.start();
    m_workThread2.start();
}
```

（6）构建并运行程序。结果如图 12.17 所示。

从程序输出结果可以看出，3 条 write 文本始终按设定的顺序排列在一起，说明它们是被写锁锁定的；而 read 文本则不一定按照设定的顺序排列，说明它们并没有被读锁锁定。

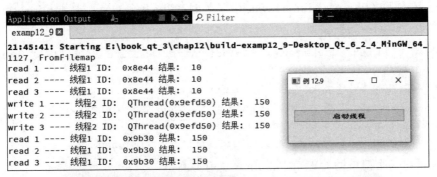

图 12.17 例 12.9 程序运行结果

12.4.4 基于 QWaitCondition

前面介绍的互斥量和基于 QReadWriteLock 的线程控制方法都是对资源的锁定和解锁,避免同时访问资源时发生冲突,但当一个线程解锁资源后,都不能及时通知其他线程。例如,在图 12.7 中,有一部分输出结果是变量的初始值 10,说明这些输出语句是在对变量的计算完成之前执行的。这显然是不合理的。

Qt 提供了 QWaitCondition 类实现"等待条件"式的线程控制方法,它让线程阻塞在等待条件的地方,直到条件满足后才继续执行下去。也就是说,QWaitCondition 可以使一个线程在满足一定条件时通知其他多个线程,使它们及时作出响应。例如,针对图 12.17 中不合理的输出,可以使用 QWaitCondition 让 m_workThread1_1 和 m_workThread1_2 输出线程在输出之前等待,直到 m_workThread2 计算线程执行完成后再唤醒它们。

QWaitCondition 类的成员函数及功能描述如表 12.6 所示。

表 12.6 QWaitCondition 类的成员函数及功能描述

函 数 名 称	功 能 描 述
QWaitCondition()	构造并初始化对象
notify_all()	相当于 wakeAll()。此函数兼容 STL
notify_one()	相当于 wakeOne()。此函数兼容 STL
wait()	解锁互斥量,并阻塞等待唤醒条件
wakeAll()	唤醒所有处于等待状态的线程,线程唤醒的顺序不确定,由操作系统的调度策略决定
wakeOne()	唤醒一个处理等待状态的线程,唤醒哪个线程不确定,由操作系统的调度策略决定

注意,在使用 QWaitCondition::wait()函数时,需要一个 QMutex 或 QReadWriteLock 类型的参数。该函数的原型如下。

```
bool wait(QMutex * lockedMutex, QDeadlineTimer deadline = QDeadlineTimer
(QDeadlineTimer::Forever))
bool wait(QMutex * lockedMutex, unsigned long time)
bool wait(QReadWriteLock * lockedReadWriteLock, QDeadlineTimer deadline =
QDeadlineTimer(QDeadlineTimer::Forever))
bool wait(QReadWriteLock * lockedReadWriteLock, unsigned long time)
```

下面给出一个简单的 QWaitCondition 使用示例。

扫一扫

视频讲解

【例 12.10】　使用 QWaitCondition 解决例 12.9 中程序的不合理输出问题。

(1) 复制例 12.9 中的 examp12_9 项目,将项目名称修改为 examp12_10。

(2) 在 TestData 类中添加一个 QWaitCondition 对象并初始化。代码如下。

```
//testdata.h 文件
...
static QWaitCondition waitCondition;
...
//testdata.cpp 文件
...
QWaitCondition TestData::waitCondition;
...
```

(3) 在 WorkThread1::run()线程函数中添加代码,让其阻塞等待唤醒。代码如下。

```
void WorkThread1::run()
{
    TestData::sharedNumRwLock.lockForRead();
    TestData::waitCondition.wait(&TestData::sharedNumRwLock);    //添加该语句
    ...
    TestData::sharedNumRwLock.unlock();
}
```

(4) 在 WorkThread2::run()线程函数中添加代码,让其唤醒全部等待的线程。代码如下。

```
void WorkThread2::run()
{
    TestData::sharedNumRwLock.lockForWrite();
    ...
    TestData::waitCondition.wakeAll();
    TestData::sharedNumRwLock.unlock();
}
```

(5) 构造并运行程序。结果如图 12.18 所示。

从输出结果可以看出,所有输出语句都是在计算完成之后执行的。这便是使用 QWaitCondition 进行线程同步控制的显著优势。

图 12.18 例 12.10 程序运行结果

习题 12

1. 填空题

（1）Qt 对进程和线程的支持是通过一系列的类协同实现的，其中主要的有＿＿＿＿类和＿＿＿＿类。

（2）QProcess 是＿＿＿＿类的直接子类，属于 Qt 的顺序访问 I/O 设备。

（3）QThread 类直接继承自＿＿＿＿类，每个 QThread 对象代表了一个在应用程序中可以独立控制的线程，它是 Qt 实现多线程操作的核心类。

（4）进程是一个"执行中的程序"，可以使用 QProcess 类的＿＿＿＿等多个函数启动一个进程。

（5）工作线程可以通过两种方法创建，其中一种方法是自定义 QThread 类的子类，并重载＿＿＿＿函数，该方法是 Qt 多线程编程中的常用方法。

（6）工作线程创建完成后，可以在外部创建该线程的实例，然后调用＿＿＿＿函数开始执行该线程，该函数默认会调用 run()函数。

（7）线程间的通信一般通过两种方法实现，即＿＿＿＿方法和＿＿＿＿方法。

（8）线程之间存在着互相制约的关系，具体可以分为＿＿＿＿和＿＿＿＿两种关系。

（9）互斥量可以通过＿＿＿＿或＿＿＿＿类实现。

（10）信号量＿＿＿＿可以理解为对互斥量＿＿＿＿功能的扩展，互斥量只能锁定一次而信号量可以获取多次，它可以用来保护一定数量的同种资源。

2. 选择题

（1）下列选项中不是 QProcess 的基类的是（　　）。

    A. QObject   B. QIODeviceBase

    C. QIODevice   D. QWidget

（2）下列选项中是 QThread 的基类的是（　　）。

    A. QObject   B. QIODeviceBase

    C. QIODevice   D. QWidget

（3）使用下列 QProcess 类成员函数可以启动一个外部程序，但（　　）函数例外。

A. start( )   B. startDetached( )

        C. execute( )   D. program( )

(4) 实现进程间通信的方法有多种,服务器与客户端之间的通信属于其中的(   )方法。

        A. TCP/IP   B. Shared Memory

        C. QProcess   D. Session Management

(5) 在 Qt 的多线程应用程序中,一个 QThread 类的对象管理一个线程,默认情况下,线程是在 QThread 类的(   )函数中开始运行的。

        A. start( )   B. run( )   C. create( )   D. wait( )

(6) 创建新线程时,可以先创建一个工作对象,然后使用 QObject 类的(   )函数将工作对象嵌入线程中。

        A. thread( )   B. moveToThread( )

        C. startTimer( )   D. installEventFilter( )

(7) 线程间的通信一般通过两种方法实现,即(   )方法和(   )方法。

        A. 成员变量   B. 自定义信号

        C. Local Server/Socket   D. D-Bus 协议

(8) 在 Qt 中,线程的互斥与同步控制可以使用(   )或(   )等类实现。

        A. QMutex   B. QSemaphore   C. QLockFile   D. QProcess

(9) 使用 QMutex 类的(   )函数锁定互斥量,并阻塞程序执行。

        A. lock( )   B. trylock( )   C. try_lock( )   D. unlock( )

(10) QSemaphore 类的(   )函数尝试获取 n 个资源,如果没有这么多资源,线程将阻塞直到有 n 个资源可用。

        A. available( )   B. acquire( )   C. tryAcquire( )   D. release( )

3. 程序阅读题

启动 Qt Creator 集成开发环境,创建一个 Qt Widgets Application 类型的应用程序,该应用程序主窗体基于 QWidget 类。在应用程序主窗体中添加一个 QPushButton 类型的按钮,对象名称为 pBtn。

(1) 为 pBtn 按钮添加 clicked 信号的槽函数并编写代码,如下所示。

```
void Widget::on_pBtn_clicked()
{
/* 方法一 */
    QProcess * process = new QProcess(this);
    process->start("notepad.exe");                //语句1
    /* 方法二
    QProcess process;
    process.start("notepad.exe");
    */
}
```

回答下面的问题:

① 说明上述代码的功能。假设程序运行于 Windows 系统。

② 在给出的两种方法中,哪一种不能正常运行? 为什么?

③ 语句 1 中的外部程序没有给定路径,这样可以吗?什么时候需要指定文件路径?

(2) 将 on_pBtn_clicked()函数中的代码修改为如下内容。

```
void Widget::on_pBtn_clicked()
{
    QProcess * process = new QProcess(this);
    process->start("notepad.exe");
    //process->start("calc");                              //语句 2
    QMessageBox::information(this, tr("提示"), tr("关闭打开的\"记事本\"吗?"));
    process->close();                                      //语句 3
    //process->terminate();                                //语句 4
    //process->kill();                                     //语句 5
}
```

回答下面的问题:

① 说明语句 3、4、5 的功能。

② 经测试若取消语句 2 的注释,语句 3、4、5 的功能会失效,请解释原因。

(3) 在项目中添加 Worker 类,并重新编写 on_pBtn_clicked()函数中的代码,如下所示。

```
class Worker : public QObject
{
    Q_OBJECT
public:
    explicit Worker(QObject * parent = nullptr);
public slots:
    void doWork() {                                 //该函数模拟一些耗时的工作
        QString result("#");
        while(result.size() < 10000){
            result += "*";
        }
        result += "#";
        emit resultReady(result);
    }
signals:
    void resultReady(const QString &result);
};
void Widget::on_pBtn_clicked()
{
    Worker * worker = new Worker;
    QThread * wThread = new QThread;
    worker->moveToThread(wThread);                  //语句 1
    connect(wThread, &QThread::started, worker, &Worker::doWork);
    connect(worker, &Worker::resultReady, this, [&](const QString str){qDebug()
<< str;});                                          //语句 2
    connect(wThread, &QThread::finished, worker, &QObject::deleteLater);
    wThread->start();                               //语句 3
    qDebug() << "----------------------";           //语句 4
}
```

回答下面的问题:

① 上述新添加的 Worker 类定义是否正确?作为多线程中的工作者对象类 Worker,是否必须从 QObject 继承,为什么?

② 说明语句 1 和语句 3 的功能。

③ 程序运行后,语句 2 和语句 4 的输出哪个在前面?

④ 说明上述新增代码的功能。

(4) 在项目中添加 WorkerThread 类,并编写 on_pBtn_clicked()函数代码,如下所示。

```cpp
class WorkerThread : public QThread
{
    Q_OBJECT
public:
    explicit WorkerThread(QObject * parent = nullptr);
    void run() override {
        QString result("#");
        while(result.size() < 10000){
            result += " * ";
        }
        result += "#";
        emit resultReady(result);
    }
signals:
    void resultReady(const QString &s);
};
void Widget::on_pBtn_clicked()
{
    WorkerThread * workThread = new WorkerThread;
    connect(workThread, &WorkerThread::resultReady, this, [&](const QString str)
{qDebug() << str;});
    workThread->start();
    qDebug() << "----------------";
}
```

回答下面的问题:

① 上述新添加的 WorkerThread 类定义是否正确?

② 说明上述新增代码的功能。

4. 程序设计题

(1) 编写一个主窗体基于 QWidget 类的 Qt 应用程序,实现本章示例 code_12_1_1 项目应用程序功能。程序运行后,单击主窗体中的按钮,打开如图 12.2 所示的 Windows 系统的 cmd.exe 控制台,并将控制台窗体中的内容显示在应用程序主窗体中的文本编辑器。

(2) 完善本章示例项目 code_12_1_2 中的应用程序。在应用程序主窗体中新增一个文本编辑器组件,让程序运行时的输出结果在该文本编辑器中显示。

(3) 完善例 12.6 中的 examp12_6 应用程序。在主窗体中添加一个标签组件,用该标签显示每次计算所耗费的时间。

(4) 完善例 12.7 中的 examp12_7 应用程序。在主窗体中添加一个文本编辑器,让程序的输出结果显示在文本编辑器中。

参 考 文 献

[1] 马石安,魏文平. 面向对象程序设计教程(C++语言描述):微课版[M]. 3版. 北京:清华大学出版社,2018.

[2] 马石安,魏文平. 面向对象程序设计教程(C++语言描述)题解与课程设计指导[M]. 北京:清华大学出版社,2008.

[3] 马石安,魏文平. Visual C++ 2019程序设计与应用:微课视频版[M]. 北京:清华大学出版社,2022.

[4] 马石安,魏文平. Visual C++程序设计与应用教程[M]. 3版. 北京:清华大学出版社,2017.

[5] 马石安,魏文平. Visual C++程序设计与应用教程(第3版)题解及课程设计[M]. 北京:清华大学出版社,2017.

[6] 马石安,魏文平. 数据结构与应用教程(C++版)[M]. 北京:清华大学出版社,2012.

[7] 马石安,魏文平. 数据结构与应用教程(C++版)题解与实验指导[M]. 北京:清华大学出版社,2014.

[8] SUMMERFIELD M. Qt高级编程[M]. 白建平,王军锋,闫锋欣,等译. 北京:电子工业出版社,2011.

[9] 仇国巍. Qt图形界面编程入门[M]. 北京:清华大学出版社,2017.

[10] 霍亚飞. Qt Creator快速入门[M]. 2版. 北京:北京航空航天大学出版社,2014.

[11] 陆文周. Qt 5开发及实例[M]. 2版. 北京:电子工业出版社,2015.

[12] 王维波,栗宝鹃,侯春望. Qt 5.9 C++开发指南[M]. 北京:人民邮电出版社,2018.

图 书 资 源 支 持

感谢您一直以来对清华版图书的支持和爱护。为了配合本书的使用，本书提供配套的资源，有需求的读者请扫描下方的"书圈"微信公众号二维码，在图书专区下载，也可以拨打电话或发送电子邮件咨询。

如果您在使用本书的过程中遇到了什么问题，或者有相关图书出版计划，也请您发邮件告诉我们，以便我们更好地为您服务。

我们的联系方式：

清华大学出版社计算机与信息分社网站：https://www.shuimushuhui.com/

地　　址：北京市海淀区双清路学研大厦 A 座 714

邮　　编：100084

电　　话：010-83470236　010-83470237

客服邮箱：2301891038@qq.com

QQ：2301891038（请写明您的单位和姓名）

资源下载：关注公众号"书圈"下载配套资源。

资源下载、样书申请　　　图书案例

书 圈　　　　清华计算机学堂　　　观看课程直播